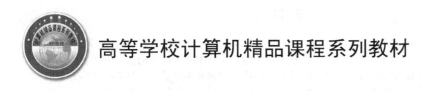

高等学校计算机精品课程系列教材

数据结构与算法

（第二版）

王昆仑　李　红　主编

U0316696

中国铁道出版社有限公司
CHINA RAILWAY PUBLISHING HOUSE CO., LTD.

内 容 简 介

　　本书为高等院校本科计算机类专业、信息技术类专业和相关专业"应用型"人才培养而编写。以学习软件设计开发中涉及的各种数据结构、常用算法和解决基本应用问题的实际应用需求为基本点，深入介绍了各种数据结构的定义（逻辑结构、存储结构和基本算法）和基本应用等方面的知识。本书以"数据结构"的逻辑结构作为引线，突出以实例和应用为特色，把数据结构与算法同应用结合起来，缩短了理论知识与应用之间的距离。

　　全书共分 11 章，在本书编写过程中，编者以利于读者学习为目的，对书中的有关数据结构与算法的基本知识重新用通俗的语言进行了描述，更换了部分例题；对所有基本算法和源程序进行了调试；为方便教师教学和学生学习，重新编写了每章的教学目标和教学提示；对每章后配备的多种类型的习题，重新进行了设计和编排，同时给出了所有习题的参考答案。

　　本书适合作为高等学校理工科计算机工程类、软件工程类和信息技术类等相关专业的教材，也可供从事相关工作的科技工作者参考。

图书在版编目（CIP）数据

数据结构与算法 / 王昆仑，李红主编. -- 2 版. -
北京：中国铁道出版社，2012.9（2022.7 重印）
高等学校计算机精品课程系列教材

ISBN 978-7-113-15256-7

Ⅰ．①数… Ⅱ．①王… ②李… Ⅲ．①数据结构－高
等学校－教材②算法分析－高等学校－教材 Ⅳ．
①TP311.12

中国版本图书馆 CIP 数据核字（2012）第 202370 号

书　　名：数据结构与算法
作　　者：王昆仑　李　红

策　　划：吴宏伟　孟　欣　　　　　　　编辑部电话：（010）51873202
责任编辑：孟　欣
编辑助理：刘丽丽
封面设计：付　巍
封面制作：刘　颖
责任印制：樊启鹏

出版发行：中国铁道出版社有限公司（100054，北京市西城区右安门西街 8 号）
网　　址：http://www.tdpress.com/51eds/
印　　刷：北京建宏印刷有限公司
版　　次：2007 年 6 月第 1 版　　2012 年 9 月第 2 版　　2022 年 7 月第 5 次印刷
开　　本：787mm×1092mm　1/16　印张：21　字数：509 千
书　　号：ISBN 978-7-113-15256-7
定　　价：39.80 元

第一版前言

如何合理地组织数据、高效率地处理数据是扩大计算机应用领域、提高软件效率的关键。在软件开发过程中要求"高效地"组织数据和设计出"好的"算法，并使算法用程序来实现，通过调试而成为软件，必须具备数据结构领域和算法设计领域的专门知识。

"数据结构与算法"课程主要学习在软件开发中涉及的各种常用数据结构及其常用算法，在此基础上，学习如何利用数据结构和算法解决一些基本的应用问题。通过学习，使读者基本掌握相关领域的基础知识和基本应用。

本教材为达到高等工科院校"应用型"人才的培养目标，在吸收了国、内外教材的知识体系结构的基础上，参考了众多的应用资料并根据主编多年在高校讲授《数据结构》课程的体会而编写。教材有以下几个特色：

（1）学习一种数据结构必须掌握该数据结构的定义（逻辑结构、存储结构和基本算法）和基本应用两个方面的知识。所以，本教材以"结构"为特色，每一个数据结构的学习都围绕着该数据结构的定义，通过数据结构的逻辑结构、存储结构、基本算法和相关应用问题来介绍其基本知识和应用知识。数据的存储结构是学习和掌握算法的基础，本书在"算法的数据类型"部分中加以突出介绍。学生掌握的是数据结构的完整知识并能学为所用。

（2）本书的知识结构以"数据结构"的逻辑结构作为引线。第 1 章作为本书的学习基础和预备知识。其后内容分为 4 个部分，从数据的逻辑结构来看，第一部分学习的是逻辑结构为"线性"的数据结构，包括第 2 章~第 6 章；第二部分学习的是逻辑结构为"树形"的数据结构，包括第 7 章~第 8 章；第三部分学习的是逻辑结构为"集合型"的数据元素，在散列存储方法下的数据结构，包括第 9 章；第四部分学习的是逻辑结构为"图形"的数据结构，包括第 10 章。第 11 章重点讨论了算法和程序性能分析以及算法设计方法的基本问题。这样划分教材章节的原因是：使采用本书作为教材的读者能够掌握什么是数据结构，如何设计算法以及能解决什么问题。以突出"数据结构"主题。

（3）教材中注重工科"应用型"人才培养的需求和学习方法。吸收理工科教材的特色，在介绍新的知识点时，没有大段的文字描述，而是尽可能地采用具体的例题来加强其学习效果。

（4）本教材中介绍了大量的应用问题。把数据结构与算法问题同应用问题结合起来，缩短了理论知识与应用问题之间的距离，在附录 A 中，给出了第 2 章~第 10 章中重要的基本算法和应用问题的源程序，适合工科院校相关专业的学生参考使用。对课程设计环节有很好的辅助、指导作用。

（5）教材中注意了算法设计能力的培养。学习和培养算法设计能力是本课程的主要教学目的之一，本教材中注重介绍算法的设计过程和算法分析；在上机实验环节中，将引领学生编写十余个从简单到有一定难度的算法；在习题中，安排了一定量的基础题和适量的算法设计题，供教师和学生在教学中参考使用。

本书共分 11 章。第 1 章"数据结构和算法"作为全书的导引，主要包括有关数据、数据类型、数据结构、算法、算法实现（算法描述工具——C 语言）、C 语言使用中的相关问题和算法分析等基本概念和相关知识。其中重点是数据、数据类型、数据结构和算法等概念；对于本教材使用的算法描述工具——C 语言，则介绍了指针、结构变量、函数、递归、动态存储分配、文件操作、程序测试与调试问题等内容，以方便本课程与 C 语言课程的衔接，便于教学。

第 2 章 ~ 第 6 章是逻辑结构为"线性"的数据结构及其应用知识内容。

第 2 章 "顺序表及其应用"主要介绍的是线性逻辑结构的数据在顺序存储方法下的数据结构顺序表（包括顺序串）的概念、数据类型、数据结构、基本运算及相关应用问题。其中重点一是顺序表的定义、数据类型、数据结构、基本算法和性能分析等概念和相关知识；二是顺序表的应用，包括查找问题（简单顺序查找、二分查找、分块查找）、排序问题（直接插入排序、希尔排序、冒泡排序、快速排序、直接选择排序、归并排序）、字符处理问题（模式匹配）等内容。第 3 章 "链表及其应用"主要介绍的是线性逻辑结构的数据在链接存储方法下的数据结构链表的相关知识。主要是单链表、循环链表的数据类型描述、数据结构、基本运算及其实现以及链表的相关应用问题，在此基础上介绍了链串的相关知识。在应用方面有多项式的相加问题、归并问题、箱子排序问题和链表在字符处理方面的应用问题等。第 4 章 "堆栈及其应用"介绍在两种不同的存储结构下设计的堆栈，即顺序栈和链栈的相关知识，了解堆栈的相关应用，掌握应用堆栈来解决实际问题的思想及方法。第 5 章 "队列及其应用"主要介绍顺序存储和链接存储方法下的两种队列、顺序（循环）队列和链队列的数据结构、基本运算及其性能分析以及应用。第 6 章 "特殊矩阵、广义表及其应用"将学习数组、稀疏矩阵和广义表的基本概念，几种特殊矩阵的存储结构及基本运算，在此基础上学习特殊矩阵的计算算法与广义表应用等相关问题。本章的重点是相关数据结构的存储结构及基本运算算法。

第 7 章和第 8 章是逻辑结构为"树形"的数据结构及其应用知识内容。

第 7 章 "二叉树及其应用"的知识结构主要是：非线性数据结构二叉树的定义、性质、逻辑结构、存储结构及其各种基本运算算法，包括二叉树的建立、遍历、线索化和表达式求值等算法。在此基础上，介绍二叉树的一些应用问题，包括哈夫曼编码问题、（平衡）二叉排序树问题和堆排序问题等。第 8 章 "树和森林及其应用"介绍树和森林的数据结构、基本算法及其性能分析，树和森林与二叉树之间的转换算法等，在此基础上介绍树的应用——B 树，应用 B 树来实现数据元素的动态查找。

第 9 章 "散列结构及其应用"是逻辑结构为"集合型"的数据元素在散列存储方法下的数据结构及其应用知识内容。主要介绍散列结构的概念、散列存储结构——散列表、散列函数和散列表中解决冲突的处理方法——开放定址法、链地址法以及散列表的基本算法及其性能分析，在散列结构的应用方面介绍散列结构的查找问题、LZW 压缩/解压缩问题和直接存取文件问题。

第 10 章 "图及其应用"是逻辑结构为"图形"的数据结构及其应用知识内容，主要介绍图的定义和基础知识，图的 4 种存储结构，图的基本算法以及图的典型应用问题（最小生成树、最短路径、拓扑排序和关键路径等）。

第 11 章 "算法性能分析和算法设计方法简介"主要对算法和程序性能分析中的目的、时间复杂性和空间复杂性、复杂性要素和分析方法、时间复杂性上（下）限值、算法性能测量等问题进行讨论，并结合货箱装船、0/1 背包和迷宫老鼠等问题介绍优化问题、分而治之、贪婪算法和回溯算法等基本的算法设计方法的基本知识，介绍 NP-复杂问题和 NP-完全问题。通过对本章的学习，使读者初步了解算法设计的常用方法，知道什么是"优质"算法和程序以及如何测量、评价算法的知识。

每章都有教学目标和教学提示，每章后面都配备有一定量的填空题、判断题、选择题、简答题和算法设计题，供读者选用。习题的参考答案或者提示在教学网站中给出，主页地址：http://www.51eds.com。

本教材适合理工科高等院校本科计算机工程类专业、信息技术类专业和软件工程类相关专业使用。减少部分教学内容，也可以作为专科教学使用。同时也是相关专业的读者了解和学习数据结构与算法的一本很好的入门教材。

需要特别说明的是，本书中较细致地介绍了较多的应用问题及其算法，教学过程中由于受到教学课时的限制或者根据本校培养目标要求以及学生的实际情况，可以选讲本书中打"*"号的章节内容，也可安排有兴趣的学生选修。

本教材由王昆仑、李红主编，编写工作由王昆仑、李红和许强完成，其中王昆仑编写了第1、5、6、9、11章，李红编写了第2、3、4、7章，许强编写了第8、10章。教材中的全部算法由项响琴在 Microsoft Visual C++ 6.0 环境中进行了调试，董靖完成了部分章节的绘图工作，屠菁、黄小杰、林晓燕、彭晓舟等为本书的编写工作给予了很大的支持。另外，本书的编写工作得到了省、校两级精品课程建设项目基金的资助，还得到了计算机教育界同行的关心和帮助，在此一并致谢！

由于数据结构与算法的应用发展迅速，加之编者水平有限，书中疏漏和不妥之处恳请读者批评指正。

编　者
2007 年 2 月

第二版前言

"数据结构与算法"是高等学校计算机专业的一门核心基础课程。本书自 2007 年 6 月第一版问世后，受到兄弟院校同仁和学生的厚爱，已被数十所高校采用作为授课教材或教学参考书。作为省级精品课程"数据结构与算法"的配套教材，本书已被审定为安徽省级"十一五"规划教材。

为达到高等院校"应用型"人才的培养目标，本书在吸收了国内外教材知识体系结构的基础上，参考了众多资料并结合编者多年在高校讲授"数据结构"课程的体会与经验编写而成。本书的知识结构以"数据结构"的逻辑结构作为引线展开，突出强化数据结构的基础知识学习和算法应用能力培养，介绍了大量的应用例题，把数据结构与算法学习同解决应用实践结合起来，适合工科院校相关专业的学生参考使用。

本书编者以利于读者学习为目的，对本书第一版中的有关数据结构与算法中的基本知识重新用通俗的语言进行了描述，更换了部分例题，使之更适合读者自主学习；对所有基本算法和源程序进行了调试；为方便教师教学和学生学习，重新编写了每章的教学目标和教学提示；对每章后配备的填空题、判断题、选择题、简答题和算法设计题等类型的习题，重新进行了设计和编排，同时给出了所有习题的参考答案。在第二版中，由于篇幅有限，删除了第一版中有关算法实现时与 C 语言有关的内容和个别应用实例，本书习题参考答案和有关算法实例的源程序以素材的形式放在了资源网站 www.51eds.com 中，需要的读者可自行下载。

全书共分 11 章（作者分工见第 1 版前言），适合作为计算机专业或相关专业数据结构课程的教材，也可供有关科技人员自学或参考。其中基础部分教学内容，也可以作为专科教学使用。同时本书也是相关专业的读者自学数据结构与算法的一本入门教材，欢迎读者使用。

书中带"*"的章节为选学内容，可根据教学培养目标要求以及学生实际情况进行安排。

本书的编写工作得到了省级教学质量工程建设项目基金的资助，以及计算机教育界同行的关心和帮助，在此一并致谢！

由于数据结构与算法的应用发展迅速，加之编者水平有限，书中疏漏和不足之处在所难免，敬请广大读者批评指正。

主 编
2012 年 7 月

目 录

第1章 数据结构与算法概述

教学目标： 本书主要学习如何组织数据和设计算法，学习软件开发中所涉及的各种常用数据结构。作为全书导引，本章要求掌握数据、数据类型、数据结构、算法及算法分析等基本概念和基础知识。另外，本章还结合课程学习要求，复习和掌握算法描述工具——C语言中的指针类型与指针变量、结构类型与结构变量、函数与参数、递归定义和递归函数、动态存储分配、文件操作、程序测试与测试集、测试数据的设计和程序调试等问题。

教学提示： 如何合理地组织数据、高效率地处理数据是扩大计算机应用领域、提高软件效率的关键。因此，必须完整地讲解和理解数据结构（逻辑结构、存储结构和相关算法）的定义及其实现的方法，算法数据类型的定义本质上是存储结构的实现。算法的时间性能分析是难点，算法的空间性能分析不可忽视。程序调试问题将影响算法的实现，在实践中要注意。

1.1 数据和数据类型

通常，我们将计算机的处理对象称为"数据"。数据的类型可分为数值型和非数值型两大类。本节介绍数据、数据元素、数据项、关键项、关键字、数据类型和抽象数据类型等有关知识。

1.1.1 数据和数据元素

1. 数据

定义 1.1 在计算机科学中，数据是指描述客观事物的数值、字符、相关符号等所有能够输入到计算机中并能被计算机程序处理的符号的总称。

在计算机系统的表示层次，数据以各种数据类型来表示，在计算机系统的物理层次，数据都是以二进制形式表示的。

【例1-1】在计算机系统中，除数值型数据之外，字符、声音、图像、图形等信息是数据吗？

答：在计算机高级语言程序设计课程中，描述的客观事物通常以数值数据来表示。例如，从客观事物抽象而来的数值，通常用整型、实型、布尔型等基本数据类型数值来表示。

字符、声音、图像、图形等以及数据之间带有更复杂的结构关系的数据就是非数值型的数据，但能够通过编码后以二进制码输入到计算机中存储、处理和输出。所以，数据包括数值型和非数值型两大类。利用非数值型数据处理的问题很多，可以举出很多例子。

在计算机科学与技术专业中，数值型数据的处理方法通常在"计算方法"（或者叫"数值计算"）课程中学习，非数值型数据的处理方法通常在"数据结构与算法"课程中学习。

2. 数据元素

定义 1.2 数据中具有独立意义的个体称为数据元素。

数据元素是数据的基本单位，在程序设计时通常作为一个整体进行考虑和处理。在有些场合，数据元素又称元素或者记录、结点、顶点等。有时，一个数据元素可由一个数据项组成（简单型数据元素），也可由若干个数据项组成（复杂型数据元素）。

定义 1.3 数据项是数据不可分割的最小单位。

定义 1.4 关键项是可以唯一标识一条数据元素的数据项。关键项可以是一个数据项，也可以由多个数据项组合生成。

定义 1.5 关键项中的每一个值称为所在数据元素的关键字（Key Word 或 Key）。

【例 1-2】 为实现图书馆书目的自动检索，将与图书相关的数据做成如表 1-1 所示的表，试分析表中的数据元素（记录）、数据项、关键项、关键字。

表 1-1 图书目录关系表

书　号	书　名	作　者	价　格	…
8420001	计算机原理	张明	17.00	…
8420002	数据结构	陈英	23.00	…
8420003	C 语言	王范	17.60	…
8420004	大学英语	解东红	21.00	…
8420005	大学物理	洪亮	23.50	…
…	…	…	…	…

表 1-1 中某一本书的相关数据（表中每一行）都是一个数据元素，每一个数据元素都具有独立意义。每一个数据元素由 4 个简单数据项（书号、书名、作者、价格）组成。书号是关键项，8420001 是第一条记录的关键字。用关键项代替所有记录，用关键字代替所在记录。也可以由“书号”和“作者”这两个数据项组合而生成一个关键项。满足“书号=8420003，作者=王范”的关键项的记录是表 1-1 中的第 3 个记录。

表中数据元素之间的关系是自上而下的线性顺序关系，故表 1-1 又称为线性表。书目的自动检索即计算机按照某个特定的要求（如给定书名），对某张表按某种查询方法（如按自上而下的顺序）进行查询。依此类推，学生成绩表、工资表、员工信息表甚至人口普查表等都可是线性表。

一般来讲，数据元素是相对于所讨论的问题而言的，如对二维表来说，每个记录就是它的数据元素；对字符串来说，每个字符就是它的数据元素；对数组来说，每个成分就是它的数据元素等。

1.1.2 数据类型

1. 数据类型的概念和定义

数据类型是和数据结构密切相关的一个概念，在高级程序语言中，用以表示程序的操作对象的特性。根据计算机所处理数据的方式和结果的不同，高级程序语言中定义了几种数据类型，例如整型、实型、字符型、指针、枚举、数组、结构、共同体等。

用高级程序语言定义一种数据类型后，程序编译时计算机语言编译系统就知道以下信息：

（1）一组性质相同的值集合。

（2）一个预定的存储体系。

（3）定义在这个值集合上的一组操作。

定义 1.6　数据类型是一个同类值的集合和定义在这个值集上的一组操作的总称。

数据类型可分为两类：简单数据类型和结构数据类型。

2. 简单数据类型

简单数据类型的数据是不可分解的整体，如整数、实数、字符、指针、枚举量等。

【例 1-3】解释整型数据类型。

整型数据类型通常有 short（2 字节）、int（2 字节）、long（4 字节）等形式，其值集为某个区间上的整数，如果整型是由两个字节表示的，则其值集范围是-32 768～32 767，定义在整型数据上的操作有单目正（+）操作、负（-）操作，双目加（+）操作、减（-）操作、乘（*）操作、除（/）操作和取模（mod）操作等算术运算，双目关系（>、<、>=、<=、<>等）操作运算以及赋值（=）操作等。

【例 1-4】解释字符型数据类型。

字符型数据类型通常用一个字节表示，其无符号值集范围是 0～255，定义在其上的操作为赋值运算和各种关系运算。汉字通常是用两个字节表示的无符号值集。

【例 1-5】解释浮点型数据类型。

浮点型数据类型通常为 float（4 字节）、double（4 字节）、long double（8 字节）形式，其值集为某个区间上的浮点数，如果整型是 4 个字节表示的，其值集范围是-32 768～32 767，定义在其上的操作有单目正、负，双目加、减、乘、除等算术运算，双目关系（比较）运算以及赋值运算。

【例 1-6】解释指针型数据类型。

指针型数据类型通常为 2 字节的形式，其值集为某个区间上的整数，定义在其上的操作为有限制的加、减和赋值等运算。

对于这些基本数据类型的数据，一般用户不需要了解它们在计算机内是如何表示、运算细节是如何实现的，只需了解其外部特性，就可以运用高级语言进行程序设计对其进行操作。

3. 结构数据类型

实际上，仅有基本数据类型的数据不足以解决某些现实问题，许多程序设计语言都允许程序员利用基本数据类型作为基础来定义更多的数据类型。例如 C 语言中为用户提供了利用基本数据类型为方便某个应用问题的程序设计而定义的新的数据类型，称为用户自定义数据类型。

结构数据类型由简单数据类型按一定规则构造而成。结构数据类型中还可包含结构数据类型，所以结构数据类型的数据可分解成若干个简单数据类型的数据或数据结构，又称复合数据类型。

【例 1-7】数组数据类型分析。

数组是结构数据类型，例如，char name[20]、int a[10][10]、float b[5][10][15]等。一维数组由若干个同种简单数据类型顺序排列而成，数组中每个值的数据类型相同；二维数组看成是一个以"一行"为一个元素的一维数组；而"一行"中简单元素有序。三维数组看成是一个以"一个面（行×列）"为一个元素的一维数组；"面"为二维数组。

【例 1-8】记录数据类型分析。

例如记录 worker 定义为：

```
struct worker{
    int id;
    char name[20];
    float wage;
};
struct worker Warray[50];
```

　　记录是结构数据类型，记录数据类型由若干个不同种数据类型顺序排列而成，每一个记录值包含不同类型的数据。

　　【例 1-9】定义表 1-1 表示的数据类型。

　　已知表 1-1 中的每一行是线性表中的一个数据元素，每一个数据元素的数据项可以由长整型的书号、字符型的书名和作者名以及实型的价格等基本类型数据表示，可以采用如下的 C 语言语句来定义一个称为 EmployeeType 的、新的（用户自定义）数据类型：

```
typedef struct{
    long mun;
    char name[10],book[100];
    float price;
}EmployeeType;
```

然后把这个新的类型名为 EmployeeType 的数据类型当作一个基本数据类型来使用。使用该数据类型定义一个变量 x 如下：

```
EmployeeType x;
```

则它表达的是：变量 x 将在后面的程序中用到，它指向一个大约 118 个字节的主存储器区域，用于以二进制依次存储 4 个值：一个整数、两个字符串和一个实数。

　　【例 1-10】解释字符串数据类型。

　　字符串数据类型为字符数据类型的顺序排列结构，定义在其上的操作主要有求串的长度、串复制、两串连接、两串比较等。

　　可以看出，在数据类型的存储体系上，用户自定义数据类型与基本数据类型是相同的。

1.1.3　抽象数据类型

　　定义 1.7　抽象数据类型（Abstract Data Type，ADT）是由用户自定义，用以表示应用问题的数据模型。它由基本的数据类型构成，并包括一组相关的服务（或称操作）。

　　【例 1-11】如何理解"抽象数据类型"定义中的抽象意义？

　　例如，各个计算机都拥有的整型数据类型就是一个抽象数据类型，尽管它们在不同处理器上实现的方法可以不同，但由于其定义的数学特性相同，在用户看来都是相同的。因此，"抽象"的意义在于数据类型的数学抽象特性。

　　【例 1-12】在计算机高级语言中，抽象数据类型是如何定义的？

　　例如，在 C++语言中是通过"类"类型来描述抽象数据类型的。在"类"类型的数据部分要求只定义到数据的逻辑结构和操作说明，不考虑数据的存储结构和操作的具体实现。数据部分被定义为类的私有数据成员，只能给该类或派生类直接使用；在"类"类型的操作部分定义为类的公共（Public）的成员函数，提供给该类或派生类使用，也可提供给外部操作使用。操作部分在头文件中只给出函数声明，操作的具体实现在单独的文件中给出，与类的定义相分离，这样实现信息的隐藏、封装、重用和继承。

　　【例 1-13】抽象数据类型定义形式是怎样的？

　　在 C 语言中，抽象数据类型定义形式如下：

```
ADT<抽象数据类型名> is
Data:
    <数据描述>
```

```
Operations:
    <操作声明>
End <抽象数据类型名>
```
抽象数据类型可以通过固有的数据类型（如整型、实型、字符型等）来表示和实现。

【例 1-14】抽象数据类型 RECtangle 定义如下：

```
ADT RECtangle is
Data:
    float length,width;
Operations:
    Rectangle *InitRectangle(float len,float wid);
    float Circumference(Rectangle &r);
    float Area(Rectangle &r);
End RECtangle
```

其中，结构数据类型 Rectangle 定义如下：

```
typedef struct{
    float length,width;
} Rectangle;
Rectangle *InitRectangle(float len,float wid){
    Rectangle r;
    r.length=len;
    r.width=wid;
    return &r;
}
float Circumference(Rectangle *R){
    return 2*(R->length+R->width);
}
float Area(Rectangle *r){
    return R->length*R->width;
}
```

1.1.4　抽象数据类型程序应用实例

【例 1-15】C 语言程序例子。

```
typedef struct{                          //先声明后使用
    float length,width;
} Rectangle;
Rectangle  r;
Rectangle *InitRectangle(float len,float wid);
float Circumference(Rectangle &r);
float Area(Rectangle &r);
void main(void){
    float x,y;
    float p,s;
    printf("Input the Length and Width for a Rectangle!\n");
    scanf("%f%f",&x,&y);
    InitRectangle(x,y);
    p=Circumference(&r);
    s=Area(&r);
    printf("\nThe Circumference is:%f",p);
```

```
    printf("\nThe Area is:%f ",s);
}
Rectangle *InitRectangle(float len,float wid){
    r.length=len;
    r.width=wid;
    return &r;
}
float Circumference(Rectangle *R){
    return 2*(R->length+R->width);
}
float Area(Rectangle *R ){
    return R->length*R->width;
}
```

该程序执行情况如下：

```
Input the Length and Width for a Rectangle!
The Circumference is: 14.000000
The Area is: 12.000000
```

抽象数据类型的定义仅取决于它的一组逻辑特性，而与其在计算机内部如何表示和实现无关，即不论其内部结构如何变化，只要它的数学特性不变，都不影响其外部的使用。

1.1.5 数据对象

定义 1.8 数据对象（Data Object）是数据类型的实例，简称对象。

【**例 1-16**】数据对象举例。

例如，25 是整型数据对象；'A'是字符数据对象；char *p，定义 p 为一个字符指针对象；int a[10]，定义 a 为一个含有 10 个整型数的整型数组对象；Rectangle r，定义 r 为一个 Rectangle 类型的对象；RECtangle rec，定义 rec 为一个 RECtangle 抽象数据类型的对象。

1.2 数 据 结 构

数据结构主要讨论数据元素之间的关系。本节介绍数据结构的有关知识，包括数据元素的逻辑结构、存储结构和常用的数据运算。

定义 1.9 在计算机科学中，数据结构是指数据元素之间的关系，它包括 3 方面的内容：

（1）数据元素间的逻辑关系，即数据的逻辑结构。

（2）数据元素以一定的存储方式存放在计算机的存储器中，形成数据元素的存储结构。

（3）在这些数据元素上定义的一组运算集合。

1.2.1 数据的逻辑结构

任何事物及其活动相互之间都是有联系的，所以，数据也不是孤立存在的，它们之间存在着某种关系。

定义 1.10 数据元素之间的相互联系称为数据的逻辑结构。数据元素的逻辑结构的形式定义为一个二元组 $B=(K,R)$。其中，B 是一种数据结构，K 是数据元素的有限集合，$K=\{k_i|1\leqslant i\leqslant n$，$n$

≥0}，*R* 是 *K* 上二元关系的有限集合，*R*={*r_j*|1≤*j*≤*m*，*m*≥0}。二元关系可以表示为序偶，<*x,y*>（*x,y*∈*K*），二元关系也可以表示为无序对(*x,y*)（*x,y*∈*K*）。

数据的逻辑结构可以用图形形象地表示。图形中的每一个结点（或叫顶点）对应着一个数据元素，两结点间的连线（称为有向边或弧）对应着关系中的一个序偶，其中第一个元素为起始点，第二个元素为终止点，箭头指向终止点。

【例 1-17】序偶和无序对的图形表示如图 1-1 所示。

数据的逻辑结构有下列 4 类基本结构：

（1）集合型结构：结点之间彼此是独立的关系。

（2）线性结构：结点之间为一个对一个的关系。

（3）树形结构：结点之间为一个对多个的关系。

（4）图形结构：结点之间为多个对多个的关系。

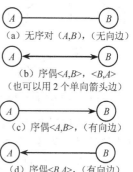

（a）无序对（*A,B*），（无向边）

（b）序偶<*A,B*>，<*B,A*>（也可以用 2 个单向箭头边）

（c）序偶<*A,B*>，（有向边）

（d）序偶<*B,A*>，（有向边）

图 1-1　序偶和无序对的图形表示

【例 1-18】数据的逻辑结构 set=(*K,R*)。其中 *K*={1,2,3,4,5,6,7,8,9,10}；*R*={ }，二元关系集为空表示元素之间不存在关系，元素彼此是独立的，是集合。

【例 1-19】数据的逻辑结构 Linearity=(*K,R*)。其中 *K*={01,02,03,04,05,06,07,08}；*R*={*r*}，*r*={<05,01>,<01,03>,<03,08>,<08,02>,<02,07>,<07,04>,<04,06>}。

结点之间是一对一的关系，呈线性关系，是线性逻辑结构，如图 1-2 所示。

图 1-2　线性逻辑结构

它的特征是：若结构为非空集，则该结构有且只有一个开始结点和一个终端结点，并且所有结点都最多只有一个直接前驱和一个直接后继。

线性表就是一个典型的线性结构。

【例 1-20】数据的逻辑结构 Tree=(*K,R*)。其中 *K*={*A,B,C,D,E,F,G,H,I,J*}，*R*={*r*}，*r*={<*A,B*>,<*A,C*>,<*A,D*>,<*B,E*>,<*B,F*>,<*C,G*>,<*C,H*>,<*C,I*>,<*D,J*>}。

它的特征是：结点之间是一对多的关系，一个结点可能有一个直接前驱和多个直接后继。呈树形关系，是树形数据结构（非线性结构），如图 1-3 所示。

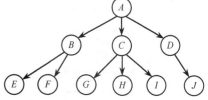

图 1-3　树形逻辑结构（非线性）

【例 1-21】数据的逻辑结构 Graph=(*K,R*)。其中 *K*={0.1,0.2,0.3,0.4,0.5,0.6,0.7}，*R*={ *r* }，*r*={(0.1,0.2),(0.1,0.4),(0.2,0.3),(0.2,0.6),(0.2,0.7),(0.3,0.7),(0.4,0.6),(0.5,0.7)}，或者 *r*={<0.1,0.2>,<0.1,0.4>,<0.2,0.3>,<0.2,0.6>,<0.2,0.7>,<0.3,0.7>,<0.4,0.6>,<0.5,0.7>,<0.2,0.1>,<0.4,0.1>,<0.3,0.2>,<0.6,0.2>,<0.7,0.2>,<0.7,0.3>,<0.6,0.4>,<0.7,0.5>}。

它的特征是：结点之间是多对多的关系，一个结点可能有多个直接前驱和多个直接后继。呈图形关系，是无向图结构（非线性结构），如图 1-4 所示。

【例 1-22】数据的逻辑结构 B=(*K,R*)。其中 *K*={*k_1,k_2,k_3,k_4,k_5,k_6*}，*R*={*r_1,r_2*}，*r_1*={<*k_3,k_2*>,<*k_3,k_5*>,<*k_2,k_1*>,<*k_5,k_4*>,<*k_5,k_6*>}，*r_2*={<*k_1,k_2*>,<*k_2,k_3*>,<*k_3,k_4*>,<*k_4,k_5*>,<*k_5,k_6*>}。

结点之间呈更为复杂的关系，如图 1-5 所示。

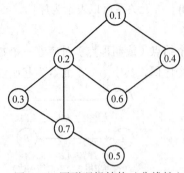

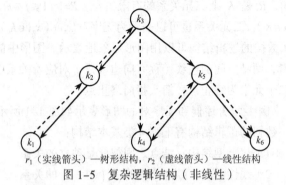

r_1（实线箭头）—树形结构，r_2（虚线箭头）—线性结构

图 1-4　图形逻辑结构（非线性）　　　　图 1-5　复杂逻辑结构（非线性）

本例的数据逻辑结构也是非线性结构中的一种，它的逻辑特征是结点之间可能有多种直接前驱和直接后继的关系。数据结构的逻辑结构定义是对操作对象的一种数学描述，定义中的"关系"描述的是数据元素之间的逻辑关系。

1.2.2　数据元素的存储结构

定义 1.11　数据元素的存储结构（物理结构）是指数据元素在存储器中的存储方式（又称映像）。

用计算机处理具体问题时，必须考虑由该具体问题抽象出的数据在计算机中的存储方式，以便于运算。通常情况下，数据在计算机中的存储方式有以下 4 种。

1．顺序存储结构

顺序存储结构是将逻辑上相邻的结点（数据元素）存储在物理位置相邻的存储单元中，结点间的逻辑关系由存储单元的邻接关系来体现。

【例 1-23】数据元素的顺序存储通常使用数组来存储，因为数组在内存中就是将数组元素存储在物理位置相邻的存储单元中，例如一维数组 float $a[n]$ 就可以存储在如图 1-6 所示的顺序空间中，二维数组 int $b[m][n]$ 就可以存储在如图 1-7 所示的顺序空间中。

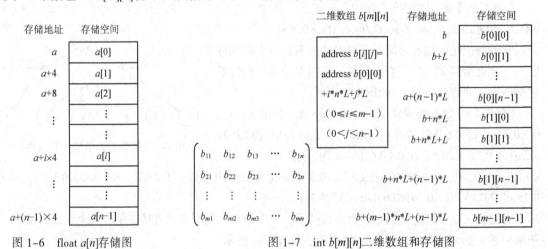

图 1-6　float $a[n]$ 存储图　　　　图 1-7　int $b[m][n]$ 二维数组和存储图

2．链接存储结构

链接存储结构是指逻辑上相邻的结点不一定存储在物理位置相邻的存储单元中，结点间的逻辑关系由附加的指针字段来体现。

【例 1-24】设有一组线性排列的数据元素(zhao,qian,sun,li,zhou, wu,zheng,wang)，其链接存储形式如图 1-8 所示。在该链接存储方式下，如何找到表中任一元素呢？在链接存储方式下（链表中），每一个数据元素的存储地址存放在其直接前驱结点的指针域中，只要知道第一个数据元素（结点）zhao 的存储地址，就可以"顺藤摸瓜"找到其后续的所有结点。

存储地址	数据域	指针域
⋮	⋮	⋮
0x0065FEA6	wang	∧
⋮	⋮	⋮
0x0065FDF6	li	0x0065FDD8
0x0065FDF2	zhao	0x0065FDD4
0x0065FDE8	wu	0x0065FDE0
0x0065FDE4	sun	0x0065FDF6
0x0065FDE0	zheng	0x0065FEA6
0x0065FDD8	zhou	0x0066FDE8
0x0065FDD4	qian	0x0065FDE4
⋮	⋮	⋮

图 1-8　链接存储图

3．索引存储结构

索引存储结构在存储结点信息的同时，建立附加的索引表。索引表中的每一个索引项由唯一标识某结点的关键字以及该结点的地址组成。

索引表的组成：先将列表分成若干个块（子表），一般情况下，块的长度均匀，最后一块可以不满。每块中元素任意排列，即块内无序，但块与块之间有序。再构造一个索引表，其中每个索引项对应一个块并记录每块的起始位置，以及每块中的最大关键字（或最小关键字）。索引表按关键字有序排列。

【例 1-25】图 1-9 所示为一个索引顺序表，包括 3 个块：第 1 块的起始地址为 1，块内最大关键字为 22；第 2 块的起始地址为 7，块内最大关键字为 48；第 3 块的起始地址为 13，块内最大关键字为 86。

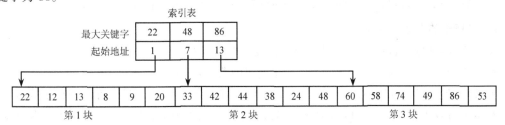

图 1-9　索引顺序表存储图

4．散列存储结构

散列存储方法即构造一个函数(又称散列函数)，将每一个结点的关键字作为该函数的自变量，得到相应的函数值作为该结点的存储地址。

【例 1-26】构造散列函数 H 为 $y=H(key)=key$。当结点的关键字 key=9，11，14，23，25，39，…时，函数值即为该结点的存储地址，此时，结点的存储情况如图 1-10 所示。

地址	…	9	…	11	…	14	…	23	24	25	…	39
内容	…	9	…	11	…	14	…	23		25	…	39

图 1-10　$H(key)=key$ 散列存储图

同一种逻辑结构的数据可以采用不同的存储方法，得到不同的数据结构；不同的存储方法也可以单独或组合起来，应用于具有某一种逻辑结构的数据存储中。选择何种存储结构来表示相应的逻辑结构主要考虑该逻辑结构的数据所进行的运算以及算法的性能。

1.2.3 常用的数据运算

在数据结构中，数据运算不仅有加、减、乘、除、矩阵、微分、积分、解方程等，还包括在一张表格中查找记录、增加记录、修改记录、删除记录等操作运算。在数据结构中，这些运算常常涉及算法问题。

下面，列举出顺序表、单链表和栈等数据结构中常见的基本运算。

1. 顺序表的基本运算集合

- 置空表：SqLsetnull(L)，运算结果是将顺序表 L 置成空表。
- 求表长：SqLlength(L)，运算结果是输出顺序表中数据元素的个数。
- 按序号取元素：SqLget(L,i)，当 $1 \leqslant i \leqslant length(L)$时，输出顺序表 L 中第 i 个数据元素。
- 按值查找（定位）：SqLlocate(L,x)，当顺序表 L 中存在值为 x 的数据元素时，输出该元素在表中的位置。若表 L 中存在多个值为 x 的数据元素，则依次输出它在表中的所有位置；当表中不存在值为 x 的数据元素时，则输出一个特殊值。
- 判表满：SqLempty(L)，判断顺序表 L 中的数据元素是否足够多，以至于占满所规定存储空间。若表满，则输出 1，否则输出 0。
- 插入：SqLinsert(L,i,x)，在顺序表 L 中的第 i 个位置插入值为 x 的数据元素，表长由 n 变为 $n+1$。
- 删除：SqLdelete(L,i)，在顺序表 L 中删除第 i 个元素，表长由 n 变为 $n-1$。

2. 单链表的基本运算集合

- 置空表：LLsetnull(L)，运算结果是将链表 L 置成空表。
- 求表长：LLlength(L)，运算结果是输出链表中数据元素的个数。
- 按序号取元素：LLget(L,i)，当 $1 \leqslant i \leqslant length(L)$时，输出链表 L 中第 i 个结点的值或其地址。
- 按值查找（定位）：LLlocate(L,x)，当链表 L 中存在值为 x 的结点时，输出该元素的地址。若表 L 中存在多个值为 x 的结点，则依次输出它的所有地址；当表中不存在值为 x 的结点时，则输出空指针。
- 插入：LLinsert(L,i,x)，在链表 L 中的第 i 个位置插入值为 x 的结点，表长由 n 变为 $n+1$。
- 删除：LLdelete(L,i)，在链表 L 中删除第 i 个结点，表长由 n 变为 $n-1$。

3. 栈的基本运算集合

- 初始化栈：Inistack(S)，将栈 S 置为一个空栈（不含任何元素）。
- 进栈：Push(S,X)，将元素 X 插入到栈 S 中，也称为"入栈"、"压入"。
- 出栈：pop(S)，删除栈 S 中的栈顶元素，也称为"退栈"、"删除"、"弹出"。
- 取栈顶元素：gettop(S)，取栈 S 中栈顶元素。
- 判栈空：StackEmpty(S)，判断栈 S 是否为空，若为空，返回值为 true，否则返回值为 false。

以上只是各个数据结构的基本运算，可知，常用的有插入、删除、修改、查找、排序等，当然还有相应的其他运算。在解决具体问题时，所需要的运算可能仅是上述运算中的一部分，也可能需要其他运算或更复杂的运算。对于复杂运算，可通过调用基本运算来实现，也可单独编写算法。另外，对应于二叉树、树、森林和图等其他数据结构，都有各自的运算集合。

在本教材中，各种算法是使用 C 语言来描述的。

【例 1-27】设有两个呈线性排列的数据，分别是{1,3,5,7,9}和{0.1,0.2,0.4,0.6,0.8}（其中每个数都是数据元素），现将它们分别存放在整型一维数组 *A*[5]和实型一维数组 *B*[5]中。试分析这两个数据的数据结构是否相同。

首先，这两个数据都是呈线性排列，则它们的逻辑结构均为线性逻辑结构。其次，它们分别存储在两个一维数组中，这使得数据的逻辑位置相邻的数据元素在物理存储位置上也相邻，所以它们的存储结构都是顺序结构。第三，根据 C 语言语法规定，一维数组 *A*[5]中的数据元素是整型数据类型，其运算可以进行加、减、乘、除和模，而一维数组 *B*[5]中的数据元素是实型数据类型，只能进行加、减、乘、除运算。这样，数据{1,3,5,7,9}和数据{0.1,0.2,0.4,0.6,0.8}的运算集合不同。严格地说，这两个数据的数据结构是不同的。

讨论两个数据结构是否相同主要看它们的逻辑结构、存储结构和运算集合是否相同，这三者中只要有一个不同就不能称这两个数据结构相同。

"数据结构与算法"课程是一门研究怎样合理地组织数据元素，建立合适的数据结构，设计算法，提高计算机解决问题所需的时空效率的学科。

根据以上分析，可以看到数据结构的概念主要包括图 1-11 所示的 3 方面的主要内容。

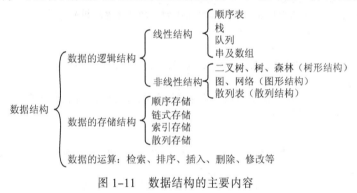

图 1-11　数据结构的主要内容

1.3　算法和算法评价

本节主要介绍算法的概念、算法的性质、算法描述工具、算法的评价标准等内容。

在这里再次强调：在书写算法时，应该养成对重点步骤、关键位置添加注释的良好习惯。

1.3.1　算法的概念

定义 1.12　算法是为解决一个特定问题而采取的确定的有限步骤集合，是指令的有限序列。算法具有输入、输出、有穷性、确定性和可行性等特性。

【例 1-28】在学习数学时，对一道数学题解题过程的描述就是一个解题算法，对一个数学证明题的证明过程同样是证题算法。但也并不是只有"计算"的问题才有算法，对一个特定问题的解决过程的描述也是算法。

【例 1-29】如手工书上对一个纸鹤折法的图示描述就是一个算法。因为按照图示的方法和步骤能完成一个纸鹤的制作，它解决了一个特定问题。对于一首歌曲的乐谱也可以称为该歌曲的算法，因为它指定了演奏该歌曲的每一个步骤，按照它的描述就能演奏出预定的曲子。

在计算机科学中，算法是指令的有限序列，是一个可终止的、有序的、无歧义的、可执行的指令的集合。其中每条指令表示一个或多个操作。一个可终止的计算机程序的执行部分就是一个算法。

1.3.2 算法描述工具

一个算法可以用多种算法描述工具书写完成，如用自然语言、类 C 语言、C 语言、流程图等。

【例 1-30】用自然语言描述"按从小到大的顺序重新排列 x、y 和 z 这 3 个数"的算法。算法如下：

（1）算法开始。

（2）输入 x、y 和 z 的数值。

（3）从 3 个数值中挑选出最小者并换到 x 中。

（4）从 y 和 z 中挑选出较小者并换到 y 中。

（5）输出排序后的结果 x、y 和 z。

（6）算法结束。

【例 1-31】用类 C 语言描述"按从小到大的顺序重新排列 x、y 和 z 这 3 个数值"的算法。

```
void Three_Sort( int *x,int *y,int *z){
    //将 x,y,z 这 3 个指针所指示的内容按从小到大的顺序重新排列
    if(*y<*x && *y<*z)  *x↔*y;
    else if(*z<*x && *z<*y)
        *x↔*z;        //挑选出最小的数值并换到 x 指针所指的存储单元中
    if(*z<*y)
        *y↔*z;        //在 y 和 z 所指示的存储单元中挑选出较小者换到 y 中
    printf(排序后的结果);
}
```

【例 1-32】用 C 语言描述"按从小到大的顺序重新排列 x、y 和 z 这 3 个数值"的算法。

```
void Three_Sort( int *x,int *y,int *z){
    //将 x,y,z 这 3 个指针所指示的内容按从小到大的顺序重新排列
    int t;
    if(*y<*x && *y<*z){t=*x;*x=*y;*y=t;}
    else if(*z<*x&&*z<*y){
        t=*x;*x=*z;*z=t;
    }                //挑选出最小的数值并换到 x 指针所指的存储单元中
    if(*z<*y){
        t=*y;*y=*z;*z=t;
    }                //在 y 和 z 所指示的存储单元中挑选出较小者换到 y 中
    printf("x=%d,y=%d,z=%d.",*x,*y,*z);
}
void main(){
    int i=43,j=32,k=22;
    Three_Sort(&i,&j,&k);
}
```

【例 1-33】用流程图描述"按从小到大的顺序重新排列 x、y 和 z 这 3 个数值"的算法，如图 1-12 所示。

可以看出：例 1-32 已是一个可运行的 C 语言程序。所以，描述算法的工具可以有多种。

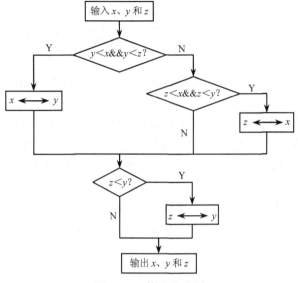

图 1-12　算法流程图

1.3.3　算法的性质

按照算法的定义，一个算法必须具备下列 5 个性质：

1. 有穷性

一个算法对于任何合法的操作对象必须在执行有穷个操作之后结束，而且"有穷性"也应在合理的范围内。如果计算机在执行某算法时历时 10 年才结束，这虽然是有穷的，但超过了合理的限度，也不能视作合理的算法。

【例 1-34】用 C 语言描述的算法。

```c
void main(){
   fun1();
}
void fun1(){          //任意输入 5 个数，输出其中所有质数和
   int n,i=0,sum=0;
   while(i++<5){
      scanf("%d",&n);
      for(int j=2;j<=sqrt(n);j++)
         if(n%j==0) break;
      if(j>sqrt(n)) sum+=n;
   }
   printf("sum=%d",sum);
}
```

在程序中，尽管存在多重循环，但程序最终可终止并输出结果。

【例 1-35】讨论下列步骤是否为算法。

```c
void fun2(){
   int sum=0,i=10;
   do
```

```
        sum+=i;
    while(i>0);
}
```

此程序的循环体中没有改变循环变量的运算，循环无法终止，所以不是一个算法。

2. 确定性

确定性又称无二义性。算法中对每一个操作的描述都必须是精确的，有确切的含义，而不是模棱两可的。

算法的确定性往往与算法的描述工具关系密切。算法的描述工具可以是计算机高级程序设计语言，也可以是自然语言、数学语言或约定的符号、图示等。用计算机高级程序设计语言来描述算法是精确的、无二义性的，并且可以直接在计算机上运行；而用自然语言来描述算法往往会产生不确定性。

算法的确定性要求实际是指在一个算法的执行期间，执行过程中的每一个信息必须可以唯一、完全地确定每个步骤的操作。在任何情况下，算法只有唯一的一条执行路径，即对相同的操作对象只能得出相同的结果。

例如，一个健身操的动作要领中有这样一句："手举过头顶"（可以看作是算法中的一个步骤）。这个描述就是不确定的。"手举过头顶"是双手还是单手，是左手或是右手，手距离头顶多远等。

3. 可行性

一个算法必须由可执行的步骤组成，即算法中的每一个步骤都应当能有效地执行，并得到确定的结果。我们也用"有效性"来描述算法的这一特性，也就是说，一个步骤是有效的就意味着它是做得到的。

【例 1-36】有如下程序段：
```
int x=0,y=5;
x=y/x;
```
可以看出该程序段是不可行的，即无效的，不可以称为算法。

4. 输入

一个算法有零个或多个输入。一般情况下，输入的是算法的操作对象，可以在算法执行前临时给出，也可以在编写算法时直接给出。

5. 输出

一个算法有一个或多个输出，这些输出是算法对输入的操作对象执行操作后得到的合乎逻辑的操作结果。一个没有输出的算法是毫无意义的，没有存在的必要。

问题：算法的 5 个特性中并没有包含算法的正确性，为什么？请读者仔细考虑。

1.3.4　算法的评价标准

对一个问题可以有很多解决方法，用计算机处理问题也可以设计出不同的算法。那么，什么样的算法是"好"的呢？设计和评价一个算法的好坏往往要从各个方面考虑。

算法的评价有以下几个标准：

（1）正确性。该算法必须是正确的，要求算法能够正确地执行预先规定的功能，并达到所期望的性能要求。这方面的内容在"计算机软件学"课程中有详细介绍。另外，要证明算法的正确性是一个比较困难的问题。

（2）可读性。为提高算法的可读性，提倡模块化程序设计理念，并在程序的适当地方增添注释。这使得算法易于理解、易于调试、易于移植；算法应该具有良好的可读性。

（3）健壮性。算法中拥有对输入数据、打开文件、读取文件记录、分配内存空间等操作的结果检测，并通过与用户对话的形式做出相应的处理选择。

（4）时间与空间效率。算法的时间效率与空间效率是指将算法变换为程序后，该程序在计算机上运行时所花费的时间及所占据空间的度量。

人们总是希望一个算法的运行时间尽量短，而运行算法所需的存储空间尽可能的少。实际上，这些要求有时是相互矛盾的，节约算法的执行时间往往以牺牲更多的存储空间为代价；节省存储空间可能要耗费更多的计算时间。只能根据具体情况在时间和空间上找到一个合理的平衡点，这称为算法性能分析。

1.4　算法性能分析

算法性能主要包括算法的时间性能及其空间性能。本节主要介绍算法的时间性能分析和空间性能分析中的一些基本问题，主要是算法的时间复杂度和渐进时间复杂度的概念和应用。与算法性能分析有关的其他知识将在第 11 章做进一步的介绍。

1.4.1　算法的时间性能分析

1. 算法的时间复杂度

研究算法或者程序的时间复杂度的主要原因有以下两点：

一是正在开发的程序可能要求能够有一定的实时响应时间。例如，交互式程序都要求能够实时响应，算法设计者必须要心中有数。一个需要 10 s 才能把光标上移一页的“文本编辑器”是不可能被用户接受的，此时要么重新设计算法，要么更换一台更快的计算机。

二是如果解决一个问题有多种算法，决定采用哪一个算法，就要分析和比较这些算法之间的性能差异。

定义 1.13　一个算法（程序）的时间性能是指运行该算法所需要的时间，又称时间复杂度。使用绝对的时间单位衡量算法的效率是不合适的。

假设每条语句的执行时间均为单位时间，一个算法运行所需的时间是该算法中每条语句的执行时间之和，每条语句的执行时间应该是该语句的执行次数（又称频度）与该语句执行一次所需时间的乘积。这样我们就可以将执行一个算法所需时间的计算转换为计算该算法中所有语句的执行次数之和（频度之和）。

算法的时间效率主要由以下两个因素决定：

（1）所需处理问题的数据量大小，数据量越大，所花费的时间就越多；

（2）在解决问题的过程中，基本操作的执行次数多少。

事实上，计量程序的执行时间与许多因素有关。与编译器的性能有关，与加、减、乘、除、比较、读、写等操作所需要的时间有关，与参与运算的数据类型有关，还与处理的数据集的状态有关。因此，用确定程序总的执行步数的方法只是对程序运行时间进行估算的方法。

【例1-37】计算下列程序段中所有语句的执行次数之和。

语句号	程序段	语句执行的频度
①	for(i=0;i<n;i++)	$n+1$
②	for(j=0;j<n;j++){	$n(n+1)$
③	C[i][j]=0;	n^2
④	for(k=0;k<n;k++)	$n^2(n+1)$
⑤	C[i][j]=C[i][j]+C[i][k]*C[k][j];	n^3
⑥	}	

语句①：循环变量 i 由 0 增加到 n，语句 $i<n$ 执行了 $n+1$ 次，故它的频度是 $n+1$。

语句②：该语句是语句①的循环体，当 $i=0$，1，…$n-1$ 时，语句②分别要执行 n 次（循环变量 j 由 0 增加到 n，语句 $j<n$ 执行了 $n+1$ 次），所以语句②的频度为 $n(n+1)$。同理可得：

语句③：该语句的频度是 n^2。

语句④：该语句的频度是 $n^2(n+1)$。

语句⑤：该语句的频度是 n^3。

所以，该程序段中所有语句的频度之和（也就是算法的时间复杂度）为：

$$T(n)=n+1+n(n+1)+n^2+n^2(n+1)+n^3=2n^3+3n^2+2n+1 \quad\quad （1-2）$$

可以看出，算法的时间复杂度 $T(n)$ 是问题规模 n 的函数，它表示执行该算法所需的时间随问题规模的增大而增加。

$T(n)$ 是一个以数据量 n 为自变量的函数，表示一个算法所花费的时间，这个函数在正整数定义域范围内一定是单调递增的。好的算法应该能够在数据量 n 增长的同时，函数 $T(n)$ 的增长速度比较缓慢。

当算法的时间复杂度与它处理的数据集状态有关时，通常是根据问题中可能出现的最坏的情况讨论算法在最坏情况下的时间复杂度。冒泡排序算法就是如此。

【例1-38】冒泡排序算法的时间复杂度分析。

```
void bubble_sort(int a[ ],int n){
  bool change;
  for(i=n-1,change=True;i>1 && change;--i){
    change=False;
    for(j=0;j<i;++j)
      if(a[j]>a[j+1]){            //交换序列中相邻两个整数
        a[j]<->a[j+1];change=True
      }
  }
}
```

其中："交换序列中相邻两个整数"为基本操作。

最好情况：当 a 中初始序列为自小至大有序时，基本操作的执行次数为 0。

最坏情况：当初始序列为自大至小有序时，基本操作的执行次数为 $n(n-1)/2$。

2．算法的渐近时间复杂度

在计算算法的时间性能时，通常考察的是算法的时间复杂度 $f(n)$ 随问题规模 n（例如：矩阵的阶、顺序表、链表的长度、图的结点个数等）扩大时 $f(n)$ 的增长率。

定义 1.14 如果存在正常数 c 和 n_0，使得当 $n \geqslant n_0$ 时 $f(n) \leqslant cg(n)$，则记为 $f(n)=O(g(n))$。

【例 1-39】令 $f(n)=1\,000n$，$g(n)=n^2$，对于正常数 n，在 n 较小时，$1\,000n$ 要比 n^2 大，但 n^2 以更快的速度增长，当 $n=1\,000$ 时情况发生逆转。也就是说，最后总会存在某个点 $n_0=1\,000$，从它以后 $cg(n)$ 总是至少与 $f(n)$ 一样大，即 $f(n)\leqslant cg(n)$。

若忽略常数 c（即 $c=1$），则 $g(n)$ 至少与 $f(n)$ 一样大，表示 $f(n)$ 是在以不快于 $g(n)$ 的速度增长，$g(n)$ 是 $f(n)$ 的一个上限。对于例 1-39，按照该定义有 $1\,000n=O(n^2)$，可以称 $1\,000n$ 的增长率为 n 平方级，或称 $1\,000n$ 增长率的数量级为 n 平方级。这种记法称为大 O 记法，它是英文 Order（数量级）一词的第一个字母。

O 表示的概念是：如果函数 $g(n)$ 是正整数 n 的一个函数，则 $x_n=O(g(n))$ 表示存在一个正的常数 M，使得当 $n\geqslant n_0$ 时都满足 $|x_n|\leqslant M|g(n)|$。定义 1.14 中的 $f(n)=O(g(n))$ 表示 $f(n)$ 和 $g(n)$ 相对增长率是同一数量级，只差一个常数倍。也就是在函数 $f(n)$ 和 $g(n)$ 间建立一种相对增长率。两个函数 $f(n)$ 和 $g(n)$ 的相对增长率可以用定义 1.15 计算。

定义 1.15　若变量 n 的函数 $f(n)$ 和 $g(n)$ 满足：

$$\lim_{n\to\infty}\frac{f(n)}{g(n)}=\text{常数}k\,(k\neq\infty,0) \qquad (1-3)$$

则称 $f(n)$ 和 $g(n)$ 的相对增长率是同一数量级，并用 $f(n)=O(g(n))$ 的形式表示。

由定义 1.15 可知，两个函数为同一数量级，强调的是在 n 趋向无穷大时，两者"接近"。$g(n)$ 是一个辅助函数，与 $f(n)$ 同数量级，只差一个常数倍，称作算法的渐近时间复杂度，简称时间复杂度。

【例 1-40】对于例 1-35 的 $T(n)=2n^3+3n^2+2n+1$，有 $g(n)=n^3$，使得

$$\lim_{n\to\infty}\frac{T(n)}{g(n)}=\lim_{n\to\infty}\frac{2n^3+3n^2+2n+1}{n^3}=2 \qquad (1-4)$$

则 $T(n)=O(n^3)$ 表示当 n 趋向无穷大时，$2n^3+3n^2+2n+1$ 与 n^3 的增长率接近，它们是同一数量级；即例 1-35 算法的时间复杂度 $T(n)$ 的数量级与 n^3 的数量级相同。这样，对算法时间性能分析转换为计算时间复杂度的数量级。

由于算法的时间复杂度考虑的只是对于问题规模 n 的增长率，则在实际计算时，定义 1.15 中的 $f(n)$ 一般是算法中频度最大的语句频度。

【例 1-41】如例 1-37 算法中频度最大的语句是语句⑤，其频度是 n^3，则取 $f(n)=n^3$，当 $g(n)=n^3$ 时，有

$$\lim_{n\to\infty}\frac{f(n)}{g(n)}=\lim_{n\to\infty}\frac{n^3}{n^3}=1 \qquad (1-5)$$

这样，该算法的时间复杂度的数量级还是 $O(n^3)$。

算法的时间复杂度采用数量级的形式表示后，使得求一个算法的时间复杂度 $f(n)$ 成为只要分析影响一个算法时间复杂度的主要部分就可以了，不必对算法的每一步都进行详细的分析，只要分析清楚算法循环体内简单操作的执行次数或者递归调用的次数就可以了。

对于较为复杂的时间复杂度分析，读者可以参见第 11 章的内容。

下面再举几例，说明如何求算法的渐进时间复杂度（时间复杂度的数量级）。

【例 1-42】常量阶、线性阶和平方阶的时间复杂度举例。

（1）`{++x;s=0;}`

该程序段的时间复杂度为 $O(1)$，称为常量阶。

（2）for(i=1;i<=n;++i) {++x;s+=x;}

该程序段的时间复杂度为 $O(n)$，称为线性阶。

（3）for(j=1;j<=n;++j)
　　　for(k=1;k<=n;++k)
　　　　{++x;s+=x;}

该程序段的时间复杂度为 $O(n^2)$，称为平方阶。

（4）int Prime(int n){
　　int i=2;
　　int x=(int)sqrt(n);
　　while(i<=x){
　　　if(n%i==0)break;
　　　i++;
　　}
　　if(i>x)return 1;
　　else return 0;
　}

该程序段的时间复杂度为 $O(n^{1/2})$，称为开平方阶。

【例 1-43】在例 1–38 冒泡排序算法时间复杂度分析中，我们知道：该算法的最好情况是当 a 中初始序列为自小至大有序时，基本操作的执行次数为 0；最坏情况是当初始序列为自大至小有序时，基本操作的执行次数为 $n(n-1)/2$。这类算法的时间复杂度还可以计算它们的平均值，即算法的平均时间复杂度。冒泡排序算法的平均时间复杂度为：

$$T_{\arg} = O(n^2) \tag{1-6}$$

在很多情况下，当算法的平均时间复杂度也难以确定时，也可以分析最坏情况的时间复杂度，以估算算法执行时间的一个上界。冒泡排序算法的最坏情况为：

$$f(n) = O(n^2) \tag{1-7}$$

算法还可能呈现的时间复杂度有对数阶 $O(\log_2 n)$ 和指数阶 $O(2^n)$。常见的时间复杂度按数量级递增排序依次为：常数阶 $O(1)$、对数阶 $O(\log_2 n)$、线性阶 $O(n)$、线性对数阶 $O(n\log_2 n)$、平方阶 $O(n^2)$、立方阶 $O(n^3)$、k 次方阶 $O(n^k)$、指数阶 $O(2^n)$。

1.4.2　算法的空间性能分析

一个算法的空间效率是指在算法的执行过程中所占据的辅助空间数量。辅助空间就是除算法代码本身和输入/输出数据所占据的空间外，算法临时开辟的存储空间单元。在有些算法中，占据辅助空间的数量与所处理的数据量有关，而有些却无关。后一种是较理想的情况。在设计算法时，应该注意空间效率。

定义 1.16　一个算法的空间复杂度 $S(n)$ 定义为该算法所需的存储空间，它也是问题规模 n 的函数，记为 $S(n)=O(f(n))$。

分析算法的空间性能的主要目的如下：

（1）程序运行时，系统需要指明分配给该程序的内存大小。

（2）可以利用空间复杂性来估算一个程序所能解决的问题的最大规模。

【例 1-44】有一个电路模拟程序,用它模拟一个有 x 个元件、y 个连线的电路时,需要 $20 \times (x+y) +$ 500 KB 的内存。如果系统可利用的内存总量为 2 500 KB,那么该电路模拟程序最大只可以模拟 $(x+y) \leqslant 100$ KB 的电路。

分析一个算法所需的存储空间除了分析存储算法本身所用的指令、常数、变量和输入数据所需的空间外,还有一部分是对数据进行操作的工作单元,以及为实现计算所需信息的辅助空间。这一类空间包括数据结构所需的空间及动态分配的空间。

【例 1-45】分析如下数组定义:

```
double a[100];
int maze[rows][cols];
```

数组 a 需要的空间为 100 个 double 类型元素所占用的空间,若每个元素占用 8 个 B,则分配给该数组的空间总量为 800 B。数组 maze 有 rows×cols 个 int 类型的元素,它所占用的总空间为 2×rows×cols B。

本 章 小 结

本章的重点是数据结构中的逻辑结构、存储结构、数据的运算 3 方面的概念及相互关系,难点是算法复杂度的分析方法。基本概念和术语有数据、数据元素、数据项、数据结构。特别是数据结构的逻辑结构、存储结构及数据运算的含义及其相互关系;数据结构的两大类逻辑结构和 4 种常用的存储表示方法;算法、算法的时间复杂度和空间复杂度、最坏的和平均时间复杂度等概念,算法描述和算法分析的方法、对一般的算法要能分析出时间复杂度和空间复杂度。

数据就是指能够被计算机识别、存储和加工处理的信息的载体。数据元素是数据的基本单位,有时一个数据元素可以由若干个数据项组成。数据项是具有独立含义的最小标识单位。如整数集合中,10 这个数就可称为一个数据元素;又如在一个数据库(关系数据库)中,一条记录可称为一个数据元素,而这个元素中的某一字段就是一个数据项。

数据结构的定义包括 3 方面内容:逻辑结构、存储结构和对数据的操作。

通常,也将数据的逻辑结构简称为数据结构,数据的逻辑结构分两大类:线性结构和非线性结构。数据的存储方法有 4 种:顺序存储方法、链接存储方法、索引存储方法和散列存储方法。

算法复杂度的概念:一个是时间复杂度,一个是渐近时间复杂度。前者是算法的时间耗费,它是该算法所求解问题规模 n 的函数,而后者是指当问题规模趋向无穷大时,该算法时间复杂度的数量级。评价一个算法的时间性能时,主要标准就是算法的渐近时间复杂度:$T(n)=O(f(n))$,简称为时间复杂度,其中 $f(n)$ 一般是算法中频度最大的语句频度。此外,算法中语句的频度不仅与问题规模有关,还与输入实例中各元素的取值相关,通常总是考虑在最坏情况下的时间复杂度,以保证算法的运行时间不会比它更长。

本 章 习 题

一、填空题

1. 数据结构被形式地定义为 (D, R),其中 D 是_____的有限集合,R 是 D 上的_____有限集合。
2. 数据结构包括数据的_____、数据的_____和数据的_____这 3 方面的内容。

3. 数据结构按逻辑结构可分为两大类，它们分别是_____和_____。

4. 线性结构中元素之间存在_____关系，树形结构中元素之间存在_____关系，图形结构中元素之间存在_____关系。

5. 在线性结构中，第一个结点_____前驱结点，其余每个结点有且只有_____前驱结点；最后一个结点_____后续结点，其余每个结点有且只有_____后续结点。

6. 在树形结构中，树根结点没有_____结点，其余每个结点有且只有_____个前驱结点；叶子结点没有_____结点，其余每个结点的后续结点数可以_____多个。

7. 在图形结构中，每个结点的前驱结点数和后续结点数可以_____多个。

8. 数据的存储结构可用4种基本的存储方法表示，分别是_____、_____、_____和_____。

9. 数据的运算最常用的有5种，分别是_____、_____、_____、_____、_____。

10. 一个算法的效率可分为_____效率和_____效率。

二、选择题

1. 在数据结构中，与所使用的计算机无关的是数据的（　　）结构。

    A. 存储　　　　　　　　B. 物理　　　　　　　　C. 逻辑　　　　　　　　D. 物理和存储

2. 计算机算法指的是（　　）。

    A. 计算方法　　　　　　　　　　　　　　B. 排序方法

    C. 解决问题的有限运算序列　　　　　　D. 调度方法

3. 算法分析的目的是（　　）。

    A. 找出数据结构的合理性　　　　　　　B. 研究算法中输入和输出的关系

    C. 分析算法的效率以求改进　　　　　　D. 分析算法的易懂性和文档性

4. 算法分析的两个主要方面是（　　）。

    A. 空间复杂性和时间复杂度　　　　　　B. 正确性和简明性

    C. 可读性和文档性　　　　　　　　　　D. 数据复杂性和程序复杂性

5. 计算机算法必须具备输入、输出和（　　）等5个特性。

    A. 可行性、可移植性和可扩充性　　　　B. 可行性、确定性和有穷性

    C. 确定性、有穷性和稳定性　　　　　　D. 易读性、稳定性和安全性

6. 设 n 为正整数，下列程序段的时间复杂度可表示为（　　）。

```
x=91;y=100;
while(y>10)
    if(x>100){x=x-10;y--;}
    else x++;
```

    A. $O(1)$　　　　　　　B. $O(x)$　　　　　　　C. $O(y)$　　　　　　　D. $O(n)$

三、简答题

1. 简述下列概念：数据、数据元素、数据类型、数据结构、逻辑结构、存储结构、线性结构、非线性结构。简述线性结构与非线性结构的不同点。

2. 试举一个数据结构的例子，叙述其逻辑结构、存储结构、运算3个方面的内容。

3. 算法和程序的区别是什么？

4. 设3个函数 f,g,h 分别为：（1） $f(n)=100n^3+n^2+100+1000$，（2） $g(n)=25n^3+5000n^2$，（3） $h(n)=n^{1.5}+5000n\lg n$，请判断下列关系是否成立：（1） $f(n)=O(g(n))$，（2） $g(n)=O(f(n))$，（3） $h(n)=O(n^{1.5})$，（4） $h(n)=O(n\lg n)$

5. 设有两个算法在同一机器上运行，其执行时间分别为 $100n^2$ 和 2^n，要使前者快于后者，n 至少要多大？

6. 设有数据逻辑结构 $S=(D,R)$，试按以下各小题所给条件画出这些逻辑结构的图示，并确定相对于关系 R，哪些结点是开始结点，哪些结点是终端结点？

   （1）$D=\{d_1,d_2,d_3,d_4\}$，$R=\{(d_1,d_2),(d_2,d_3),(d_3,d_4)\}$

   （2）$D=\{d_1,d_2,\dots,d_9\}$，$R=\{(d_1,d_2),(d_1,d_3),(d_3,d_4),(d_3,d_6),(d_6,d_8),(d_4,d_5),(d_6,d_7),(d_8,d_9)\}$

   （3）$D=\{d_1,d_2,\dots,d_9\}$，$R=\{(d_1,d_3),(d_1,d_8),(d_2,d_3),(d_2,d_4),(d_2,d_5),(d_3,d_9),(d_5,d_6),(d_8,d_9),(d_9,d_7),(d_4,d_7),(d_4,d_6)\}$

7. 给出两种以上的原因说明为什么程序分析员对程序的空间复杂性感兴趣？

8. 给出两种以上的原因说明为什么程序分析员对程序的时间复杂性感兴趣？

9. 按增长率由小至大的顺序排列下列各函数：2^{100}，$(2/3)^n$，$(3/2)^n$，n^n，$n^{1/2}$，$n!$，2^n，$\lg n$，$n^{\lg n}$ 和 $n^{3/2}$。

四、时间复杂度分析题

1.
```
for(i=0;i<n;i++)
    for(j=0;j<m;j++)
      A[i][j]=0;
```

2.
```
x=0;
    for(i=1;i<n;i++)
    for(j=1;j<=n-i;j++)  x++;
```

3.
```
i=1;
    while(i<=n) i=i*3;
```

4.
```
i=1;k=0
    while(i<n) {k=k+10*i;i++;}
```

5.
```
i=0;k=0;
     do{k=k+10*i;i++;}
     while(i<n);
```

6.
```
i=1;j=0;
    while(i+j<=n){
      if(i<j)j++;else i++;
    }
```

7.
```
x=91; y=100;
    while(y>0)
        if(x>100) {x=x-10;y--;}
        else x++;
```

8. 设有两个算法在同一机器上运行，其执行时间分别为 $100n^2$ 和 2^n，要使前者快于后者，n 至少要多大？

五、算法设计题

1. 设计函数 Mult()，用来实现两个 $n \times n$ 矩阵的乘法，并计算该函数共执行了多少次乘法。

2. 试编写一个函数 Input()，它要求用户输入一个非负数，并负责验证用户所输入的数是否真的大于或等于 0，如果不是，它将告诉用户该输入非法，需要重新输入一个数。在函数非成功退出之前，应给用户 3 次机会。如果输入成功，函数应当把所输入的数作为引用参数返回。输入成功时，函数应返回 true，否则返回 false。计算该函数共执行了多少次运算，并上机测试该函数。

3. 试编写一个递归函数，用来输出 n 个元素的所有子集。例如，3 个元素 $\{a,b,c\}$ 的所有子集是：$\{\}$（空集），$\{a\}$，$\{b\}$，$\{c\}$，$\{a,b\}$，$\{a,c\}$，$\{b,c\}$和$\{a,b,c\}$。

第2章 | 顺序表及其应用

教学目标：本章主要学习顺序表（包括顺序串）的数据类型、数据结构、基本算法及相关应用。在本章的学习过程中，要求掌握顺序表的概念、数据结构定义、数据类型描述、基本算法的实现及其性能分析等知识；掌握"查找"和"排序"的概念，掌握应用顺序表来进行查找和排序的各类算法以及不同的查找和排序算法间的性能差异。在此基础上，理解顺序表的相关应用。

教学提示：第2章～第6章学习线性数据结构，包括顺序表、栈、队列以及特殊矩阵与广义表等数据结构。线性结构的特点是：在数据元素的非空集合中，存在唯一的一个首元素和唯一的一个尾元素；除首元素没有直接前驱，尾元素没有直接后继以外，集合中其余元素均有一个直接前驱和一个直接后继。本章主要讨论顺序存储结构下的线性表（也就是顺序表）的基本算法及其应用。顺序表的存储结构特点、各种查找、排序算法思想和性能分析及比较为难点。算法的应用为重点。

2.1 顺序表的基本概念

顺序表是一种常用的数据结构，易理解，也是进一步学习其他数据结构的基础。

2.1.1 顺序表的定义

定义 2.1 顺序表是满足下列条件的数据结构：

（1）有限个具有相同数据类型的数据元素的集合，$D=\{a_i|i=0,2,\cdots,n\}$，a_i 为数据元素。

（2）数据元素之间的关系 $R=\{<a_i,a_{i+1}>|a_i,a_{i+1}\in D\}$。

（3）数据元素 a_i 在存储器中占用相邻的物理存储区域。

2.1.2 顺序表的数据结构分析

由第1章有关数据结构的定义可知，数据结构包括3个方面的内容：数据的逻辑结构、存储结构及运算集合。

1．顺序表的逻辑结构

由定义 2.1 可以看出，顺序表是由一组同类型数据元素组成的有限序列，可以表示为 $(a_1,a_2,\cdots,a_n)$；这里 a_i（$1\leq i\leq n$）的数据类型可以是简单类型（如整型、实型、字符型等），也可以是结构类型等，但同一顺序表中所有数据元素的数据类型必须相同。

另外，顺序表中相邻的元素 a_{i-1}、a_i 之间的关系 R 满足序偶关系 $<a_{i-1},a_i>$。对于非空的顺序表 $(a_1,a_2,\cdots,a_{i-1},a_i,\cdots,a_n)$，表中 a_{i-1} 是 a_i 的唯一直接前驱，a_{i+1} 是 a_i 的唯一直接后继；而数据元素 a_1 无前驱，只有唯一的直接后继 a_2；数据元素 a_n 无后继，只有唯一的直接前驱 a_{n-1}。因此，顺序表属于线性逻辑结构。

对于顺序表，若 $n=0$，顺序表为空表；若 $n\neq0$，则顺序表中有 n 个数据元素，顺序表的表长为 n。

【例 2-1】顺序表 $(a,b,\cdots,z)$ 属于线性逻辑结构；表中所有数据元素的数据类型均为字符型，且除了字符'a'没有前驱、字符'z'没有后继外，其余每个字符均有一个前驱和一个后继；表中有 26 个字符（数据元素），则该顺序表的表长为 26。

2．顺序表的存储结构

如图 2-1 所示，顺序表中数据元素 a_{i-1}、a_i 在存储器中占用相邻的物理存储区域。假设顺序表中第 $i-1$ 个数据元素 a_{i-1} 所占存储空间首地址为函数 $\text{Loc}(a_{i-1})$ 的返回值，

且每个数据元素需占用 k 个存储单元，则顺序表中第 i 个数据元素的存储位置 $\text{Loc}(a_i)$ 满足：

$$\text{Loc}(a_i)=\text{Loc}(a_{i-1})+k$$

也就是说，若顺序表的第一个数据元素 a_1 的存储地址（通常称为顺序表的首地址)为 $\text{Loc}(a_1)$，则顺序表中第 i 个数据元素 a_i 的存储位置为：

$$\text{Loc}(a_i)=\text{Loc}(a_1)+(i-1)*k \tag{2-1}$$

可以看出，顺序表将逻辑上相邻的结点存储在物理位置相邻的存储单元中，结点间的逻辑关系由存储单元的邻接关系来体现，是一种顺序存储结构。

3．顺序表的基本运算

从第 1 章数据结构概念中知道，对于某种逻辑结构的数据可以定义一系列运算。运算是指对于该数据可以进行什么样的操作，即"做什么"，并在具体的存储结构下实现"如何做"。对于顺序表的基本运算，常见的有以下几种。

（1）置空表：SqLsetnull(L)，运算的结果是将顺序表 L 置成空表。

（2）求表长：SqLlength(L)，运算结果是输出顺序表中数据元素的个数。

（3）按序号取元素：SqLget(L,i)，当 $1\leqslant i\leqslant$length(L)时，输出顺序表 L 中第 i 个数据元素。

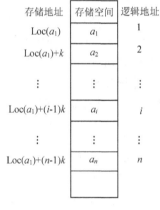

图 2-1　顺序表存储示意图

（4）按值查找（定位）：SqLlocate(L,x)，当顺序表 L 中存在值为 x 的数据元素时，输出该元素在表中的位置。若表 L 中存在多个值为 x 的数据元素，则依次输出它在表中的所有位置；当表中不存在值为 x 的数据元素时，则输出一个特殊值，如，输出-1。

（5）判表满：SqLempty(L)，判断顺序表 L 中的数据元素是否足够多，以至于占满所规定存储空间。若表满，则输出 1，否则输出 0。

（6）插入：SqLinsert(L,i,x)，在顺序表 L 中的第 i 位置插入值为 x 的数据元素，表长由 n 变为 $n+1$。

（7）删除：SqLdelete(L,i)，在顺序表 L 中删除第 i 个元素，表长由 n 变为 $n-1$。

在解决具体问题时，所需的运算可能仅是上述运算中的一部分，也可能需要更为复杂的运算。对于复杂运算，可通过上述 7 种基本运算的组合来实现。

2.1.3　顺序表的数据类型描述

顺序表的顺序存储结构使得每一个数据元素的存储位置由该元素在表中的逻辑位置决定（见图 2-1）。只要确定了顺序表的首地址（即第 1 个数据元素的存储位置），则顺序表中任一数据元

素的地址都可通过公式（2-1）计算得出，这样任一数据元素都可随机存取。这一点与高级程序设计语言中数组的特性相同，因此，通常都用数组来描述顺序表的顺序存储。

【例 2-2】对于由同类型的一组数据元素(2,3,4,5,6,7,8)组成的顺序表，可以定义一个一维数组data[10]，使得该顺序表中的数据元素依次存放在各数组元素所在的存储空间中，表示如下：

```
int data[10];            //data 数组元素下标由 0～10
data[0]=2,data[1]=3,data[2]=4,data[3]=5,data[4]=6,data[5]=7,data[6]=8;
```

另外，由于顺序表有插入和删除这种改变表中数据元素个数的运算，使得顺序表的长度可变，为了随时了解顺序表当前数据元素的个数（表长），可以用一个分量 last 来记录最后一个数据元素在数组中的位置（下标）。

可以用 C 语言描述由两个分量组成的结构类型，表示如下：

```
#define maxlen 100
typedef struct{
    Datatype data[maxlen];
    int last;
}Sequenlist;
```

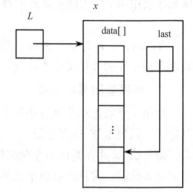

Sequenlist 即为自定义的顺序表类型，它是一个结构类型。其中，Datatype 为组成顺序表的数据元素的数据类型；另外，数组的长度 maxlen 是预先确定的，它必须足够大，以使数组能容纳实际操作中可能产生的最长的顺序表。

【例 2-3】定义一个该类型的变量 x 和指针变量 L（见图 2-2），并有如下赋值：

```
Sequenlist x,*L;
L=&x;
```

图 2-2　顺序表的数据类型描述

这样，该顺序表中第一个数据元素 a_1 为 x.data[0]；或者用指针变量 L 的表示形式为(*L).data[0]，或 L->data[0]。

最后一个数据元素 a_n 为：x.data[x.last]；或者用指针变量 L 的表示形式为(*L).data[(*L).last]或 L->data [L->last]。

表长为 x.last+1；或者表示成(*L).last+1 或 L->last+1。

2.2　顺序表基本算法

了解了顺序表的存储结构，定义了它的数据类型后，下面讨论其基本运算的实现。

1. 顺序表置空表算法

对于顺序表来说，若表长为 0，则为空表。

由顺序表的存储结构可知，其表长为 L->last+1；当 L->last+1=0，即 L->last=-1 时，该顺序表为空表。

```
void SqLsetnull(Sequenlist *L){
    L->last=-1;
}
```

同理，如果申请一个 Sequenlist 类型数据所需存储空间，可建一个空顺序表。算法如下：

```
Sequenlist *SqLsetnull(){
    Sequenlist *L;
    L=(Sequenlist *)malloc(sizeof(Sequenlist));
    L->last=-1;
    return(L);
}
```

2．顺序表求表长算法

这一运算的实现较为简单，顺序表的表长即为 $L\rightarrow last+1$。

```
int SqLlength(Sequenlist *L){return(L->last+1);}
```

3．顺序表按序号取元素算法

顺序表中的第 i 个数据元素 a_i 在数组中下标为 $i-1$，因此，直接返回该数组元素的值即可。但算法实现时，要判断元素的序号 i 是否在合法的范围内。

```
Datatype SqLget(Sequenlist *L ,int i){
    Datatype x;
    if(i<1||i>SqLlength(L)) printf("超出范围");
    else x=L->data[i-1];
    return(x);
}
```

4．顺序表按值查找算法

按值 x 在顺序表 L 中查找可从第一个数据元素开始，依次将顺序表中元素与 x 相比较，若相等，则查找成功，可输出该数据元素在顺序表中的序号，并继续向后比较直到最后一个数据元素；若 x 与顺序表中的所有数据元素都不相等，则查找失败，输出-1。在算法中，x 的数据类型 Datatype 应该和数组 data 的数据类型一致。

```
void SqLlocate(Sequenlist *L,Datatype x){
    int i,z=0;
    for(i=0;i<SqLlength(L);i++)
        if(L->data[i]==x){
            printf("%d",i+1);
            z=1;
        }
    if(z==0) printf("%d",-1);
}
```

5．顺序表判表满算法

由于在定义顺序表的数据类型时规定了数组的长度，若在顺序表的实际运算中出现顺序表的表长等于数组的长度，则为表满，不可以继续执行插入数据元素的操作。若表满，返回 1；否则返回 0。

```
int SqLempty(Sequenlist *L){
    if(L->last+1>=maxlen) return(1);
    else return(0);
}
```

6．顺序表插入数据元素算法

这里所说的插入是指：在顺序表的第 $i-1$ 个数据元素和第 i 个数据元素之间插入一个同类型的数据元素 x，也就是在第 $i-1$ 个数据元素之后或者在第 i 个数据元素之前插入一个同类型的数据元素 x，明确这一点对算法的设计很重要，该算法使长度为 n 的顺序表$(a_1,\cdots,a_{i-1},a_i,\cdots,a_n)$变成长度为 $n+1$ 的顺序表$(a_1,\cdots,a_{i-1},x,\ a_i,\cdots,a_n)$。

数据元素 a_{i-1} 和 a_i 之间的逻辑关系发生了变化。在顺序表的存储结构中，由于数据元素的物理位置必须与其逻辑顺序保持一致，因此，该算法实现时，必须将原存储位置上的数据元素 a_n，a_{n-1}，$\cdots$，a_i 依次向后移动，空出第 i 个位置，然后在该位置插入新数据元素 x。

【例 2-4】如图 2-3 所示的顺序表(32,51,65,9,23,7,47)，现需在第 3 个位置插入一个新元素 54，则应将数据元素 47、7、23、9、65 依次向后移动一个位置，再将 54 插入到第 3 个位置（即数据元素 65 的原位置）。

另外，在什么情况下可以进行插入操作？条件是 i 应该在合法的范围内。因为在这里，顺序表的存储结构是数组 data，data[]的下标是从 0~n-1。因此，当表满时，不可插入新数据元素；当表不满时，插入位置（即数组下标+1）可以是 $1 \leq i \leq n+1$。

顺序表数据类型的定义中包括了两个方面的内容：存储数据元素的数组 data[]和记录最后一个元素在数组中下标的分量 last。因此，在插入操作结束后，last 的值增 1。

```
int SqLinsert(Sequenlist *L,int i,Datatype x){
    int j;
    if(SqLempty(L)==1){
        printf("overflow");
        return(0);
    }
    else if((i<1)||(i>L->last+2)){
        printf("error");
        return(0);
    }
    else{
        for(j=L->last;j>=i-1;j--)
            L->data[j+1]=L->data[j];    //数据元素 an, an-1, …, ai依次向后移动
        L->data[i-1]=x;                 //在第 i 位置插入元素 x
        L->last=L->last+1;              //表中元素多 1 个
        return(1);
    }
}
```

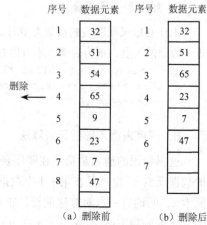

（a）插入前　（b）插入后
图 2-3　顺序表插入元素前后的状况

在该算法中注意元素的序号和数组的下标的区别：i 是顺序表中数据元素的序号，而 L->last 表示表中最后一个数据元素在数组中的下标。

7. 顺序表删除数据元素算法

顺序表的删除操作删除表中第 i 个元素，使长度为 n 的顺序表$(a_1,\cdots,a_{i-1},a_i,a_{i+1},\cdots,a_n)$变成长度为 $n-1$ 的顺序表$(a_1,\cdots,a_{i-1},a_{i+1},\cdots,a_n)$。

数据元素 a_{i-1} 和 a_{i+1} 之间的逻辑关系发生变化，为了保证变化后逻辑相邻的数据元素在物理存储位置上也相邻，在顺序表中删除第 i 个元素，只要将 a_{i+1}~a_n（共 $n-i$ 个元素）依次前移即可。

【例 2-5】如图 2-4 所示，为删除第 4 个数据元素，须将第 5~8 个元素依次往前移动一个位置。

只有当 i 在合法的范围内时，才可以进行删除操作。

（a）删除前　（b）删除后
图 2-4　顺序表删除元素前后的状况

当表空时，不用删除；当表不空时，可以删除顺序表$(a_1,\cdots,a_i,\cdots,a_n)$中的任一元素，即 $1\leqslant i\leqslant n$（n 为表长）。

删除操作也改变了顺序表的状态，操作中还需关注影响顺序表数据类型的另一个分量 last。删除操作结束后，last 的值减 1。

```c
int SqLdelete(Sequenlist *L,int i){
    int j;
    if(L->last<0){                              //表空
        printf("顺序表空!");return(0);
    }
    else if((i<1)||(i>L->last+1)){
        printf("i 参数出错! "); return(0);
    }
    else{
        for(j=i;j<=L->last+1;j++)
            L->data[j-1]=L->data[j];            //将 a_{i+1}~a_n 依次前移
        L->last--;                              //表中元素少 1 个
        return(1);
    }
}
```

该算法中 i 是顺序表中数据元素的序号，而 L->last 表示表中最后一个数据元素在数组中的下标，表长 $n=L$->last+1，应注意它们之间的区别。

2.3　顺序表基本算法性能分析

2.3.1　时间性能分析

在顺序表的 7 种基本运算中，置空表运算 SqLsetnull(L)、求表长运算 SqLlength(L)、按序号取元素运算 SqLget(L,i)以及判表满运算 SqLempty(L)的算法执行过程中，每个算法中语句总的执行次数与表长无关（即与问题的规模无关），则这些算法的时间复杂度均为 $O(1)$。

查找算法的时间性能分析如下：

影响按值查找运算 SqLlocate (L,x)算法执行时间的，主要是循环

```c
for(i=0;i<SqLlength(L);i++)
    if(L->data[i]==x){
        printf("%d",i+1);
        z=1;
    }
```

中循环体语句的执行次数，它是由函数 SqLlength(L)的值（即表长 n）决定的。也就是说，循环体中语句执行 n（表长）次，则该算法的时间复杂度为 $O(n)$。

插入算法的时间性能分析如下：

插入运算 SqLinsert(L,i,x)中，算法花费时间最多的操作是 for 循环中移动元素的语句。

对于插入运算，移动元素的语句的执行次数是 $n-i+1$。可以看出，插入操作时所需移动元素的次数不但与表长 n，而且还与插入位置 i 有关。对任何一次的插入操作，插入位置 i 可以是 1，2，$\cdots$，$n+1$（即 $i=1$，2，$\cdots$，$n+1$），元素的移动次数（即移动元素的语句的执行次数）分别为：n，$n-1$，$\cdots$，1，0。为便于讨论，通常是求出插入一个元素的平均移动次数：

$$\frac{0+1+2+\cdots+n}{n+1}=\frac{\frac{n(n+1)}{2}}{n+1}=\frac{n}{2} \qquad (2\text{-}2)$$

所以，$T(n)=O(n)$。即：该算法的时间复杂度为 $O(n)$。

删除算法的时间性能分析如下：

删除运算的时间性能分析与插入算法类似，所需移动元素的次数也与表长 n 以及删除元素的位置 i 有关。i 可以是 1，2，$\cdots$，n（即 $i=1$，2，$\cdots$，n），移动元素的次数分别为 $n-1$，$\cdots$，1，0。这样删除一个元素的平均移动次数为：

$$\frac{(n-1)+(n-2)+\cdots+0}{n}=\frac{\frac{n(n-1)}{2}}{n}=\frac{n-1}{2} \qquad (2\text{-}3)$$

所以，$T(n)=O(n)$。该算法的时间复杂度为 $O(n)$。

思考：为什么上述两个公式（2-2）、（2-3）中的分母不一样？

2.3.2 空间性能分析

顺序表的 7 种基本运算执行时所需要的空间都是用于存储算法本身所用的指令、常数、变量的，各算法的空间性能均较好。只是对于存放顺序表的数组空间大小（主要由数组的长度决定）的定义很难把握好，如果数组的长度定义过大，会造成必不可少的空间浪费。

2.4 顺序表的应用 1——查找问题

顺序表是一种简单而常用的数据结构，其应用范围较为广泛，而"查找"又是一种常用的算法（运算），本节介绍"查找"的概念、常用算法以及在顺序表中的应用。

2.4.1 查找的概念

定义 2.2 给定一个值 K，在一组具有相同数据类型的数据元素中找出关键字等于给定值 K 的数据元素（结点），这个操作过程称为查找。若找到，则查找成功，输出该数据元素（结点）的相关信息；否则查找失败，输出查找失败的信息。

其中，关键字是数据元素（或记录）中某个数据项的值，它可以标识一个数据元素。当数据元素只有一个数据项时，其关键字即为该数据元素的值。

注意："查找成功"或者"查找不成功"都是查找结果。

【例 2-9】 在如图 2-5 所示的电话号码簿中查找"李萍"的电话号码。

电话号码簿中的每一行即为一个数据元素，其中"姓名"字段为关键字项，"李萍"即为给定的 K 值。在上述一组数据元素（记录）中可以找到关键字项的值等于"李萍"的记录，

姓　名	家庭电话	移动电话
...	...	...
陈　虹	3452678	134×××890
鲁　华	3526781	132×××789
张　平	4256378	135×××892
李　萍	4456237	132×××678
黄　芳	3425617	156×××345
...	...	...

图 2-5 电话号码簿示例

此时查找是成功的。若给定值为"张三",则由于上述一组记录中没有关键字为"张三"的记录,而查找不成功。

为方便查找,通常人为地赋予这一组数据元素一定的数据结构,不同的数据结构决定着不同的查找方法。当以顺序表这种数据结构来组织这组同类型的数据元素时,可以使用的查找方法有顺序查找、二分查找以及分块查找。

2.4.2　简单顺序查找算法

1. 简单顺序查找算法的思想

简单顺序查找是一种可以在顺序表上实现的最基本的查找方法。

基本思想:从顺序表的一端开始顺序扫描,将给定值 K 依次与顺序表中各数据元素(结点)的关键字比较,若当前扫描到的结点的关键字与给定值 K 相等,则查找成功;若扫描结束后,仍未找到关键字等于 K 的结点,则查找失败。

【例 2-10】在顺序表(22,34,25,12,35,67,7,45)中查找定值为 25 的数据元素。

解:将给定值 25 分别与数据元素的关键字 45、7、67、35、12 比较,均不相等,当扫描比较到数据元素 25 时,其与给定的值 25 相等,则查找成功。

2. 顺序表的数据类型

为方便算法实现,重新定义用于查找操作的顺序表的数据类型如下:

```
#define  LIST_SIZE 20
typedef struct{
  KeyType key;                  //key 为关键字
  OtherType other_data;
}RecordType;
typedef struct{
  RecordType r[LIST_SIZE+1];    //r[0]为工作单元
  int length;                   //length 为顺序表的长度
}RecordList;
```

3. 简单顺序查找算法实例

如图 2-6(a)所示,数组元素 $r[1]$~$r[n]$ 中依次存放了组成顺序表的数据元素,而将给定值 K 作为新数据元素的数据项存放在 $r[0]$ 中(称其为监视哨)。查找操作可以从顺序表的最后一个元素开始,依次将 $r[n]$~$r[0]$ 的关键字与给定值 K 比较。若 $r[i]$.key 与 K 相等,则输出 i。当 $i>0$ 时,表示查找成功,$i=0$ 时查找失败。图 2-6(b)~图 2-6(g)描述了例 2-10 中一组数据的简单顺序查找过程。

4. 简单顺序查找算法

```
int SeqSearch(RecordList L,KeyType k){
  //在顺序表 L 中顺序查找其关键字等于 k 的元素,若找到,则函数值为该元素在表中的位置,否
  //则为 0
  L.r[0].key=k;      //0 号单元作为监视哨
  int i=L.length;
  while(L.r[i].key!=k) --i;
  return(i);
}
```

可知,监视哨 $r[0]$ 的作用是在循环中省去判定防止下标越界的条件 $i<0$,从而节省比较的时间。

5. 简单顺序查找算法的性能分析

通常情况下，查找算法的时间性能是以平均查找长度来衡量的。

定义 2.3 查找过程中对关键字需要执行的平均比较次数称为平均查找长度 ASL（Average Search Length）。它的计算公式为

$$ASL = \sum_{i=1}^{n} P_i C_i \tag{2-4}$$

其中，P_i 为查找顺序表中第 i 个元素的概率；C_i 为找到关键字等于给定值 K 的数据元素（表中第 i 个元素）时，已经和给定值 K 比较过的数据元素（结点）个数。

下面用平均查找长度来分析一下顺序查找算法的性能：

假设顺序表长度为 n，那么查找第 i 个数据元素时需进行 $n+1-i$ 次比较，即 $C_i = n-i+1$。又假设查找每个数据元素的概率相等，即 $P_i = 1/n$，则顺序查找算法的平均查找长度为：

$$ASL = \sum_{i=1}^{n} P_i C_i = \frac{1}{n} \sum_{i=1}^{n} C_i = \frac{1}{n} \sum_{i=1}^{n} (n-i+1) = \frac{1}{2}(n+1) \tag{2-5}$$

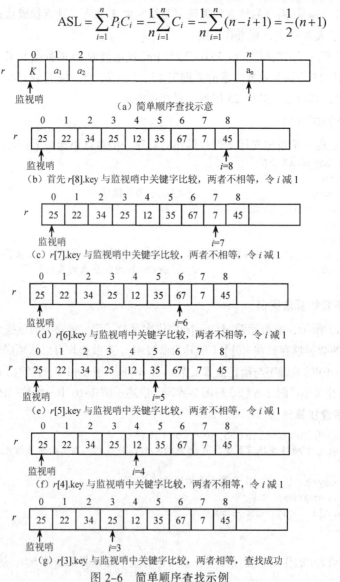

图 2-6 简单顺序查找示例

这样，最大查找长度和平均查找长度的数量级（即算法的时间复杂度）均为 $O(n)$。在实际的数据查询系统中，记录被查找的频率或机会并不是相同的。例如，在高考成绩记录中，单科成绩优秀者、总成绩排在前者常被查询，而单科成绩和总成绩一般的人则很少问津。因此，如果把经常查找的记录尽量放前，则可降低 ASL，即可以将表中记录按查找概率由小到大重排。

2.4.3   有序表的二分查找算法

二分查找也称折半查找，它要求待查找的数据元素必须是按关键字的大小有序排列的顺序表。

1. 二分查找算法的思想

二分查找的思想如下：

（1）将表中间位置记录的关键字与给定 K 值比较，如果两者相等，则查找成功。

（2）如果两者不等，利用中间位置记录将表分成前、后两个子表，如果中间位置记录的关键字大于给定 K 值，则进一步查找前一子表，否则进一步查找后一子表。

（3）重复以上过程，直到找到满足条件的记录，则查找成功，或者直到分解出的子表不存在为止，此时查找不成功。

【例 2-11】用二分查找法在有序表(6,12,15,18,22,25,28,35,46,58,60)中查找 12 和 50。

假定该顺序表 l 的数据类型同 2.4.2 节中的描述，为 RecordList 类型，且在查找过程中分别用 low、high 和 mid 记录表中第一个、最后一个以及中间记录的位置。其中 mid=(low+high)/2，当 high<low 时，表示不存在这样的子表空间，查找失败。

（1）用二分查找法查找给定 K 值 12（key=12）。

首先确定 low=1，high=11，mid=(low+high)/2=6。

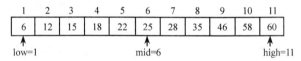

将 $l.r$[mid].key 与 key 比较，key<$l.r$[mid].key 则 key 可能存在于下标区间为[low,mid-1]的前一子表中，令 high=mid-1，重新计算 mid=(low+high)/2=3。

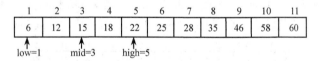

此时 key<$l.r$[mid].key，则 key 依然可能存在于下标区间为[low,mid-1]的前一子表中；再令 high=mid-1，mid=(low+high)/2=1。

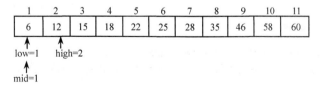

此时 key>$l.r$[mid].key，则 key 可能存在于下标区间为[low+1,mid]的后一子表中；令 low=mid+1，mid=(low+high)/2=2。

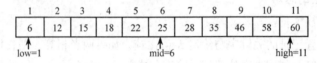

这时，key=l.r[mid].key，查找成功。

（2）用二分查找法查找给定 K 值 50（key=50）。

首选确定 low=1，high=11，mid=(low+high)/2=6。

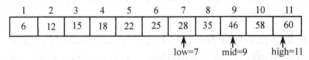

将 l.r[mid].key 与 key 比较，key>l.r[mid].key 则 key 可能存在于下标区间为[mid+1，high]的后一子表中；令 low=mid+1=7，mid=(low+high)/2=9。

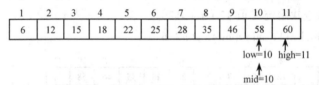

此时 key>l.r[mid].key，则 key 依然可能存在于下标区间为[mid+1,high]的后一子表中；再令 low=mid+1=10，mid=(low+high)/2=10。

此时 key<l.r[mid].key，则 key 可能存在于下标区间为[low，mid-1]的前一子表中；令 high=mid-1=9。此时 low=10，则 low>high，说明表中没有关键字等于 key 的元素，查找不成功。

由上例可看出：在二分查找的过程中，每次均将下标为 mid 的元素关键字 l.r[mid].key 与给定的 key 值比较；若 key<l.r[mid].key，则修改 high 为 mid-1，若 key>l.r[mid].key，则修改 low 为 mid+1，并重新计算 mid 的值；依此类推；直到 key=l.r[mid].key，查找成功；或 low>high，查找失败。

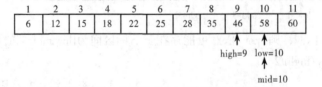

2．二分查找的算法

```
int BinSrch(RecordList *L,KeyType k){
//在有序表 L 中二分查找其关键字等于 k 的元素，若找到，则函数值为该元素在表中的位置
  low=0;
  i=0;
  high=L->length-1;                          //置区间初值
  while(low<=high){
```

```
      mid=(low+high)/2;
      if(k==L->r[mid].key) {i=mid; break;}     //找到待查元素
      else if(k<L->r[mid].key)
         high=mid-1;                            //未找到，则继续在前半区间进行查找
      else low=mid+1;                           //继续在后半区间进行查找
   }
   return(i);
}
```

3．二分查找的性能分析

由以上查找过程可知：找到第 6 个元素仅需比较一次；找到第 3、9 个元素需比较两次；找到第 1、4、7、10 个元素需比较 3 次；找到第 2、5、8、11 个元素需比较 4 次。

可以看出，对于长度为 n 的有序表，只有一个元素仅需比较一次就可以得到查找结果，有两个元素需比较两次可以得到查找结果，有 4 个元素需比较 3 次可以得到查找结果，有 8 个元素需比较 4 次可以得到查找结果，……，有 2^{h-1} 个元素需要比较 h 次可以得到查找结果；令

$$n=1+2+4+8+\cdots+2^{h-1}=2^h-1 \tag{2-6}$$

则在长度为 n 的有序表中最大查找长度为 h；准确地说，当 $2^{h-1}-1<n\leqslant 2^h-1$ 时的最大查找长度为 h，则

$$h=\lceil \log_2(n+1) \rceil \tag{2-7}$$

假设每个记录的查找概率相等，则二分查找成功时的平均查找长度为

$$ASL = \sum_{i=1}^{n} P_i C_i = \frac{1}{n} \sum_{j=1}^{h} j \times 2^{j-1} = \frac{n+1}{n} \log_2(n+1) - 1 \tag{2-8}$$

当 n 较大时，$n+1/n$ 近似为 1，这样，有如下近似结果：

$$ASL = \log_2(n+1) - 1 \approx \log_2 n \tag{2-9}$$

所以，二分查找的平均查找长度数量级（算法时间复杂度）为 $O(\log_2 n)$。

2.4.4　分块查找算法

1．分块查找算法的思想

分块查找又称索引顺序查找，主要针对分块有序表进行查找：整个列表由若干块（子表）组成，每块内的元素排列无序，每一块中所有元素均小于（大于）其后块中所有元素，即块间有序。

【例 2-12】电话号码簿按姓氏的不同分成若干个块（子表），每一个块内姓氏相同而名不同，且按名排列可以无序；而块与块之间可以按姓氏的前两个字母顺序排列。

可以看出，电话号码簿就属于分块有序表。显然，对分块有序表的查找不可以采用二分查找方法，但如果按简单顺序查找又太费时。此时，可以为该顺序表建立一个索引表。

索引表中为每一块设置一个索引项，每个索引项记录该块的起始位置，以及该块中的最大关键字（或最小关键字）。索引表按关键字有序排列。

【例 2-13】图 2-7 为一个分块有序表及其索引表。分块有序表中含有 13 个元素，分成 3 个块：第 1 个块的起始地址为 0，块内最大关键字为 25；第 2 个块的起始地址为 5，块内最大关键字为 58；第 3 个块的起始地址为 10，块内最大关键字为 90；以此建立含有 3 个索引项的索引表。可以看出，索引表是按关键字有序排列的有序表。

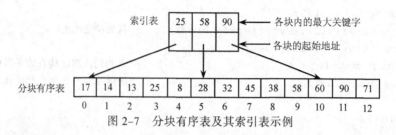

图 2-7　分块有序表及其索引表示例

2．分块查找算法

分块查找算法需分两步进行：

（1）应用二分查找算法或简单顺序查找算法，将给定值 key 与索引表中的关键字进行比较，以确定待查元素所在的块。

（2）应用简单顺序查找算法，在相应块内查找关键字为 key 的数据元素。

【例 2-14】在例 2-10 中的分块有序表中查找符合给定值为 38 的数据元素。

首先，将 38 与索引表中的关键字进行比较，因为 25＜38＜58，则关键字为 38 的元素若存在，必定在第 2 个块中；由于指向第 2 个块的索引项中指针描述的块的起始地址是分块有序表中的第 5 个单元，则自第 5 个单元起进行顺序查找，最后在第 8 个单元中找到关键字值为 38 的元素。

假定该分块有序表中没有关键字等于 key 的元素，例如：key=37，则自第 5 个单元起至第 9 个单元（第 3 个块的起始地址-1）的关键字和 key 比较均不相等，则查找不成功。

3．分块查找算法分析

可以看出，分块查找算法是二分查找算法和顺序查找算法的简单合成。这样，分块查找的平均查找长度（ASL_{bs}）也由两部分构成，即查找索引表时的平均查找长度 L_B，以及在相应块内进行顺序查找的平均查找长度 L_W：

$$ASL_{bs}=L_B+L_W$$

若将长度为 n 的表均匀地分成 b 块，且每块含 s 个元素，则 $b=n/s$。

假定表中每个元素的查找概率相等，则每个索引项的查找概率为 $1/b$，块中每个元素的查找概率为 $1/s$。若用顺序查找法确定待查元素所在的块，则分块查找的平均查找长度为

$$ASL_{bs} = L_B + L_W = \frac{1}{b}\sum_{i=1}^{b}i + \frac{1}{s}\sum_{j}^{s}j = \frac{b+1}{2} + \frac{s+1}{2} = \frac{b+s}{2}+1 \qquad （2-10）$$

将 $b=n/s$ 代入，得：

$$ASL_{bs} = \frac{1}{2}\left(\frac{n}{s}+s\right)+1 \qquad （2-11）$$

若用折半查找法确定待查元素所在的块，则有

$$ASL_{bs} = L_B + L_W = \log_2(b+1)-1+\frac{s+1}{2} \approx \log_2\left(\frac{n}{s}+1\right)+\frac{s}{2} \qquad （2-12）$$

2.4.5　3 种查找算法的性能比较

用顺序表组织待查找元素是实现对一组数据元素进行查找的简单、常用方法。根据数据元素间是否按关键字有序排列，可采用简单顺序查找、二分查找以及分块查找等方法，各种查找算法之间的时间与空间性能也有很大差异。

1．3 种查找算法的时间性能分析

简单顺序查找的优点是算法简单，无论数据元素之间是否按关键字有序，它都同样适用。其缺点是查找速度较慢，对于长度为 n 的顺序表，查找成功最多需要比较 n 次，平均查找长度为 $(n+1)/2$ 次，查找失败时需比较 $n+1$ 次。所以，简单顺序查找的时间复杂度为 $O(n)$。

在二分查找中，若将表长 n 表示为 $2^{h-1}-1 < n \leqslant 2^h-1$，则无论其查找成功或失败，同关键字比较的次数不会超过 $h(h=\log_2(n+1))$。所以，二分查找的时间复杂度为 $O(\log_2 n)$。可以看出，二分查找的优点是比较次数少，查找速度快。但二分查找只能适用于有序表，且限于顺序存储的有序表，在应用二分查找算法之前要为建立有序表付出代价。

对于分块查找，由 2.4.4 节推导出的分块查找平均查找长度 ASL_{bs} 的值可知，分块查找的平均查找长度不仅与表长 n 有关，而且与每一块中元素的个数 s 有关。另外，在进行分块排序前，还增加了将初始表分块排序的运算。不难证明，分块查找的时间性能比顺序查找有了很大改进，但远不及二分查找。

【例 2-15】在长度 $n=10\,000$ 的顺序表中查找某数据元素，比较应用不同查找方法的时间性能。

用简单顺序查找算法的平均查找长度为 $(n+1)/2=5\,000$ 次；查找成功时，最多比较 $10\,000$ 次。

应用二分查找算法，最多需比较 $h=\lceil \log_2(n+1) \rceil=14$ 次；其平均查找长度为

$$ASL = \sum_{i=1}^{n} P_i C_i = \frac{1}{n}\sum_{j=1}^{h} j \times 2^{j-1} \approx 14 \qquad (2-13)$$

应用分块查找算法，若将其分成 100 个块，每块中含有 100 个数据元素；并应用顺序查找确定块，则该算法平均需要做 101 次比较。

由此可见，3 种查找算法中，简单顺序查找的算法效率最低，其次是分块查找，而二分查找算法的时间性能最好。

2．3 种查找算法的空间性能分析

从空间性能方面来分析，简单顺序查找算法只需一个额外的元素空间作为监视哨，用来存放待查元素；二分查找算法需要 3 个额外存放下标值的空间，分别存放 low、mid、high 的值；而分块查找算法的主要额外空间代价是增加一个辅助数组的存储空间，用来构造索引表。相比之下，分块查找算法的空间性能较差。

2.5　顺序表的应用 2——排序问题

在有序的顺序表中采用二分查找算法，其时间性能（平均查找长度）远远优于在无序的顺序表中进行简单顺序查找。因此，讨论如何对一组无序的数据元素进行排序也是学习"数据结构与算法"的任务之一。由于顺序表这种数据结构简单，所以通常被应用于数据元素的排序。

2.5.1　排序的概念

1．排序

定义 2.4　排序是将一组具有相同数据类型的数据元素调整为按关键字从小到大(或从大到小)排列的过程。

关键字是数据元素（或记录）中某个数据项的值，它可以标识一个数据元素。若此关键字可以唯一地标识一个数据元素，则称此关键字为主关键字；若其可以标识若干数据元素，则称该关键字为次关键字。

【例 2-16】将图 2-8 所示的成绩表排序。

准考证号	姓名	政治	语文	外语	数学	物理	化学	生物	总分
...	...	...	...	...	...	...	...	...	...
179325	陈红	85	86	88	102	92	90	45	588
179326	黄方	78	75	90	80	95	88	37	543
179327	张平	82	80	78	98	84	96	40	558
...	...	...	...	...	...	...	...	...	...

图 2-8　高考成绩表示例

若按准考证号排序，则排序的结果是唯一的，"准考证号"为主关键字；若按姓名或总成绩排序，由于存在姓名相同或总成绩相同的情况，则排序结果不一定唯一，数据项"姓名"或"总成绩"的值均为次关键字。

2．排序分类

通常，在排序运算中，根据不同的排序结果按照不同的原则对排序加以分类。

（1）稳定排序和不稳定排序

在排序过程中，若按次关键字排序，且具有相同关键字的数据元素之间的相对次序（位置）不变，则称这种排序方法为稳定排序；反之，为不稳定排序。

（2）增排序和减排序

若排序的结果是按关键字从小到大的顺序排列，则称其为增排序；若排序的结果是按关键字从大到小的顺序排列，则称其为减排序。

（3）内部排序和外部排序

若在排序过程中，整个文件（数据表）都是放在内存中处理，排序时不涉及数据的内外存交换，这种排序称为内部排序；若排序过程中，要进行数据的内外存交换，则称这种排序为外部排序，例如文件排序。

本章中主要讨论内部排序。内部排序的方法很多，按照各种方法所采用的基本思想不同，可将排序划分为插入排序、交换排序、选择排序、归并排序和基数排序这几种。本节主要讨论用顺序表来组织一组待排序的数据元素时，可以采用的直接插入排序、希尔排序、冒泡排序、快速排序、直接选择排序及归并排序等排序方法。

2.5.2　顺序表的数据类型

为方便讨论，将组织待排元素的顺序表的数据类型定义如下：

```
#define MAXSIZE 20
typedef struct{
    KeyType key;                          //key 为关键字
    OtherType otherdata;
}RecordType;
```

```
typedef struct{
    RecordType r[MAXSIZE+1];           //r[0]为工作单元或闲置
    int length;                         //length 为顺序表的长度
}SqeList;                               //顺序表类型
```

2.5.3　插入排序——直接插入排序算法

所谓插入排序，是在一个已排好序的子数据表的基础上，每一次将一个待排序的数据元素有序地插入到该子数据表中，直至所有待排序元素全部插入为止。

打扑克牌时的抓牌就是插入排序的一个很好的例子：每抓一张牌，就插入到合适的位置，直到所有牌被抓完，手中就有了一个扑克牌的有序序列。

直接插入排序是最基本的一种插入排序方法。

1.　算法思想

直接插入排序的基本思想是：将整个数据表分成左右两个子表；其中左子表为有序表，右子表为无序表；整个排序的过程就是将右子表中的元素逐个插入到左子表中，直至右子表为空，而左子表成为新的有序表。

【例 2-17】设初始数据表的关键字序列为(49,38,65,97,76,13,27,49')，应用直接插入排序思想将其调整为递增序列。

解：令初始状态下左子表为(49)，右子表为(38,65,97,76,13,27,49')；每一次向左子表中插入元素时，自右至左依次将该元素与左子表中元素比较，以获得合适的插入位置。图 2-9 描述了应用直接插入排序思想的排序过程。

	左子表	右子表
	(49)	(38,65,97,76,13,27,49')
将 38 插入到左子表中	(38,49)	(65,97,76,13,27,49')
将 65 插入到左子表中	(38,49,65)	(97,76,13,27,49')
将 97 插入到左子表中	(38,49,65,97)	(76,13,27,49')
将 76 插入到左子表中	(38,49,65,76,97)	(13,27,49')
将 13 插入到左子表中	(13,38,49,65,76,97)	(27,49')
将 27 插入到左子表中	(13,27,38,49,65,76,97)	(49')
将 49'插入到左子表中	(13,27,38,49,49',65,76,97)	()

图 2-9　直接插入排序示例

可以看出，完整的直接插入排序一般是从第 2 个元素开始的。也就是说：将第 1 个元素视为已排好序的集合（左子表），然后将第 2 个至第 n 个元素依次插入到该集合中，即可实现完整的直接插入排序。

2.　直接插入排序算法的过程分析

为便于算法的实现，假设待排序元素存放在数组 $r[n+1]$ 中，初始状态下 $r[1]$ 为有序区（左子表），$r[2]\sim r[n]$ 为无序区（右子表）。

当 $r[1]\sim r[i]$ 为有序区、$r[i+1]\sim r[n]$ 为无序区时，将 $r[i+1]$ 的关键字（$r[i+1].key$）依次与 $r[i]\sim r[1]$ 的关键字（$r[j].key$，$1\leqslant j\leqslant i$）比较。若 $r[i+1].key<r[j].key$（$1\leqslant j\leqslant i$），则将 $r[j].key$ 后移一位

（$r[j+1].key=r[j].key$）；若 $r[i+1].key \geqslant r[j].key$（$1 \leqslant j \leqslant i$），则进行赋值操作 $r[j+1].key=r[i+1].key$（$1 \leqslant j \leqslant i$），使得有序区扩充为 $r[1] \sim r[i+1]$、无序区缩小为 $r[i+2] \sim r[n]$。

该算法中，附设一个监视哨 $r[0]$，使得 $r[0]$ 始终存放待插入的元素。

如图 2-10 所示是对例 2-17 应用上述算法分析的具体实现过程。

思考：附设监视哨的作用是什么？

3. 直接插入排序算法

直接插入排序算法描述如下：

```
void InsertSort(SqeList *L){              //对顺序表 L 中的元素做直接插入排序
    for(i=2;i<L->length;i++){
        L->r[0]=L->r[i]; j=i-1;           //将待插入元素存到监视哨 r[0] 中
        while(L->r[0].key<L->r[j].key){   //寻找插入位置
            L->r[j+1]=L->r[j];
            j=j-1;
        }
        L->r[j+1]=L->r[0];                //将待插入元素插入到已排序的序列中
    }
}
```

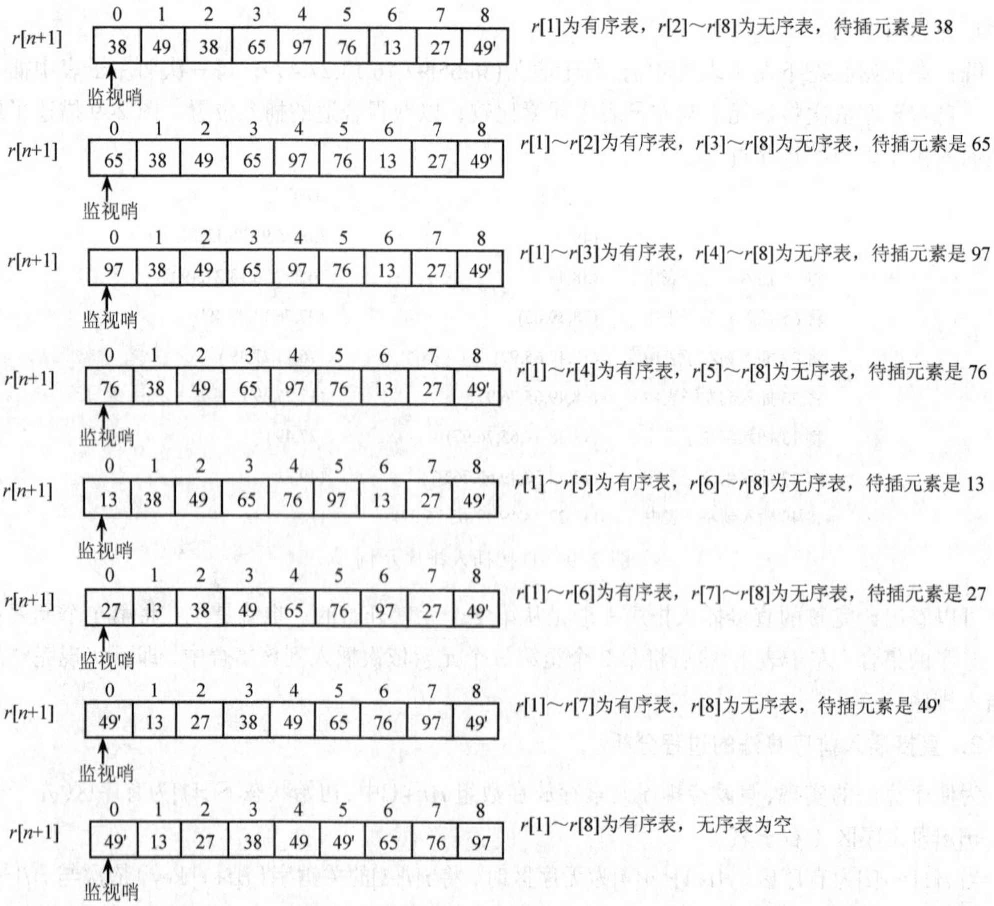

图 2-10　直接插入排序算法实现过程示例

4．直接插入排序算法性能分析

从算法描述中可以看到，直接插入排序在搜索插入位置时，遇到关键字相等的元素就停止比较和移动元素，可以确定该算法为稳定的排序算法。

从空间角度上看，它只需要一个元素的辅助空间 $r[0]$。

从时间性能上看，算法执行的主要时间耗费在关键字的比较和移动元素上。可以先分析一趟插入排序的情况：算法中的 while 循环的次数主要取决于待插元素的关键字与前 $i-1$ 个元素的关键字的关系上。若 $r[i].key>r[i-1].key$，即待排序元素本身已按关键字有序排列，则 while 循环只执行 1 次，且不移动元素，此时总的比较次数为 $n-1$ 次；若 $r[i].key<r[1].key$，即待排序元素按关键字逆序排列，则 while 循环中关键字比较次数和移动元素的次数为 $i-1$，此时总的比较次数达到最大值 $\sum_{i=2}^{n} i = (n+2)(n-1)/2$，元素移动的次数也达到最大值 $\sum_{i=2}^{n}(i+1) = (n+4)(n-1)/2$。可见，算法执行的时间耗费主要取决于数据的分布情况。

若待排序元素是随机的，即待排序元素可能出现的各种排列的概率相同，则算法执行时比较、移动元素的次数可以取上述最小值和最大值的平均值，约为 $n^2/4$。因此，直接插入排序的时间复杂度为 $O(n^2)$。

可以看出，直接插入排序比较适用于待排序元素数量较少且基本有序的情况。为此，可以从"减少关键字的比较次数"和"降低元素的移动次数"两种操作着手，对直接插入排序做进一步的改进，以提高算法的时间性能。

2.5.4　插入排序——希尔排序算法

希尔排序又称"缩小增量排序"，它也是一种基于插入排序思想的排序方法。根据上述对直接插入排序算法的性能分析，当数据表基本有序时，算法的性能较好；另一方面，若待排序的元素数量较少，算法的效率也较高。希尔排序就是从这两点分析出发，对算法简洁的直接插入排序进行改进而形成的一种时间性能较好的插入排序算法。

1．希尔排序算法思想

基本思想：先将整个待排序元素序列分割成若干子序列，对每个子序列分别进行直接插入排序，当整个待排序元素序列"基本有序"时，再对全体元素进行一次直接插入排序。

将待排序元素序列调整为基本有序的方法是：选择一个步长值 d，将元素下标之差为 d 的倍数的元素放在一组（子序列），在每组内进行直接插入排序。

下面从一个具体的例子来看希尔排序的实现。

【例 2-18】设初始关键字序列为 (49,52,65,97,35,13,27,49')。

表长 $n=8$，选择第一个步长值 $d1=n/2=4$，将下标之差为 4 的倍数的元素放在一组，整个数据表分割成 4 个子序列：

初始关键字序列　　49，52，65，97，35，13，27，49'

在每一个子序列中进行直接插入排序：

初始关键字序列　　49，52，65，97，35，13，27，49'

```
35              49
    13              52
        27              65
            49'             97
```

一趟排序的结果为：35，13，27，49'，49，52，65，97

选择第二个步长值 $d2=d1/2=2$，在一趟排序的基础上将整个数据表分割成 2 个子序列：

一趟排序结果　　35，13，27，49'，49，52，65，97

```
35      27      49      65
    13      49'     52      97
```

在每一个子序列中进行直接插入排序：

一趟排序结果　　35，13，27，49'，49，52，65，97

```
27      35      49      65
    13      49'     52      97
```

二趟排序的结果为：27，13，35，49'，49，52，65，97

选择第 3 个步长值 $d3=d2/2=1$，在二趟排序的基础上将整个数据表分割成 1 个子序列，这时该序列已基本有序。再进行一次直接插入排序，得到最终的排序结果：

$$13，27，35，49'，49，52，65，97$$

由上例可见，希尔排序不是简单的"逐段分割"产生子序列，而是将相隔某个"增量"的元素组成一个子序列。这样，在每个子序列中，关键字较小的元素"跳跃式"前移，从而使得在进行最后一趟增量为 1 的插入排序时，序列已基本有序，只要进行关键字的少量比较和局部的元素移动即可完成排序过程。因此，希尔排序的时间复杂度较直接插入排序低。

2. 希尔排序算法

为实现算法，待排序的一组数据元素依然以 SqeList 类型的顺序表 L 来组织。尽管希尔排序在每一个子序列中应用直接插入排序算法，但并不是 $L.r[i+1].key$ 与 $L.r[j].key$（$1 \leqslant j \leqslant i$）依次比较。若第 i 趟希尔排序的步长值为 di，则对于待插入元素 $L.r[i]$，需要将 $L.r[i].key$ 与 $r[i-di*j].key$（$j > 0$，为整数，且 $i-di*j \geqslant 1$）依次比较，完成元素的移动与插入，使 $L.r[i]$ 所在的子序列有序，算法如下：

```
void ShellInsert(SqeList *L,int delta){
    //对顺序表 L 做一趟希尔插入排序，delta 为该趟排序的增量
    int i,j,k;
    for(i=1;i<=delta;i++){
        for(j=i+delta;j<=L->length;j=j+delta){
            L->r[0].key=L->r[j].key;      //备份 L->r[j](不做监视哨)
            k=j-delta;
            while(L->r[0].key<L->r[k].key&&k>0){
                L->r[k+delta].key=L->r[k].key;
                k=k-delta;
            }
            L->r[k+delta].key=L->r[0].key;
        }
    }
```

```
    }
}
SqeList *ShellSort(SqeList *L,int di[], int n){
//对顺序表 L 按增量序列 di[0]-di[n-1]进行希尔排序
    int i;
    for(i=0;i<=n-1;i++) ShellInsert(L,di[i]);
    return L;
}
```

3. 希尔排序算法性能分析

由例 2-18 可知，在希尔排序过程中，具有相同关键字的元素的相对位置发生了变化，说明该排序方法是不稳定的。

另外，由上述算法实现可以看到，希尔排序的时间耗费与所取的"增量"序列的函数有关。到目前为止，尚未有人求得一种最好的增量序列，使希尔排序的时间性能达到最好。经过大量研究，也得出了一些局部的结论。如有人在大量实验的基础上提出，当增量序列 $delta[i]=2^{t-i+1}-1$ 时，希尔排序的时间复杂度为 $O(n^{3/2})$，其中 t 为排序的趟数，$1 \le i \le t \le \lfloor \log_2(n+1) \rfloor$。增量序列可以有各种取法，但无论如何，最后一个增量值必须等于 1。

希尔排序的空间性能同直接插入排序，只需要一个元素的辅助空间 $r[0]$，来备份待插元素。

2.5.5　交换排序——冒泡排序算法

1. 冒泡排序算法思想

交换排序是一类通过交换逆序元素进行排序的方法。其基本思想是：两两比较待排序元素的关键字，发现它们次序相反时即进行交换，直到没有逆序的元素为止。本节介绍基于简单交换思想的冒泡排序法。

冒泡排序是一种基于简单交换思想的排序方法，它通过比较相邻的两个元素关键字，调整相邻元素的排列次序，直至整个数据表有序。

2. 冒泡排序算法实现过程分析

以升序为例介绍冒泡排序的过程：

首先将第 1 个元素的关键字与第 2 个元素的关键字比较（比较 $L.r[1].key$ 与 $L.r[2].key$），若 $L.r[1].key > L.r[2].key$，则交换 $L.r[1]$ 与 $L.r[2]$；然后比较第 2 个元素与第 3 个元素的关键字（比较 $L.r[2].key$ 与 $L.r[3].key$），依此类推，直到第 $n-1$ 个元素的关键字与第 n 个元素的关键字比较过。上述过程称作第 1 趟冒泡排序，其结果是关键字最大的元素被交换到最后一个元素的位置上（即 $L.r[n]$ 成为关键字最大的元素）。

第 2 趟排序：将第一个元素的关键字与第二个元素的关键字比较，若为逆序，则将两个因素交换；依此类推，直到第 $n-2$ 个元素的关键字与第 $n-1$ 个元素的关键字比较过。该趟排序结束后，关键字次大的元素被交换到倒数第 2 个元素的位置上（$L.r[n-1]$ 成为关键字次大的元素）。

第 i 趟排序：从第 1 个元素到第 $n-i+1$ 个元素依次比较相邻两个元素的关键字，在逆序时交换相邻元素。该趟排序结束后，这 $n-i+1$ 个元素中关键字最大的元素被交换到第 $n-i+1$ 的位置上（$L.r[n-i+1]$ 成为这 $n-i+1$ 个元素中关键字最大的元素）。

显然，要使长度为 n 的数据表有序，需要进行 k（$1 \le k < n$）趟冒泡排序。

冒泡排序结束条件是：直到"在一趟排序过程中没有进行过交换元素的操作"时结束排序操作。

【例 2-19】设初始数据表的关键字序列为(50′,38,65,98,76,15,26,50)，应用冒泡排序算法将其调整为递增序列。冒泡排序过程如图 2-11 所示。

```
50'   38    38    38    38    38    38    38
38    50'   50'   50'   50'   50'   50'   50'
65    65    65    65    65    65    65    65
98    98    98    98    76    76    76    76
76    76    76    76    98    15    15    15
15    15    15    15    15    98    26    26
26    26    26    26    26    26    98    50
50    50    50    50    50    50    50    98
```
（a）一趟冒泡排序

```
38    38    38    38    15    15
50'   50'   50'   15    26    26
65    65    15    26    38    38
76    15    26    50'   50'
15    26    50    50
26    50    65
50    76
98
```
（b）冒泡排序全过程

图 2-11　冒泡排序示例

3. 冒泡排序算法

假定待排序的一组数据元素依然以 SqeList 类型的顺序表*L 来组织，冒泡排序中参与比较的总是相邻元素的关键字 $L\to r[i].key$ 和 $L\to r[i+1].key$（$1\leqslant i<n$），若是逆序则交换，直到某一趟排序中没有出现元素交换，排序结束。为此，算法实现时，可以定义一个标志变量 Change 记录该趟排序中是否出现元素交换。冒泡排序算法如下：

```
void BubbleSort(SqeList *L){           //对顺序表 L 进行冒泡排序
  int i,j,n,change;
  RecordType x;
  n=L->length;change=1;                //change 为记录元素交换的标志变量
  for(i=0;i<n-1&&change;++i){          //做 n-1 趟排序
    change=0;
    for(j=0;j<n-i-1;++j)
      if(L->r[j].key> L->r[j+1].key ){
        x=L->r[j]; L->r[j]=L->r[j+1];
        L->r[j+1]=x; change=1;
      }
  }
}
```

4. 冒泡排序算法性能分析

由上述算法可以看出，若数据表的初始状态是正序，则一趟比较就可以完成排序，关键字

比较 $n-1$ 次，且不存在任何元素间的交换，即冒泡排序在最好的情况下的时间复杂度是 $O(n)$。若数据表的初始状态是逆序，则需要 $n-1$ 趟比较才可以完成排序，每一趟需要进行 $n-i$（ $0 \leqslant i$ $\leqslant n-2$ ）次关键字的比较，且每次比较后都需要进行元素的 3 次移动，这样总的比较次数为 $\sum_{i=1}^{n-1} i = n(n-1)/2$，总的移动次数为 $3n(n-1)/2$ 次。因此，冒泡排序在最坏的情况下的时间复杂度是 $O(n^2)$，那么，它的平均时间复杂度也是 $O(n^2)$。

在冒泡排序的过程中，只需一个元素空间来作为元素交换之用，其空间复杂度为 $O(1)$。另外，由排序过程也可以看出，冒泡排序是一种稳定排序。

2.5.6　交换排序——快速排序算法

快速排序是在冒泡排序的基础上进行改进的一种排序方法。在冒泡排序中，若一个元素离其最终位置较远，则需进行多次的比较和元素的移动；而快速排序可以减少这样的比较和移动次数，从而提高算法的效率。

1．快速排序的基本思想

基本思想：在待排序元素中选定一个元素作为"中间数"，使该数据表中其他元素的关键字与"中间数"的关键字比较，将整个数据表划分为左右两个子表，左边子表任一元素的关键字不大于右边子表中任一元素的关键字；再对左右两个子表分别进行快速排序，直至整个数据表有序。其中，中间数可指数据表中的第一个数、最后一个数、最中间一个数或者数据表中任选一个数。

2．算法实现过程分析

在待排序的数据表中选定一个中间数后，应该对数据表进行一趟扫描，将数据表划分为左右两个子表，然后对左右子表分别进行同样的操作，直至整个数据表有序。由此可见，对数据表如何进行划分是快速排序算法的关键。

为实现合理划分，需要解决以下几个问题：

（1）如何选择"中间数"？在一趟划分后，如果左右两个子表大小相近，这样，分别继续在两个子表中快速排序时，时间性能较好。

（2）按什么次序将中间数的关键字与各元素关键字比较？

（3）比较后如何存放各元素？

假定待排序的数据表以 SqeList 类型的顺序表来组织，下面讨论算法的具体实现。

（1）首先，较典型的选择"中间数"的方法是选第一个元素，本算法即按这种方法。

（2）定义一个 RecordType 类型的变量 x 来存放中间数，使得中间数可以随时与其他元素比较；同时，该元素在顺序表中的空间可以被腾出来，方便比较后元素的存放。

（3）设置两个指针 low、high，初始时分别记录数据表中第一个和最后一个元素的位置。当选取第一个元素为中间数后（ $x=r[\text{low}]$ ），low 所指示的空间就可以被腾出来。

（4）首先通过 high 所记录的位置值，从最后边往前搜索，将第一个关键字小于中间数关键字的元素放到 low 所指示的空位（左子表的空位）上，这时 high 所指示的位置便成了空位。

（5）再从最前边开始向后搜索，将第一个关键字不小于中间数关键字的元素放在 high 所指示的空位（右子表的空位）上。

重复上述（4）、（5）过程，直到所有元素均与关键字比较过。这时，左右子表的空位重合

(low=high)，该空位正好可以存放中间数，使得数据表以该中间数为界被分成左右两个子表。此时，左边子表任一元素的关键字不大于右边子表中任一元素的关键字。

继续在左子表中应用上述快速排序算法，直到所有子表的表长不超过 1 为止，此时待排序元素序列就成为一个有序表。

下面以实例来描述快速排序的过程。

【例 2-20】设初始数据表的关键字序列为(49,60,35,77,56,15,35',98)，应用快速排序算法将其调整为递增序列。

设初值 low=1，high=8；选第一个元素为中间数，即 x=49。快速排序过程如图 2-12 所示。

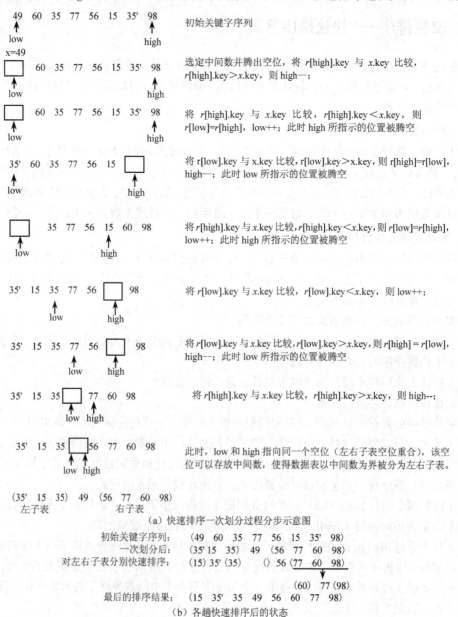

图 2-12 快速排序示例

3. 快速排序算法

由例 2-20 快速排序过程可知，每次划分时是交替地从右到左和从左到右查找数据，直到搜索位置重合为止。这样，一次划分算法的搜索过程要用循环语句来控制，循环条件是 low!=high。

设待排序的一组数据元素以 SqeList 类型的顺序表来组织，上述快速排序一次划分的算法如下：

```
int Partition(SqeList *H,int left,int right){
//对顺序表 H 中的 H->r[left]至 H->r[right]部分进行快速排序的一次划分，返回划分后存放中
//间数的位置(基准位置)
   RecordType x;
   int low,high;
   x=H->r[left];                   //选择中间数
   low=left;high=right;
   while(low<high){
      while(H->r[high].key>=x.key&&low<high) high--;
      //首先从右向左扫描，查找第一个关键字小于 x.key 的元素
      if(low<high){
         H->r[low]=H->r[high];
         low++;
      }
      while(H->r[low].key<x.key&&low<high) low++;
      //然后从左向右扫描，查找第一个关键字不小于 x.key 的元素
      if(low<high ){
         H->r[high]=H->r[low];
         high--;
      }
   }
   H->r[low]=x;                    //将中间数保存到 low=high 的位置
   return low;                     //返回存放中间数的位置
}
```

对整个数据表进行快速排序，在一次划分后，对左右子表分别进行快速排序。因此，整个排序过程是一个递归形式的算法。算法描述如下：

```
void QuickSort(SqeList *L,int low,int high){
//对顺序表 L 用快速排序算法进行排序
   int mid;
   if(low<high){
      mid=Partition(L,low,high);
      QuickSort(L,low,mid-1);
      QuickSort(L,mid+1,high);
   }
}
```

4. 快速排序算法性能分析

快速排序的一次划分算法从两头交替搜索，直到 low 和 high 重合，因此其时间复杂度是 $O(n)$；而整个快速排序算法的时间复杂度与划分的趟数有关。

理想的情况是，每次划分所选择的中间数恰好将当前序列几乎等分，经过 $\log_2 n$ 趟划分，便可得到长度为 1 的子表。这样，整个算法的时间复杂度为 $O(n\log_2 n)$。

最坏的情况是，每次所选的中间数是当前序列中的最大或最小元素，这使得每次划分所得的子表中一个为空表，另一子表的长度为原表的长度-1。这样，长度为 n 的数据表的快速排序需要经过 n 趟划分，使得整个排序算法的时间复杂度为 $O(n^2)$。

为改善最坏情况下的时间性能，可采用其他方法选取中间数。通常采用"三者值取中"方法，即比较 $H->r[low].key$、$H->r[high].key$ 与 $H->r[(low+high)/2].key$，取三者中关键字为中值的元素为中间数。

可以证明（能否找到文献出处？），快速排序的平均时间复杂度也是 $O(n\log_2 n)$。因此，该排序方法被认为是目前最好的一种内部排序方法。

从空间性能上看，尽管快速排序只需要一个元素的辅助空间，但快速排序需要一个栈空间来实现递归。最好的情况下，即快速排序的每一趟排序都将元素序列均匀地分割成长度相近的两个子表，所需栈的最大深度为 $\lfloor \log_2(n+1) \rfloor$；但最坏的情况下，栈的最大深度为 n。这样，快速排序的空间复杂度为 $O(\log_2 n)$。

另外，从例 2-20 可以看出，快速排序过程中关键字相同的元素在排序前后相对位置发生了改变，因此，快速排序是不稳定的。

2.5.7 选择排序——直接选择排序算法

选择排序的基本思想：在每一趟排序中，从待排序序列中选出关键字最小或最大的元素放在其最终位置上。本教材介绍两种基于这种排序思想的排序方法：直接选择排序和堆排序。其中，堆排序将在第 7 章中介绍。

1. 直接选择排序算法思想

直接选择排序的基本思想是，在第 i 趟直接选择排序中，通过 $n-i$ 次关键字的比较，从 $n-i+1$ 个元素中选出关键字最小的元素，与第 i 个元素进行交换。经过 $n-1$ 趟比较，直到数据表有序为止。

对于长度为 n 的数据表 L，若定义其类型为 SqeList，则直接选择排序的每一趟排序过程如下：

第 1 趟排序是在无序区间 $L.r[0] \sim L.r[n-1]$ 中选出关键字最小的元素，将其与 $L.r[0]$ 交换。

第 2 趟排序是在 $L.r[1] \sim L.r[n-1]$ 中选出关键字最小的元素与 $L.r[1]$ 交换。

……

第 i 趟排序是在 $L.r[i] \sim L.r[n-1]$ 中选出关键字最小的元素与 $L.r[i]$ 交换。

……

最后一趟排序是在 $L.r[n-2]$ 与 $L.r[n-1]$ 中选出关键字最小的元素与 $L.r[n-2]$ 交换。

直接选择排序实例见例 2-21。

【例 2-21】设初始数据表的关键字序列为 (49,60,35,77,56,15,35',98)，应用直接选择排序算法将其调整为递增序列。排序过程如图 2-13 所示。

初始关键字序列　(49　60　35　77　56　15　35'　98)
先用 49 分别与 60、35 比较，然后变为用 35 与 77、56、15 比较，最后变为用 15 与 35'、98 比较，最后确定最小数是 15，将其与 49 交换

第 1 趟排序后　**15**　(60　35　77　56　**49**　35'　98)
先用 60 与 35 比较，然后变为用 35 与其余各数比较，最后确定最小数是 35，将其与 60 交换

第 2 趟排序后　15　**35**　(60　77　56　49　35'　98)
先用 60 与 77、56 比较，然后变为 56 与 49 比较，再变为 49 与 35'比较，最后变为 35'与 98 比较，确定最小数是 35'，将其与 60 交换

第 3 趟排序后　15　35　**35'**　(77　56　49　60　98)
先用 77 与 56 比较，然后变为用 56 与 49 比较，再变为 49 与 60、98 比较，确定最小数是 49，将其与 77 交换

第 4 趟排序后　15　35　35'　**49**　(56　77　60　98)
用 56 与 77、60、98 比较，确定最小数是 56，不需要交换

第 5 趟排序后　15　35　35'　49　**56**　(77　60　98)
先用 77 与 60 比较，然后变为用 60 与 98 比较，确定最小数是 60，将其与 77 交换

第 6 趟排序后　15　35　35'　49　56　**60**　(77　98)
用 77 与 98 比较，确定最小数是 77，不需要交换

最后的排序结果　15　35　35'　49　56　60　77　98

图 2-13　直接选择排序过程示意图

2. 直接选择排序算法

由例 2-21 直接选择排序的过程可知，在进行第 i 趟选择时，从当前待排序的序列中选出关键字最小的、下标为 k 的元素，与下标为 i 的元素交换。

设待排序的一组数据元素以 SqeList 类型的顺序表*L 来组织，直接选择排序算法如下：

```
void SelectSort(SqeList *L){    //对顺序表 L 做直接选择排序
  int n,i;
  n=L->length;
  for(i=0;i<n-1;++i){
    k=i;
    for(j=i+1;j<n;++j)
      if(L->r[j].key<L->r[k].key)
        k=j;
    if(k!=i){
      x=L->r[i]; L->r[i]=L->r[k]; L->r[k]=x;
    }
  }
}
```

3. 直接选择排序算法性能分析

在直接选择排序过程中，无论待排序序列的初始状态如何，在第 i 趟排序中都需要进行 $n-i$ 次比较。因此，总的比较次数为

$$\sum_{i=1}^{n-1}(n-i)=n(n-1)/2 \qquad（2-14）$$

即进行关键字比较操作的时间复杂度为 $O(n^2)$。

当初始序列为正序时，元素的移动次数为 0；而当初始序列为逆序时，每一趟排序都需要移动元素，总的移动次数为 $3(n-1)$。所以，直接选择排序的平均时间复杂度为 $O(n^2)$。

直接选择排序时只需一个元素空间用作元素交换，因此，其空间复杂度为 $O(1)$。

另外，直接选择排序是一种不稳定排序。因为在排序前后，关键字相同的元素的相对位置可能发生改变。例如，若待排序序列为(50,50',15,87)，则经过直接选择排序后的递增序列为(15,50',50,87)，可以看出 50 与 50'的相对位置发生了改变。

2.5.8　归并排序算法

归并排序是一类基于"归并"技术的排序方法。所谓归并，是指将两个或两个以上的有序表合并成一个新的有序表。本节首先讨论归并的实现，在此基础上讨论归并排序算法。

1. 归并

最基本的归并是将两个有序表合并成一个有序表。

假设两个非递减有序表 $A=(a_1,a_2,\cdots,a_n)$，$B=(b_1,b_2,\cdots,b_n)$，现将 A、B 合并为一个有序表 C。归并技术算法分析如下：

（1）设置 3 个指示器 ia、ib、ic，它们的初值分别是有序表 A、B、C 的起始位置。

（2）比较 ia 和 ib 所指示元素的关键字大小，将关键字较小的元素复制到表 C 中，同时 ic 加 1。

（3）若是 ia 指示的元素被复制到表 C，则 ia 加 1；否则 ib 加 1。

（4）重复（2）、（3）步，直到 ia 或 ib 指向表尾，则将另一表中所有元素复制到表 C 中。

【例 2-22】将两个有序表(2,5,8,9)和(3,4,6)归并为一个有序表。如图 2-14 所示。

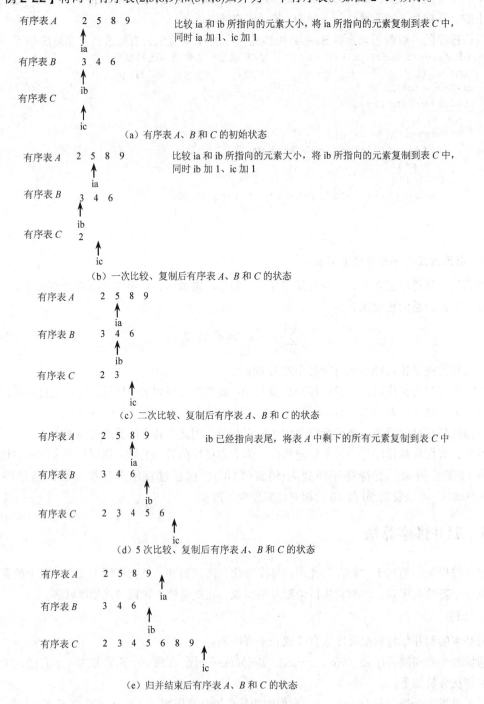

比较 ia 和 ib 所指向的元素大小，将 ia 所指向的元素复制到表 C 中，同时 ia 加 1、ic 加 1

（a）有序表 A、B 和 C 的初始状态

比较 ia 和 ib 所指向的元素大小，将 ib 所指向的元素复制到表 C 中，同时 ib 加 1、ic 加 1

（b）一次比较、复制后有序表 A、B 和 C 的状态

（c）二次比较、复制后有序表 A、B 和 C 的状态

ib 已经指向表尾，将表 A 中剩下的所有元素复制到表 C 中

（d）5 次比较、复制后有序表 A、B 和 C 的状态

（e）归并结束后有序表 A、B 和 C 的状态

图 2-14 归并过程示意图

进一步考虑，若有序表 A，B 同属于一个数据表 R，是 R 的两个有序区，并且 $R[\text{low}] \sim R[\text{mid}]$

为有序表 A 的存储区，R[mid+1]～R[high]为有序表 B 的存储区。将其归并为一个有序表 C，存放在数组 R1 中。其算法描述如下：

```
void Merge(RecordType R[],RecordType R1[],int low,int mid,int high){
    //数组 R[]中 R[low]～R[mid]和 R[mid+1]～R[high]分别按关键字有序排列,
    //将它们合并成一个有序序列,存放在数组 R1 的 R1[low]～R1[high]中
    int i,j,k;
    i=low;j=mid+1;k=low;
    while(i<=mid && j<=high){
        if(R[i].key<=R[j].key){
            R1[k]=R[i];
            ++i;
        }
        else{
            R1[k]=R[j];
            ++j;
        }
        ++k;
    }
    while(i<=mid) R1[k++]=R[i++];
    while(j<=mid) R1[k++]=R[j++];
}
```

2. 归并排序思想

归并排序是利用上述归并技术来进行排序的。其基本思想是，将长度为 n 的待排序数据表看成是 n 个长度为 1 的有序表，将这些有序表两两归并，便得到 $\lceil n/2 \rceil$ 个有序表；再将这 $\lceil n/2 \rceil$ 个有序表两两归并，如此反复，直到最后得到长度为 n 的有序表为止。

这样，每次归并操作都是将两个有序表合并成一个有序表，称这种方法为二路归并排序。下面以实例来说明二路归并排序的过程。

【例 2-23】设初始数据表的关键字序列为(49,60,35,77,56,15,35')，应用二路归并排序算法将其调整为递增序列，具体过程如图 2-15 所示。

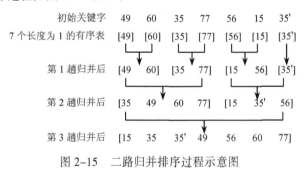

图 2-15　二路归并排序过程示意图

3. 二路归并排序算法过程分析

在分析二路归并算法实现之前，首先分析一趟归并问题。假设待排序序列的长度为 n，一趟归并时可能有 3 种情况：

（1）该趟归并前，R 中参与归并的两个有序表的长度均为 len。

这时，相邻的两个有序表的下标范围分别为：(i～i+len-1)和(i+len～i+len×2-1)，对这两个有序表归并排序，生成有序表 R1，可调用上述归并算法：

$$Merge(R,R1,I,i+\text{len}-1,i+\text{len}\times2-1)$$

（2）最后一对参与归并的有序表中，其中一个长度小于len。

即$i+\text{len}-1<n-1$且$i+\text{len}\times2-1<n-1$，也就是说，最后一个有序表中最后一个元素的下标为$n-1$。此时调用上述排序算法为：

$$Merge(R,R1,I,i+\text{len}-1,n-1)$$

（3）最后参与归并的只剩一个有序表R。

即$i+\text{len}-1>n-1$，则只需将有序表R直接复制到$R1$中。

4. 二路归并的一趟归并算法

对无序表进行二路归并排序就是调用上述一趟归并算法，对待排序序列进行若干趟归并。第一趟归并时，每个有序表的长度为1，即len=1。归并后有序表的长度len就扩大一倍，即排序中len从1，2，4，…到$\lceil n/2 \rceil$，可以用while循环实现整个归并过程：

```
void Mergepass(RecordType R[],RecordType R1[],int len){
//对R进行一趟归并，结果放在R1中
   int j,i=0;
   while(i+len*2<=n){                //i+len*2-1>n-1时不再排序
     Merge(R,R1,i,i+len-1,i+len*2-1);
     i=i+len*2;
   }
   if(i+len-1<n-1) Merge(R,R1,i,i+len-1,n-1);
   else
     for(j=i;j<n;j++) R1[j]=R[j];
}
```

5. 二路归并算法

```
MergeSort(SqeList L ){
//对顺序表L中的待排序序列进行归并排序结果仍在顺序表L中
   int len,n;
   RecordType *R1;
   n=L.length;len=1;
   R1=(RecordType*)malloc(sizeof(RecordType)*n);
   while(len<=n/2+1){
     Mergepass(L.r,R1,len);          //一趟归并，结果在R1中
     len=2*len;
     Mergepass(R1,L.r,len);          //再次归并，结果在L.r中
     len=2*len;
   }
   free(R1);
}
```

思考：（1）为什么反复调用 Mergepass 函数？

（2）若第二次调用 Mergepass 函数前 len 已经大于$n/2+1$了怎么办？

6. 二路归并排序算法性能分析

由上述二路归并排序算法可以看出，第i趟归并后，有序子表的长度为2^i。因此，对长度为n的数据表进行排序，必须要做$\log_2 n$趟归并；每一趟归并均对数据表中n个元素做了一次操作，其时间复杂度为$O(n)$。所以，二路归并排序算法的时间复杂度为$O(n\log_2 n)$。

归并排序的最大特点是它是一种稳定的排序方法。通常情况下，实现归并排序时，需要与待

排序数据表等大小的辅助存储空间，因此很少利用二路归并排序进行内部排序。二路归并排序算法的空间复杂度为 $O(n)$。

2.5.9　排序算法的性能分析与比较

从算法的平均时间复杂度、最坏时间复杂度以及算法所需的辅助存储空间 3 方面，对本节所介绍的各种排序方法加以比较，如表 2-1 所示。

表 2-1　各种排序方法的性能比较

排 序 方 法	平均时间复杂度	最坏时间复杂度	辅助存储空间
直接插入排序	$O(n^2)$	$O(n^2)$	$O(1)$
希尔排序	$O(n^{3/2})$	$O(n^{3/2})$	$O(1)$
冒泡排序	$O(n^2)$	$O(n^2)$	$O(1)$
快速排序	$O(n\log_2 n)$	$O(n^2)$	$O(\log_2 n)$
直接选择排序	$O(n^2)$	$O(n^2)$	$O(1)$
归并排序	$O(n\log_2 n)$	$O(n\log_2 n)$	$O(n)$

从表 2-1 可以得出如下几个结论：

（1）快速排序和归并排序的时间性能较好，但在最坏的情况下快速排序的时间性能差。

（2）归并排序的时间性能虽然较好，但它所需的辅助存储空间最多，空间性能较差。所以一般很少利用归并排序来进行内部排序。

（3）从方法的稳定性来看，时间性能较好的内部排序方法如快速排序、希尔排序等都是不稳定的。一般来说，排序过程需要在"相邻的两个元素关键字"间进行比较的排序方法是稳定的。这样，在进行排序时，若按元素的主关键字进行排序，则所用的排序方法是否稳定无关紧要；但若按元素的次关键字来排序，则应根据问题需要慎重选择排序方法。

2.6　顺序表的应用 3——字符处理问题

字符串又称串，是计算机可以处理的最基本的非数值数据，它在文字编辑、信息检索、自然语言翻译等系统中有着广泛的应用。基于字符串的结构特点，通常用顺序表这种简单的数据结构来组织字符串的存储和运算。

2.6.1　串和顺序串的定义及相关概念

1. 串的定义

定义 2.5 串（或字符串）是由 0 个或多个字符组成的有限序列；一般记为 $S="a_1a_2\cdots a_n"$（$n\geq 0$）。其中，S 是串名，用双引号括起来的字符序列是串值；a_i（$1\leq i\leq n$）是单个字符，可以是字母、数字或其他字符；""""用来界定一个串，避免其与常数、标识符相混淆。n 是串中字符的个数，称为串的长度，$n=0$ 时的串为空串。

串中任意个连续的字符组成的子序列称为该串的子串，包含子串的串相应地称为主串。子串在主串中第一次出现时，子串的第一个字符在主串中的位置称为子串在主串中的序号。

【例 2-24】设有两个串 A、B，A="This is a string"，B="is"，则它们的长度分别为 16 和 2，且 B 是 A 的子串，B 在 A 中的序号是 3。

空串是任意串的子串，任意串是其自身的子串。

2．顺序串的定义

定义 2.6　顺序串是满足下列条件的一种数据结构：

（1）由 0 个或多个字符组成的有限序列，记为 S="$a_1a_2\cdots a_i\cdots a_n$"，（$i$=1,2,$\cdots$,$n$）。

（2）字符之间的关系 $R=\{<a_i,a_{i+1}>|a_i,a_{i+1}\in S\}$。

（3）相邻字符 a_i，$a_{i+1}\in S$ 在存储器中占用相邻的物理存储单元。

其中 a_i（$1\leqslant i\leqslant n$）是单个字符，可以是字母、数字或其他字符。n 是串中字符的个数，称为串的长度。

2.6.2　顺序串的数据结构分析

1．顺序串的逻辑结构

由定义 2.6 可以看出，若顺序串不空，则它是由一组字符组成的有限序列；其相邻的元素 a_i、a_{i+1} 间存在序偶关系，即对于非空的顺序串"a_1，a_2，$\cdots$，a_{i-1}，a_i，a_{i+1}，$\cdots$，a_n"，a_{i-1} 是 a_i 的唯一直接前驱，a_{i+1} 是 a_i 的唯一直接后继；而 a_1 无前驱，只有唯一的直接后继 a_2；a_n 无后继，只有唯一的直接前驱 a_{n-1}。因此，顺序串属于线性逻辑结构。

2．顺序串的存储结构

当单个字符占用 1 个字节的存储空间时，顺序串中相邻字符 a_i、a_{i+1} 在存储器中占用相邻的字节。假设顺序串中第 i 个字符 a_i 所占存储空间的地址为 $\text{Loc}(a_i)$，则顺序串中第 $i+1$ 个字符的存储位置 $\text{Loc}(a_{i+1})$ 满足：

$$\text{Loc}(a_{i+1})= \text{Loc}(a_i)+1 \tag{2-15}$$

也就是说，若顺序串的第一个字符 a_1 的存储地址（通常称为顺序串的首地址）为 $\text{Loc}(a_1)$，则顺序表中第 i 个数据元素 a_i 的存储位置为：

$$\text{Loc}(a_i)=\text{Loc}(a_1)+(i-1) \tag{2-16}$$

可知，顺序串将逻辑上相邻的结点存储在物理位置相邻的存储单元中，结点间的逻辑关系由存储单元的邻接关系来体现，是一种顺序存储结构，顺序串存储示意图如图 2-16 所示。

2.6.3　顺序串的基本运算

假定用大写字母 S、T 等表示串，用小写字母表示组成串的字符，并有串：

$S1$="$a_1a_2a_3\cdots\cdots a_n$"；

$S2$="$b_1b_2b_3\cdots\cdots b_m$"；其中 $1\leqslant m\leqslant n$。

则关于顺序串的基本运算有下列 8 种：

1．求串长 strlen(S)

strlen 的运算是求串 S 的长度，其返回值为串的长度，一个

存储地址	存储空间	逻辑地址
$\text{Loc}(a_1)$	a_1	1
$\text{Loc}(a_1)+1$	a_2	2
$\vdots$	$\vdots$	$\vdots$
$\text{Loc}(a_1)+(i-1)$	a_i	i
$\vdots$	$\vdots$	$\vdots$
$\text{Loc}(a_1)+(n-1)$	a_n	n

图 2-16　顺序串存储示意图

整型常量。

【例 2-25】strlen(S1)和 strlen("abc")的返回值为多少？

strlen(S1)的返回值为 n；strlen("abc")的返回值为 3。

2．连接 stract(ST1,ST2)

stract 运算就是将串 ST2 紧接着放在 ST1 的后面，形成新串 ST1。

【例 2-26】若 ST1=S1，ST2=S2，则执行 stract(ST1,ST2)的运算后如何？

ST1=S1="$a_1a_2a_3\cdots a_n$"，ST2=S2="$b_1b_2b_3\cdots b_m$"，则执行 stract(ST1,ST2)后 ST1="$a_1a_2a_3\cdots a_nb_1b_2b_3\cdots b_m$"。

3．求子串 substr(S,i,j)

substr(S,i,j)表示从串 S 中第 i 个字符开始，连续抽出 j 个字符组成新串。显然，该新串为串 S 的子串。其中参数 i、j 满足：$1 \leq i \leq strlen(S)$，$1 \leq j \leq strlen(S)-i+1$

【例 2-27】求 substr("abcdef",2,3)的返回值。

因为 S="abcdef"，i=2，j=3，则 substr("abcdef",2,3)的返回值为串"bcd"。

注意：若 j=0，则对任意串 S 有 substr(S,i,j)的返回值为空串。

4．比较串的大小 strcmp(S,T)

strcmp(S,T)的功能是比较串 S 和串 T 的大小。

比较串的方法是：从左至右依次比较串 S 和串 T 中字符的大小（依据字符在 ASCII 码中的先后顺序）。

若串 S 和串 T 中所有对应位置上的字符均相等，且两个串的长度也相等则表示串 S 与串 T 相等，返回 0；

若串 S 和串 T 中所有对应位置上的字符均相等，但 strlen(S) > strlen(T)，则表示串 S 大于串 T，返回值大于 0；

若串 S 和串 T 中某个对应位置上的字符不相等，则当串 S 中该位置上的字符大于串 T 中对应位置上的字符时，表示串 S 大于串 T，返回值大于 0；否则表示串 S 小于串 T，返回值小于 0。

【例 2-28】试比较串"there"和串"the"、串"this"和串"there"的大小。

因为"there"和"the"的前 3 个字符均相等，但串"there"较串"the"长，所以"there">"the"；因为'i'>'e'，所以"this">"there"。

5．插入 insert(S1,i,S2)

insert(S1,i,S2)表示将串 S2 插到串 S1 的第 i 字符后，原串 S1 中的第 i 字符之后的字符向后移，形成新串 S1。

【例 2-29】若 S1="efgh"，S2="abc"，则执行 insert(S1,2,S2)运算后结果如何？

因为 S1="efgh"，S2="abc"，所以执行 insert(S1,2,S2)运算后串 S1="efabcgh"。

6．删除 delete(S,i,j)

delete(S,i,j)表示从串 S 中删除从第 i 个字符开始的连续 j 个字符，形成新串 S。

【例 2-30】若串 S="abcdefg"，则执行 delete(S,2,3)运算后如何？

因为串 S="abcdefg"，则执行 delete(S,2,3)运算后，S="aefg"。

7．子串定位 index(S1,S2)

index(S1,S2)是指在串 S1 中查找是否有等于 S2 的子串；若有，则返回 S2 在 S1 中首次出现的位置，否则返回 0。

【例2-31】若$S1$="abcdbc"，$S2$="bc"，执行index($S1,S2$)运算结果如何？执行index ("abcdbc","ac")后又如何呢？

因为 $S1$="abcdbc"，$S2$="bc"，执行 index($S1,S2$)运算后 index 函数返回值为 2；若执行index("abcdbc","ac")运算后，函数 index 返回值为 0。

8. 置换 replace

置换操作有以下两种：

（1）replace($S1,i,j,S2$)：表示用 $S2$ 置换 $S1$ 中第 i 个字符开始的连续 j 个字符，形成新串 $S1$。

【例2-32】若串 $S1$="abcdefg"，串 $S2$="xyz"，则执行 replace($S1,2,1,S2$)运算结果如何？

因为串 $S1$="abcdefg"，串 $S2$="xyz"，则执行 replace($S1,2,1,S2$)运算后，串 $S1$ 改变为"axyzcdefg"。

（2）replace(S,T,V)：表示用 V 替换所有在 S 中出现的与 T 相等的子串，形成新串 S。

【例2-33】串 S="abcxyzdfgxyz"，串 T="xyz"，串 V="uvs"，求 replace(S,T,V)的运算结果。

因为串 S="abcxyzdfgxyz"，串 T="xyz"，串 V="uvs"，则执行 replace(S,T,V)运算后，串 S 改变为"abcuvsdfguvs"。

上述 8 种运算均为串的基本运算，在高级语言中通常作为基本运算符或基本内部函数来提供。

2.6.4　顺序串的数据类型定义

顺序串是用一组地址连续的存储单元来存储串。一般来说，为了考虑串的插入、置换等操作，该地址连续的存储空间较串所实际占用的存储空间大。为了确认串在该存储空间中的长度，用一个分量来记录当前的串长。这样，顺序串的数据类型可描述为：

```
#define maxsize 50
typedef struct{
    char ch[maxsize];      //数组 ch[]描述了地址连续的存储空间
    int curlen;            //分量 curlen 记录当前的串长
}SeqString;                //SeqString 为顺序串的数据类型
```

2.6.5　顺序串的基本运算算法

2.6.2 节介绍了顺序串的基本操作，下面介绍顺序串的基本操作算法。

1. 顺序串求串长算法

串的长度在顺序串的数据类型定义中由 curlen 分量指定，这样，求串长的运算就较为简单，算法如下：

```
int strlen(SeqString S){
    return S.curlen;
}
```

2. 顺序串连接算法

两个串 ST1、ST2 连接，在串 ST2 中从左至右取出每一个字符，依次存放在串 ST1 的最后一个字符的后面，形成新串 ST1，新串的长度为串 ST1、ST2 的长度之和。算法如下：

```
SeqString *stract(SeqString *ST1,SeqString *ST2){
    for(int i=ST1->curlen,j=0;i< ST2->curlen;)
        ST1->ch[i++]=ST2->ch[j++];
    ST1->curlen=ST1->curlen+ST2->curlen;
```

```
        free(ST2);
        return ST1;
    }
```

3. 顺序串求子串算法

从主串 S 的第 i 个字符开始，连续取出 j 个字符，组成一个新串。若 $j=0$，则新串为一个空串；若 $j>$ strlen(S)$-i+1$，则主串 S 的第 i 个字符到最后一个字符组成新串。算法如下：

```
SeqString *substr(SeqString *S,int i,int j){
    SeqString *ST;
    ST=(SeqString *)malloc(sizeof(SeqString));
    if(j=0)ST->curlen=0;
    else if(i>=1&&i<= S->curlen){
        for(int m=i-1,n=0;n<j;m++,n++)
            if(m==S->curlen){
                ST->curlen=S->curlen-i+1;
                break;
            }
            else{
                ST->ch[n]=S->ch[m];
                ST->curlen=j;
            }
    }
    return ST;
}
```

4. 顺序串串比较算法

从左至右依次比较串 S 和串 T 中字符大小（依据 ASCII 码中字符先后顺序），有 3 种情况：

（1）串 S 和串 T 中所有对应位置上的字符均相等，且两个串的长度也相等，则串 S 与串 T 相等，返回 0。

（2）串 S 和串 T 中所有对应位置上的字符均相等，但 strlen(S)$>$strlen(T)，则串 S 大于串 T，返回 1。

（3）串 S 和串 T 中某个对应位置上的字符不相等。当串 S 中该位置上的字符大于串 T 中对应位置上的字符时，表示串 S 大于串 T，返回 1；否则表示串 S 小于串 T，返回-1。算法如下：

```
int strcmp(SeqString S,SeqString T){
    for(i=j=0;i<S.curlen||j<T.curlen;i++,j++)
        if(S.ch[i]>T.ch[j]||j==T.curlen){
            return 1;
            break;
        }
        else if(S.ch[i]<T.ch[j]||i==S.curlen) {return -1; break;}
    if(i==S.curlen&&j==T.curlen) return 0;
}
```

5. 顺序串插入算法

将串 $S2$ 插到串 $S1$ 的第 i 字符后，需要将串 $S1$ 中从第 $i+1$ 个字符开始，至最后一个字符依次后移 strlen($S2$) 个位置，然后将串 $S2$ 中的字符依次存放在串 $S1$ 的第 i 个字符后面的空位上，同时串 $S1$ 的长度需要加 strlen($S2$)。算法如下：

```
SeqString *insert(SeqString *S1,int i,SeqString *S2){
    int n=S2->curlen;
    for(int m=S1->curlen;n>0&&m>i;m--,n--) S1->ch[m+n-1]=S1->ch[m-1];
```

```
    //将串 S1 中的第 i+1 个字符至最后一个字符依次后移 S2->curlen 个位置
    for(m=i,n=0;n<S2->curlen;n++,m++) S1->ch[m]=S2->ch[n];
        //将串 S2 中的字符依次存放在串 S1 的第 i 个字符后面的空位上
    S1->curlen=S1->curlen+S2->curlen ;
    free(S2);
    return S1;
}
```

6. 顺序串删除算法

将串 S 中从第 i 个字符开始的连续 j 个字符删除，形成新串 S。需要将第 $i+j$ 个字符至最后一个字符依次前移 j 个位置，同时串 S 的长度需要减 j。算法如下：

```
SeqString *delete(SeqString *S,int i,int j)
{
    int k,
    for(int k=j,m=i-1,n=i+j-1;k>0;m++,n++,k--) S->ch[m]=S->ch[n];
    S->curlen=S->curlen-j;
    return S;
}
```

7. 顺序串置换算法

用 $S2$ 置换 $S1$ 中第 i 个字符开始的连续 j 个字符，形成新串 $S1$。可以先调用 delete($S1,i,j$)函数，删除串 $S1$ 中第 i 个字符开始的连续 j 个字符；然后调用 insert($S1,i-1,S2$)函数，将串 $S2$ 插入串 $S1$ 的第 $i-1$ 个字符后。算法如下：

```
SeqString *replace(SeqString *S1;int i;int j;SeqString *S2){
    S1=delete(S1,i,j);
    S1=insert(S1,i-1,S2);
    free(S2);
    return S1;
}
```

2.6.6 串的模式匹配算法

1. 模式匹配

串的模式匹配也就是子串的定位操作 index(S,T)，即在串 S 中寻找串 T，其中 T 被称为模式串。模式匹配是各种串处理中最重要的操作之一。

2. 串的模式匹配算法思想

假设串 $S="s_0s_1s_2\cdots s_{n-1}"$，串 $T="t_0t_1t_2\cdots t_{m-1}"$，且 $n>m$。

（1）从串 S 的第 1 个字符 s_0 开始，将串 T 中的字符依次与 S 中的字符比较，若 $s_0=t_0$，$s_1=t_1$，$s_2=t_2$，…，$s_{m-1}=t_{m-1}$，则匹配成功，返回 s_0 在串 S 中的位置 0。

（2）若存在 $s_k \neq t_k$（$k<m$），则无需继续比较，该趟匹配不成功，可改为从串 S 的第 2 个字符 s_1 开始，重复上述步骤。

（3）若该趟匹配仍不成功，改为从串 S 的第 3 个字符 s_2 开始，重复上述步骤，……，直到 $s_i=t_0$，$s_{i+1}=t_1$，$s_{i+2}=t_2$，…，$s_{i+m-1}=t_{m-1}$，则匹配成功，返回 s_i 在串 S 中位置 i。

（4）若最后一次匹配（第 $n-m+1$ 次），仍不能得到 $s_{n-m}=t_0$，$s_{n-m+1}=t_1$，$s_{n-m+2}=t_2$，…，$s_{n-1}=t_{m-1}$，则整个模式匹配不成功，返回-1。

3. 串的模式匹配算法

令 $i=0,1,2,\cdots,n-m$，则上述模式匹配的过程是在 i 每取一个值时重复一次循环操作，算法如下：

```
int index(SeqString S,SeqString T){      //在串 S 中寻找串 T
    int n,m,i,j,k;
    n=S.curlen;m=T.curlen;
    for(i=0;i<=n-m;i++){
        for(k=i,j=0;j<m;k++,j++)
            if(S.ch[k]!=T.ch[j]) break;
        if(j==m) return(i);
    }
    return(-1);
}
```

4. 模式匹配算法分析

虽然算法描述中的循环次数达到 $m(n-m+1)$ 次，但显然实际的模式匹配中字符的比较次数不会超过 $m(n-m+1)$ 次。

例如，在检查模式"sting"是否存在于串"A string is a example consisting of simple text"时，字符的比较次数为 36 次，远远没有达到 $m(n-m+1)=5\times(47-5+1)=215$ 次。但在有些情况下，该算法的效率却很低。例如，若主串 S="0000000000000001"，模式串 T="0001"时，算法确实要执行 $m(n-m+1)=4\times(17-4+1)=56$ 次字符比较。所以，算法在最坏情况下的时间复杂度是 $O(m(n-m))$，当 $n \gg m$ 时，时间复杂度可描述为 $O(mn)$。

若对该模式匹配算法加以改进，当某次从串 S 的第 i 个字符 s_i 开始，将串 T 中的字符依次与 S 中的字符比较时，若 $s_i=t_0$，$s_{i+1}=t_1$，$\cdots$，$s_{i+k-1}=t_{k-1}$，而 $s_{i+k} \neq t_k$，则可利用前面 k 个已经匹配的结果，下一趟匹配操作不需要从串 S 的第 $i+1$ 个字符 s_{i+1} 开始，而将模式串向后"滑动"一段距离后再继续比较。这样可将模式匹配算法的时间复杂度控制在 $O(n+m)$ 的数量级上，读者可参阅相关资料。

本 章 小 结

本章介绍了顺序表、顺序串的结构、数据类型、基本运算及相关应用。

顺序表是一种具有线性逻辑结构、顺序存储结构的数据集合，它的一些基本运算包括初始化表、求表长、查找表中元素、插入元素及删除元素等。其中，实现顺序表的插入与删除运算时需要大量移动元素，算法的时间复杂度为 $O(n)$。

顺序表作为一种简单而常用的数据结构，其应用范围较为广泛。本章介绍了以顺序表作为数据元素的组织方式，来实现元素的"查找"与"排序"运算。在顺序表中实现查找运算主要有简单顺序查找、二分查找及分块查找等查找方法；其中以分块查找的效率最优，但其必须在有序表中完成查找运算。顺序表作为一种可以完成数据元素排序运算的组织结构，通常可以实现直接插入排序、希尔排序、冒泡排序、快速排序、直接选择排序及归并排序等排序运算；各种排序算法的时间性能及空间性能见表 2-1。

顺序串是顺序表的一个特例。其特别之处在于组成顺序串的数据元素是一组字符。顺序串的运算主要是针对字符串来进行的，其基本运算大多数都比较简单，只有"子串定位"（串的模式匹配）运算较为复杂。模式匹配是各种串处理系统中最重要的操作之一，本章介绍了模式匹配的简单算法思想。

本 章 习 题

一、填空题

1. 若删除顺序表中任一元素的概率相同，则删除一个元素平均需要移动元素的个数是_____，具体移动的元素个数与_____有关。

2. 在长度为 n 的顺序表的第 i 个元素（$1 \leqslant i \leqslant n$）之前插入一个元素，需向后移动_____个元素。

3. 在有 n 个元素的顺序表中进行简单顺序查找，若查找成功，则比较关键字的次数最多为_____次；当使用监视哨时，若查找失败，则比较关键字的次数为_____。

4. 在顺序表(8,11,15,19,25,26,30,33,42,48,50)中，用二分（折半）法查找 20，需做的关键字比较次数为_____。

5. 在有序表 $A[1] \sim A[12]$ 中，采用教材中二分查找算法查找等于 $A[12]$ 的元素，所比较的元素下标依次为_____。

6. 在有序表 $A[1] \sim A[20]$ 中，按二分查找方法进行查找，查找长度为 4 的元素的下标从小到大依次是_____。

7. 已知长度为 N 的整型数组 a 存放 N 个学生的成绩，已按由大到小排序，以下算法是用折半查找方法统计成绩大于或等于 X 分的学生人数，填空使之完善。

```
#define N                        //学生人数
int uprx(int a[N],int x ){       //函数返回大于等于 X 分的学生人数
    int head=1,mid,rear=N;
    do{
        mid=(head+rear)/2;
        if(x<=a[mid]) ___(1)___ else___(2)___;
    }while( ___(3)___ );
    if(a[head]<x) return  head-1;
    return head;
}
```

8. 直接插入排序算法中使用监视哨的作用是_____。

9. 对 n 个记录的表 $r[1] \sim r[n]$ 进行简单选择排序，所需进行的关键字间的比较次数为_____。

10. 设用希尔排序对数组{98,36,-9,0,47,23,1,8,10,7}进行排序，给出的步长（又称增量序列）依次是 4、2 和 1，则排序需_____趟。第一趟结束后，数组中数据的排列次序_____。

11. 快速排序在_____情况下最易发挥其长处。

12. 在数据表有序时，快速排序算法的时间复杂度是_____。

13. 设 s1='GOOD', s2='_', s3='BYE!'，则 s1、s2 和 s3 依次连接后的结果是_____。

14. 设有字母序列{Q,D,F,X,A,P,N,B,Y,M,C,W}，按二路归并排序方法对该序列进行一趟扫描后的结果是_____。

二、选择题

1. 线性表是具有 n 个（　　　）的有限序列（$n>0$）。
   A. 表元素　　　　　　B. 字符　　　　　　C. 数据元素　　　　　D. 数据项

2. 若在长度为 n 的顺序表的第 i 个位置插入一个新元素，其算法的时间复杂度为（　　　）（$1 \leqslant i \leqslant n+1$）。

　　A．$O(0)$　　　　　　　B．$O(1)$　　　　　　C．$O(n)$　　　　　　D．$O(n^2)$

3. 下面关于二分查找的叙述正确的是（　　　　）。

　　A．表必须有序，表可以顺序方式存储，也可以链表方式存储

　　C．表必须有序，而且只能从小到大排列

　　B．表必须有序且表中数据必须是整型、实型或字符型

　　D．表必须有序，且表只能以顺序方式存储

4. 当在一个有序的顺序表上查找一个数据元素时，可用折半查找，也可用顺序查找，但前者比后者的查找速度（　　　　）。

　　A．必定快　　　　　　　　　　　B．不一定

　　C．在大部分情况下要快　　　　　D．取决于表递增还是递减

5. 当采用分块查找时，数据的组织方式为（　　　　）。

　　A．数据分成若干块，每块内数据有序

　　B．数据分成若干块，每块内数据不必有序，但块间必须有序，每块内最大（或最小）的数据组成索引块

　　C．数据分成若干块，每块内数据有序，每块内最大（或最小）的数据组成索引块

　　D．数据分成若干块，每块（除最后一块外）中数据个数需相同

6. 对大小均为 n 的有序表和无序表分别进行顺序查找，在等概率查找的情况下，若查找失败，它们的平均查找长度是（　　　　），若查找成功，他们的平均查找长度是（　　　　）。供选择的答案：

　　A．相同的　　　　　　　　　　　B．不同的

7. 下列序列中，（　　　　）是执行第一趟快速排序后所得的序列。

　　A．[68，11，18，69]　[23，93，73]　　　B．[68，11，69，23]　[18，93，73]

　　C．[93，73]　[68，11，69，23，18]　　　D．[68，11，69，23，18]　[93，73]

8. 内部排序方法的稳定性是指（　　　　）。

　　A．该排序算法不允许有相同的关键字记录　　B．该排序算法允许有相同的关键字记录

　　C．平均时间为 $O(n\log n)$ 的排序方法　　　　D．以上都不对

9. 下面的排序算法中，不稳定的是（　　　　）。

　　A．起泡排序　　　B．折半插入排序　　　C．简单选择排序　　　D．希尔排序

10. 下列内部排序算法中：

　　A．快速排序　　　　B．直接插入排序　　　C．二路归并排序

　　D．简单选择排序　　E．起泡排序

　　（1）其比较次数与序列初态无关的算法是（　　　　）。

　　（2）不稳定的排序算法是（　　　　）。

　　（3）在初始序列已基本有序（除去 n 个元素中的某 k 个元素后即呈有序，$k \ll n$）的情况下，排序效率最高的算法是（　　　　）。

　　（4）排序的平均时间复杂度为 $O(n\log_2 n)$ 的算法是（　　　　），为 $O(n^2)$ 的算法是（　　　　）。

11. 对一组数据(84,47,25,15,21)排序，数据的排列次序在排序的过程中的变化为：

　　（1）84　47　25　15　21　　　　　　　　　（2）15　47　25　84　21

（3）15　21　25　84　47　　　　　　　　（4）15　21　25　47　84

则采用的排序是（　　　　）。

    A．选择　　　　　　　B．冒泡　　　　　　　C．快速　　　　　　　D．插入

12．下列排序算法中，（　　　）不能保证每趟排序至少能将一个元素放到其最终的位置上。

    A．快速排序　　　　　B．希尔排序　　　　　C．选择排序　　　　　D．冒泡排序

13．下列排序算法中，在待排序数据已有序时，花费时间反而最多的是（　　　　）排序。

    A．冒泡　　　　　　　B．希尔　　　　　　　C．快速　　　　　　　D．插入

14．数据表中有 10 000 个元素，如果仅要求求出其中最大的 10 个元素，则采用（　　　　）算法最节省时间。

    A．堆排序　　　　　　B．希尔排序　　　　　C．快速排序　　　　　D．直接选择排序

三、判断题

1．顺序存储结构的主要缺点是不利于插入或删除操作。　　　　　　　　　　　　　　（　　　）

2．就平均查找长度而言，分块查找最小，折半查找次之，顺序查找最大。　　　　　（　　　）

3．当待排序的元素很多时，为了交换元素的位置，移动元素要占用较多的时间，这是影响时间复杂度的主要因素。　　　　　　　　　　　　　　　　　　　　　　　　　　　　　（　　　）

4．排序算法中的比较次数与初始元素序列的排列无关。　　　　　　　　　　　　　（　　　）

5．排序的稳定性是指排序算法中的比较次数保持不变，且算法能够终止。　　　　　（　　　）

6．在执行某个排序算法过程中，出现了待排序元素朝着最终排序序列位置相反方向移动，则该算法是不稳定的。　　　　　　　　　　　　　　　　　　　　　　　　　　　　　（　　　）

7．在初始数据表已经有序时，快速排序算法的时间复杂度为 $O(n\log_2 n)$。　　　　　（　　　）

8．在待排数据基本有序的情况下，快速排序效果最好。　　　　　　　　　　　　　（　　　）

9．在任何情况下，归并排序都比简单插入排序快。　　　　　　　　　　　　　　　（　　　）

10．冒泡排序和快速排序都是基于交换两个逆序元素的排序方法，冒泡排序算法的最坏时间复杂度是 $O(n^2)$，快速排序算法的最坏时间复杂度是 $O(n\log_2 n)$，故快速排序比冒泡排序算法效率更高。　　　　　　　　　　　　　　　　　　　　　　　　　　　　　（　　　）

四、应用题

1．若对长度均为 n 的有序的顺序表和无序的顺序表分别进行顺序查找，试在下列 3 种情况下分别讨论两者在等概率时的平均查找长度是否相同？

    （1）查找不成功，即表中没有关键字等于给定值 K 的记录。

    （2）查找成功且表中只有一个关键字等于给定值 K 的记录。

    （3）查找成功且表中有若干个关键字等于给定值 K 的记录，一次查找要求找出所有记录。

2．画出对长度为 10 的有序表进行折半查找的判定树，并求其等概率时查找成功的平均查找长度。

3．一组关键字：29,18,25,47,58,12,51,10，写出归并排序时的变化过程，每归并一次书写一个次序。

4．设记录的关键字集合 K={23,9,39,5,68,12,62,48,33}，给定的增量序列 D={4,2,1}，请写出对 K 按"希尔排序方法"排序时各趟排序结束时的结果；若每次以表的第一元素为基准（或枢轴），写出对 K 按"快速排序方法"排序时，各趟排序结束时的结果。

5．有一随机数组（25,84,21,46,13,27,68,35,20），现采用某种方法对它们进行排序，其每趟排序结果如下，则该排序方法是什么？

初　始：25，84，21，46，13，27，68，35，20
第 1 趟：20，13，21，25，46，27，68，35，84
第 2 趟：13，20，21，25，35，27，46，68，84
第 3 趟：13，20，21，25，27，35，46，68，84

6. 设待排序的记录共 7 个，排序码分别为 8，3，2，5，9，1，6。

　　（1）用直接插入排序算法。试以排序码序列的变化描述形式说明排序全过程（动态过程）要求按递减顺序排序。

　　（2）用直接选择排序算法。试以排序码序列的变化描述形式说明排序全过程（动态过程）要求按递减顺序排序。

　　（3）直接插入排序算法和直接选择排序算法的稳定性如何？

7. 设要求从大到小排序，问在什么情况下冒泡排序算法关键字交换的次数为最大？

8. 已知：s="(xyz)+*"，t="(x+z)*y"。试利用连接、求子串和置换等基本运算，将 s 转化为 t。

9. 画出对长度为 18 的有序的顺序表进行折半查找时的判定树，并指出在等概率时查找成功的平均查找长度，以及查找失败时所需的最多的关键字比较次数。

10. 比较插入排序、选择排序和冒泡排序在最坏情形下所需要的运行时间。采用两种形式来描述这些时间：一是采用一个 4 列的表格，4 列分别是：n、选择排序、冒泡排序、插入排序；二是采用一个显示三条曲线的图（每条曲线对应一种排序方法），图的 x 轴代表 n 值，y 轴代表时间值。通过三种排序函数在最坏情形下的性能比较，能得出什么结论？

五、算法设计题

1. 设线性表存放在向量 $A[arrsize]$ 的前 num 个分量中，且递增有序。试写一算法，将 x 插入到线性表的适当位置上，以保持线性表的有序性。并且分析算法的时间复杂度。

2. 已知一顺序表 A，其元素值非递减有序排列，编写一个算法删除顺序表中多余的值相同的元素。

3. 写一个算法，从一给定的顺序表 A 中删除值在 $x\sim y(x\leqslant y)$ 之间的所有元素，要求以较高的效率来实现。

4. 线性表中有 n 个元素，每个元素是一个字符，现存于向量 $R[n]$ 中，试写一算法，使 R 中的字符按字母、数字和其他字符的顺序排列。要求利用原来的存储空间，元素移动次数最小。

5. 线性表用顺序存储，设计一个算法，用尽可能少的辅助存储空间将顺序表中前 m 个元素和后 n 个元素进行整体互换。即将线性表 $(a_1, a_2, \ldots, a_m, b_1, b_2, \ldots, b_n)$ 改变为：$(b_1, b_2, \ldots, b_n, a_1, a_2, \ldots, a_m)$。

6. 采用顺序存储结构存储串，编写一个函数计算一个子串在一个字符串中出现的次数，如果该子串不出现则为 0。

7. 采用顺序结构存储串，编写一个函数，求串 s 和串 t 的一个最长的公共子串。

8. 利用 C 语言中的库函数 strlen,strcpy 和 strcat 写一个算法：
```
void StrInsert(char *S,char *T,int i)
```
将串 T 插入到 S 的第 i 个位置上。若 i 大于 S 的长度，则插入不执行。

9. 利用 C 语言中的库函数 strlen, strcpy（或 strncpy）写一个算法 void StrDelete(char *S,int i,int m)，删除串 S 中从位置 i 开始的连续的 m 个字符。若 $i\geqslant$strlen(S)，则没有字符被删除；若 $i+m\geqslant$strlen(S)，则将 S 中从位置 i 开始直至末尾的字符均被删去。

10. 改写教材中给出的算法。并分别求出监测哨设在高（低）下标端时的等概率情况下查找成功和查找失败的平均查找长度。

11. 序列的"中值记录"指的是：如果将此序列排序后，它是第 $n/2$ 个记录。试编写一个求中值记录的算法。

12. 编写一个算法，利用折半查找算法在一个有序表中插入一个元素 x，并保持表的有序性。

13. 编写一个双向冒泡的算法，即相邻两遍向相反方向冒泡。

14. 编写测试程序来确定顺序查找和折半查找在查找成功时所需要的平均时间。假定数组中每个元素被查找的概率相同。用表格和图的形式给出结果。

15. 归并插入排序是对关键字进行比较次数最少的一种内部排序方法，它可按如下步骤进行：

（1）另开辟两个大小为 $n/2$ 的数组 small 和 large。

（2）从 $i=1$ 到 $n-1$，对每个奇数的 i，比较 $x[i]$ 和 $x[i+1]$，将较小者和较大者分别依次存入数组 small 和 large 中（当 n 为奇数时，small[$n/2$]=$x[n]$）。

对数组 large[1..$n/2$]中元素进行归并插入排序，同时相应调整 small 中的元素，使得在这一步结束时达到：

```
large[i]<large[i+1],i=1,2,…,n/2-1,
small[i]<large[i],i=1,2,…,n/2;
```

（3）将 small[1]传送至 x[1]中，将 large[1]至 large[$n/2$]传送至 x[2]至 x[$n/2$+1]中；

（4）定义一组整数 int[i]=$(2i+1+(-1)i)/3,i=1,2,…,t-1$，直至 int[$t$]>$n/2$+1,利用折半插入依次将 small[int[$i$+1]]至 small[int[$i$]+1]插入至 x 数组中去。

例如，若 $n=21$，则得到一组整数 int[1]=1，int[2]=3，int[3]=5，int[4]=11，由此 small 数组中元素应如下次序：small[3]，small[2]，small[5],small[4]，small[11]，small[10]，…，small[6]，插入到 x 数组中去。

（5）试以 $n=5$ 和 $n=11$ 手工执行归并插入排序，并计算排序过程中所作关键字比较的次数。

16.（综合算法题）有一种简单的排序算法，叫做计数排序（count Sorting）。这种排序算法对一个待排序的表（用数组表示）进行排序，并将排序结果放到另一个新的表中。必须注意的是，表中所有待排序的关键码互不相同。计数排序算法针对表中的每个记录，扫描待排序的表一趟，统计表中有多少个记录的关键码比该记录的关键码小。假设针对某一个记录，统计出的计数值为 c，那么，这个记录在新的有序表中的合适的存放位置即为 c。

（1）给出适用于计数排序的数据表类型定义。

（2）使用 C 语言编写实现计数排序的算法。

（3）对于有 n 个记录的表，关键码比较次数是多少？

第3章 链表及其应用

教学目标：本章主要学习链表（单链表、循环链表）的概念、逻辑结构、数据类型描述、基本算法以及链表相关应用。通过本章的学习，要求掌握各种链表的概念、数据结构定义、基本算法实现及算法的性能分析等知识，掌握链式存储结构、链表的相关应用方法，并在此基础上掌握链串的相关知识。

教学提示：本章中将学习另一种数据结构——链表。在逻辑结构上，链表与顺序表一样，也是线性逻辑结构；但链表借助"地址"的概念，使用了链式存储结构，于是便产生了这种新的数据结构——链表，链表的基本操作是地址操作，在此基础上构成的链表基本算法的特点也就不同，从链表算法的功能看，链表的基本运算与顺序表基本相同，但实现方法和过程与顺序表是不同的。链表的存储结构、基本运算是本章重点，链表的应用是本章难点。链表可分为静态链表和动态链表两种。

3.1 链表的基本概念

在第 2 章中讨论了顺序表。顺序表的特点是元素存储用物理位置上的相邻关系来表示数据元素间的逻辑关系。这一特点使得在顺序表中存取任一元素、求表长等运算可以很方便地实现；但其插入或删除运算不方便，除表尾位置外，在表的其他位置进行插入或删除操作都必须移动元素，算法效率降低。另外，顺序表占用的地址连续的存储空间需预先定义，当表长变化较大时，难以确定合适的存储规模，可能造成浪费多余的存储空间、或者因表满而无法进行元素插入操作。

链接存储是常用的存储方法之一，它用"任意"地址的存储单元来存放数据元素。当用若干个"任意"地址的存储单元来分别存放若干同类型的数据元素、并保持它们之间线性逻辑关系时，就构成了链表。

从链表的存储实现角度看，链表可分为静态链表和动态链表；从链表中结点之间的链接方式看，链表可分为单链表、单循环链表和双向链表。

3.1.1 链表的定义

定义 3.1 链表是满足下列条件的数据结构：

（1）链表是有限个具有相同数据类型的数据元素的集合，$D=\{a_i|i=1,2,\cdots,n\}$；a_i 为数据元素；

（2）数据元素之间的关系 $R=\{<a_i,a_{i+1}>|a_i,a_{i+1}\in D\}$；

（3）数据元素 a_i 在存储器中占用任意的、连续或不连续的物理存储区域。

3.1.2 链表的逻辑结构

由定义 3.1 可以看出，链表是由一组同类型数据元素组成的，与顺序表一样，可以表示为

（$a_1,a_2,\cdots,a_n$）。这里的 n 为链表的长度，$n=0$ 时为空表；数据元素 a_i（$1 \leq i \leq n$）（又称结点）的数据类型可以是简单类型（如整型、实型、字符型等），也可以是结构类型，但同一链表中所有数据元素的数据类型必须相同。

对于非空链表（$a_1,a_2,\cdots,a_{i-1},a_i,\cdots,a_n$），相邻元素 a_{i-1} 和 a_i 间存在序偶关系，即表中 a_{i-1} 是 a_i 的唯一直接前驱，a_{i+1} 是 a_i 的唯一直接后继；而数据元素 a_1 无前驱，只有唯一的直接后继 a_2；数据元素 a_n 无后继，只有唯一的直接前驱 a_{n-1}。因此，链表属于线性逻辑结构。

3.1.3 链表的存储结构

链表用一组任意的存储单元来存放表中的元素，即这组存储单元可以是连续的，也可以是不连续的，甚至是零散地分布在内存中的某物理位置上，这使得链表中数据元素的逻辑顺序与其物理存储顺序不一定相同。

为确保数据元素间的线性逻辑关系，在存储每一个数据元素 a_i 的同时，还要存储其逻辑后继数据元素 a_{i+1} 的存储空间地址；这样，由数据元素 a_i 的值与数据元素 a_{i+1} 的存储地址共同组成了链表中的数据元素的结点结构，如图 3-1 所示。

data	next

图 3-1 链表的结点结构

其中，data 域是数据域，用来存放数据元素 a_i 的值；next 域是指针域，用来存放 a_i 的直接后继 a_{i+1} 的存储地址。链表正是通过每个结点的指针域将表中 n 个数据元素按其逻辑顺序连接在一起的。

【例 3-1】设有一组线性排列的数据元素(zhao,qian,sun, li,zhou, wu,zheng,wang)，其链接存储形式如图 3-2 所示。

可以看出，在链接存储方式下（链表中），每一个数据元素的存储地址存放在其直接前驱结点的 next 域中，只要知道第一个数据元素（结点）zhao 的存储地址，就可以找到其后续的所有结点。

在链表中，称第一个结点的地址为链表的"首地址"，存放链表首地址的指针变量（或者是数组下标）称为"头指针"。已知链表的头指针就可以搜索到表中任一结点。

存储地址	数据域	指针域（next）
⋮	⋮	⋮
100	wang	∧
⋮	⋮	⋮
160	li	310
170	zhao	320
⋮	⋮	⋮
200	wu	220
210	sun	160
220	zheng	100
⋮	⋮	⋮
310	zhou	200
320	qian	210
⋮	⋮	⋮

图 3-2 链接存储示例

另外，链表中的最后一个数据元素无后继，则最后一个结点（尾结点）的指针域为空，即 NULL，图示中可用"∧"表示。

通常情况下，用箭头来表示指针域中的指针，忽略每一个结点的实际存储位置，而重点突出链表中结点间的逻辑顺序，将链表直观地画成用箭头链接起来的结点序列。

【例 3-2】图 3-2 的链表可以画成如图 3-3 所示的形式。

图 3-3 链表的图形表示

3.1.4 静态链表和动态链表

1. 静态链表

静态链表用地址连续的存储空间（一般使用计算机语言中的"数组"）存储链表中的元素及其

逻辑后继在数组中的位置。与顺序表不同的是，在静态链表中逻辑位置相邻的元素其物理位置不一定相邻。

【例 3-3】如图 3-4 所示的静态链表。该链表存储在一个数组空间中，该数组为结构类型，每一个数组元素包括两个分量（也可以是多个分量）：存放表中元素值的 data 分量和存放该元素直接后继位置的 next 分量。该链表的头指针为 3，即整个链表从下标为 3 的元素 A 开始，链表中的第 2 个元素的下标为 4 的元素 B，第三个元素的下标与 B 存储在一起，为 5，依此类推。

可以用结构体来定义静态链表的结点数据类型：

```
typedef struct{
    Datatype data;
    int next;
}node;
```

一个静态链表可以描述如下：

```
#define maxsize 100
node nodepool[maxsize];      //存放链表的数组
int head;                    //存放头指针的head
```

在静态链表中进行插入与删除操作不需要移动元素，只需改变被插入（删除）元素的直接前驱的 next 域中的值。

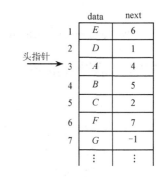

图 3-4　静态链表

2. 动态链表

由于静态链表需要事先估计表中数据元素的个数，通常情况下，可以为链表中的每一个数据元素分配相应的存储空间，该存储空间中存放有该数据元素的值（data 域）和其直接后继的存储空间地址（next 域），数据元素之间的逻辑关系由每一个这样的存储空间中所存储的地址来维系。

在动态链表中，当需要插入数据元素时，临时动态地为其申请一个存储空间，而不是将结点放在一个定义的数组中，删除数据元素时，可以释放该数据元素所占用的空间，即可以根据表的实际需要临时动态地分配存储空间以存储表中的数据元素，称这样的链表为动态链表。本章后续章节所讨论的链表都是动态链表。

在 C 语言中，常用 malloc 函数动态申请数据元素的存储空间，用 free 函数释放数据元素的存储空间；在 C++语言中，则用 new 函数和 delete 函数来实现。

3.1.5　链表基本运算

运算是定义在一定的逻辑结构和存储结构上的。对于具有相同逻辑结构的顺序表和链表，它们有着相似的运算集合。由于链表中的每一个元素（又称结点）单独占用一定的存储空间，且不同元素（结点）的存储空间可以分布在存储器的不同位置，不需要为一个链表预先申请较大的存储区域，这样，一般情况下，链表不存在表满的状况。可以定义链表的以下 6 种基本运算：

（1）置空表 LLsetnull(L)，运算的结果是将链表 L 置成空表。

（2）求表长 LLlength(L)，运算结果是输出链表中数据元素的个数。

（3）按序号取元素 LLget(L,i)，当 $1 \leqslant i \leqslant$ length(L) 时，输出链表 L 中第 i 个结点的值或其地址。

（4）按值查找（定位）LLlocate(L,x)，当链表 L 中存在值为 x 的结点时，输出该元素的地址。若表 L 中存在多个值为 x 的结点，则依次输出它的所有地址；当表中不存在值为 x 的结点时，则输出空指针。

（5）插入 LLinsert(L,i,x)，在链表 L 中的第 i 位置插入值为 x 的结点，表长由 n 变为 $n+1$。

（6）删除 LLdelete(L,i)，在链表 L 中删除第 i 个结点，表长由 n 变为 $n-1$。

在解决具体问题时，所需要的运算可能仅是上述运算中的一部分，也可能需要更为复杂的运算。对于复杂运算，也可以通过上述 6 种基本运算的组合来实现。

3.2　单链表的数据结构

单链表是一种常用的数据结构，也是进一步学习其他数据结构的基础。

3.2.1　单链表的逻辑结构

定义 3.2　单链表是满足下列条件的一种数据结构：

（1）是有限个具有相同数据类型的数据元素组成的链表。

（2）该链表的每个结点只有一个指针域。

也就是说，单链表是一种链表，其逻辑结构是线性结构。

3.2.2　单链表的存储结构

单链表中的每一个结点包括两个域：存储该结点所对应的数据元素信息的 data 域（数据域）和存储其直接后继的存储位置的 next 域（指针域）。其结点结构图如图 3-1 所示，该结点的数据类型用 C 语言描述如下：

```
typedef struct node{
    datatype data;
    struct node *next;
}LinkList;
```

可以定义一个该类型的指针变量：

```
LinkList *H;
```

对于例 3-1，图 3-3 所示即为一个单链表。若使 $H=170$，即单链表中第一个结点的存储地址，则 H 为该单链表的头指针，如图 3-5 所示。

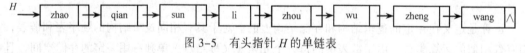

图 3-5　有头指针 H 的单链表

若已知单链表的头指针，则可以搜索到达表中任一结点；也就是说，单链表由头指针唯一确定。因此，单链表可以用头指针的名字来命名。图 3-5 所示的单链表可称为单链表 H。

注意：应严格区分指针变量和结点变量这两个概念。

上面 H 为指针变量；若它的值非空（H!=NULL），则它的值为 LinkList 类型的某结点的地址。若 H 非空，*H 为 LinkList 类型的结点变量，它有两个分量：(*H).data 和(*H).next（或者写成 H->data 和 H->next）；其中，(*H).data 为 datatype 类型的变量，若它的值非空，其值为该数据元素 a_i 的值，而(*H).next 是与 H 同类型的指针变量，其值为 a_i 的直接后继 a_{i+1} 的地址。

【**例 3-4**】在如图 3-6 所示的单链表 H 中，各结点的地址及数据元素值分别表示如下：

结点 1 的地址：H　　　　　　数据元素 a_1 值：H->data

结点 2 的地址：H->next　　　　数据元素 a_2 值：H->next->data

若令 $p=H$->next，则数据元素 a_2 值为：p->data

结点 3 的地址：p->next，令 $p=p$->next，数据元素 a_3 值：p->data

结点 4 的地址：p->next，令 $p=p$->next，数据元素 a_4 值：p->data

结点 5 的地址：p->next，令 $p=p$->next，数据元素 a_5 值：p->data

结点 5 无后继结点，则 p->next=NULL。

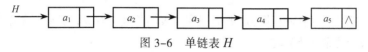

图 3-6　单链表 H

可以看出，若有 LinkList *$p=H$->next(或 LinkList *$p=H$)，则除第一个结点外，其余结点的地址、数据元素值均有一致的表述方式，分别为 p->next、p->data。

为使单链表中所有结点都有一致的描述方式，不妨在第一个结点之前加一个同类型的结点（见图 3-7），并称该结点为头结点。头结点的 data 域中不存放任何内容，或者存放表长信息，头结点的 next 域中存放第一个数据元素结点的地址，而指针变量 H 记录头结点的地址，称这样的单链表为带头结点的单链表。

图 3-7　带头结点的单链表 H

在带头结点的单链表中，称第一个数据元素结点为首元素结点，称最后一个数据元素结点为尾结点。

3.3　单链表基本算法及性能分析

了解了链表的存储结构，并定义了链表中结点的数据类型后，下面讨论链表的基本运算。

3.3.1　单链表的基本算法

1. 单链表置空表算法

设单链表的头指针为 L：

LinkList *L;

当单链表为空表时，表中没有元素，仅有头结点，即 L->next 域值为 NULL（空）。

```
LinkList *setnull(LinkList *L){
    L->next=NULL;
    return(L);
}
```

2. 单链表求表长算法

求链表的长度就是求链表中不包括头结点在内的结点个数。与顺序表不同，链表中结点间的线性关系由结点的 next 域中的地址来维系。要确认表中有哪些结点、有多少结点，必须从头结点开始，顺着各结点 next 域中指示的地址去寻找下一个结点，直到某结点的 next 域为空为止。

算法：可以定义一个变量 n 记录结点的个数，开始时 $n=0$；令 p 等于首元素结点的地址，即 $p=L$->next，这里 L 为头指针。当 p 不为空时，n 加 1；继续令 $p=p$->next，并且 p 不为空时，n 加 1，……，如此循环，直到 p 为空，这时 n 的值即为表长。图 3-8 为该算法的流程图。

```
int LLlength(LinkList *L){          //求带头结点的单链表 L 的长度
    LinkList *p; int n=0;           //用来存放单链表的长度
    p=L->next;
    while(p!=NULL){p=p->next; n++;}
    return n;
}
```

可以看出，该算法的时间性能与问题的规模（表的长度）有关，其时间复杂度为 $O(n)$。

3. 单链表按序号取元素算法

该运算是求链表中指定序号为 i 的结点的地址。结点的序号从首元素结点开始直到尾结点，依次为 1、2、3、…、m，即尾结点的序号也就是表长 m。这样，要找到第 i 个结点，可以采用与求链表的表长同样的方法，从头结点开始。

算法：令变量 n 记录已搜索过的结点的个数；若令 p 等于首元素结点的地址，当 p 不为空时 $n=1$；继续令 $p=p$->next，且 p 不为空时，$n=n+1$，……，直到 $n=i$，则 p 的值即为序号为 i 的结点的地址。若在搜索的过程中 p 为空，则表示链表没有序号为 i 的结点，也就是说 i 的值大于表长 m。图 3-9 为该算法的流程图。

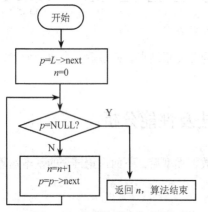

图 3-8　求表长算法流程图

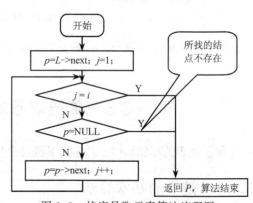

图 3-9　按序号取元素算法流程图

```
LinkList *Get(LinkList *L,int i){
//在带头结点的单链表 L 中查找第 i(1≤i≤n)个结点。若找到，则返回该结点的存储位置，否则返回
//NULL
    int j;LinkList *p;
    p=L->next;j=1;                  //从首元素结点开始扫描
    while(p!=NULL&&j<i){
        p=p->next;                  //扫描下一个结点
        j++;                        //已扫描结点计数器
    }
    if(i==j) return p;              //找到了第 i 个结点
    else return NULL;               //找不到，i≤0 或 i>n
}
```

该算法中，while 语句是执行次数最多的语句。最坏情况下，while 语句执行 n 次；假定取各位置上元素的概率相等，则 while 语句平均执行次数为 $(n+1)/2$。所以，该算法的平均时间复杂度为 $O(n)$。

4．单链表按值查找算法

从单链表的头指针指向的头结点出发（或者从首元素结点出发），顺着链表逐个地将结点的值和给定值 x 作比较。若有结点值等于 x 的结点，则返回首次找到的其值为 x 的结点的存储位置，否则返回 NULL。

```
LinkList *LLlocate(LinkList *L,DataType x){
//在带头结点的单链表 L 中查找其结点值等于 X 的结点。若找到则返回该结点的位置 p；否则返回
//NULL
  LinkList *p;
  p=L->next;                    //从表中第一个结点比较
  while(p!=NULL)
    if(p->data!=x) p=p->next;
    else break;                 //找到值为 x 的结点，退出循环
  return p;
}
```

该算法与按序号取元素 LLget(L,i)算法一样，while 语句执行次数最多。最坏的情况下，while 语句执行 n 次；若查找各位置上元素的概率相等，则 while 语句平均执行次数为(n+1)/2。这样，该算法的平均时间复杂度也为 $O(n)$。

5．单链表插入算法

在单链表 L 的第 i 个位置插入值为 x 的结点，首先要动态生成一个数据域为 x 的结点 S，然后插入在单链表中。

为保证插入后结点间的线性逻辑关系，需要修改第 i-1 个结点 a_{i-1} 的 next 域中的值，使其为新结点的地址；同时，对于新结点来说，插入后，其直接后继结点应为原链表中的第 i 个结点 a_i，则应将结点 a_i 的地址存放在新结点的 next 域中，如图 3-10 所示。

上述的操作过程可以描述如下：

① S=(LinkList *)malloc(sizeof(LinkList));

② S->data=x;

③ S->next=P->next;

④ P->next=S;

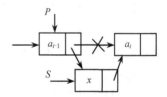

思考：上述操作过程的描述中第③、④步可不可以调换次序？

图 3-10　插入算法示意图

关于第 i-1 个结点 a_{i-1} 地址 P 的获得，可采用与按序号取元素算法相同的算法。所不同的是，由于插入操作可以在第一个位置进行(在首元素结点前插入一个结点)，所以本算法中搜索结点地址的操作需要从头结点开始，而不是同按序号取元素 LLget(L,i)算法一样从首元素结点开始扫描。这一功能的实现可描述如下：

```
P=L;j=0;
while(P!=NULL&&j<i-1){
   P=P->next; j++;
}
```

到此为止，我们分析了插入操作的全过程，但插入操作可以进行的条件并没有分析，这就是插入位置的正确性判断问题。可以看出，若单链表中有 n 个结点（除头结点外），则插入操作可以在首元素结点前进行(i=1)，或者在任意两个结点之间(1<i≤n)，也可以在尾结点之后(i=n+1)进行；即插入序号 i 应满足条件 1≤i≤n+1。

单链表与顺序表不同，其长度 n 并没有直接给出，要实现对上述条件的判断，必须调用求表长算法 LLlength(L)。显然，这种方法很费时。另一种方法是利用搜索到的 a_{i-1} 结点的地址 P：若 P->next=NULL，表示 *P 是尾结点 a_n，可以在尾结点后插入，而且这是最后一个插入位置，等价于 $i=n+1$；若继续 $P=P$->next，这时 P=NULL，就不可以在 *P 结点后插入了。由此可见，条件 $1 \leq i \leq n+1$ 等价于 P!=NULL(P 为 a_{i-1} 结点的地址)。

综合以上分析，单链表的插入算法如下：

```
void LLinsert(LinkList *L,int i,DataType x){
//在带头结点的单链表 L 中第 i 个位置插入值为 x 的新结点
  LinkList *P,*S;
  P=L;j=0;
  while(P!=NULL&&j<i-1){P=P->next; j++;
  }
  if(P==NULL) printf("序号错");
  else{
    S=(LinkList *)malloc(sizeof(LinkList));
    S->data=x; S->next=P->next; P->next=S;
  }
}
```

在单链表中插入一个结点，只需要修改新结点及其前驱结点 next 域中的值，较顺序表的插入操作简单得多。就单插入操作而言，算法的时间复杂度为 $O(1)$。如果不是在第 1 个位置进行插入，还需通过运行 while 语句（或调用 LLget(L,i)函数），查找第 $i-1$ 个结点 a_{i-1} 的地址，这使得整个算法的时间复杂度为 $O(n)$。

6. 单链表删除算法

删除单链表 L 中的第 i 个结点 a_i，就是让其后继结点 a_{i+1} 变为其前驱结点 a_{i-1} 的直接后继，即让结点 a_{i-1} 的 next 域获得结点 a_{i+1} 的地址，如图 3-11 所示。

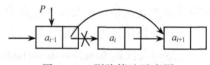

图 3-11 删除算法示意图

这里 P 为第 $i-1$ 个结点 a_{i-1} 的地址，则删除单链表 L 中的第 i 个结点 a_i 的基本操作可描述为

P->next=P->next->next; ①

如果被删除的结点不再使用，为了不浪费存储空间，必需释放所删除结点所占用的存储空间：

free(P->next); ②

如何处理上述①、②两条语句的先后顺序关系呢？可以看出，其矛盾的焦点是如何保留即将删除的结点 a_i 的地址。可以按如下方式来实现：

```
U=P->next;          //用 U 指向要删除的结点
P->next=U->next;    //让结点 a_{i-1} 的 next 域获得结点 a_{i+1} 的地址
free(U);            //释放删除结点所占用的存储空间
```

关于第 $i-1$ 个结点 a_{i-1} 地址的获得，可以通过调用 LLget(L,i)函数来实现，或者是采取与插入算法中同样的搜索方法。

另一个需要讨论的是删除操作可以进行的条件问题。若单链表中有 n 个结点（除头结点外），则可以删除的结点应该包括从首元素结点到尾结点的所有结点，即可以被删除的结点的序号 i 满足条件 $1 \leq i \leq n$；利用搜索到的 a_{i-1} 结点的地址 P，若 P->next!=NULL，而 P->next->next=NULL，则表示 *P 是结点 a_{n-1}（见图 3-12），这时可以进行最后一次删除操作，删除尾结点 a_n；若继续

$P=P$->next,这时 P->next=NULL,删除操作结束。所以,删除操作可以进行的条件是 P->next!=NULL（ P 为 a_{i-1} 结点的地址）。

综合以上分析,单链表的删除算法如下:

```
void LLdelete(LinkList *L,int i){
//在带头结点的单链表 L 中删除第 i 个结点
   LinkList *P,*U;
   int j;
   P=L;j=0;
   while(P!=NULL&&j<i-1){
      P=P->next;j++;
   }                         //先找到第 i-1 个结点的存储位置,使指针 P 指向它
   if(P!=NULL&&P->next!=NULL){  //第 i-1 个结点和第 i 个结点均存在
      U=P->next; P->next=U->next; free(U);
   }
}
```

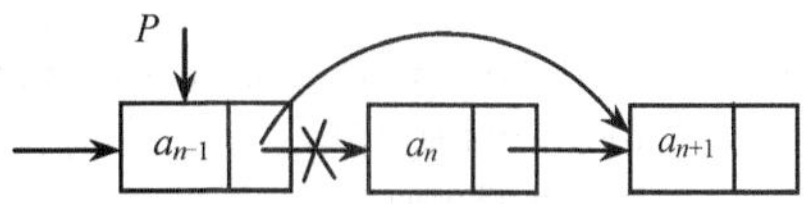

图 3-12　删除尾结点

3.3.2　单链表基本算法性能分析

该算法的时间性能同插入算法。单就删除操作而言,其时间复杂度为 $O(1)$。算法中还需要通过运行 while 语句（或调用 LLget(L,i)函数）,查找第 $i-1$ 个结点 a_{i-1} 地址,使得整个算法的时间复杂度为 $O(n)$。

对于单链表的空间性能,链表中每个结点都要增加一个指针空间,相当于总共增加了 n 个整型变量,空间复杂度为 $O(n)$。

3.4　单链表基本运算应用实例

针对单链表的复杂运算可以通过组合 3.3 节中的 6 种基本运算来实现,如本节中的例 3-7、例 3-8;而动态建立单链表则是插入运算的一种应用,通常有两种方法:头插法建表和尾插法建表,本节首先讨论这两种方法的建表过程。

【例 3-5】头插法建单链表

假设建立一个以单个字符为数据域的结点的单链表,逐个输入这些字符、建立结点、以 "#" 作为输入结束标志。

头插法建单链表的建表过程分析如下所述。

首先建立一个只有头结点的空单链表,然后重复读入数据,生成新结点,并将新结点总是插入到头结点之后,直到读入结束标志为止。建表过程如图 3-13 所示。

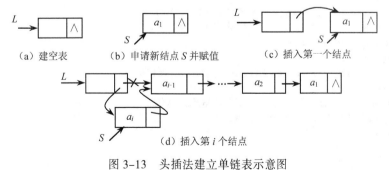

（a）建空表　　（b）申请新结点 S 并赋值　　（c）插入第一个结点

（d）插入第 i 个结点

图 3-13　头插法建立单链表示意图

头插法建单链表算法如下：

```
LinkList *CreatlistH(){
    LinkList *L,*head,*S;
    char ch;
    L=(LinkList *)malloc(sizeof(LinkList);head=L;
    L->next=NULL;                //建空单链表
    ch=getchar();
    while(ch!='#'){
        S=(LinkList *)malloc(sizeof(LinkList);
        S->data=ch; S->next=L->next; L->next=S; ch=getchar();
    }
    return head;
}
```

头插法建单链表算法的时间复杂度为 $O(n)$。

【例 3-6】尾插法建单链表

尾插法建单链表的建表过程分析如下所述。

在头插法得到的单链表中，结点的输入顺序与逻辑顺序正好相反。若希望两者次序一致，可采用尾插法建立单链表。

尾插法建表总是将新结点插入到当前链表的表尾。为此，需增加一个尾指针，记录当前链表尾结点的地址。尾插法建表过程如图 3-14 所示。

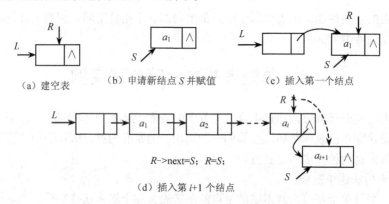

（a）建空表　　　（b）申请新结点 S 并赋值　　　（c）插入第一个结点

R->next=S; R=S;

（d）插入第 $i+1$ 个结点

图 3-14　尾插法建立单链表示意图

尾插法建单链表算法如下。

```
LinkList *CreatlistR(){
    LinkList *L,*S,*R;
    char ch;
    L=(LinkList *)malloc(sizeof(LinkList));
    L->next=NULL;                //建空单链表
    R=L; ch=getchar();
    while(ch!='#'){
        S=(LinkList *)malloc(sizeof(LinkList));
        S->data=ch;
        S->next=NULL;            //申请结点并赋值
        R->next=S; R=S; ch=getchar();
    }
    return L;
}
```

尾插法建单链表算法的时间复杂度为 $O(n)$。

【例 3-7】判断非空单链表是否递增有序

若单链表的长度为 1，则该非空单链表显然递增有序。若单链表的长度大于 1，则必须判断每个结点的值是否小于其后继结点的值。所以本算法应设计两个工作指针 p 和 q，p 指向当前结点，q 始终指向 p 的后继（如果后继结点存在）；在扫描的过程中比较 *p 结点和 *q 结点值的大小，若 p->data<q->data，则 p 和 q 同时后移。算法如下：

```
int Increase(LinkList *H){
    LinkList *p=H->next,*q;          // p 指向首元素结点
    while(p->next){                  //若链表非空，则进行比较
        q=p->next;
        if(p->data<q->data)  p=q;
        else return 0;
    }
    return 1;
}
```

本算法需自前向后扫描单链表，算法的时间复杂度为 $O(n)$。

【例 3-8】设计算法将非空单链表逆置。

本算法思想是修改每个结点指针域的值，即把指向后继结点的指针改为指向前驱结点。可以自头结点开始，依次扫描单链表中结点，并修改每个结点的指针域。在修改指针时须注意以下问题：

（1）修改结点指针域的值使其获得其前驱结点地址时，将破坏本来存在于此的后继结点的地址，为此，在修改指针前要保留该节点的后继结点的地址。

（2）逆置须将结点 p 的前驱结点的地址填入结点 p 的指针域中，为此要保存 p 的前驱结点的地址。

（3）全部逆置后，头结点的指针域应指向原表的尾结点。

这样，在扫描过程中可以设置两个工作指针 p 和 pre 和一个临时指针 r，其中 pre 始终指向原表中 *p 结点的前驱，r 暂存结点 *p 的后继结点的地址。算法如下：

```
LinkList *Reverse(LinkList *first){
    LinkList *p=first->next,*pre=NULL,*r;    //pre 和 p 初始化
    while(p){
        r=p->next;                 //暂存结点 p 的后继结点的地址
        p->next=pre;               //将结点 p 的指针域指向其前驱结点
        pre=p; p=r;
    }
    first->next=pre;               //退出循环后 pre 指向原表的尾结点
    return first;
}
```

本算法需自前向后扫描单链表，算法的时间复杂度为 $O(n)$。

3.5　循　环　链　表

循环链表是一种首尾相接的链表，即链表中尾结点的 next 域中存放的是头结点（或表中第一个结点）的地址，整个链表形成一个环。这样，从表中任一结点出发均可找到表中其他结点。本节讨论两种形式的循环链表：单向循环链表和双向循环链表。

3.5.1 单向循环链表

1. 带头指针的单向循环链表

若将带头结点的单链表 L 的最后一个结点的 next 域由 NULL 改为指向头结点，就得到了带头指针的单向循环链表。其中 L 为该单向循环链表的头指针，这样，空单向循环链表仅由一个自成循环的头结点表示，如图 3-15 所示。

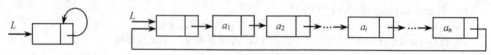

（a）带头指针的空单向循环链表　　　　　　　　（b）带头指针的单向循环链表的一般形式

图 3-15　带头指针的单向循环链表

带头指针的单向循环链表的各种操作的实现与带头结点的单链表的实现算法类似，只是在各算法中循环的条件由 P!=NULL 或 P->next!=NULL 改为 P!=L 或 P->next!=L（L 为头指针）。

2. 带尾指针的单向循环链表

通常，对单向循环链表的操作大多在表尾进行，因此，实际应用中多采用带尾指针的单向循环链表，如图 3-16 所示。

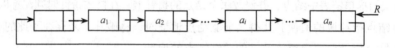

图 3-16　带尾指针的单向循环链表

头结点的地址存放在尾结点的 next 域中，因此在带尾指针单向循环链表中，头指针为 R->next。至此，带尾指针的单向循环链表的各种操作实现与带头指针的单向循环链表的实现算法相同。

【例 3-9】有两个带尾指针的单向循环链表 LA、LB（见图 3-17），设计算法将两个循环链表首尾相接，合并为一个带尾指针的单向循环链表。

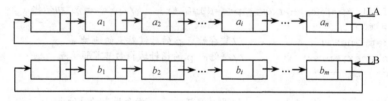

图 3-17　带尾指针的单向循环链表 LA 和 LB

算法分析：要使这两个链表首尾相接，应该满足：

（1）链表 LA 中尾结点 a_n 的 next 域指向链表 LB 中的首元素结点 b_1；描述为

　　LA->next=LB->next->next;　　　①

（2）链表 LB 中尾结点 b_m 的 next 域指向链表 LA 头结点；描述为

　　LB->next=LA->next;　　　　　②

（3）释放链表 LB 的头结点所占用的空间：

　　free(LB->next);　　　　　　③

如果按照上述步骤进行操作，第①步操作结束后，就会丢失链表 LA 头结点的地址，使得后面的操作无法进行。为此，可以定义一个指针变量 u，记录链表 LB 头结点的地址。这样，两个链表首尾相接的操作就可以顺利进行，如图 3-18 所示。

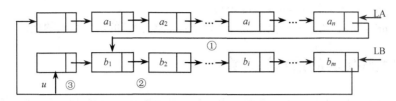

图 3-18　两个带尾指针的单向循环链表 LA 和 LB 首尾相接

综合以上分析，实现该操作的算法如下：

```
LinkList *merge(LinkList *LA,LinkList *LB){
    LinkList *u;
    u=LB->next;
    LA->next=u->next;          //链表 LA 尾结点的 next 域指向链表 LB 中的首元素结点
    LB->next=LA->next;          //链表 LB 尾结点的 next 域指向链表 LA 头结点
    LA=LB;                      //指针 LA 指向首尾相接后新链表的表尾
    free(u);
    return (LA);
}
```

该算法与问题的规模没有关系，算法的时间复杂度为 $O(1)$。

单向循环链表与单链表相比最大的优点是，可以从任一结点出发找到其前驱结点，但时间耗费是 $O(n)$。

3.5.2　双向循环链表

1. 双向链表结点结构

若想在链表中快速确定某一结点的前驱结点，可以为单链表中的每一个结点增加一个指向其前驱结点的指针域，这样形成的链表中就有两条方向互为相反的链，称这样的链表为双向链表。如图 3-19 所示为双向链表中结点的结构。

其中，prior 为指向其前驱的指针域，next 为指向其后继的指针域。该结点的结构可以定义如下：

```
typedef struct Dnode{
    datatype data;
    struct Dnode *prior,*next;
}DLinkList;
```

prior	data	next

图 3-19　双向链表的结点结构

2. 双向循环链表

同单链表一样，双向链表一般也是由头指针唯一确定；也可以在双向链表中增加一个头结点，使某些运算更为方便；若使得双向链表中尾结点的 next 域指向头结点，头结点的 prior 域指向尾结点，则将使双向链表首尾相接，称这样的双向链表为双向循环链表，如图 3-20 所示。

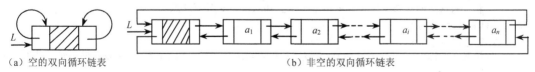

（a）空的双向循环链表　　　　　　　　　　（b）非空的双向循环链表

图 3-20　双向循环链表示意图

在双向链表中，每一个结点的地址既存储在其直接前驱结点的 next 域中，又存放于其直接后继结点的 prior 域中。若指针 P 指向双向链表中某一结点，则有下式成立：

```
P->prior->next = P = P->next->prior
```

其中，*P*->prior 是*P* 的前驱结点的地址，而*P*->next 是*P* 的后继结点的地址。

3.5.3 双向循环链表的结点插入算法

在双向链表上实现链表的基本运算时，求表长、按值查找、按序号取元素等运算与单链表中相应的算法相同；而插入与删除运算由于涉及被插结点及被删结点的前驱与后继中指针域的变化，其操作过程与单链表有所不同。下面具体讨论双向链表的插入运算。

双向链表的插入运算有结点后插与结点前插两种。

1. 双向链表的结点后插算法技术要点

后插操作是在*P* 结点的后面插入一个新结点，如图 3-21 所示。其操作过程与单链表的插入操作类似，其算法不再赘述，读者自行给出。

2. 双向链表的结点前插算法技术要点及算法设计

前插操作是在*P* 结点前插入一个新结点，如图 3-22 所示。首先申请一个新结点空间，并赋值：

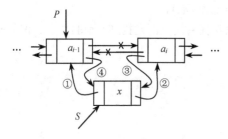 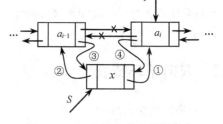

图 3-21　双向链表结点后插操作　　　　图 3-22　双向链表结点前插操作

```
S=(DLinkList *)malloc(sizeof(DLinkList));
S->data=x;
S->next=P;                    ①
S->prior=P->prior;           ②
```

这里，*P*->prior 为*P* 的前驱结点的地址。

接下来，需要修改*(P*->prior)结点的后继指针域和*P* 结点的前驱指针域：

```
P->prior->next=S;            ③
P->prior=S;                  ④
```

思考：上述操作过程中的①、②、③、④的次序可不可以调换？如果可以，怎样操作？

综上所述，双向循环链表的前插操作算法如下：

```
DLinkList *Dinsert(DLinkList *L,int i,DataType x){
    //在带头结点的双循环链表 L 中第 i 个位置插入值为 x 的新结点
    LinkList *P,*S;
    int j,flag=0;
    //设置一个标志 flag，初值为 0，当有 P=P->next 操作时，flag 为 1，用以辅助判断 i 是否合法
    P=L->next;j=0;
    while(j<i-1){      //查找第 i 个位置的元素地址
        P=P->next;flag=1;j++;
    }
    if(P==L->next&&flag==1){
```

```
      printf("序号错!\n");
      exit(0);
   }
   else{
      S=(DLinkList *)malloc(sizeof(DLinkList));
      S->data=x; S->next=P; S->prior=P->prior;
      P->prior->next=S; P->prior=S;
   }
   return L;
}
```

3．算法性能分析

与单链表的插入操作一样，该算法的时间主要消耗在搜寻第 i 个结点的地址上，时间性能为 $O(n)$；而插入新结点操作的时间性能为 $O(1)$。

3.5.4 双向循环链表的结点删除算法

1．算法技术要点分析

这里主要讨论删除双向循环链表中的 $*P$ 结点。

如图 3-23 所示，该操作较为简单，只需修改 $*P$ 的前驱结点的 next 域以及 $*P$ 的后继结点的 prior 域中的值，然后释放 $*P$ 结点所占用的存储空间即可。具体如下：

```
P->prior->next=P->next;
P->next->prior=P->prior;
free(P);
```

当然，还要考虑操作条件的合法性问题。

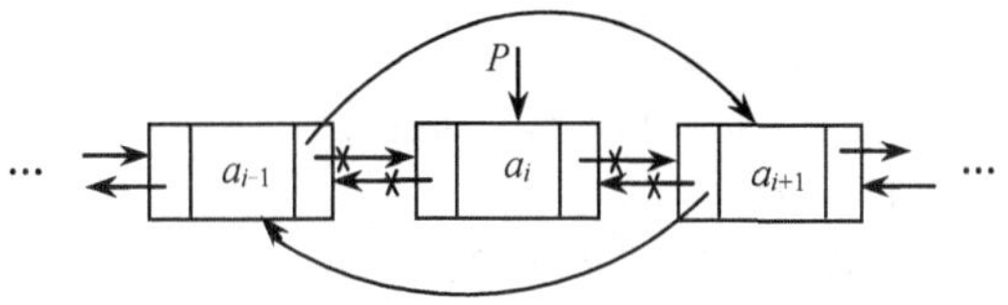

图 3-23　双向链表的删除操作

2．双向循环链表的结点删除算法

```
DLinkList *Ddelete(DLinkList *L,int i){
   //删除带头结点的双循环链表L中第i个结点
   LinkList *P;
   int j;
   P=L->next;j=1;
   while(j<i){P=P->next;j++;}          //查找第i个结点地址
   if(P==L){
      printf("序号错!\n");
      exit(0);
   }
   else{
      P->prior->next=P->next; P->next->prior=P->prior; free(P);
   }
   return L;
}
```

3．算法性能分析

该算法的时间主要消耗在搜寻第 i 个结点的地址上，时间性能为 $O(n)$；而删除操作的时间性能为 $O(1)$。

3.6　链表的应用

基于链表中的结点可以动态生成的特点，以及链表可以灵活地添加或删除结点的数据结构，链表的应用非常广泛。本节主要讨论链表在一元多项式的运算、归并及字符处理中的一些应用。

3.6.1　多项式相加问题

1. 一元多项式的表示

通常，一个 n 次一元多项式 $P(x)$ 可按升幂的形式写成：

$$P(x)=a_0+a_1x+a_2x^2+\cdots+a_nx^n \tag{3-1}$$

它实际上包含 $n+1$ 项，由 $n+1$ 个系数唯一确定。在计算机内，可以用一个链表来表示一个一元多项式。为了节省存储空间，只存储多项式中系数非 0 的项。链表中的每一个结点存放多项式的一个系数非 0 项，它包含 3 个域，分别存放该项的系数、指数以及指向下一个多项式结点的指针。如图 3-24 所示为多项式链表结点的结构。

结点的数据类型可定义如下：

图 3-24　存放多项式的链表结点结构

```
typedef struct Pnode{
    int coef;
    int exp;
    struct Pnode *next;
}Polynode;
```

例如，多项式 $P(x)=3+4x+6x^3+8x^7+23x^{21}$ 的单链表表示形式如图 3-25 所示。

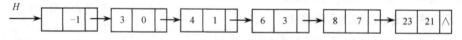

图 3-25　多项式 $P(x)$ 的单链表表示

为方便以后的运算，在该单链表中增加了头结点，并给定指数域的值为-1。

2. 多项式链表的生成算法

多项式单链表可以采用尾插法建表来生成。通过从键盘按升幂的次序输入多项式各项的系数和指数，以输入指数-1 为结束标志。算法如下：

```
Polynode *PLcreate(){
    Polynode *H,*R,*S;
    int c,e;
    H=(Polynode *)malloc(sizeof(Polynode));
    H->exp=-1;
    H->next=NULL;             //建立空多项式单链表
    R=H;                     //R 始终指向单链表的尾，便于尾插法建表
    scanf("%d%d",&c,&e);     //键入多项式的系数和指数项
    while(e!=-1){            //若 e=-1，则代表多项式的输入结束
        S=(Polynode *)malloc(sizeof(Polynode));
        S->coef=c;  S->exp=e;
        S->next=NULL;         //生成新结点并赋值
```

```
        R->next=S;                //在当前表尾做插入
        R=S; scanf("%d%d",&c,&e);
    }
    return H;
}
```

3. 两个一元多项式相加

下面通过一个实例来讨论两个一元多项式相加算法的实现。

【例 3-10】有两个一元多项式 $A(x)=2+5x+9x^8+5x^{17}$，$B(x)=10x+22x^6-9x^8$，分别用单链表表示，试描述其相加的过程，并给出和多项式的单链表形式。

图 3-26 为这两个一元多项式的单链表形式。

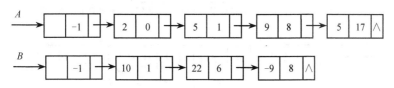

图 3-26　多项式 A 和 B 的单链表表示

两个多项式相加的法则是：两个多项式中同指数项的对应系数相加，若和不为零，则形成"和多项式"中的一项；所有指数不同的项均直接移位至"和多项式"中。

对于两个多项式链表 A、B，实现多项式相加时，"和多项式"中的结点无需另外生成，可看成是将多项式 B 加到多项式 A 中，最后的"和多项式"即是多项式 A。

一元多项式加法算法思想如下：

设指针 p、q 分别指向多项式 A、B 的首元素结点，则比较结点*p 和*q 的指数项，可进行如下操作来完成多项式加法运算：

（1）若 p->exp < q->exp，则*p 结点应是"和多项式"中的一项，并令指针 p 后移。

（2）若 p->exp > q->exp，则*q 结点应是"和多项式"中的一项，将*q 结点插入到多项式链表 A 中的*p 结点之前，并令指针 q 在多项式链表 B 上后移。

（3）若 p->exp = q->exp，则将两个结点中的系数相加，若和不为零，则修改*p 结点的系数域，释放指针 q 所指向的结点空间；若和为零，则指针 p、q 分别在各自的链表上后移，同时释放指针 p、q 原先所指向的结点空间。

（4）重复（1）、（2）、（3）步，若 q=NULL，则链表 A 即为"和多项式"链表；若 p=NULL，则将链表 B 中指针 q 所指向的余下的链表全部插入到链表 A 的表尾，形成"和多项式"链表 A。

图 3-27 为多项式链表 A、B 按照上述算法思想进行一元多项式加法运算的过程。

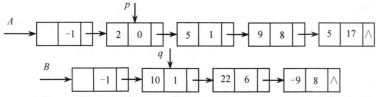

（a）指针 p、q 指向多项式链表 A、B 的首元素结点，p->exp<q->exp，指针 p 应后移

图 3-27　两个多项式链表相加示意图

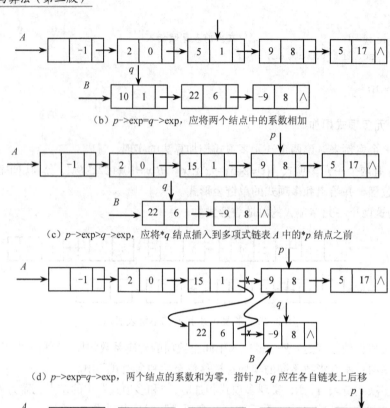

（b）p->exp=q->exp，应将两个结点中的系数相加

（c）p->exp>q->exp，应将*q 结点插入到多项式链表 A 中的*p 结点之前

（d）p->exp=q->exp，两个结点的系数和为零，指针 p、q 应在各自链表上后移

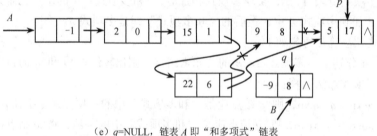

（e）q=NULL，链表 A 即"和多项式"链表

图 3-27　两个多项式链表相加示意图（续）

4. 两个一元多项式相加算法

综合以上分析，两个一元多项式相加的算法如下：

```
Polynode *polyadd(Polynode *A,Polynode *B){
//两个多项式相加，将和多项式存放在多项式 A 中，并将多项式 B 删除
  Polynode *p,*q,*temp,*pre;
  int sum;
  p=A->next;
  q=B->next;                    //p和 q 分别指向 A 和 B 多项式链表中的第一个结点
  pre=A;                        //pre 指向*p 的前驱结点
  free(B);                      //释放多项式 B 的头结点空间
  while(p!=NULL&&q!=NULL){      //当两个多项式均未扫描结束时
    if(p->exp<q->exp){pre=p; p=p->next;}
                               //如果 p 指向的多项式项的指数小于 q 的指数，指针 p 后移
    else if(p->exp==q->exp){   //若指数相等，则相应的系数相加
      sum=p->coef+q->coef;
    if(sum!=0){
```

```
        p->coef=sum; B=q; pre=p;
        p=p->next; q=q->next; free(B);  //释放原先的*q结点空间
    }
    else{
        temp=p; p=p->next; pre->next=p; free(temp);
        B=q; q=q->next; free(B);
        //若系数和为零,则删除结点*p与*q,并将指针指向下一个结点
    }
    else{   //若p->exp>q->exp,将*q结点插入到多项式A中*p结点前
        B=q; q=q->next; B->next=p; pre->next=B; pre=pre->next;
    }
}
if(q!=NULL) pre->next=q;
//若多项式B中还有剩余,则将剩余的结点加入到和多项式A中
return(A);
}
```

5. 算法性能分析

若多项式 A 有 n 项,多项式 B 有 m 项,则上述算法的时间复杂度为 $O(m+n)$。

3.6.2　两个链表的归并问题

1. 归并问题

所谓归并,是将两个有序表合并成一个有序表。

从上节介绍的一元多项式相加的算法中可以看到,多项式链表 A、B 中的结点均是以指数域中的值递增的方式来排列的,最终形成的和多项式也是一个以指数值递增的链表。若将多项式链表 A、B 中的每个结点的系数域去掉,并修改上节中的一元多项式相加算法,则可形成两个链表的归并操作算法。

【例 3-11】有两个有序表 A=(0,1,8,17),B=(1,6,8),将其归并为一个有序表。

图 3-28 描述了它们的归并过程。

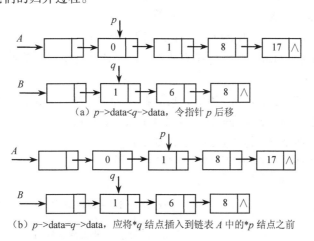

(a) p->data<q->data,令指针 p 后移

(b) p->data=q->data,应将*q 结点插入到链表 A 中的*p 结点之前

图 3-28　两个链表归并示意图

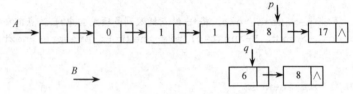

（c）p->data<q->data，令指针 p 后移

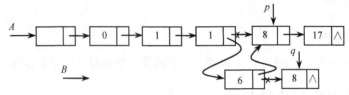

（d）p->data>q->data，应将*q 结点插入到链表 A 中的*p 结点之前

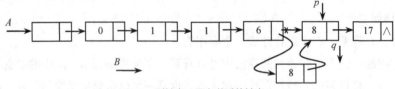

（e）p->data=q->data，应将*q 结点插入到链表 A 中的*p 结点之前

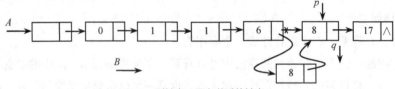

（f）q=NULL，则链表 A 即归并后的链表

图 3-28　两个链表归并示意图（续）

2. 归并算法

归并算法思想：若令指针 p、q 分别指向链表 A、B 的首元素结点，则比较结点*p 和*q 的数据项，进行如下操作来完成两个链表的归并运算：

（1）若 p->data<q->data，则令指针 p 后移，即 p =p->next。

（2）若 p->data≥q->data，则将*q 结点插入到链表 A 中的*p 结点之前，并令指针 q 在链表 B 上后移，即 q=q->next。

（3）重复（1）、（2）步，若 q=NULL，则链表 A 即归并后的链表；若 p=NULL，则将链表 B 中指针 q 所指向的余下的链表全部插入到链表 A 的表尾，形成归并链表 A。

综合以上分析，两个有序链表归并的算法如下：

```
LinkList *Lmerge(LinkList *A,LinkList *B){
   LinkList *p,*q,*pre;
   p=A->next;
   q=B->next;                    //p 和 q 分别指向链表 A 和 B 中的第一个结点
   pre=A;                        //pre 指向*p 的前驱结点
   free(B);                      //释放链表 B 的头结点空间
   while(p!=NULL&&q!=NULL){      //当两个链表均未扫描结束时
      if(p->data<q->data) {pre=p; p=p->next;}
```

```
//如果*p结点的data值小于*q的data值，指针p后移
    else{                        //否则，将*q结点插入到链表A中*p结点前
        B=q;  q=q->next;
        B->next=p;  pre->next=B;  pre=pre->next;
    }
}
if(q!=NULL) pre->next=q;
//若链表B中还有剩余，则将剩余的结点插入到链表A的表尾
return(A);
}
```

3. 算法性能分析

与顺序表的归并算法相比，两个链表的归并操作不需要额外的结点空间，其空间性能较好。算法所耗费的时间主要用于向后搜寻结点。若链表 A 有 n 个结点，链表 B 有 m 个结点，则上述算法中 while 循环最多执行 $n+m$ 次，这样该算法的时间复杂度为 $O(m+n)$。

3.6.3 箱子排序问题

1. 箱子排序

假定需要对一组数据元素进行排序，如果采用第 2 章中所介绍的排序算法来实现，所需要花费的时间最好为 $O(n\log_2 n)$，其中 n 为数据元素的个数。一种更快的排序方法为箱子排序（Bin Sort）。在箱子排序过程中，待排序的数据元素首先被放入箱子之中，具有相同关键字的元素都放在同一个箱子中，然后通过把箱子链接起来就可以创建一个有序的链表。

【例 3-12】对一个班级的学生按分数进行排序，每个学生包含的信息是：学生姓名、学号和考试的分数。

首先建立一个单链表，表中每一个结点均为一个学生的信息。为简便起见，该单链表含有 10 个结点，每个结点只有姓名域、分数域及指针域，并假定每个姓名为一个字符，分数介于 0～5 之间，如图 3-29（a）所示。

设置 6 只箱子来分别存放具有 0～5 之间某种分数的结点。逐个扫描链表的每个结点，将各结点放入与它的分数相对应的那个箱子之中。这样，第一个结点被放入 2 号箱子，第二个结点被放入 4 号箱子，依此类推。图 3-29（b）给出了 10 个结点按分数分布于各个箱子中的情形。

如果从 0 号箱子开始收集结点，将得到一个如图 3-29（c）所示的有序链表。

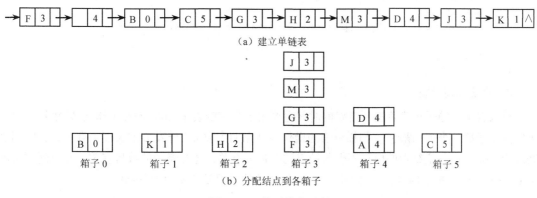

（a）建立单链表

（b）分配结点到各箱子

图 3-29　箱子排序示例

```
→ B 0 → K 1 → H 2 → F 3 → G 3 → M 3 → J 3 → A 4 → D 4 → C 5 ∧
```

（c）收集各箱子中的结点产生排序后的链表

图 3-29 箱子排序示例（续）

那么，怎样实现箱子呢？一种简单的方法就是把每个箱子都描述成一个链表。在进行结点分配之前，所有的箱子都是空的。

2．箱子排序算法

总结上述分析，箱子排序可以分两步完成：

（1）从欲排序链表的首部开始，逐个删除每个结点，并把所删除的结点放入适当的箱子中（相应的链表中）。

（2）逐个删除每个箱子中的元素（从第二个箱子开始），并依次插入到第一个箱子链表的尾部，产生一个排序的链表。算法如下：

```c
#define M 6
typedef struct node{
  char data;
  int score;
  struct node *next;
}BSLink;
BSLink *bin[M];
BSLink *BinSort(BSLink *L){         //对链表 L 进行箱子排序
  BSLink *p,*q,*L1;
  int i;
  for(i=0;i<M;i++){                 //建立 M 个空单链表作为 M 个空箱子
    bin[i]=(BSLink *)malloc(sizeof(BSLink));
    bin[i]->next=NULL;
  }
  p=L;
  while(p!=NULL){                   //扫描链表 L，将各结点放入与它分数相对应的箱子中
    q=p->next;
    p->next=bin[p->score]->next;
    bin[p->score]->next=p; p=q;
  }
  p=bin[0];L1=p;
  for(i=1;i<M;i++){                 //从 M 个箱子中收集结点，产生有序链表
    while(p->next!=NULL) p=p->next;
    q=bin[i];
    if(q->next!=NULL) {p->next=q->next; p=p->next;}
  }
  return L1;
}
```

3．算法性能分析

可以看出，箱子排序算法所耗费的时间主要用于扫描链表（while 循环）和从 M 个箱子中收集结点（最后一个 for 循环）。扫描链表的操作与结点的个数 n（链表 L 的长度）有关，其时间复杂度为 $O(n)$，而收集结点的操作不但与结点的个数 n 有关，还与箱子的数目有关，其时间复杂度为 $O(n+m)$（m 为箱子的数目）。因此函数 BinSort 总的时间复杂度为 $O(n+m)$。

3.6.4 链表在字符处理方面的应用——链串

1. 链串的概念

定义 3.3 链串是满足下列条件的一种数据结构：

（1）由 0 个或多个字符组成的有限序列；一般记为 $S="a_1\cdots a_i\cdots a_n"$，$i=1,2,\cdots,n$。

（2）字符之间的关系 $R=\{<a_i,a_{i+1}>|a_i,a_{i+1}\in S\}$。

（3）相邻字符 a_i、a_{i+1} 在存储器中不一定占用相邻的物理存储单元。

其中，a_i（$1\leqslant i\leqslant n$）是单个字符，可以是字母、数字或其他字符。n 是串中字符的个数，称为串的长度。

由定义可以看出，链串具有线性逻辑结构，且组成该链串的字符在存储器中不连续分布。通常情况下，这种不连续性是由链式存储方式所决定的。

2. 链串的存储结构

在许多系统中，当一个字符占用一个字节空间时，链表结点中指针域要占用多个字节存储空间。这样，普通链串（如图 3-30（a）所示的每个结点只有一个字符的链串）空间利用率非常低。其结点类型如下：

```
typedef struct node{
    char data;
    struct node *next;
}LinkString;
```

为了提高存储密度，可以让每个结点存放多个字符，也称这种存储结构为块链结构，相应的链串称为块链串，而块链串中每个结点最多能存放的字符的个数称为结点的大小。图 3-30（b）

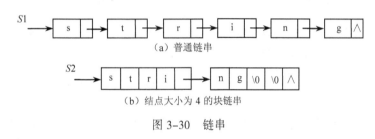

图 3-30　链串

所示的是结点大小为 4 的块链串。显然，当结点大小大于 1 时，串长度不一定是结点大小的整数倍。为此要用特殊字符来填充最后一个结点，以表示串的终结。

块链串的结点类型可定义如下：

```
#define Block_Size 4
typedef struct node{
    char ch[Block_Size];
    struct node *next;
}Node;
```

为便于操作，为块链串增加一个尾指针。块链结构定义如下：

```
typedef struct{
    Node *head;
    Node *tail;
    int length;
}BLString;
```

3. 模式匹配

链串上的子串定位操作也就是串的模式匹配。讨论在普通链串（结点大小为 1 的块链串）上实现串匹配算法。

　　算法思想：从链串 T 的第 1 个结点开始，将链串 P 中结点的值 p_i 依次与 T 中结点的值 t_i 比较，若 $t_1=p_1$，$t_2=p_2$，$t_3=p_3$，$\cdots$，$t_m=p_m$，则匹配成功，返回 data 域值为 t_1 的结点地址；若存在 $t_k\neq p_k$（$k<m$），则无需继续比较，该趟匹配不成功，可改为从链串 T 的第 2 个结点开始，重复上述步骤；若该趟匹配仍不成功，改为从链串 T 的第 3 个结点开始，重复上述步骤，$\cdots$，直到 $t_i=p_1$，$t_{i+1}=p_2$，$t_{i+2}=p_3$，$\cdots$，$t_{i+m-1}=p_m$，则匹配成功，返回 data 域值为 t_i 的结点地址；若最后一次匹配（第 $n-m+1$ 次）仍不能得到 $t_{n-m+1}=p_1$，$t_{n-m+2}=p_2$，$t_{n-m+3}=p_3$，$\cdots$，$t_n=p_m$，则整个模式匹配不成功，返回空指针。算法如下：

```
LinkString *LinkStrMatch(LinkString *T,LinkString *P){
    //在链串上求模式串 P 的首次出现位置，返回该位置结点的地址
    LinkString *shift,*t,*p;
    shift=T;                      //shift 表示链串 T 中第一个与模式串 P 比较的结点地址
    t=shift;p=P;
    while(t&&p){
        if(t->data==p->data){
            t=t->next;
            p=p->next;            //继续比较后续结点中字符
        }
        else{
            shift=shift->next;    //模式右移
            t=shift; p=P;
        }
    }
    if(p==NULL) return shift;     //匹配成功
    else return NULL;             //匹配失败
}
```

　　该算法的时间复杂度与顺序串上的串匹配算法相同。块链串的插入、删除操作较为复杂，需要考虑结点的拆分与合并，读者可以参考其他文献，这里不再详细讨论。

本 章 小 结

　　本章介绍了几种链表的结构、数据类型、基本运算及相关应用。

　　单链表是一种简单、常用的数据结构。与顺序表相比，其插入、删除结点不需要移动元素，且不必事先估计存储空间的大小。所以，应用单链表来完成多项式相加、有序表的归并及箱子排序等运算，其时间性能较好。

　　对单链表中的每个结点增加一个指向其前驱结点的指针域就构成了双向链表。在双向链表中，每个结点的地址既存放在其前驱结点的后继指针域中，又存放于其后继结点的前驱指针域中，所以，双向链表的插入操作有前插和后插之分，其操作过程较单链表复杂、灵活。

　　链串是链接存储的字符串。若每个字符占用一个结点空间，链串的存储空间浪费较大；且由于对字符串的操作通常不是针对单个字符来进行，所以链串中的每个结点一般存放多个字符，称为块链串。本章介绍了在结点大小为 1 的块链串上实现的串匹配算法，算法的时间复杂度与顺序串上的串匹配算法相同。

本 章 习 题

一、填空题

1. 设单链表的结点结构为(data，next)，next 为指针域，已知指针 px 指向单链表中 data 为 x 的结点，指针 py 指向 data 为 y 的新结点，若将结点 y 插入结点 x 之后，则需要执行以下语句：_____；_____；

2. 顺序存储结构是通过_____表示元素之间的关系的；链式存储结构是通过_____表示元素之间的关系的。

3. 在单链表中设置头结点的作用是_____。

4. 在双向循环链表中，向 p 所指的结点之后插入指针 f 所指的结点，其操作是_____、_____、_____ 和_____。

5. 在双向链表结构中，若要求在 p 指针所指的结点之前插入指针为 s 所指的结点，则需执行下列语句：s->next=p; s->prior=_____; p->prior=s; _____ =s;

6. 对于双向链表，在两个结点之间插入一个新结点需修改的指针共_____个，单链表为_____个。

7. 已知指针 p 指向单链表 L 中的某结点，则删除其后继结点的语句是：_____。

8. 带头结点的双循环链表 L 中只有一个元素结点的条件是：_____。

9. 在单链表 L 中，指针 p 所指结点有后继结点的条件是：_____。

10. 带头结点的双向循环链表 L 为空表的条件是：_____。

二、选择题

1. 若某线性表最常用的操作是存取任一指定序号的元素和在最后进行插入和删除运算，则利用（　　）存储方式最节省时间。
　　A．顺序表　　　　　　　　B．双链表　　　　　　　　C．带头结点的双向循环链表D．单向循环链表

2. 某线性表中最常用的操作是在最后一个元素之后插入一个元素和删除第一个元素，则采用（　　）存储方式最节省运算时间。
　　A．单链表　　　　　　　　　　　　B．仅有头指针的单向循环链表
　　C．双链表　　　　　　　　　　　　D．仅有尾指针的单向循环链表

3. 静态链表中指针表示的是（　　）。
　　A．内存地址　　　B．数组下标　　　C．下一元素地址　　　D．左、右孩子地址

4. 链表不具有的特点是（　　）。
　　A．插入、删除不需要移动元素　　　　B．可随机访问任一元素
　　C．不必事先估计存储空间　　　　　　D．所需空间与线性长度成正比

5. 下面的叙述不正确的是（　　）。
　　A．线性表在链式存储时，查找第 i 个元素的时间同 i 的值成正比
　　B．线性表在链式存储时，查找第 i 个元素的时间同 i 的值无关
　　C．线性表在顺序存储时，查找第 i 个元素的时间同 i 的值成正比
　　D．线性表在顺序存储时，查找第 i 个元素的时间同 i 的值无关

6. 以下说法错误的是（　　）。
　　（1）静态链表既有顺序存储的优点，又有动态链表的优点，所以它存取表中第 i 个元素的时间与 i 无关。
　　（2）静态链表中能容纳的元素个数的最大数在表定义时就确定了，以后不能增加。
　　（3）静态链表与动态链表在元素的插入、删除上类似，不需做元素的移动。
　　A．（1），（2）　　　B．（1）　　　C．（1），（2），（3）　　D．（2）

7. 非空的循环单链表 head 的尾结点*p 满足（　　）。
　　A．p->link=head　　B．p->link=NULL　　C．p=NULL　　　D．p=head

8. 循环链表 H 的尾结点*P 的特点是（　　）。
　　A．P->next=H　　　B．P->next=H->next　　C．P=H　　　　D．P=H->next

9. 在一个以 *h* 为头的单循环链中，*p* 指针指向链尾的条件是（   ）。

    A．*p*->next=*h*   B．*p*->next=NULL   C．*p*->next->next=*h*   D．*p*->data=-1

10．对于一个头指针为 head 的带头结点的单链表，判定该表为空表的条件是（   ）。

    A．head==NULL   B．head->next==NULL C．head->next==head D．head!=NULL

三、判断题

1．链表中的头结点仅起到标识的作用。   （   ）

2．线性表采用链表存储时，结点和结点内部的存储空间可以是不连续的。   （   ）

3．所谓静态链表，就是一直不发生变化的链表。   （   ）

4．循环链表不是线性表。   （   ）

5．链表是采用链式存储结构的线性表，进行插入、删除操作时，在链表中比在顺序存储结构中效率高。   （   ）

四、算法分析题

1．分析并完善下面的算法。

已知单链表结点类型如下：

```
typedef struct node{
    int data;
    struct node *next;
}LinkList;
```

算法功能是建立以 head 为头指针的单链表。

```
LinkList *create(___(1)___){
    LinkList *p,*q;
    int k;q=head;
    scanf("%d",&k);
    while(k>0){
        ___(2)___;
        ___(3)___;
        ___(4)___;
        ___(5)___;
        scanf ("%d",&k);
    }
    q->next=NULL;
}
```

2．分析并完善下面的算法。

单链表的类型说明如下：

```
typedef struct node{
    int data;
    struct node *next;
}LinkList;
```

算法功能是采用链表合并的方法将两个已排序的单链表合并成一个链表而不改变其排序性（升序），这里两链表的头指针分别为 *p* 和 *q*。

```
LinkList *mergelink(LinkList *p,LinkList *q){
    LinkList *h,LinkList *r;
    ___(1)___;
    h->next=NULL;r=h;
    while(p!=NULL&&q!=NULL){
        if(p->data<=q->data){
```

```
            (2)    ;
        r=p; p=p->next;
    }
    else{
            (3)    ;
        r=q; q=q->next;
    }
}
if(p==NULL) r->next=q;
else     (4)    ;
return h;
}
```

3. 分析并完善下面的算法。

la 为指向带头结点的单链表的头指针，算法功能是在表中第 i 个元素之前插入元素 b。

```
LinkList *insert(LinkList *la,int i,datatype b){
    LinkList *p,*s;int j;
    p=    (1)    ;j=    (2)    ;
    while(p!=NULL&&    (3)    ){
        p=    (4)    ;
        j=j+1;
    }
    if(p==NULL||    (5)    )
        error('No this position')
    else{
        s=malloc(sizeof(LinkList));
        s->data=b;s->next=p->next;p->next=s;
    }
    return la;
}
```

4. 分析并完善下面的算法。

双链表中结点的类型定义为：

```
typedef struct Dnode{
    int data;
    struct Dnode *prior,*next;
}DLinkList;
```

算法功能是在双链表第 i 个结点（$i \geqslant 0$）之后插入一个元素为 x 的结点。

```
DLinkList *insert(DLinkList *head,int i,int x){
    DLinkList *s,*p;int j;
    s=malloc(sizeof(LinkList));
    s->data=x;
    if(i==0){                      //如果i=0，则将s结点插入到表头后返回
        s->next=head;
            (1)    ;
        head=s
    }else{
        p=head;    (2)    ;        //在双链表中查找第i个结点，由p所指向
        while(p!=NULL&&j<i){
            j=j+1;
                (3)    ;
        }
        if(p!=NULL)
            if(p->next==NULL){
```

```
            p->next=s; s->next=NULL;
            ___(4)___
        }else{
            s->next=p->next;
            ___(5)___;
            p->next=s;
            ___(6)___;
        }
    else printf("can not find node! ");
    }
}
```

五、算法设计题

1. 设计算法，删除单链表中值为 x 的所有结点。

2. 已知带头结点的单链表 L 中的结点是非递减有序的，试写一算法，将值为 x 的结点插入到表 L 中，使得 L 仍然为非递减有序。并且分析算法的时间复杂度。

3. 假设长度大于 1 的循环单链表中，既无头结点也无头指针，p 为指向该链表中某一结点的指针，编写一个算法删除该结点的前驱结点。

4. 设计算法将一个线性链表逆置，即将表 $(a_1,a_2,...,a_n)$ 逆置为 $(a_n,a_{n-1},...,a_1)$，要求逆置后的链表仍占用原来的存储空间。

5. 假设有两个已排序的单链表 A 和 B，编写一个算法将它们合并成一个链表 C 而不改变其排序性。

6. 设线性表 $A=(a_1,a_2,...,a_m)$，$B=(b_1,b_2,...,b_n)$，试写一个按下列规则合并 A、B 为线性表 C 的算法，使得 $C=(a_1,b_1,...,a_m,b_m,b_{m+1},...,b_n)$，当 $m \leq n$ 时
   或者 $C=(a_1,b_1,...,a_n,b_n,a_{n+1},...,a_m)$，当 $m>n$ 时
   线性表 A、B、C 均以单链表作为存储结构，且 C 表利用 A 表和 B 表中的结点空间构成。

7. 已知两个单链表 A 和 B 分别表示两个集合，其元素递增排列，编写一个算法求出 A 和 B 的交集 C，要求 C 同样以元素递增的单链表形式存储。

8. 请以单链表为存储结构实现简单选择排序的算法。

9. 请以单链表为存储结构实现直接插入排序的算法。

10. 设有一个双向链表，每个结点中除有 prior、data 和 next 域外，还有一个访问频度 freq 域，在链表被起用之前，该域其值初始化为零。每当在链表进行一次 Locata(L,x) 运算后，令值为 x 的结点中的 freq 域增 1，并调整表中结点的次序，使其按访问频度的递减序列排列，以便使频繁访问的结点总是靠近表头。试写一个算法满足上述要求的 Locata(L,x) 算法。
    节点类型定义为：
    ```
    typedef struct dnode{
        datatype data; int freq; struct dnode *prior,*next;
    }dnode,dlinklist;
    ```

11. 假设有一个单向循环链表，其结点包含 3 个域：data、pre 和 next。其中 data 为数据域，next 为指针域，其值为后继结点的地址，pre 也为指针域，其初值为空（NULL），试设计一个算法将此单向循环链表改为双向循环链表。

12. 假设字符串 str 存储在带表头结点的单链表中，编写删除串 str 从位置 i 开始长度为 k 的子串的算法。

第**4**章 堆栈及其应用

教学目标：本章将学习在两种不同的存储结构下设计的堆栈，即顺序栈和链栈。主要内容是顺序栈和链栈的概念、数据类型、数据结构定义和基本运算算法及其性能分析。通过对本章的学习，要求掌握顺序栈及链栈的数据类型描述、数据结构、基本算法及其性能分析等知识。在此基础上，了解堆栈的相关应用，掌握应用堆栈解决实际问题的思想及方法。

教学提示：堆栈与顺序表、链表不同的是，堆栈只能对一端的数据元素进行操作，即只在栈顶进行元素的插入和删除。掌握顺序栈和链栈的存储结构是学习堆栈的要素之一。堆栈是一类常用的数据结构，被广泛应用于各种程序设计中。本章以数制转换问题、表达式计算问题、火车车厢重排问题、离线等价类问题和迷宫老鼠问题等 9 个实例介绍了堆栈的相关应用，请读者注意其应用方法。

4.1 堆栈的基本概念

堆栈是一种重要且常用的数据结构，其逻辑结构与顺序表、链表相同，但其运算较顺序表、链表有更多的限制，故又称为运算受限的线性表。

4.1.1 堆栈的定义

定义 4.1 堆栈简称栈，是满足下列条件的数据结构：

（1）有限个具有相同数据类型的数据元素的集合，$D=\{ a_i \mid i=1,2,\cdots,n \}$，$a_i$ 为数据元素。

（2）数据元素之间的关系 $R=\{< a_i,a_{i+1} >\mid a_i,a_{i+1} \in D\}$。

（3）a_1 为栈底元素，a_n 为栈顶元素；入栈时，数据元素按 a_1，a_2，$\cdots$，a_n 的次序进栈，出栈的第一个元素应为栈顶元素 a_n。

图 4-1 描述了一个栈。可以看出，入栈和出栈操作均在栈顶进行，也就是说，栈中数据元素的变化是按"后进先出"（Last In First Out，LIFO）的原则进行的。在日常生活中，有许多有关栈结构的例子。

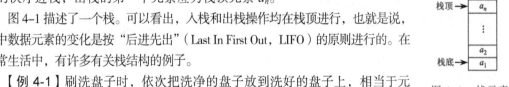

图 4-1 栈示意图

【**例 4-1**】刷洗盘子时，依次把洗净的盘子放到洗好的盘子上，相当于元素进栈；取盘子时，从一叠盘子的最上面一个接一个地取出，相当于元素出栈。

【**例 4-2**】向枪支弹匣里装子弹时，子弹被一个接一个地压入，则为子弹进栈；发射时，子弹总是从弹匣顶部一个接一个地被射出，此为子弹出栈。

4.1.2 堆栈的逻辑结构

由定义 4.1 可以看出，栈是由一组同类型数据元素$(a_1,a_2,\cdots,a_n)$组成的线性序列，其中，a_i（$1 \leqslant i \leqslant n$）可以是原子类型（如整型、实型、字符型等）或是结构类型的数据元素。栈中元素 a_{i-1}

是 a_i 的唯一直接前驱，a_{i+1} 是 a_i 的唯一直接后继；而栈底元素 a_1 无前驱，栈顶元素 a_n 无后继。因此，栈属于线性逻辑结构。

对于栈$(a_1,a_2,\cdots,a_n)$，若 $n=0$，则为空栈。

4.1.3　堆栈的基本算法

由栈的定义可以看出，栈是一个运算受限的线性结构，其插入与删除操作均在栈顶进行。栈的基本操作有：

（1）置空栈：InitStack(S)，运算的结果是将栈 S 置成空栈。

（2）判栈空：StackEmpty(S)，如果栈为空，则返回 1，否则返回 0。

（3）判栈满：StackFull(S)，如果栈满，则返回 1，否则返回 0。

（4）取栈顶元素：GetTop(S)，运算的结果返回栈顶元素。

（5）入栈：Push(S,x)，向栈 S 中插入元素 x。

（6）出栈：Pop(S)，删除栈顶元素。

在解决具体问题时，对栈的使用可通过上述基本操作的组合来实现。

4.2　顺序栈及其基本算法

由于栈是运算受限的线性结构，因此，顺序存储结构同样适用于栈。

4.2.1　顺序栈的概念及其数据类型

定义 4.2　用地址连续的存储空间依次存储栈中数据元素，并记录当前栈顶数据元素的位置，这样的栈称为顺序栈。

从定义 4.2 可以看出，同顺序表的存储结构类似，顺序栈也可用向量来实现。由于入栈和出栈运算都是在栈顶进行，而栈底位置是固定不变的，可以将栈底位置设置在向量的起始处；栈顶位置是随入栈和出栈操作而变化的，故需用一个整型变量 top 来记录当前栈顶元素在向量中的位置。图 4-2 描述了顺序栈的存储结构。

类似顺序表的类型定义，顺序栈的类型可以定义如下：

```
#define maxlen 100
typedef struct{
    Datatype data[maxlen];
    int top;
}SeqStack;
```

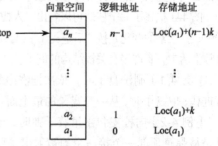

图 4-2　顺序栈存储示意图

【例 4-3】若有变量定义：SeqStack *S；且令 S 指向一个栈(A,B,C,D,E,F)，其对应的顺序存储结构如图 4-3 所示，则栈中元素存储在字符数组 S->data[10]中。其中，S->data[0]中存储的是栈底元素'A'，记录栈顶位置的变量 S->top 值为 5，S->data[S->top]中存储的是栈顶元素'F'。

4.2.2　顺序栈的基本算法

【例 4-4】设一个栈 ST 为(A,B,C,D,E,F)，对应的顺序存储结构如图 4-4（a）所示。若向 ST 中插入一个元素 G，则对应如图 4-4（b）所示。若接着执行 3 次出栈操作后，则栈 ST 对应如图 4-4（c）所示。若依次使栈 ST 中的所有元素出栈，则 ST 为空，如图 4-4（d）所示。

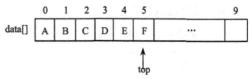

图 4-3　栈（A,B,C,D,E,F）的顺序栈存储示意图

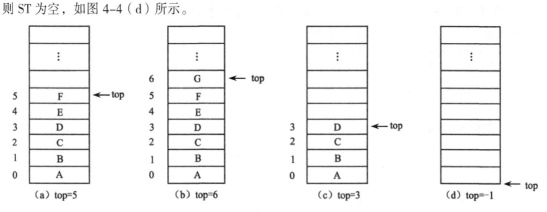

图 4-4　顺序栈 ST 的运算示例

4.1.3 节介绍了栈的 6 种基本运算，下面分别讨论这些基本运算在顺序栈中的实现方法。

1. 顺序栈置空栈算法

对于图 4-2 所示的顺序栈，当 top 为 0 时，表示栈中还有一个元素；只有当 top 为-1 时才表示空栈。所以，置空栈的运算就是将 top 的值置为-1。算法如下：

```
SeqStack *InitStack(SeqStack *S){
    S->top=-1;return S;
}
```

类似地，建一个空栈的算法可以描述如下：

```
SeqStack *SetStack(){
    SeqStack *S;
    S=(SeqStack *)malloc(sizeof(SeqStack));
    S->top=-1; return S;
}
```

2. 顺序栈判栈空算法

在顺序栈中，top 值为-1 时，栈为空。算法如下：

```
int StackEmpty(SeqStack *S){
    if(S->top>=0) return 0;
    else return 1;              //栈空时返回1，不空返回0
}
```

3. 顺序栈判栈满算法

在顺序栈中，若 top 指向数组 data 的最后一个元素，即 top 的值为 maxlen-1 时栈满。算法描述如下：

```
int StackFull(SeqStack *S){
    if(S->top<maxlen-1&&S->top>=0) return 0;
    else return 1;             //栈满时返回1，不满返回0
}
```

4．顺序栈取栈顶元素算法

在图 4-2 所示的顺序栈中，栈顶位置 top 所指示的元素即为栈顶元素。算法如下：

```
Datatype GetTop(SeqStack *S){
    if(S->top<=maxlen-1&&S->top>=0) return(S->data[S->top]);
    else printf("error");
}
```

5．顺序栈入栈算法

入栈即在栈顶插入一个元素。显然，若栈满则不可进行入栈运算；或者说，只有 top 值在合法的范围内才可以进行入栈运算。算法如下：

```
void Push(SeqStack *S,Datatype x){
    if(S->top<maxlen-1&&S->top>=-1){
        S->top++; S->data[S->top]=x;
    }else printf("error");
}
```

6．顺序栈出栈算法

出栈即删除栈顶元素，且仅当栈空时不可以进行出栈操作。算法如下：

```
void Pop (SeqStack *S){
    if(S->top>==0) S->top--;
    else printf("error");
}
```

4.2.3　顺序栈基本算法性能分析

顺序栈实际上是运算受限制的顺序表。其置空栈 InitStack(S)、判栈空 StackEmpty(S)、判栈满 StackFull(S)以及取栈顶元素 GetTop(S)等运算的算法执行时间与问题的规模无关，则这些算法的时间复杂度均为 $O(1)$；而其入栈 Push(S,x)与出栈 Pop(S)运算相当于在顺序表的表尾进行插入和删除操作，不需要移动元素，时间复杂度也为 $O(1)$。

顺序栈的 6 种基本运算在执行时所需要的空间都是用于存储算法本身所用的指令、常数、变量，各算法的空间性能均较好。只是对于存放顺序栈的向量空间大小的定义很难把握好，如果定义过大，会造成不必要的空间浪费。

4.3　链栈及其基本算法

栈与链表的逻辑结构相同，因此，栈同样可以使用链接存储方式。

4.3.1　链栈的概念及数据类型

定义 4.3　使用链式存储结构存储堆栈的数据元素 a_i、a_{i+1}（i=1，2，…，n），并记录当前栈顶数据元素的位置，这样的栈称为链栈。

从定义 4.3 可以看出，同链表的存储结构类似，链栈也是用一组任意的存储单元来存放栈中的元素，且每个存储单元（结点）在存储栈中元素 a_i 的同时，也存储了其逻辑后继元素 a_{i+1} 的存储地址。链栈中的结点结构如图 4-5 所示。

其中，data 域是数据域，用来存放数据元素 a_i 的值；next 域是指针域，用来存放 a_i 的直接后继 a_{i+1} 的存储地址。该结点的类型可以描述如下：

```
typedef struct node{
    datatype data;
    struct node *next;
}LinkStack;
```

【例 4-5】将栈(A,B,C,D,E,F)进行链接存储，该链栈的存储结构如图 4-6 所示。

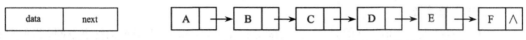

图 4-5　链栈的结点结构　　　　　图 4-6　栈(A,B,C,D,E,F)的链式存储结构示意图

可以看出，链栈实际上是栈中元素按其逻辑顺序链接在一起的单链表。由于栈只能在栈顶进行入栈和出栈操作，而链表只有在表头进行这样的操作时才最为简单，故通常将链栈的存储结构描述为如图 4-7（a）所示的单链表；其中，头结点为栈顶，尾结点为栈底。所以，例 4-5 中栈的链式存储结构可改为如图 4-7（b）所示，以便进行入栈和出栈操作。图中的 LS 和 S 是 LinkStack 类型的指针变量，可以有如下定义：

```
LinkStack *LS,*S;
```

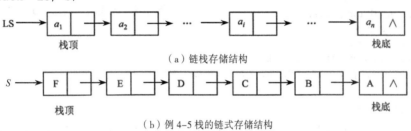

（a）链栈存储结构

（b）例 4-5 栈的链式存储结构

图 4-7　链栈示意图

4.3.2　链栈的基本算法

由于链栈不存在"栈满"的情况，故可以在链栈中实现置空栈 InitStack()、判栈空 StackEmpty()、取栈顶元素 GetTop() 以及入栈 Push() 和出栈 Pop() 等基本运算。

1. 链栈建空栈算法

对于图 4-7（a）所示的链栈，当 LS 为 NULL 时，表示栈中没有元素（栈为空）。

```
LinkStack *SetStack(){
    LinkStack *LS;
    LS=NULL;
    return LS;
}
```

2. 链栈判栈空算法

在链栈中，栈顶指针为 NULL 时栈为空。算法描述如下：

```
int StackEmpty(LinkStack *LS){
    if(LS==NULL) return 1;
    else return 0;                    //栈空时返回 1，不空返回 0
}
```

3. 链栈取栈顶元素算法

在图 4-7（a）所示的链栈中，栈顶指针 LS 即为栈顶结点的地址，则 *LS 结点的 data 域中存储的即为栈顶元素。算法如下：

```
Datatype GetTop(LinkStack *LS){
    if(LS!=NULL) return(LS->data);
    else printf("栈空");
}
```

4. 链栈入栈算法

在栈顶位置插入一个值为 x 的元素。首先需要申请一个 LinkStack 类型的结点空间，以便存储元素 x。

```
LinkStack *p;
p=( LinkStack *)malloc(sizeof(LinkStack));
p->data=x;
```

然后，将该结点插入到链栈的头部：

```
p->next=LS; LS=p;
```

插入过程如图 4-8 所示。

综合以上分析，算法如下：

```
LinkStack *Push(LinkStack
*LS,Datatype x){
    LinkStack *p;
    p=(LinkStack *)malloc(sizeof(LinkStack));
    p->data=x; p->next=LS; LS=p; return LS;
}
```

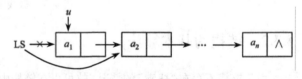

图 4-8　链栈的入栈运算示意图

5. 链栈出栈算法

图 4-9 所示为链栈的出栈运算。出栈时，删除栈顶结点，且只有在栈不空时进行。算法如下：

```
LinkStack *Pop (LinkStack *LS){
    LinkStack *u;
    u=LS; LS=u->next;
    free(u); return LS;
}
```

6. 链栈置空栈算法

图 4-9　链栈的出栈运算示意图

在链栈中实现置空栈运算可以通过调用出栈 Pop()函数，将栈中元素依次出栈，释放所有结点所占空间，最终使栈顶指针 LS 为 NULL。算法如下：

```
LinkStack *InitStack (LinkStack *LS){
    while(LS!=NULL) LS=Pop(LS);
    return(LS);
}
```

4.3.3　链栈基本算法性能分析

链栈实际上是运算受限制的链表。除置空栈运算 InitStack()外，其他操作都在表头进行，算法的执行时间与栈的大小无关，即建空栈 SetStack()、判栈空 StackEmpty()、取栈顶元素 GetTop() 以及入栈 Push()与出栈 Pop()等算法的时间复杂度均为 $O(1)$。

置空栈运算 InitStack()需要将所有元素依次出栈，算法所需时间与栈的大小有关，其时间复杂度为 $O(n)$。

链栈在执行基本运算时所需要的空间主要都是用于存储算法本身所用的指令、常数、变量，各算法的空间性能均较好。尽管链栈不需要事先申请足够大的存储空间来存储栈中元素，但每个结点需要额外的空间来存放后继结点的地址。所以，若栈中元素实际所需的存储空间不大时，链栈这种存储结构本身就不具备较好的空间性能。

4.4 堆栈的应用

由于栈具有"后进先出"的特性，使其被广泛应用于各种程序设计中以解决一些实际问题。本节介绍一些栈的典型应用。

4.4.1 数制转换问题

1. 数制转换问题分析及算法思想

将十进制整数 N 转换为其他 d 进制数的方法很多，一种简单的方法是"逐次除 d 取余法"。

具体的做法是：假设转换后的 d 进制数为 M，首先用十进制整数 N 除以 d，得到的整余数是 d 进制数 M 的最低位 M_0；接着以 N 除以 d 的整数商作为被除数，用它除以 d 得到的整余数是 M 的次最低位 M_1…… 依此类推，直到商为 0 时得到的整余数是 M 的最高位 M_m。这样，转换成的 d 进制数 M 共有 $m+1$ 位，描述为 $(M)_d = M_m M_{m-1} \cdots M_0$。

【例 4-6】将十进制整数 66 转换成对应的八进制数。

首先，将 66 除以 8，得到的余数为 2，商为 8：66/8=8 余 2。

再将所得的商 8 除以 8，得到的余数为 0，商为 1：8/8=1 余 0。

继续将所得的商 1 除以 8，得到的余数为 1，商为 0：1/8=0 余 1。此时算法结束，所转换成的八进制数为余数的逆序 102，即 $(M)_8 = 102$。

可知，在将十进制整数 N 转换为 d 进制数时，最先得到的余数是 d 进制数的最低位，在显示结果时需要最后输出；而最后求得的余数是 d 进制数的最高位，需要最先输出。这与栈的"先入后出"性质相吻合，故可用栈来存放逐次求得的余数，再通过出栈运算输出相应的 d 进制数。

2. 数制转换算法及性能分析

算法实现时，首先需要定义一个栈结构，将每一次的余数入栈。假设 m 为十进制整数，S 为空栈，算法分析如下：

（1）令 $n = m \bmod d$（d 为十进制整数所转换的 d 进制数的基数），并将 n 入栈 S。

（2）令 $m = m/d$。

（3）若 m 不为 0，则重复（1）、（2）；否则，将栈中元素依次出栈。

这样，将一个十进制整数转换为 d 进制数的算法如下：

```
#define maxlen 100
typedef struct{
    int data[maxlen];
    int top;
}SeqStack;
void Conversion(SeqStack *S,int n,int d ){
    //对于任何一个输入的非负十进制整数 n，输出与之等值的 d 进制数
    InitStack(S);                              //初始化空栈
```

```
        if(n<0){                                    //若 n 为负数
            printf("\nThe number must be over 0.");
            return;
        }
        if(!n)Push(S,0);                            //若 n 为零
        while(n){                                   //若 n 为正数
            Push(S,n%d); n=n/d;
        }
    }
```

本算法若不用栈而用数组等其他数据结构也可以直接实现，但采用栈的优点在于用户不用考虑数组下标等问题，简化了程序设计过程，并且更能体现程序的实质问题。

4.4.2 简单的文字编辑器问题

1. 文字编辑器问题分析

一个简单的文字编辑器应该具有删除输错字符的功能。可以约定：若输入"#"，表示删除前一个字符；输入"@"表示删除前面的所有字符；输入"*"表示输入结束。这样，当用户发现输入一个字符错误的时候，可以紧跟着输入字符"#"；若想删除之前输入的所有字符，则只需输入字符"@"。

【例 4-7】假设用户从键盘输入这几行字符：

```
ie#f(he##LS!=#=NULL)
new@ptt#r->next=+#NULL;}*
```

按照上述约定，用户实际可以存储的字符串为：

```
if(LS!=NULL){
    ptr->next=NULL;
```

2. 算法及其分析

要实现具有这种功能的文字编辑器，可以借助一个栈结构来暂存用户输入的字符。

首先，对每次输入的字符进行判别：若为"#"，则进行出栈操作；若为"@"，则置栈空；若为"*"，则编辑结束；若为其他字符，则将其入栈。算法如下：

```
#define StackMaxSize 100
typedef struct{
    char stack[StackMaxSize];
    int top;
}Stack;
Stack *TextEdit(Stack *S){                          //利用栈 S，读取终端输入的字符
    char ch;
    InitStack(S);                                   //初始化空栈
    printf("请输入信息: ");
    ch=getchar();                                   //输入第一个字符
    while(ch!='*'){
        switch (ch){
            case '#': Pop(S);break;                 //当读取退格符时栈顶元素出栈
            case '@': ClearStack(S);break;          //当读取退行符时将 S 置空
            default: Push(S,ch);                    //将有效字符进栈
        }
        ch=getchar();                               //读取下一个字符
    }
    return S;
}
```

本算法通常采用顺序栈来实现字符的临时存储，对顺序栈的空间大小有一定的要求。在具体实现时，应随时判断栈满，在栈满时将栈中元素转存至永久数据区。

4.4.3　表达式计算问题

在高级语言程序中都有计算表达式的问题，使得表达式求值成为语言编译中的一个基本问题。

在高级语言中，任何一个表达式都是由操作数（Operand）、运算符（Operator）和界限符（Delimiter）组成。操作数可以是常量、变量或函数；运算符可以分为算术运算符、关系运算符及逻辑运算符 3 类；界限符有左右括号、表达式起始与结束符等。本节仅讨论算术表达式的计算问题。

1. 无括号的算术表达式计算问题分析及算法思想

无括号的算术表达式中除了一个界限符（表达式结束符）外，只包括运算对象和运算符。由于乘（*）、除（/）以及模（%）运算比加（+）、减（-）运算有较高的优先级，因此，一个表达式的运算不可能总是从左至右顺序执行。

通常，借助栈来实现按运算符的优先级完成表达式的求值计算。

首先，设置两个栈：操作数栈 OPND 和运算符栈 OPTR。然后，自左向右扫描表达式，遇操作数进 OPND，遇操作符则与 OPTR 栈顶运算符比较：若当前操作符大于 OPTR 栈顶，则当前操作符进 OPTR 栈；若当前操作符小于等于 OPTR 栈顶，则 OPND 栈顶、次栈顶出栈，同时 OPTR 栈顶也出栈，形成一个运算，并将该运算的结果压入 OPND 栈。

【例 4-8】实现表达式 5%2+1-2*3# 的运算过程，如图 4-10 所示。

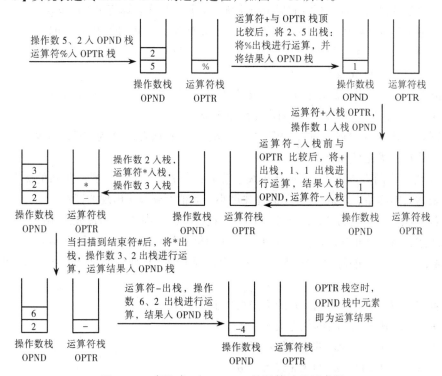

图 4-10　表达式 5%2+1-2*3# 的运算过程示意图

通过以上分析，无括号算术表达式的求值算法可以用如图 4-11 所示的流程图来描述。

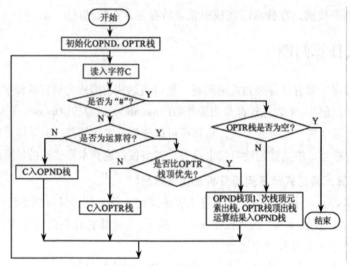

图 4-11　无括号算法表达式求值算法的流程图

2. 带括号的算术表达式计算问题分析

在带括号的算术表达式中，界限符包括左右括号以及表达式起始、结束符"#"，如"#5*(2+14)-28/4#"。假设运算符只有加、减、乘、除 4 种，则对一个简单的算术表达式求值的运算规则如下：（1）从左至右运算表达式。（2）先乘、除，后加、减。（3）先括号内，后括号外。

为统一算法的描述，将运算符和界限符统称为算符。这样，算符集 OPS = {+, -, *, /, (,), #}。根据上述 3 条运算规则，两个前后相继出现的算符 θ_1、θ_2 间的优先关系可以归纳如下：

（1）若 θ_1、θ_2 同为"*"、"/"或同为"+"、"-"，则算符 θ_1 的优先级大于 θ_2。

（2）"*"、"/"的优先级大于"+"、"-"。

（3）由于"先括号内，后括号外"，若 θ_1 为"+"、"-"、"*"、"/"，θ_2 为"("；或者，θ_1 为"("，而 θ_2 为"+"、"-"、"*"、"/"，则 θ_1 的优先级小于 θ_2。

（4）同理，若 θ_1 为"+"、"-"、"*"、"/"，θ_2 为")"；或者，θ_1 为")"，而 θ_2 为"+"、"-"、"*"、"/"，则 θ_1 的优先级大于 θ_2。

（5）若 θ_1、θ_2 同为"("，则 θ_1 的优先级小于 θ_2；若 θ_1、θ_2 同为")"，则 θ_1 的优先级大于 θ_2。

（6）表达式的起始、结束符"#"的优先级小于其他所有合法出现的算符。

（7）若 θ_1 为"("，θ_2 为")"；或者，θ_1、θ_2 同为"#"，则 θ_1、θ_2 优先级相同。

综上所述，将两个相继出现的算符 θ_1、θ_2 间的优先关系进行归纳，如表 4-1 所示。

【例 4-9】 表达式#5*(2+14)-28/4#运算过程中，两个前后相继出现的算符 θ_1、θ_2 间的优先关系如下：

（1）首先，θ_1='#'，θ_2='*'，θ_1 的优先级小于 θ_2。

（2）θ_1='*'，θ_2='('，θ_1 的优先级小于 θ_2。

（3）θ_1='('，θ_2='+'，θ_1 的优先级小于 θ_2。

（4）θ_1='+'，θ_2=')'，θ_1 的优先级大于 θ_2。

（5）θ_1=')'，θ_2='-'，θ_1 的优先级大于 θ_2。

（6）θ_1='−'，θ_2='/'，θ_1的优先级小于θ_2。

（7）θ_1='/'，θ_2='#'，θ_1的优先级大于θ_2。

表 4-1　算符θ_1和θ_2间的优先关系

θ_1 ＼ θ_2	+	−	*	/	(	)	#
+	>	>	<	<	<	>	>
−	>	>	<	<	<	>	>
*	>	>	>	>	<	>	>
/	>	>	>	>	<	>	>
(	<	<	<	<	<	=	——
)	>	>	>	>	——	>	>
#	<	<	<	<	<	——	=

将带括号的算术表达式中的界限符描述为算符，并经过上述分析归纳后，借鉴无括号的算术表达式的求值算法，可以得到带括号算术表达式求值算法的思想。

首先定义两个工作栈：一个是存放算符的 OPTR 栈，另一个是用来存放操作数或运算中间结果的 OPND 栈。算法的基本过程如下：

（1）首先初始化操作数栈 OPND 和运算符栈 OPTR，并将表达式的起始符"#"压入算符栈 OPTR。

（2）依次读入表达式中的每个字符。若是操作数，则将其入操作数栈 OPND；若是算符，则与运算符栈 OPTR 的栈顶算符进行优先级比较，并做如下处理：

① 若栈顶算符θ_1的优先级低于刚读入的算符θ_2，则让θ_2入运算符栈 OPTR。

② 若栈顶算符θ_1的优先级高于刚读入的算符θ_2，则将θ_2出栈；同时，将操作数栈 OPND 出栈两次，得到两个操作数 x、y，对 x、y 运用算符θ_2进行运算后，再将运算结果入操作数栈 OPND。

③ 若栈顶算符θ_1的优先级与刚读入的算符θ_2的优先级相同，说明左右括号相遇，或者是表达式的起始、结束符相遇，只需将栈顶算符（左括号或起始符）出栈即可；当运算符栈 OPTR 栈空时，算法结束。

【例 4-10】表达式#5*(2+14)-28/4#的运算过程如图 4-12 所示。

3．算术表达式求值算法

综合以上分析，算术表达式求值的算法如下：

```
#define StackMaxSize 100
typedef struct{
    char stack[StackMaxSize];
    int top;
}Stack1;              //运算符栈
typedef struct{
    int stack[StackMaxSize];
    int top;
}Stack2;              //操作数栈
int In(char c){       //判断字符是运算符还是操作数
    if((c=='+')||(c=='-')||(c=='*')||(c=='/')||(c=='#')) return 1;
    else return 0;
}
void InitStack1(Stack1 *S) {S->top=-1;}        //初始化 Stack1 类空栈
```

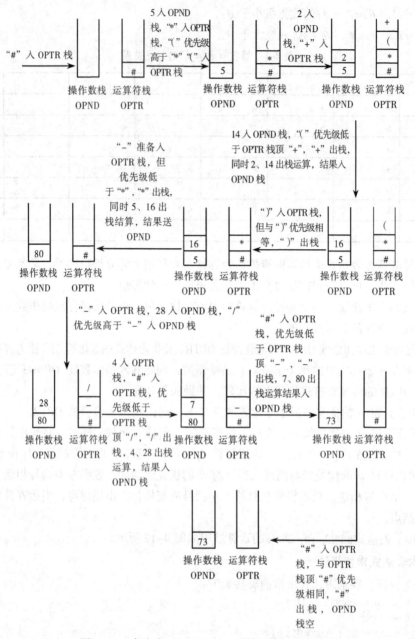

图 4-12 表达式#5*(2+14)-28/4#的运算过程示意图

```
void InitStack2(Stack2 *S){ S->top=-1;}              //初始化 Stack2 类空栈
void Push1(Stack1 *S,char ch){
    (S->top)++; S->stack[S->top]=ch;
}
void Push2(Stack2 *S,int ch){
    (S->top)++; S->stack[S->top]=ch;
}
char Precede(char ch1,char ch2){    //比较两个运算符的优先级
    char ch;
```

```
    switch(ch1){
    case'+': if((ch2=='*')||(ch2=='/')||(ch2=='('))ch='<';else ch='>';break;
    case'-': if((ch2=='*')||(ch2= ='/')||(ch2= ='(')) ch='<';else ch='>';break;
    case'*':if(ch2=='(')ch='<';else ch='>';break;
    case'/':if(ch2=='(')ch='<';else ch='>';break;
    case'#':if(ch2=='#')ch='=';else ch='<';break;
    }return ch;
}
void Pop1(Stack1 *S,char *p){
    *p=S->stack[S->top]; (S->top)--;
}
void Pop2(Stack2 *S,int *p){
    *p=S->stack[S->top]; (S->top)--;
}
char GetTop1(Stack1 *s){return S->stack[S->top];}
char GetTop2(Stack2 *s){return S->stack[S->top];}
void ClearStack1(Stack1 *S){S->top=-1;}
void ClearStack2(Stack2 *S){S->top=-1;}
int Operate(int a,char theta,int b){                    //对 a 和 b 进行运算
    int s;
    switch(theta){
        case '+':s=a+b;break;
        case '-':s=a-b;break;
        case '*':s=a*b;break;
        case '/':s=a/b;break;
    }
    return s;
}
void main(){
    Stack1 OPTR1,*OPTR=&OPTR1;
    Stack2 OPND1,*OPND=&OPND1;
    InitStack1(OPTR);                              //初始化空栈
    Push1(OPTR,'#');                               //表达式起始符进栈
    InitStack2(OPND);
    char c,x,theta;
    int a,b,s;
    printf("请输入表达式，以#结束:");
    c=getchar();                                   //接收表达式的第一个字符
    while((c!='#')||(GetTop1(OPTR)!='#')){         //'#'同时是表达式的截止符
        if(!In(c)){        //判断当前读取的表达式字符是不是算符，若不是则进 OPND 栈
            s=c-'0'; Push2(OPND,s); c=getchar();
        }else              //当前字符为算符，比较其和 OPTR 栈顶运算符的优先级
            switch(Precede(GetTop1(OPTR),c)){
                case'<':Push1(OPTR,c);c=getchar();break;
                case'=':Pop1(OPTR,&x);c=getchar();break;
                case'>':Pop1(OPTR,&theta);Pop2(OPND,&b);
                Pop2(OPND,&a);Push2(OPND,Operate(a,theta,b));break;
            }
```

```
    }
    c=GetTop2(OPND);printf("结果为: ");
    printf("%d\n",c);
}
```

4．算法的适用性分析

尽管本算法只是针对算术表达式的求值计算问题，但其算法思想对于高级语言程序中的关系表达式及逻辑表达式的求值问题同样适用。这需要扩充算符集的内容，并有针对算符集中的所有算符优先级关系的描述；另外，不同类型的操作数在运算时的类型转换问题、不同算符的运算规则问题，都应在算法设计中考虑。

表达式问题的算法实现采用了顺序栈结构，对于任意长度的表达式来说，一般很难定义合适的向量空间。所以也采用链栈结构完成本算法及相关算法，这对算法的时间性能没有明显影响。

4.4.4 括号匹配问题

1．括号匹配问题分析及算法思想

假设表达式中包含 3 种括号：圆括号、方括号和花括号，它们可互相嵌套。如([{}]([ ]))，或({([ ][( )])})等均为正确的格式；而{[ ]})、{[()]或([{])等均为不正确的格式。

通常，借助一个栈结构来检验某表达式中括号是否正确匹配。具体的方法是：设置一个栈，每读入一个左括号，则入栈，等待相匹配的同类右括号；若读入的是右括号，则与当前栈顶的左括号相比较，若是同类型括号，则两者匹配，将栈顶的左括号出栈，否则属于不匹配。另外，如果不再有读入的右括号（输入序列为空），而栈中仍有等待匹配的左括号，或者是读入了一个右括号，而栈中已无等待匹配的左括号，均属于不匹配的情况。只有当输入序列和栈同时为空时，才说明所有的括号已完全匹配。

【例 4-11】判断输入的括号序列{[ ]})}是否匹配。

按照上述判断括号匹配的算法思想，检验该序列中的括号是否匹配的过程如图 4-13 所示。

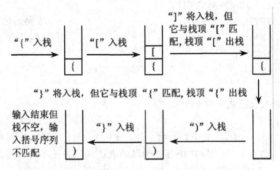

图 4-13　判断括号序列{[ ]})}是否匹配过程示意图

2．括号匹配算法

综合以上分析，括号匹配问题的算法源程序如下：

```
#define StackMaxSize 100
typedef struct{
    char stack[StackMaxSize];
    int top;
```

```
}Stack;
void Bracket(char *str){
    Stack S1,*S=&S1;char e;
    int i=0,flag1=0,flag2;
    InitStack(S);
    while(str[i]!='\0'){
        switch(str[i]){
            case '(': Push(S,'(');break;// '(' 进栈
            case '[': Push(S,'[');break;// '[' 进栈
            case ')': Pop(S,&e);            //读者可参照堆栈基本算法自行编写算法 Pop(s,&e),
                                            //从栈中读元素 e 并删去栈中该元素。
            if(e!='(') flag1=1;break;
            case ']': Pop(S,&e);
            if(e!='[') flag1=1;break;
            default: break;
        }
        if(flag1) break;                    //出现不匹配，立即结束循环
        i++;
    }
    flag2=StackEmpty(S);                    //flag2 判断堆栈是否为空
    if(!flag1&&flag2) printf("括号匹配!\n");
    else printf("括号不匹配!\n");
}
void main(){
    char str[100];
    printf("请输入表达式: ");
    gets(str);
    Bracket(str);
}
```

本算法中依然采用的是顺序栈结构。尽管使用链栈也可以完成该算法，且时间性能一样；但若一个括号用一个结点空间存储，就会大量浪费存储空间，致使算法的空间性能较差。

4.4.5 汉诺塔问题

1．汉诺塔问题分析

n 阶 Hanoi 塔（又称汉诺塔）问题源于埃及的一个古老传说。有 3 个柱子 a、b、c，a 柱子从上至下叠放有 n 个直径由小到大、编号依次为 1，2，$\cdots$，n 的圆盘。现要求将 a 柱上的 n 个圆盘移至 c 柱，并仍按同样顺序叠放。圆盘移动时须遵循以下原则：

（1）每次只能移动一个圆盘。

（2）圆盘可以插在 a、b、c 中的任何一个柱子上。

（3）任何时刻都不能将一个较大的圆盘压在较小的圆盘之上。

下面分析如何完成圆盘的移动操作。

当 $n=1$ 时，问题比较简单，只需将编号为 1 的圆盘从 a 柱直接移至 c 柱上即可。

当 $n=2$ 时，可利用 b 柱作为辅助柱，先将圆盘 1 移至 b 柱，这样可轻松地将圆盘 2 由 a 柱直接移至 c 柱，然后再将圆盘 1 由 b 柱移至 c 柱。

当 $n=3$ 时，同样利用 b 柱作为辅助柱，依照上述原则，先设法将圆盘 1、2 移至 b 柱，待圆盘 3 由 a 柱移至 c 柱后，再依照上述原则设法将圆盘 1、2 移至 c 柱。

……

也就是说，当 $n>1$ 时，需利用 b 柱作为辅助柱，先设法将压在编号为 n 的圆盘上的 $n-1$ 个圆盘从 a 柱（依照上述原则）移至 c 柱，待编号为 n 的圆盘从 a 柱移至 c 柱后，再将 b 柱上的 $n-1$ 个圆盘（依照上述原则）移至 c 柱。

那么，如何将 $n-1$ 个圆盘从一个柱子移至另一个柱子呢？其实，这是一个和原问题具有相同特征属性的问题，只是问题的规模（n）少 1 个，因此可以用与求解原问题同样的方法求解。

2．算法结构分析

若函数 hanoi(n,a,b,c) 表示将 a 柱上的 n 个圆盘按规则搬到 c 柱上（b 柱为辅助柱），则函数 hanoi($n-1,b,a,c$) 表示将 b 柱上的 $n-1$ 个圆盘按规则搬到 c 柱上（a 柱为辅助柱）；

若令函数 move(a,m,c) 表示将编号为 m 的圆盘从 a 柱移至 c 柱，则 n 阶 Hanoi 塔问题的算法可以描述如下：

```
void hanoi(int n,char a,char b,char c){
    //将a柱上按直径由小到大且自上而下编号为1~n的n个圆盘按规则搬到c柱上，b柱用做辅助柱
    if(n==1) move(a,1,c);       //将编号为1的圆盘从a柱移至c柱
    else{
        hanoi(n-1,a,c,b);       //将a柱上编号为1~n-1的圆盘移至b柱，c柱作辅助柱
        move(a,n,c);            //将编号为n的圆盘从a柱移至c柱
        hanoi(n-1,b,a,c);       //将b柱上编号为1~n-1的圆盘移至c柱，a柱作辅助柱
    }
}
```

3．算法的实现过程分析

上述算法简单、清楚地描述了解决 n 阶 Hanoi 塔问题的 3 个步骤：

第一步，将 $n-1$ 个圆盘从 a 柱依照规则移至 c 柱 hanoi($n-1,a,c,b$)；

第二步，将编号为 n 的圆盘从 a 柱移至 c 柱 move(a,n,c)；

第三步，将 b 柱上编号为 $1\sim n-1$ 的圆盘移至 c 柱 hanoi($n-1,b,a,c$)。

但算法中有两个问题需要讨论：

（1）如何用程序实现第二步的操作？

（2）若问题（1）得以解决，那么，上述算法在执行时，第一步和第三步又是如何实现的？

下面首先讨论第二个问题。

上述算法其实是一个递归函数。所谓递归，就是一个直接调用自己或通过一系列的调用语句间接地调用自己的过程。递归是程序设计中一个很有用的工具，其特点是对递归问题描述简洁、结构清晰、程序的正确性容易证明。一般来说，设计递归算法的方法如下：

（1）将问题化为原问题的子问题求解，如 $n!=n*(n-1)!$。

（2）确定递归终止的条件，如求解 $n!$ 时，当 $n=1$ 时，$n!=1$。

递归算法在实现时需要借助栈来完成。每次递归都是一次调用自身的过程，为了更好地管理递归过程，一般 C 语言类的高级语言会建立一个递归工作栈来保存程序运行的状态信息。递归进层时，保留本层参数与返回地址；递归退层时，依照被调函数保存的返回地址，将控制转移回调用函数。

下面以 3 阶 Hanoi 塔问题为例,讨论函数 hanoi(3,a,b,c)的递归实现过程。不难得知,3 阶 Hanoi 塔问题是按照如图 4-14 所示的过程来实现的。

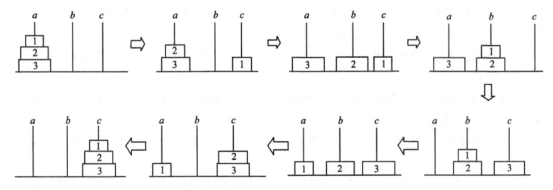

图 4-14　3 阶 Hanoi 塔问题解决过程示意图

按照算法的运行顺序,函数 hanoi(3,a,b,c)的实际执行过程如下:
首先运行函数 hanoi(2,a,c,b),在其执行过程中先后运行:

```
hanoi(1,a,b,c) move(a,1,c)        //1 号搬到 c
move(a,2,b)                        //2 号搬到 b
hanoi(1,c,a,b) move(c,1,b)        //1 号搬到 b
```

再执行

```
move(a,3,c)                        //3 号搬到 c
```

接着运行函数 hanoi(2,b,a,c),在其执行过程中先后运行:

```
hanoi(1,b,c,a) move(b,1,a)        //1 号搬到 a
move(b,2,c)                        //2 号搬到 c
hanoi(1,a,b,c) move(a,1,c)        //1 号搬到 c
```

可以看出,函数 hanoi(3,a,b,c)在运行时递归调用了它的自身函数 hanoi(2,a,c,b),而函数 hanoi(2,a,c,b)又调用了 hanoi(1,a,b,c),……这种递归调用一般是在存储器的堆栈区来实现的,图 4-15 描述了函数 hanoi(3,a,b,c)在堆栈区中的运行过程。

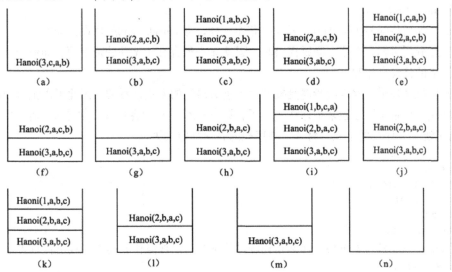

图 4-15　函数 hanoi(3,a,b,c)在堆栈区的运行过程示意图

（1）首先，函数 hanoi(3,a,b,c)入栈运行，如图 4-15（a）所示，运行过程中需调用自身函数 hanoi (2,a,c,b)，该函数的参数由函数 hanoi(3,a,b,c)形成。

（2）函数 hanoi(2,a,c,b)入栈运行，如图 4-15（b）所示，运行过程中需调用自身函数 hanoi(1,a,b,c)，该函数的参数由函数 hanoi(2,a,c,b)形成。

（3）函数 hanoi(1,a,b,c)入栈运行，如图 4-15（c）所示，执行 move(a,1,c)，实现圆盘 1 从 a 柱到 c 柱的移动。

（4）函数 hanoi(1,a,b,c)出栈，继续运行栈顶函数 hanoi(2,a,c,b)，如图 4-14（d）所示；该函数执行 move(a,2,b)，将圆盘 2 从 a 柱移动到 b 柱后，再次调用自身函数 hanoi (1,c,a,b)。

（5）函数 hanoi(1,c,a,b)入栈运行，如图 4-15（e）所示，执行 move(c,1,b)，实现了圆盘 1 从 c 柱到 b 柱的移动。

（6）函数 hanoi(1,c,a,b)出栈，继续运行栈顶函数 hanoi(2,a,c,b)，该函数已经执行完毕，出栈，继续运行栈顶函数 hanoi(3,a,b,c)，如图 4-15（f）、（g）所示。

（7）函数 hanoi(3,a,b,c)继续运行时执行 move(a,3,c)操作，将圆盘 3 从 a 柱移动到 c 柱；该操作执行完毕后，再次调用自身函数 hanoi(2,b,a,c)。

（8）函数 hanoi(2,b,a,c)入栈运行，如图 4-15（h）所示，运行过程中需调用自身函数 hanoi(1,b,c,a)。

（9）函数 hanoi(1,b,c,a)入栈运行，图 4-15（i）所示，执行 move(b,1,a)，实现圆盘 1 从 b 柱到 a 柱的移动。

（10）函数 hanoi(1,b,c,a)出栈，继续运行栈顶函数 hanoi(2,b,a,c)，如图 4-15（j）所示；该函数执行 move(b,2,c)，将圆盘 2 从 b 柱移动到 c 柱后，再次调用自身函数 hanoi (1,a,b,c)。

（11）函数 hanoi(1,a,b,c) 入栈运行，如图 4-15（k）所示，执行 move(a,1,c)，实现圆盘 1 从 a 柱到 c 柱的移动。

（12）函数 hanoi(1,a,b,c)出栈，继续运行栈顶函数 hanoi(2,b,a,c)，该函数已运行完毕，出栈，如图 4-15（l）所示。

（13）运行栈顶函数 hanoi(3,a,b,c)，该函数已运行完毕，出栈，此时栈空，程序运行结束，如图 4-15（m）、（n）所示。

那么，如何将编号为 w 的圆盘从 x 柱移至 y 柱，即 move(x,w,y)如何设计呢？

由上述分析可知，在这个问题提出时，圆盘 w 一般存在于 x 柱的最上面，如何用算法实现这种非常简单的移动操作呢？

由于从每个柱子上移走圆盘时是按照"先进后出"的方式进行的，因此可以把每个柱子表示成一个堆栈。如果用顺序栈来描述 3 个柱子，则 a 柱和 b 柱的容量都必须是 n，而 c 柱的容量为 n-1，为了统一顺序栈的定义，将 3 个顺序栈的容量都定义为 n。

```
#define N 64
typedef struct{
  int data[N];
  int top;
}Stack;
Stack x,y,z;
```

将圆盘 w 从 x 柱移至 y 柱，实际是让顺序栈 x 执行出栈操作，而顺序栈 y 执行入栈操作：

```
w=x->data[x->top];
x->top--; y->top++;
y->data[y->top]=w;
```

4. n 阶汉诺塔问题算法

根据以上分析，可以得到解决 n 阶 Hanoi 塔问题算法如下：

```c
#define N 4
typedef struct{
    int data[N];int top;
    char num;
}Stack;
void Initstack(Stack *x,Stack *y,Stack *z){        //建 3 个顺序栈表示 3 个柱子
    int i;
    x->top=y->top=z->top=-1;                        //置 3 个顺序栈 x、y、z 为空栈
    x->num='A'; y->num='B'; z->num='C';
    for(i=N;i>=1;i--){                              //初始化顺序栈 x
        x->top++; x->data[x->top]=i;
    }
}
void move(Stack *x,Stack *y ){                      //从 x 柱移走一个圆盘到 y 柱
    int w;
    w=x->data[x->top];
    printf("将%d从%c移到%c上\n",w,x->num,y->num);
    x->top--;y->top++; y->data[y->top]=w;
}
void hanoi(int n,Stack *x,Stack *y,Stack *z ){
    //将 x 柱上按直径由小到大且自上而下编号为 1~n 的 n 个圆盘按规则搬到 z 柱上，y 柱作辅助柱
    if(n==1) move(x,z );        //从 x 柱移走一个圆盘到 z 柱
    else{
        hanoi(n-1,x,z,y);       //将 x 柱上编号为 1~n-1 的圆盘移至 y 柱，z 柱作辅助柱
        move(x,z);              //从 x 柱移走一个圆盘到 z 柱
        hanoi(n-1,y,x,z);       //将 y 柱上编号为 1~n-1 的圆盘移至 z 柱，x 柱作辅助柱
    }
}
void main(){
    Stack a,b,c,*x=&c;
    Initstack(&a,&b,&c);
    printf("考虑 4 个盘子(1，2，3，4)的移动过程<柱子号为 A，B，C>\n");
    hanoi(N,&a,&b,&c);
    printf("\n");
}
```

*4.4.6 火车车厢重排问题

1. 火车车厢重排问题分析

假设一列货运列车共有 n 节编号分别为 1~n 的车厢。在进站之前，这 n 节车厢并不是按其编号有序排列；现要求重新排列各车厢，使该列车在进入车站时，所有车厢从前至后按编号 1~n 的次序排列，以便各车厢能够停靠在与其编号一致的站点。

为达到这样的效果，可以在一个转轨站里完成车厢的重排工作。在转轨站中有一个入轨、一个出轨和 k 个位于入轨和出轨之间的缓冲铁轨，如图 4-16（a）所示。开始时，具有 n 节车厢的货车从入轨处进入转轨站；转轨结束时，各车厢从右到左按照编号 1~n 的次序通过出轨处离开转轨站。

【例 4-12】 有一列货运列车从前至后各车厢的编号为 5、8、1、7、4、2、9、6、3，希望能够重排车厢，使列车进站时各车厢以编号分别为 1、2、3、4、5、6、7、8、9 的次序进站。

图 4-16（a）给出了这 9 节车厢通过转轨站后次序重新排列的示意图，该转轨站具有 $k=3$ 个缓冲铁轨 H_1、H_2、H_3。下面具体分析如何通过转轨站完成车厢的重排。

为了重排车厢，需按入轨顺序依次检查入轨处的所有车厢。如果正在检查的车厢正好是满足(按序号顺序进入车站)要求的车厢，则可以直接让其进入出轨处；如果不是，则应把它移入缓冲铁轨，直到轮到它进站时才将其移入出轨处，且所有车厢进出缓冲铁轨都是在缓冲铁轨的顶部，按照"先进后出"的方式进行的。

按入轨顺序考察图 4-16（a）所示入轨处的 9 节车厢。3 号车厢位于入轨处的前部，但由于它不应该是第一个进入车站的车厢，因此不能将其立即送入出轨处，可把 3 号车厢送入缓冲铁轨 H_1，如图 4-16（b）所示。

入轨处的下一节车厢是 6 号车厢，也应该送入缓冲铁轨。为了保证当轮到 3 号车厢进车站时，它能够顺利进入出轨处，不应该把 6 号车厢送入 H_1，因此可将其送入缓冲铁轨 H_2，如图 4-16（c）所示。

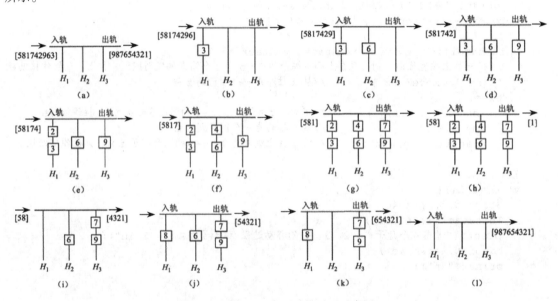

图 4-16　例 4-12 车厢重排过程示意图

下一个待考察的是入轨处的 9 号车厢，应被送入缓冲铁轨 H_3，如图 4-16（d）所示。

由这 3 个车厢送入缓冲铁轨的分析过程可以看出，任一缓冲铁轨中的车厢应该是按编号递减的次序进入的。也就是说，若某缓冲铁轨中已有编号为 x 的车厢，那么，编号为 y 且 $y>x$ 的车厢就不可以被送入该缓冲铁轨。

现在位于入轨处前部的是 2 号车厢，它也应被送入缓冲铁轨暂存；而且按上述结论，它可以被送入任一缓冲铁轨。但如果把它送入 H_3，将会使后续的 4 号车厢被送入 H_2，而 7 号车厢不能被送入任一缓冲铁轨，导致车厢重排无法完成；如果把它送入 H_2，那么接下来的 4 号车厢必须被送入 H_3，同样导致 7 号车厢无法进入任一缓冲铁轨，而不能实现车厢重排。所以，应优先把 2 号车厢送入 H_1，如图 4-16（e）所示。

由此可以得出这样的结论：新的车厢 u 应送入缓冲铁轨的原则是，其顶部的车厢编号 v 满足 $v>u$，且 v 是所有满足这种条件的缓冲铁轨顶部车厢编号中最小的一个编号。只有这样才能使后续的车厢重排所受到的限制最小。

按照该结论，接下来的 4 号车厢被送入 H_2，7 号车厢被送入 H_3。1 号车厢是首先进入车站的，直接输出到出轨处，如图 4-16（f）～（h）所示。然后，分别从 H_1 中依次输出 2 号和 3 号车厢、从 H_2 中输出 4 号车厢进入出轨处，如图 4-16（i）所示。接下来的 8 号车厢被送入 H_1，然后 5 号车厢从入轨处直接输出到出轨处，如图 4-16（j）所示。之后，从 H_2 中输出 6 号车厢，从 H_3 中输出 7 号车厢，从 H_1 中输出 8 号车厢，最后从 H_3 中输出 9 号车厢，如图 4-16（k）和图 4-16（l）所示，最终完成车厢的重排。

2. 算法思想及算法结构设计

综合上述分析，可以得出火车车厢重排问题的算法思想，具体如下：

首先，按入轨顺序依次扫描所有入轨车厢，如果正在检查的车厢 u 满足出轨要求，可直接出轨；否则，移至缓冲铁轨；而接受车厢 u 进入的缓冲铁轨应满足的条件是：该缓冲铁轨顶部的车厢编号 v 满足 $v>u$，且 v 是所有满足这种条件的缓冲铁轨顶部车厢编号中最小的一个编号。

为了实现上述思想，用 k 个链栈来描述 k 个缓冲铁轨，用两个链表 L1、L2 分别描述入轨和出轨的车厢序列。链表与链栈具有相同的结点类型，每个结点的 data 域中存放车厢的编号。这样，结点类型及变量的定义为：

```
typedef struct node{
    int data;
    struct node *next;
}Link;
Link *L1,*L2,*H[k];
```

其中，数组 $H[k]$ 记录 k 个链栈的栈顶指针。然后建立一个表示入轨序列的链表 L1：

```
L1=(Link *)malloc(sizeof(Link));              //建立链表的第一个结点
scanf("%d",&x);
L1->data=x;
L1->next=NULL;u=L1;
for(i=2;i<=n;i++){              //尾插法按入轨顺序建立表示 n 个车厢入轨序列的链表
    s=(Link *)malloc(sizeof(Link));
    scanf("%d",&x);
    s->data=x; s->next=NULL; u->next=s; u=u->next;
}
```

并将表示出轨序列的链表 L2，描述 k 个缓冲铁轨的 k 个链栈 $H[k]$ 初始化为空：

```
L2=NULL;
for(i=0;i<k;i++)H[i]=NULL;
```

接下来，从链表 L1 的首元素结点开始扫描，并用变量 y 记录当时应进入出轨处的车厢编号；初始时，$y=1$。

若正在扫描链表 L1 中的结点 $*p$，且 p->data 与 y 相等，则将该结点插入到链表 L2 的表尾，同时 y 的值加 1；若 p->data 与 y 不相等，则将该结点插入到链栈 $H[i]$ 中，且满足 p->data<$H[i]$->data，同时，$H[i]$->data 与所有链栈栈顶结点的 data 域相比最小。若某链栈的栈顶结点 data 域值等于 y 值，则将该结点出栈，插入到链表 L2 中，直至链表 L1 以及 k 个链栈均为空，算法结束。

3. 火车车厢重排问题算法

按照上述算法分析，例4-12（n个火车车厢重排问题）的算法如下：

```
#define K 3
typedef struct node{
   int data;
   struct node *next;
}Link;
Link *L1,*L2,*H[3];
void Railroad(int n,int k){                    //借助 k 个缓冲铁轨将 n 个车厢重排
   Link *p,*q,*u,*s ;
   int x,I,m,y=1,flag=1;
   L1=(Link *) malloc(sizeof(Link));           //按入轨顺序建立表示 n 个车厢入轨序列的链表
   printf("输入车厢编号:");
   scanf("%d",&x);
   L1->data=x;L1->next=NULL;u=L1;
   for(i=2;i<=n;i++){
      s=(Link *)malloc(sizeof(Link));
      scanf("%d",&x);
      s->data=x;s->next=NULL;                  //链表已建
      u->next=s;u=u->next;
   }
   L2=NULL;                      //将表示出轨序列的链表 L2 置空
   for(i=0;i<k;i++)H[i]=NULL;//将描述 k 个缓冲铁轨的 k 个链栈 H[k]初始化为空
   p=L1;u=L2;
   while((p!=NULL)||(y<n)){
      L1=p->next;               //从链表 L1 中删除*p 结点
      if(p->data==y){           //若结点*p 正是满足出轨要求的结点则将其插入到链表 L2 中
         if(L2==NULL) {L2=p;u=p;}
         else{u->next=p;u=u->next;}
         p=L1;y++;flag=0;
      }else{                    //若结点*p 不是满足出轨要求的结点，则将其插入到链栈中
         for(i=0;i<k;i++)
            if(H[i]==NULL) break;
            if(i<k){            //若某链栈为空，则直接将该结点入栈
               p->next=NULL;H[i]=p;p=L1; flag=0;
            }else{              //否则，查找满足栈顶车厢编号大于待入栈车厢编号的链栈
               x=0;
               for(i=0;i<k;i++)
                  if(H[i]->data>p->data) {x=H[i]->data;m=i;break;}
               if(x!=0){for(i=0;i<k;i++)
//要求该编号是所有满足这种条件的缓冲铁轨顶部车厢编号中最小的一个
                     if((H[i]->data>p->data) && x>H[i]->data){
                        x=H[i]->data;m=i;
                     }
                  p->next=H[m];H[m]=p;
               }else{
                  m=0;q=H[m];
                  while(q->next!=NULL) q=q->next;
```

```
                            q->next=p;p->next=NULL;
                        }
                    p=L1; flag=0;
                }
            }
        if(p==NULL){
            while((H[0]!=NULL)||(H[1]!=NULL)||(H[2]!=NULL))
                for(i=0;i<k;i++)        //查看各链栈的栈顶结点是否满足出轨要求
                    if(H[i]!=NULL && H[i]->data==y ){
                        q=H[i];H[i]=H[i]->next;
                        if(L2==NULL){ L2=q;u=q;}
                        else {u->next=q;u=u->next;}
                        y++;
                    }
                }
            }
        }
    }
}
void main(){
    int n,k;
    Link *w;
    printf("请输入待重排的车厢数和缓冲铁轨数: ");
    scanf("%d%d",&n,&k);
    Railroad(n,k);
    w=L2;
    printf("重排结果为: ");
    while(w!=NULL){printf("%3d",w->data);w=w->next;}
    printf("\n");
}
```

算法没有考虑车厢重排不成功的情况。通常情况下，重排不成功是因为缓冲铁轨的数量 k 不够。当既没有结点出栈也没有结点入栈时，就会导致重排失败。可以考虑让缓冲铁轨的数量 k 是一个变量，当算法执行中出现重排失败时，自动增加一个缓冲铁轨，以保证重排成功。

本算法的执行时间主要耗费在外层的 while 循环和内层的 for 循环上，若借助 k 个缓冲铁轨来重排 n 个车厢，重排成功时，算法的时间复杂度为 $O(nk)$。另外，算法中使用链栈来存储结点，空间性能较好。

4.4.7 开关盒布线问题

1. 开关盒布线问题分析

假定开关盒为一个矩形布线区域，矩形边缘有若干针脚。两个针脚之间通过布设一条金属线路实现互连，每对互连的针脚被称为网组，连接针脚的金属线被称为电线。如果两条电线发生交叉，则会导致电流短路，所以，不允许电线间有交叉。如果网组间可以通过合理安排而不发生电线交叉，称该开关盒可以合理布线，或称其为可布线开关盒。图 4-17（a）和图 4-17（b）分别给出了两个开关盒布线的状况，其中（a）为合理布线，（b）交叉布线。问题是，对给定网组和若干个针脚的开关盒，如何判断它能否合理布线。

【**例 4-13**】图 4-18（a）所示开关盒，其矩形布线区域的边缘固定有 8 个针脚，分别以数字 1～8 标识，对应的 4 个网组分别是(1,4)、(2,3)、(5,6)和(7,8)。该开关盒可以产生合理布线吗？

当两个针脚互连时，其电线把布线区域分成两个分区。例如，当(1,4)互连时，如图 4-18（b）所示，得到了两个分区：一个分区包含针脚 2 和 3，另一个分区包含针脚 5～8。现在，若有一个网组，其两个针脚分别位于这两个不同的分区，那么这个网组是不可以布线的，因而整个开关盒也是不可布线的。如果没有这样的网组，则继续判断每个独立的分区是否可以布线。为此，可以从每一个分区中取出一个网组，利用该网组把这个分区又分成两个子分区，若任何一个网组的两个针脚都在同一个子分区中，那么这个分区就是可布线的。

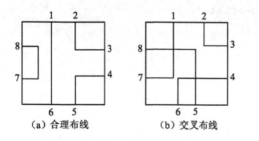

图 4-17　开关盒布线示例图　　　　图 4-18　例 4-13 开关盒网组电线分区示意图

按照这种判断方法，可以得出这样的结论：如果按照某种顺序（顺时针或逆时针方向）访问所有针脚，若处在任一个网组的两个针脚之间的所有针脚都是网组，则该开关盒可以合理布线。

2．算法思想

为了实现上述策略，可以从任意一个针脚开始，沿顺时针或逆时针方向来依次访问所有针脚。为判断网组间是否存在电线交叉，设置一个栈，将所访问过的针脚依次入栈，若正准备入栈的针脚与栈顶针脚属于同一个网组，则将栈顶针脚出栈。如此反复，直到访问完最后一个针脚。若此时栈空，则表示任意两个网组间都不存在电线交叉，该开关盒可以合理布线；否则，该开关盒不可合理布线。

对于例 4-13 所描述的问题，可以任选一个针脚开始访问。如图 4-19 所示为从针脚 2 开始，顺时针访问所有针脚的过程。可以看出，最后栈空，表示该开关盒可以合理布线。

对于不可布线的开关盒，读者可以自己按照上述方法来判断。

3．算法结构设计

在算法实现时有一个问题需要解决，就是如何表示某两个针脚属于一个网组。为此，为每个网组进行编号。例如，例 4-13 中的 4 个网组 (1,4)、(2,3)、(5,6)、(7,8) 分别编号为 1、2、3、4。这样，对每一个针脚既要说明其针脚编号，又要描述其所在的网组号。

对给定的布线盒，其所有针脚按照顺时针或逆时针顺序形成单链表。这样，该链表中的每一个结点具有 3 个域，如图 4-20 所示。

其中，data 表示针脚的编号，num 描述该针脚所在的网组编号。结点的类型定义如下：

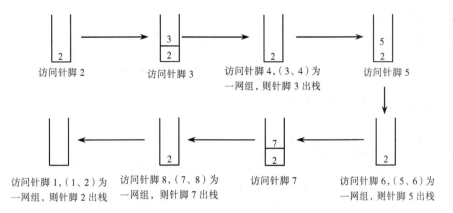

访问针脚 2　　　　访问针脚 3　　　访问针脚 4,(3、4)为　　访问针脚 5
　　　　　　　　　　　　　　　　一网组,则针脚 3 出栈

访问针脚 1,(1、2)为　　访问针脚 8,(7、8)为　　访问针脚 7　　访问针脚 6,(5、6)为
一网组,则针脚 2 出栈　　一网组,则针脚 7 出栈　　　　　　　　一网组,则针脚 5 出栈

图 4-19　例 4-13 开关是否可合理布线的判断过程

```
typedef struct node{
    int data;
    int num;
    struct node *next;
}Stitch;
```

data	num	next

图 4-20　针脚的结点结构

访问布线盒的所有针脚,就是从单链表的表头结点开始,依次访问链表中的所有结点。将访问过的结点入栈之前,判断该结点的 num 域值与栈顶结点 num 域值是否相等;若相等,则将栈顶结点出栈。当链表中所有结点访问结束时,栈为空,则该开关盒可合理布线;否则,不可合理布线。为提高算法的空间性能,采用链栈来存储已访问的结点。

4. 开关盒布线问题算法

综合以上分析,可以将开关盒布线问题的算法描述如下:

```
#define NULL 0
#define N 8
typedef struct node{
    int data;
    int num;
    struct node *next;
}Stitch;
Stitch *Initlink(){
    Stitch *p,*u,*s;
    int i ;
    printf("请输入每个针脚编号及其所属网组: ");
    p=(Stitch *)malloc(sizeof(Stitch));
    scanf("%d%d",&p->data,&p->num);
    p->next=NULL;u=p;
    for(i=2;i<=N;i++){
        s=(Stitch *)malloc(sizeof(Stitch));
        scanf("%d%d",&s->data,&s->num);
        s->next=NULL; u->next=s; u=u->next;
    }return p;
}
void CheckBox(){
    //判断具有 n 个给定针脚的布线盒是否可布线, 若可以, 输出 1, 否则输出 0
```

```
         Stitch *L,*S,*p;int i=1;
         L=Initlink();                      //新建一个具有 n 个结点的单链表
         p=L;L=p->next;
         if(p!=NULL){                        //访问链表中的第一个结点，并将其入栈
             p->next=NULL; S=p;
         }else{printf("布线盒无针脚");}
         do{
             p=L;L=p->next;
             if(p->num==S->num){
                 i=0;                          //栈顶结点出栈
                 if(S==NULL)printf("OK");
             }else{ p->next=NULL;S=p; }        //所访问的结点入栈
         }
         while(L!=NULL)
             if(i==0)printf("合理布线");
             else printf("不合理布线");
     }
     void main(){
         CheckBox();
         printf("\n");
     }
```

本算法应用链栈、链表来存储针脚结点，较顺序存储的空间性能好。算法执行时，时间主要用来依次访问链表中的结点，其时间性能与问题的规模成正比，算法的时间复杂度为 $O(n)$。

*4.4.8　离线等价类问题

1. 有关基础知识

定义 4.4　假定有一个具有 n 个元素的集合 $U=\{1,2,...,n\}$，另有一个具有 r 个关系的集合 $R=\{(a_1,b_1),(a_2,b_2),...,(a_r,b_r)\}$。关系 R 是一个等价关系，当且仅当如下条件为真时成立：

（1）对于所有的 a，有 $(a,a)\in R$（关系是自反的）。

（2）当且仅当 $(b,a)\in R$ 时 $(a,b)\in R$（关系是对称的）。

（3）若 $(a,b)\in R$ 且 $(b,c)\in R$，则有 $(a,c)\in R$（关系是传递的）。

通常，在给出等价关系 R 时，会忽略其中的某些关系，这些关系可以利用等价关系的自反、对称和传递属性来获得。

【例 4-14】假定集合 U 中有 14 个元素 $\{1,2,3,4,5,6,7,8,9,10,11,12,13,14\}$，等价关系 $R=\{(1,11),(7,11),(2,12),(12,8),(11,12),(3,13),(4,13),(13,14),(14,9),(5,14),(6,10)\}$。

这里，在等价关系 R 的集合中，忽略了所有形如 (a,a) 的关系，因为按照自反属性，这些关系是隐含的。同样也忽略了所有的对称关系，例如 $(1,11)\in R$，按对称属性应有 $(11,1)\in R$。其他被忽略的关系是由传递属性可以得到的属性，例如，根据关系 $(7,11)\in R$ 和关系 $(11,12)\in R$，应有 $(7,12)\in R$。

定理 4.1　对于等价关系集合 R，如果 $(a,b)\in R$，则元素 a 和 b 是等价的。

定义 4.5　等价类是指相互等价的元素所组成的最大集合。

所谓"最大"，是指不存在该等价类以外的元素与该类内部的元素等价。

【例 4-15】分析例 4-14 中的等价关系。由于元素 1 与 11、11 与 12 是等价的，因此，元素 1、11、12 是等价的，它们应属于同一个等价类。不过，这 3 个元素还不能构成一个等价类，即这 3 个元素还不是相互等价的元素所组成的最大集合，因为还有其他元素与它们等价，如 7。因为还有 (7,11)∈R、(12,8)∈R、(2,12)∈R，所以集合 {1,2,7,8,11,12} 才是一个等价类。关系 R 中还定义了另外两个等价类：{3,4,5,9,13,14} 和 {6,10}。

可以看出，每个元素只能属于某一个等价类。

2. 离线等价类问题分析及算法思想

离线等价类问题是：对给定的 n 个元素和关系 R，输出所有的等价类。

由定义 4.5 可知，若 $(a,b)∈R$，则 a、b 属于同一个等价类；且根据等价关系的对称属性和传递属性，若存在 $(b,c)∈R$ 或 $(c,b)∈R$，则 c 也属于 a、b 所在的那个等价类。这样，若元素 a、b 等价，则扫描关系集合 R，如果存在 $(a,x)∈R$、$(b,x)∈R$ 或 $(x,a)∈R$、$(x,b)∈R$ 以及 $(x,y)∈R$ 或 $(y,x)∈R$，则 a、b、x、y 属于同一个等价类，且满足该条件的所有 x、y 与 a、b 构成一个等价类。

这样，对给定 n 个元素和包含 r 个关系的等价关系集合 R，输出所有的等价类的方法如下：

（1）首先，定义一个集合 H，初始时，将元素集 U 中某个元素 x 输入到该集合中，即 $H=\{x\}$，而 $U=U-\{x\}$。

（2）查找集合 R 中所有包含 x 的关系 (x,y) 或 (y,x)，将满足该条件的 y 输入到集合 H 中，并从集合 U 中删除 y。

（3）继续扫描集合 R，若存在关系 (y,z) 或 (z,y)，将 z 也输入到集合 H 中，而从集合 U 中删除 z；重复该过程，直到集合 R 中不存在包含 x、y 或 z 的关系。这样，集合 H 就是一个等价类。

通常情况下，等价关系 R 可能包含多个等价类，且每一个元素只属于一个等价类。这样，当元素集 U 不为空时，重复上述过程，生成其他等价类，直到集合 U 为空。

3. 离线等价类问题算法设计

有很多算法都可以用来实现上述等价类的生成过程。找到一种合适的描述关系 (x,y) 的方法，可以使扫描关系集 R 的过程较为简单。

这里，对每个元素建立一个相应的链表。假定元素集 U 是自然数的集合 $\{1,2,3,\cdots,n\}$，则与元素 i 对应的链表 chain[i] 是由这样的元素 j 组成：(i,j) 或 (j,i) 是所输入的关系。这样，每输入一个关系 (i,j)，就生成两个结点 i 和 j，结点 i 插入到链表 chain[j] 的表头，结点 j 插入到链表 chain[i] 的表头。

【例 4-16】按例 4-14 描述的关系 R，它所对应的链表如图 4-21 所示。

为记录某元素是否已被输入到等价类中，定义一个数组 out[n+1]。数组元素 out[1]～out[n] 的初始值均为 0，当且仅当 i 已被当作某等价类成员输出时，out[i] 置 1。另外，定义一个栈 S，暂存即将输出的等价类成员。

为找到所有等价类中的成员，按下列步骤进行：

（1）首先扫描数组 out[]，若 out[i]=0，则将 i 入栈。

（2）若栈不空，则将栈顶元素 m 出栈，作为一个等价类成员输出，并置 out[m]=1。

（3）扫描链表 chain[m]，对链表 chain[m] 中的任一结点 x，若 out[x]=0，则将 x 入栈。

（4）重复（2）、（3）步，直至栈空，这样输出的一组成员组成一个等价类。

（5）重复上述4个步骤，可以继续寻找下一个等价类；若数组 out[] 所有元素的值均为 1，则表明不再有新的等价类。

4. 离线等价类问题算法

综合以上分析，离线等价类问题的算法描述如下：

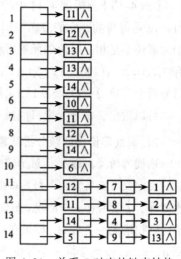

图 4-21　关系 R 对应的链表结构

```c
#define N 14
#define NULL 0
typedef struct node{
    int data;
    struct node *next;
}LinkNode;       //结点数据类型定义
typedef struct{
    int st[N];
    int top ;
}Stack;          //栈的数据类型定义
void OLeclass(int n,int r){     //对给定的n个元素和r个关系输出所有的等价类
LinkNode *chain[N+1],*p,*q;
    int out[N+1],i,j,x,y,m,flag;
    Stack s1,*S=&s1;
    S->top=-1;
    for(i=1,i<=n,i++)chain[i]=NULL;
    for(i=0,i<r,i++){               //输入 r 个关系建立链表 chain[]
        printf("输入第%d个关系: ",i+1);
        scanf("%d%d",&x,&y);
        p=(LinkNode *)malloc(sizeof(LinkNode)); p->data=x;
        p->next=chain[y];chain[y]=p;//将结点 x 插到链表 chain[y] 的表头
        q=(LinkNode *)malloc(sizeof(LinkNode)); q->data=y;
        q->next=chain[x];chain[x]=q;//将结点 y 插到链表 chain[x] 的表头
    }
    for(i=1;i<=n;i++)out[i]=0;
    for(i=1,j=1;i<=n;i++){
        if(out[i]==0){S->top++;S->st[S->top]=i;}
        while(S->top!=-1){
            m=S->st[S->top];S->top--;
            printf("第%d个等价类为: %5d",j,m );
            out[m]=1; p=chain[m];
            while(p!=NULL){
                x=p->data;
                if(out[x]==0){      //若该结点没有被输出到等价类，则将其入栈
                    S->top++;S->st[S->top]=x;
                }
                p=p->next;
            }
        }
        printf("\n");j++;
    }
}
void main(){
    int r;
```

```
        printf("N 个元素和 r 个关系的等价类");
        scanf("%d",&r);
        OLeclass(N,r);
        printf("\n");
    }
```

如果有等价关系 R={(1,11),(7,11),(2,12),(12,8),(11,12),(3,13),(4,13),(13,14),(14,9),(5,14),(6, 10)},则可以得到 3 个等价类(1,1,7,8,11,12)，(3,4,5,9,13,14)和(6,10)。

5. 算法的性能分析

算法中每次对链表的插入操作都是在链表的首部进行的，因此每次插入操作需耗时 $O(1)$，但输入 r 个关系建立链表和初始化数组需耗时 $O(n+r)$。尽管在查找和输出等价类时，算法中用了 3 层循环，但不难发现，每个元素都仅被输出一次，每个元素都只进堆栈一次，并被从堆栈中删除一次，因此，执行堆栈添加和删除操作所需要的总时间为 $O(n)$。这样，本算法总的时间复杂度为 $O(n+r)$。

*4.4.9　迷宫老鼠问题

1. 迷宫老鼠问题分析

迷宫是一个矩形区域，如图 4–22（a）所示，它有一个入口和一个出口，其内部包含不能穿越的墙或障碍。迷宫老鼠问题就是要寻找一条从入口到出口的路径。

对这样的矩形迷宫，可以用 $n \times m$ 的矩阵来描述，n 和 m 分别代表迷宫的行数和列数。这样，迷宫中的每个位置都可用其行号和列号来指定。(1,1)表示入口位置，(n,m) 表示出口位置；从入口到出口的路径则是由一组位置构成的，每个位置上都没有障碍，且每个位置（第一个除外）都是前一个位置的东、南、西或北的邻居。

为了描述迷宫中位置(i,j)处有无障碍，规定：当位置(i,j)处有一个障碍时，其值为 1，否则为 0。这样，如图 4–22（a）所示的迷宫就可以用如图 4–22（b）所示的矩阵来描述。其中，a_{11}=0 表示入口，a_{nm}=0 表示出口；若 a_{ij} 表示从入口到出口路径上的某个位置，则应有 a_{ij}=0。

2. 迷宫老鼠问题算法思想

下面，探讨如何寻找迷宫路径。

首先，考察迷宫的入口位置，若该位置就是迷宫出口，则已经找到了一条路径，搜索工作结束。否则，考察其东、南、西、北位置上的邻居是否是障碍；若不是，就移动到这个相邻位置上，然后从这个位置开始搜索通往出口的路径。如果不成功，就选择另一个相邻的非障碍位置，并从它开始搜索通往出口的路径。为防止搜索过程又绕回到原先考察过的位置，在搜索过的位置上设置障碍（即将该位置值置 1）。为保留搜索过的痕迹，在考察相邻位置之前，把当前位置保存在一个堆栈中。如果所有相邻的非障碍位置都已经被搜索过，且未能找到路径，则表明在迷宫中不存在从入口到出口的路径。

【例 4-17】使用上述策略在图 4–22 所示的迷宫中寻找一条从入口到出口的路径。

首先，将位置(1,1)放入堆栈，从它开始进行搜索。由于位置(1,1)只有一个非障碍的邻居(2,1)，所以接下来搜索线移动到位置(2,1)，并在位置(1,1)上设置障碍，以阻止稍后的搜索再次经过这个位置。

从位置(2,1)可以移动到(3,1)或(2,2)。假定移动到位置(3,1)。在移动之前，先在位置(2,1)上设置障碍并将其放入堆栈。

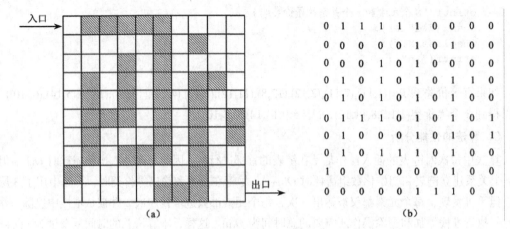

图 4-22 迷宫及其矩阵描述

从位置(3,1)可以移动到(4,1)或(3,2)。假定移动到位置(4,1)，则在位置(3,1)上设置障碍并将其放入堆栈。

从位置(4,1)开始可以依次移动到(5,1)、(6,1)、(7,1)和(8,1)。到了位置(8,1)以后将无路可走。此时堆栈中包含的路径从(1,1)~(8,1)。为了探索其他路径，从堆栈中删除位置(8,1)，然后回退至位置(7,1)，由于位置(7,1)也没有新的、非障碍的相邻位置，因此从堆栈中删除位置(7,1)并回退至位置(6,1)。按照这种方式，一直要回退到位置(3,1)，然后才可以继续移动，移动到位置(3,2)，依此类推。

按照这种方式进行搜索，直到找到出口，或者是栈空为止。由于堆栈中始终包含从入口到当前位置的路径，如果最终找到了出口，那么堆栈中的路径就是所需要的路径；如果最终栈空，则表示迷宫中不存在从入口到出口的路径。

3．迷宫老鼠问题算法设计

为实现上述算法思想，将迷宫描述成一个 int 类型的二维数组 maze，迷宫矩阵中的位置对应于数组元素 maze[i][j]。用链栈来存储已搜索过的位置，链栈中的结点包括 3 个域，分别存放该位置所在的行号、列号以及后继结点的地址。结点的类型定义如下：

```
typedef struct node{
    int row;
    int col;
    struct node *next;
}Mlink;
```

在考察当前位置(i,j)的东、南、西、北方向的邻居是否是障碍时，实际上是判断 maze[i][$j+1$]、maze[$i+1$][j]、maze[i][$j-1$]、maze[$i-1$][j]的值是否为 1。若当前位置(i,j)位于迷宫的边界，则其只在两个或 3 个方向上有邻居。为了避免在处理内部位置和边界位置时存在差别，在迷宫的周围增加一圈障碍物。对于一个 $m\times n$ 的迷宫，这一圈障碍物将占据数组 maze 的第 0 行、第 $m+1$ 行、第 0 列和第 $m+1$ 列。

4．迷宫老鼠问题算法

按照上述分析，迷宫问题的算法源程序如下：

```
#define n 5
#define m 5
typedef struct node{
    int row;
```

```
    int col;
    struct node *next;
}Mlink;
MLink *Stack;
int MazePath(){                              //寻找迷宫路径，若有返回1，否则返回0
    int maze[n+2][m+2],I,j,x1,y1,x2,y2;
    MLink *p;
    printf("建立迷宫矩阵");
    for(i=0;i<n;i++)                         //建立迷宫矩阵
        for(j=0;j<m;j++)scanf("%d",&maze[i][j]);
    printf("输入迷宫的入口: ");
    scanf("%d%d", &x1, &y1);
    printf("输入迷宫的出口: ");
    scanf("%d%d",&x2,&y2);
    Stack=NULL;
    p=(MLink *)malloc(sizeof(MLink));        //将迷宫的入口位置入栈
    p->row=x1;p->col=y1;
      p->next=Stack;Stack=p;
      maze[Stack->row][Stack->col]=1;
      while((Stack->row!=x2)&&(Stack->col!=y2)||(Stack!=NULL)){
          //考察当前位置的东、南、西、北方向邻居是否是障碍
          //若不是，则沿该方向搜索；若都是障碍，则将栈顶元素出栈
          if(maze[Stack->row][Stack->col+1]==0){
              p=(MLink *)malloc(sizeof(MLink));
              p->row=Stack->row;p->col=Stack->col+1;
              p->next=Stack;Stack=p;
              maze[Stack->row][Stack->col]=1;
          }else if(maze[Stack->row][Stack->col-1]==0){
              p=(MLink *)malloc(sizeof(MLink));
              p->row=Stack->row;p->col=Stack->col-1;
              p->next=Stack;Stack=p;
              maze[Stack->row][Stack->col]=1;
          }else if(maze[Stack->row+1][Stack->col]==0){
              p=(MLink *)malloc(sizeof(MLink));
              p->row=Stack->row+1;p->col=Stack->col;
              p->next=Stack;Stack=p;
              maze[Stack->row][Stack->col]=1;
          }else if(maze[Stack->row-1][Stack->col]==0){
              p=(MLink *)malloc(sizeof(MLink));
              p->row=Stack->row-1;p->col=Stack->col;
              p->next=Stack;Stack=p;
              maze[Stack->row][Stack->col]=1;
          }else{p=Stack;Stack=Stack->next;free(p);}
      }
      if(Stack==NULL ) return(0);
      else return(1);
}
void main(){
    int i;
    MLink *p;
    i=MazePath();
    if(i==1){
        p=Stack;printf("其中的一路线为: \n");
```

```
        while(p!=NULL){
            printf("%3d%3d\n",p->row,p->col);
            p=p->next;
        }
    }
}
```

该程序输出的路径是当返回值为 1 时将栈中元素依次出栈。

本算法在查找路径的过程中，最坏的情况下可能要考察每一个非障碍位置。因此，查找路径的时间复杂度应为 $O(unblocked)$，而建立迷宫矩阵的时间复杂度为 $O(mn)$。

本 章 小 结

本章介绍了栈及其相关应用。栈是一种运算受限制的线性结构，遵守"先进后出"的规则，其插入与删除操作都在栈顶进行。顺序存储和链接存储的栈分别被称为顺序栈和链栈。不同的存储结构也决定了各种运算实现方法的不同。

在对栈的逻辑结构、存储结构及基本运算介绍的基础上，本章重点介绍了栈的一些基本应用。栈作为一类重要的数据结构，被广泛应用于各种程序设计中。本章选取了一些典型的应用问题，分别进行了问题分析，提出了算法思想，并给出解决问题的算法实现过程，供读者在学习和工作中借鉴使用。

本 章 习 题

一、填空题

1. 一个栈的输入序列是 1、2、3，则栈的输出序列不可能的是_____。

2. 顺序栈采用_____的方式存储，分配_____的存储区域存放栈中的元素，并用一个_____指向当前的栈顶。

3. 当链栈中的所有元素全部出栈后，栈顶指针 LS 的值为_____。

4. 对于顺序栈 S，假设其栈顶指针为 top，分配的空间是 StackMaxSize，则判断 S 为空栈的条件是_____。

5. 对于顺序栈 S，假设其栈顶指针为 top，分配的空间是 StackMaxSize，则判断 S 为满栈的条件是_____。

6. 对于链栈 S，假设其栈顶指针为 LS，则判断 S 为空栈的条件是_____。

7. 对于非空顺序栈 S，假设其内容存放在数组 stack 中，栈顶指针为 top，分配的空间是 StackMaxSize，则元素 e 进栈的操作是_____，取栈顶元素的操作是_____，删除栈顶元素的操作是_____。

8. 对于非空链栈 S，假设其栈顶指针为 LS，单链表 LNode 中包含数据 data 和指向下一个结点的指针 next，则元素 e 进栈的操作是_____，取栈顶元素的操作是_____，删除栈顶元素的操作是_____。

9. 设有一个空栈，栈顶指针为 1000H（十六进制），现有输入序列为 1、2、3、4、5，经过 PUSH，PUSH、POP、PUSH、POP、PUSH、PUSH 之后，输出序列是_____，而栈顶指针值是_____H。设栈为顺序栈，每个元素占 4 个字节。

10. 用 S 表示入栈操作，X 表示出栈操作，若元素入栈的顺序为 1234，为了得到 1342 的出栈顺序，相应的 S 和 X 的操作串为_____。

二、选择题

1. 一个栈的入栈序列是 abcde，则栈的输出序列不可能的是（　　）。
   　　A. edcba　　　　　　　B. decba　　　　　　　C. dceab　　　　　　　D. abcde

2. 对于栈操作数据的原则是（　　）。
   　　A. 先进先出　　　　　　B. 后进先出　　　　　　C. 后进后出　　　　　　D. 不分顺序

3. 在做进栈运算时，应先判别栈是否（　①　），在作退栈运算时应先判别栈是否（　②　）。当栈中元素为 n 个，作进栈运算时发生溢出，则说明该栈的最大容量为（　③　）。
   　　①，②：A. 空　　　　　　B. 满　　　　　　　　C. 上溢　　　　　　　D. 下溢
   　　　　③：A. $n-1$　　　　B. n　　　　　　　　C. $n+1$　　　　　　D. $n/2$

4. 若一个栈以向量 V[n]存储，初始栈顶指针 top<n-1，则下面 x 进栈的正确操作是（　　）。
   　　A. top = top+1；V[top] = x　　　　　　　　B. V[top] =x；top = top+1
   　　C. top = top-1；V[top] = x　　　　　　　　D. V[top] =x；top = top-1

5. 表达式 3* 2^(4+2*2-6*3)-5 求值过程中当扫描到 6 时，操作数栈和算符栈为（　　）。其中^为乘幂。
   　　A. 3，2，4，1，1；(*^(+*-　　　　　　　B. 3，2，8；(*^-
   　　C. 3，2，4，2，2；(*^(-　　　　　　　　D. 3，2，8；(*^(-

6. 在顺序栈 S 中插入 5 个元素之后栈顶指针 top 的取值为（　　），后又有两个元素出栈，则 top 的值为（　　）。
   　　A. 4，3　　　　　　B. 5，3　　　　　　　C. 4，2　　　　　　　D. 5，2

三、判断题

1. 栈为后进先出的线性表。　　　　　　　　　　　　　　　　　　　　　　　　（　　）
2. 顺序栈的插入运算相当于是在顺序表的表尾进行的，其时间复杂度为 $O(n)$。　（　　）
3. 链栈的删除操作是在单链表的表头进行的，其时间复杂度为 $O(1)$。　　　　（　　）
4. 在开关盒问题中，只有当两个针脚属于不同的分区时才是可以布线的。　　　（　　）
5. 在顺序栈中存储空间有限制，而链栈中基本没有。　　　　　　　　　　　　（　　）

四、简答题

1. 简述顺序栈和链栈的区别。
2. 设有编号为 1、2、3、4 的 4 辆车，顺序进入一个栈式结构的站台，试写出这 4 辆车开出车站的所有可能的顺序（每辆车可能入站，可能不入站，时间也可能不等）。
3. 对于字符串 3*-y-a/y+2，试利用栈给出次序为 3y-*ay+/-的输出结果，给出输出此字符串的栈操作序列。以 I 代表入栈，O 代表出栈。例如字符串 ABC 利用栈输出次序为 BCA 的结果，操作序列描述为 AIBIBOCICOAO。
4. 简述数值转换问题的算法思路。
5. 简述表达式计算问题的算法思路，并分析其算法复杂度。
6. 试分析火车车厢重排问题中缓冲铁轨的作用。
7. 按照四则运算加、减、乘、除和幂运算（^）优先关系的惯例，画出对算术表达式 A-B×C/D+E^F 求值时操作数栈和运算符栈的变化过程。

8. 试举出一个生活中栈的应用例子。

五、算法设计题

1. 设计一个算法，用于判别一个算术表达式中的圆括号是否正确配对。

2. 写一个算法，该算法借助于栈实现将一个单链表置逆。

3. 称正读和反读都相同的字符序列为"回文"，例如，"abcddcba"、"qwerewq"是回文，"ashgash" 不是回文。试写一个算法来判断读入的一个以'@'为结束符的字符序列是否为回文。

4. 两个栈共享向量空间 v[1:m]，它们的栈底分别设在向量的两端，即一个栈底设在 v[1]处，另一个栈底设在 v[m]处，每个元素占一个分量，试写出两个栈公用的栈操作算法：入栈操作算法 push(i,x)、出栈操作算法 pop(i)和读栈顶元素操作算法 top(i)，其中 i=0 和 1，用以指示栈号。注意：当且仅当 v[1:m]占满时为上溢条件。

5. 按照运算符与运算对象的位置关系，算术表达式的表示方法分为前缀表达式、中缀表达式和后缀表达式 3 种，其中后两种比较常用，将二元运算符置于与之相关的两个运算对象之间的表示方法叫做中缀表达式，如 100+(200−(50*(8−45/9)))，也是我们平时见到最多的表示方法，后缀表达式中的每一个运算符都置于其运算对象之后，表达式中各个运算是按照运算符出现的顺序进行的，故无须使用括号来指示运算顺序，因而又称为无括号式。如中缀表达式 100+(200−50*3)/(13−8)，其后缀表达式为 100 200 50 3 * − 13 8 − / +。在后缀表达式中，不存在括号，也不存在优先级的差别，计算过程完全按照运算符出现的先后次序进行，整个计算过程仅需一遍扫描便可完成。

试编写程序，利用栈将中缀表达式输出为后缀表达式。

6. 编写一个过程求后缀表达式的值，其后缀表达式是在过程中输入的。

第5章 队列及其应用

教学目标： 本章将学习在顺序存储和链接存储下的两种队列——顺序（循环）队列和链队列的数据结构、基本运算及其性能分析以及应用。通过本章的学习，要求掌握顺序队列（重点是循环队列）及链队列的概念、数据类型描述、数据结构、基本算法及其性能分析等知识。在此基础上，了解队列的相关应用，掌握应用队列来解决实际问题的思想及方法。

教学提示： 同堆栈一样，队列也是一种具有线性逻辑结构、运算受限制的线性表。与堆栈只在一端（栈顶）进行元素的插入和删除运算不同的是，队列是在队头进行插入，而在队尾完成数据元素的删除，所以队列的算法和适用的应用问题与堆栈有很大的区别。队列作为一类常用的数据结构，被广泛应用于各种程序设计中。5.4～5.8 节以基数排序问题、电路布线问题、识别图元问题、工厂仿真问题等实例介绍了队列的应用，这些问题有很好的应用背景，可根据学时情况选讲其中内容。

5.1 队列的基本概念

与堆栈一样，队列也是一种具有线性逻辑结构的同类型数据元素的集合。堆栈的运算遵循"先进后出"的原则，而队列的运算遵循"先进先出"的原则，因此，队列也是一个运算受限制的线性表。

5.1.1 队列的定义

定义 5.1 队列是满足下列条件的数据元素集合：

（1）有限个具有相同数据类型的数据元素的集合，$D=\{a_i|i=1,2,\cdots,n\}$，a_i 为数据元素。

（2）数据元素之间的关系为 $R=\{<a_i,a_{i+1}>|a_i,\ a_{i+1}\in D,i=1,2,\cdots,n\}$。

（3）a_1 为队头元素，a_n 为队尾元素；数据元素按 a_1，a_2，$\cdots$，a_n 的次序入队，也以相同的次序出队。

图 5-1 描述了一个队列。可以看出，队列中的元素在一端入队，而在另一端出队，使得先入队的元素也先出队；也就是说，队列的数据元素进出遵循"先进先出（First In First Out）"的原则。一般地，将队列中允许插入元素的一端称为队尾，允许删除元素的一端称为队头。

【例 5-1】在火车售票窗口，买车票的人排起了长队，这就是一个"队列"。先来排队的人先买票，这是队列数据运算的"先进先出"原则。

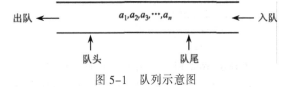

图 5-1 队列示意图

【例 5-2】运算系统中的作业调度问题也是一个典型的例子，多个作业共享仅有的几个资源，先排队的作业先运行，只有当之前排队的作业运行结束后才能释放资源供后排队的作业使用。

5.1.2　队列的逻辑结构

由定义 5.1 可以看出，队列是由一组同类型数据元素$(a_1,a_2,\cdots,a_n)$组成的线性序列，其中，a_i（$1 \leqslant i \leqslant n$）可以是原子类型（如整型、实型、字符型等）、或是结构类型的数据元素。在一个队列中，元素 a_{i-1} 是 a_i 的唯一直接前驱，a_{i+1} 是 a_i 的唯一直接后继；而队头元素 a_1 无前驱，队尾元素 a_n 无后继。因此，队列属于线性逻辑结构。对于队列$(a_1,a_2,\cdots,a_n)$，若 $n=0$，则为空队列。

5.1.3　队列的基本运算

队列是一个运算受限的线性结构，它只能在队尾进行插入（入队），而在队头完成删除（出队）。队列的基本运算有下列 5 种。

（1）置空队：InitQueue (Q)，InitQueue 运算的结果是将队列 Q 置成空队列。

（2）判队空：QueueEmpty(Q)，如果队列为空，则 QueueEmpty 返回 1，否则 QueueEmpty 返回 0。

（3）判队满：QueueFull(Q)，如果队满，则 QueueFull 返回 1，否则 QueueFull 返回 0。

（4）入队：Add (Q,x)，Add 在队列 Q 的队尾插入元素 x。

（5）出队：Delete (Q)，Delete 从队列 Q 中删除队头元素。

在解决具体问题时，可通过上述基本运算的组合来实现。

5.2　顺序队列及其基本运算

由于队列具有线性逻辑结构，因此，通常可以采用顺序存储结构来存储一个队列。

5.2.1　顺序队列的概念及数据类型

定义 5.2　用地址连续的向量空间依次存储队列中的元素，同时记录当前队头元素及队尾元素在向量中的位置，这样顺序存储的队列简称顺序队列。

图 5-2 描述了顺序队列的存储结构。在这个顺序队列中，逻辑位置相邻的元素在向量中也占据相邻的存储区域。由于队列中元素的插入与删除分别在队列的两端进行，为了记录变化中的队头和队尾元素，分别用两个整型变量记录当前队头及队尾元素在向量中的位置。这样，顺序队列的数据类型可以定义如下：

```
#define maxlen 100
typedef struct{
    Datatype data[maxlen];
    int front;
    int rear;
}SeqQueue;
```

分别称 front 和 rear 为队头指针和队尾指针。为方便起见，规定队头指针 front 总是记录队头元素的前一个位置，队尾指针记录当前队尾元素的位置，如图 5-2 所示。

图 5-2 顺序队列示意图

【例 5-3】若有变量定义：SeqQueue *Q；且令 Q 指向一个队列(a,b,c,d,e,f,g)，如图 5-3（a）所示，该队列中元素存储在字符数组 Q->data[10]中。其中，队头指针 Q->front 的值为 0，则 Q->data[Q->front+1]中存储的是队头元素'a'；队尾指针 Q->rear 的值为 7，则 Q->data[Q->rear]中存储的是队尾元素'g'。

如果有字符'h'入队，则入队运算描述为：

```
Q->rear++;
Q->data[Q->rear]='h';
```

此时队尾指针 Q->rear 的值改变为 8，如图 5-3（b）所示。

如果需要将字符 'a' 出队，其运算是：

```
Q->front++;
```

也就是使 Q->front 的值改变为 1。此时，队头元素依然用 Q->data[Q->front+1]描述，即新的队头元素是 Q->data[2]，如图 5-3（c）所示。

思考：当队列为空时，队头指针 Q->front 和队尾指针 Q->rear 的值分别是什么？

（a）队列(abcdefg)的顺序　　　　　（b）'h'入队　　　　　（c）'a'出队

图 5-3 顺序队列及其入队、出队示意图

5.2.2 循环队列

1. 顺序队列的"假溢出"现象

由图 5-3 所示顺序队列的入队和出队运算可以看出，在入队运算时，rear 的值加 1；当 rear=maxlen-1 时，认为队满，但此时不一定是真的队满，因为随着队头元素的不断出队，data 数组前面会出现一些空单元，如图 5-4（a）所示；而入队运算只能在队尾进行，使得这些空单元无法使用。将这个时候进行入队运算而产生的溢出称为"假溢出"。

2. 循环队列

为解决假溢出现象而使顺序队列的空间得以充分利用，规定：如果队头元素前有空单元而 rear=maxlen-1 时，将下一个入队的元素放在 data[0]的位置，且 rear 的值为 0，如图 5-4（b）所示。也就是说，将数组 data 想象成一个首尾相接的环形，data[0]就是 data[maxlen-1]的后继单元（见图 5-4（c））。称这样的顺序队列为循环队列。

3. 循环队列的出队和入队运算

依照上述对队头、队尾指针的规定，队头指针 front 总是记录队头元素的前一个位置，队尾指针 rear 记录当前队尾元素的位置；那么，初始化循环队列时，可以令 front=rear=0，如图 5-5（a）所示。若数组 data 的长度为 maxlen，则入队运算时应该有如下描述：

```
if(Q->rear==maxlen-1)Q->rear=0;
else Q->rear=Q->rear+1;
Q->data[Q->rear]=x;
```

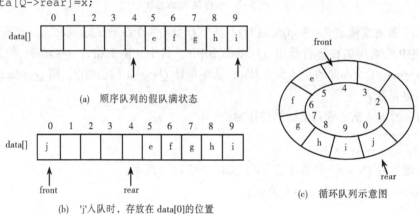

(a) 顺序队列的假队满状态

(b) 'j'入队时，存放在 data[0]的位置

(c) 循环队列示意图

图 5-4 "循环队列"的由来

更简便的方法是通过取模运算来实现：

```
Q->rear=(Q->rear+1)%maxlen;
Q->data[Q->rear]=x;
```

同样，出队运算也可以描述为：

```
Q->front=(Q->front+1)%maxlen;
```

4. 循环队列队空和队满的判断

这样，经过若干次的出队和入队运算后，循环队列可能会出现如图 5-5（b）和图 5-5（c）所示的状态，以及如图 5-5（d）所示的队满状态。无论在哪一种状态下，若队列中的元素相继出队，又会出现 front 和 rear 指向同一个位置的队空状态。如图 5-5（e）所示为在如图 5-5（d）所示的队满状态下元素相继出队所产生的队空情况。

比较图 5-5（a）、（d）、（e）所示的队空和队满状态，可以发现，队空时 front = rear；队满时也有 front = rear。那么，当循环队列中出现 front = rear 时，如何判断队空还是队满呢？

对于这个问题，可以有两种处理方法：

（1）少用一个元素空间，让 front 指向的元素空间永远是空的，不存放任何元素；这样，队满时的状态如图 5-5（f）所示，队满条件描述为：

```
if(Q->front==(Q->rear+1)%maxlen)    //队满;
```

而队空的条件不变，队空条件描述为：

```
if(Q->front==Q->rear)                //队空;
```

（2）增设一个标志量 flag：每进行一次入队运算，标志量 flag 置 1；每进行一次出队运算，标志量 flag 置 0。

这样，当出现 front 与 rear 的值相等时，若 flag=1，表示最后一次进行的是入队运算，则 front 与 rear 相等表示队满；若 flag=0，表示最后一次进行的是出队运算，则 front 与 rear 相等表示队空。

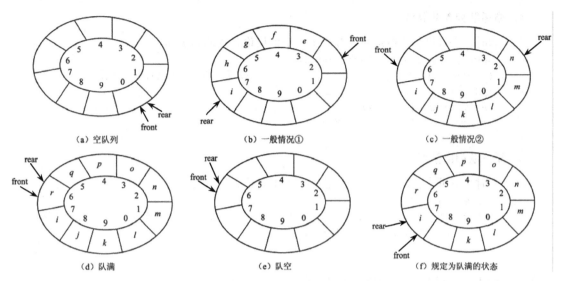

图 5-5　循环队列的相关操作状态示意图

5.2.3　循环队列的基本运算实现

循环队列基本运算的算法实现如下：

1．循环队列置空队算法

图 5-5（a）所示的是一个初始化为空的循环队列；此时，front=rear。由此，置空队的算法如下：

```
SeqQueue *InitQueue(SeqQueue *Q){
    Q->front=0; Q->rear=0; return Q;
}
```

类似地，建一个空循环队列的算法为：

```
SeqQueue *SetQueue(){
    SeqQueue *Q;
    Q=( SeqQueue *)malloc(sizeof(SeqQueue));
    Q->front=0; Q->rear=0; return Q;
}
```

2．循环队列判队满算法

按照 5.2.2 节的分析，采用"少用一个元素空间"的方法来判断队满。这样，判队满的算法为：

```
int QueueFull (SeqQueue *Q){
    if(Q->front==(Q->rear+1)%maxlen)return 1;
    else return 0;                              //队满时返回1，不满返回0
}
```

3．循环队列判队空算法

同循环队列判队满算法，判队空的算法为：

```
int QueueEmpty(SeqQueue *S){
    if(Q->front==Q->rear)return 1;
    else return 0;                              //队空时返回1，不空返回0
}
```

4. 循环队列入队算法

队不满时，方可进行入队运算。综合上一节的讨论，入队算法如下：

```
void Add (SeqQueue *S,Datatype x){
    if(!QueueFull(Q)){                        //若队不满，则进行入队运算
        Q->rear=(Q->rear+1)%maxlen;
        Q->data[Q->rear]=x;
    }else printf("queue full");
}
```

5. 循环队列出队算法

队不空时，方可进行出队运算。综合上一节的讨论，出队算法为：

```
void Delete (SeqQueue *S){
    if(!QueueEmpty(Q))Q->front=(Q->front+1)%maxlen;   //若队不空，则进行出队运算
    else printf("queue empty");
}
```

5.2.4 循环队列基本算法性能分析

可以看出，循环队列的各基本运算均与队列中元素的个数无关，即与问题的规模无关，其出队与入队运算也不需要移动元素。所以，各基本运算的时间复杂度均为 $O(1)$。

另外，循环队列的 5 种基本运算在执行时所需要的空间都是用于存储算法本身所用的指令、常数、变量，各算法的空间性能均较好。只是对于 data 数组长度的定义注意把握好，如果定义过大，会造成必不可少的空间浪费。

5.3 链队列及其基本算法

队列的另外一种存储方法是链式存储。采用链式存储结构的队列称为链队列。

5.3.1 链队列的概念及数据类型

定义 5.3 队列中相邻元素 a_i，a_{i+1}（$i=1,2,\cdots,n$）间不但存在序偶关系，且在存储器中采用链式存储方式，使用动态结点空间分配，占用任意的、连续或不连续的物理存储区域，这样的队列称为链队列。

由定义可以看出，链队列的存储结构同单链表的存储结构类似，也是用一组任意的存储单元来存放队列中的数据元素，且每个存储单元（结点）在存储队列中数据元素 a_i 的同时，也存储了其逻辑后继数据元素 a_{i+1} 的存储地址，即链队列中的结点与单链表的结点结构相同，如图 5-6 所示。

该结点的类型在第 3 章中已经定义为：

```
typedef struct node{
    datatype data;
    struct node *next;
}LinkList;
```

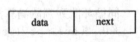

图 5-6 链队列的结点结构

【例 5-4】将队列(a,b,c,d,e,f)进行链接存储，其存储结构如图 5-7 所示。

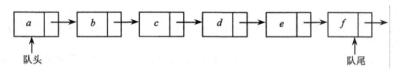

图 5-7　队列(a,b,c,d,e,f)的链接存储

　　与单链表不同的是，队列仅限制在队头删除数据元素，在队尾插入数据元素；如果同单链表一样只有头指针，显然不便于在队尾进行插入运算。为此，设置一个队头指针、一个队尾指针，分别指向链队列的队头和队尾。这样，一个链队列就由一个头指针和一个尾指针唯一确定。将这两个指针封装在一起，将链队列定义为一个结构类型：

```
typedef struct{
    LinkList *front,*rear;
}LinkQueue;
LinkQueue *Q;                          //Q是该类型的指针
```

　　和单链表一样，为了方便运算，也在队头结点前附加一个结点，称为头结点，且令 front 指向该头结点。如图 5-8 所示为带头结点的链队列。

　　下面，将讨论在图 5-8 所示的链队列存储结构上如何实现队列的基本运算。

5.3.2　链队列的基本运算实现

1. 链队列建空队算法

　　当链队列为空时，队头指针 front 和队尾指针 rear 均指向头结点，如图 5-9 所示。这样，建空链队列的算法可以描述为：

```
LinkQueue *SetQueue(){
    LinkQueue *Q;
    Q=( LinkQueue *)malloc(sizeof(LinkQueue));
    Q->front=( LinkList *)malloc(sizeof(LinkList));
    Q->front->next=NULL; Q->rear=Q->front; return Q;
}
```

2. 链队列判队空算法

　　据图 5-9 所示的队空状态可知，队空时 Q->front 与 Q->rear 相等。因此，判队空的算法为：

```
int QueueEmpty(LinkQueue *Q){
    if(Q->front==Q->rear)return 1;
    else return 0;           //队空时返回1,不空返回0
}
```

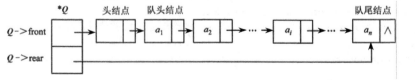

图 5-8　链队列示意图　　　　　　　　　　　　　　图 5-9　空链队列

3. 链队列入队算法

　　入队运算是在队尾进行的，需要将新结点插入到尾结点之后，并使尾指针指向新的尾结点。

图 5-10 描述了入队运算的过程。

算法可以描述如下：

```
LinkQueue *Add(LinkQueue *Q,Datatype x){          //将元素 x 入队列 Q
  LinkList *p;
  p=( LinkList *)malloc(sizeof(LinkList));         //建立新结点空间,以存放 x
  p->data=x; p->next=NULL;
  Q->rear->next=p;                                 //将新结点插入到尾结点后
  Q->rear=p;                                       //尾指针指向新的尾结点
  return Q;
}
```

4. 链队列出队算法

当链队列不空时，出队运算就是删除队头结点。若当前链队列的长度大于 1，则出队运算只需修改头结点的指针域即可，尾指针保持不变，如图 5-11（a）所示。执行步骤如下：

```
p=Q->front->next;                   //p 指向队头结点
Q->front->next=p->next;             //改头结点指针域中的值
free(p);                            //释放被删结点的空间
```

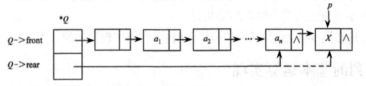

图 5-10　链队列的入队操作

若当前队列中仅有一个元素，即当前链队列的长度为 1 时，出队运算不但要修改头结点的指针域，还应修改尾指针，如图 5-11（b）所示。

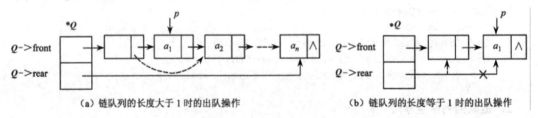

（a）链队列的长度大于 1 时的出队操作　　　（b）链队列的长度等于 1 时的出队操作

图 5-11　链队列的出队操作

综上所述，出队运算的算法描述如下：

```
LinkQueue *Delete(LinkQueue *Q){
  LinkList *p;
  if(!QueueEmpty(Q)){                              //若队不空,则进行出队运算
    p=Q->front->next; Q->front->next=p->next;
    if(p->next==NULL)Q->rear=Q->front;            //若链队列的长度为1,需修改尾指针
    free(p);return Q;
  }else printf("queue empty");
}
```

5. 链队列置空队算法

在链队列中实现置空队运算可以通过调用出队函数 Delete()，将队列中元素依次出队，释放所有结点所占空间，最终使队列为空。算法描述如下：

```
LinkQueue *InitStack(LinkQueue *LS){
    while(Q->front->next!=NULL)Q=Delete(Q);
    return Q;
}
```

5.3.3　链队列基本算法性能分析

通过以上分析可以看出，链队列实际上是运算受限制的链表，其插入和删除运算在表的两端进行。除置空队运算 InitQueue() 外，其他运算均与队列的长度无关，算法的时间复杂度为 $O(1)$。置空队运算 InitQueue () 需要将所有元素依次出队，算法所需时间与队列的长度 n 有关，其时间复杂度为 $O(n)$。链队列的空间性能与链表的空间性能相同。

5.4　基数排序问题

由于队列的运算遵循"先进先出"的原则，因而对数据元素操作具有"先进先出"特性的问题均可利用队列作为数据结构，这使得队列被广泛应用于各种程序设计中来解决一些实际问题。从本节开始，将介绍队列的一些典型应用实例。

5.4.1　多关键字排序问题

在第 2 章中介绍了一些基于顺序表的排序方法，这些排序方法都是针对单关键字对给定的一组数据元素进行排序。在许多实际的排序应用中，所涉及的排序字段往往不止一个。例如，对一个学生成绩表（线性表）进行排序。表中每一个记录都有 3 个域：姓名、总分、数学成绩。要求先按总分排序，对总分相同的记录再按数学分数排序。这个排序问题涉及了两个关键字。下面，首先讨论多关键字的排序问题。

【例 5-5】若对一副扑克牌的面值和花色的大小作如下规定：

（1）花色：梅花<方块<红桃<黑桃

（2）面值：A<2<3<…<10<J<Q<K

并进一步规定花色的优先级高于面值，则一副扑克牌从小到大的顺序为：梅花 A，2，…，K；方块 A，2，…，K；红桃 A，2，…，K；黑桃 A，2，…，K。试对一副扑克牌进行排序，实现这样的排列顺序。

对这副扑克牌进行排序涉及两个关键字：花色和面值。可以先按花色将扑克牌分成 4 叠（每叠 13 张牌）；然后对花色相同的牌按面值由小到大排序，最后按花色的大小收集这 4 叠牌完成排序。花色的优先级高于面值，或者说，花色为主关键字，因此称这种排序方法为"高位优先"排序法。

另一种做法是，先按面值（次关键字）把牌摆成 13 叠（每叠 4 张牌），然后将每叠牌中花色相同的牌按面值的次序收集到一起，摆成 4 叠（每叠有 13 张牌），最后把这 4 叠牌按花色的次序收集到一起，得到上述有序序列。该方法称为"低位优先"排序法。

可以看出，按"高位优先"进行排序时，必须将序列分成若干子序列，并对各子序列应用

第 2 章中所介绍的排序方法分别进行排序；而按"低位优先"进行排序时，可以不采用已介绍过的排序方法，而通过反复的分配、收集来完成排序。

5.4.2 链式基数排序算法思想

链式基数排序就是在链式存储结构下通过反复的分配、收集运算来进行排序的。

下面以实例来介绍链式基数排序的思想。

【例 5-6】一组记录的关键字为：(278,109,63,930,589,184,505,269,8,83)，试采用基数排序方法对其进行排序。

可以看出，这组关键字与第 2 章中用来排序的关键字是相似的，也是针对单关键字对一组记录进行排序。但在基数排序中，可以将单关键字看成由若干个关键字复合而成。

上述这组关键字的值都在 $0 \leqslant K \leqslant 999$ 的范围内，可以把每一个数位上的十进制数字看成是一个关键字，即将关键字 K 看成由 3 个关键字 K^0、K^1、K^2 组成。其中，K^0 是百位上的数字，K^1 是十位上的数字，K^2 是个位上的数字。

因为十进制的基数是 10，所以，每个数位上的数字都可能是 0～9 中的任何一个。先按关键字 K^2 来分配所有参与排序的元素，将 $K^2 = 0$ 的元素放在一组、$K^2 = 1$ 的元素放在一组、……、$K^2 = 9$ 的元素放在一组。这样，将上述一组元素分成 10 组，如图 5-12（a）所示。然后，再按 K^2 的值由 0 到 9 的顺序收集各组元素，形成序列(930,063,083,184,505,278,008,109, 589,269)。

第一趟分配前的一组元素 (278,109,063,930,589,184,505,269,008,083)

									269
			083					008	589
930			063	184	505			278	109
$k^2=0$	$k^2=1$	$k^2=2$	$k^2=3$	$k^2=4$	$k^2=5$	$k^2=6$	$k^2=7$	$k^2=8$	$k^2=9$

（a）按个位数大小将元素分成 10 组

第一趟收集后的元素序列 (930,063,083,184,505,278,008,109,589,269)

109								589	
008						269		184	
505			930			063	278	083	
$k^1=0$	$k^1=1$	$k^1=2$	$k^1=3$	$k^1=4$	$k^1=5$	$k^1=6$	$k^1=7$	$k^1=8$	$k^1=9$

（b）按十位数大小将元素分成 10 组

第二趟收集后的元素序列 (505,008,109,930,063,269,278,083,184,589)

083									
063	184	278			589				
008	109	269			505				930
$k^0=0$	$k^0=1$	$k^0=2$	$k^0=3$	$k^0=4$	$k^0=5$	$k^0=6$	$k^0=7$	$k^0=8$	$k^0=9$

（c）按百位数大小将元素分成 10 组

第三趟收集后的元素序列 (008,063,084,109,184,269,278,505,589,930)

图 5-12 例 5-6 基数排序示例

对上述序列中的元素再按关键字 K^1 来分配，也分成 10 组，如图 5-12（b）所示。然后，再按 K^1 的值由 0 到 9 的顺序收集各组元素，形成序列(505,008,109,930,063,269,278,083,184,589)。

对该序列中的元素再按关键字 K^0 来分配，分成如图 5-12（c）所示的 10 组。然后按 K^0 的值由 0 到 9 的顺序收集各组元素，形成序列(008,063,083,109,184,267,278,505,589,930)。这时，该序列已经变成了一个有序序列。

分析该例，可以看出基数排序的思想是：首先将待排序的记录分成若干个子关键字，排序时，先按最低位的关键字对记录进行初步排序；在此基础上，再按次低位关键字进一步排序。依此类推，由低位到高位，由次关键字到主关键字，每一趟排序都在前一趟排序的基础上，直到按最高位关键字（主关键字）对记录进行排序后，基数排序完成。

在基数排序中，基数是各子关键字的取值范围。若待排序的记录是十进制数，则基数是 10；若待排序的记录是由若干个字母组成的单词，则基数为 26，也就是说，从最右边的字母开始对记录进行排序，每次排序都将待排记录分成 26 组。

5.4.3　链式基数排序算法实现的技术要点

要实现上述基数排序的过程，需要解决以下 3 个问题：

（1）如何描述由待排序关键字分成的若干个子关键字？

（2）每次分配记录所形成的各组序列以何种结构进行存储？

（3）如何收集各组记录？

其实，当问题（3）得以解决后，问题（2）也就解决了；因为问题（3）的运算方式决定了问题（2）的存储结构。由例 5-6 可以看出，各组记录的收集遵循"先进入该组的记录将首先被收集"的原则。如图 5-12（a）所示的 K^2 = 3 组，进入该组的顺序是 63、83，而收集的顺序也是 63、83，这与队列的"先进先出"的原则相一致。这样，各组序列就以队列来描述。因为要进行多次的分配与收集，为节省存储空间及方便运算，采用链队列来存储各组序列。链队列的数量与基数一致，若基数为 RAX，则令 $f[0]$~$f[RAX-1]$ 分别指向 RAX 个链队列的队头结点，令 $r[0]$~$r[RAX-1]$ 分别指向 RAX 个队列的队尾结点。每次分配前，将 RAX 个链队列置空，描述如下：

```
for(i=0;i<=RAX-1;++i)f[i]=r[i]=NULL;
```

对各链队列所表示的序列进行收集时，应从链队列 $f[0]$ 开始，当链队列 $f[j+1]$ 不为 NULL 时，将链队列 $f[j]$ 与其首尾相接，描述如下：

```
i=0;
while(f[i]==NULL)i++;                        //查找第一个不空的链队列
for(j=i,k=i+1;k<=RAX-1;++k)
   if(f[k]!=NULL){r[j]->next=f[k];j=k;}
```

对于问题（1），一个简单的方法是，在存储待排序记录时，就将关键字按分成子关键字来存储。为了运算方便，采用与链队列中结点一致的结点结构，以单链表来存储待排序的一组记录及收集后的记录序列。结点的类型可以定义为：

```
#define M 3                      //M 为待排记录中子关键字的个数
typedef struct node{
   keytype key[M];
   struct node *next;
}Rnode;
```

若关键字为整型数据，则存放待排序记录的单链表可以这样构造：

```
#define N 8                              //N 为待排记录的个数
Rnode *L,*p;
L=NULL;                                  //链表 L 初始化为空
for(i=1;i<=N;++i){                       //头插法建单链表 L
    p=(Rnode *)malloc(sizeof(Rnode));
    for(j=0;j<=M-1;++j)scanf("%d",&(p->key[j]));   //分别输入 M 个子关键字
    p->next=L;L=p;
}
```

5.4.4　链表基数排序算法及其性能分析

综上所述，以链表来存储待排序记录，基数排序算法如下：

```
#define M 3                              //M 为待排记录中子关键字的个数
#define RAX 10                           //RAX 为基数
typedef struct node{
    keytype key[M];
    struct node *next;
}Rnode;
Rnode *f[RAX],*r[RAX];
Rnode *SetList(){                        //建待排序记录组成的单链表 L
    Rnode *L,*p;
    int i,j;
    L=NULL;                              //链表 L 初始化为空
    for(i=1;i<=n;++i){                   //头插法建单链表 L，n 为待排序记录的个数
      p=(Rnode *)malloc(sizeof(Rnode));
      for(j=0;j<=M-1;++j)               //分别输入 M 个子关键字
        scanf("%d",&(p->key[j]));
      p->next=L;L=p;
    }return L;
}
void Distribute(Rnode *L,int i){
    //扫描链表 L，按第 i 个关键字将各记录分配到相应的链队列中
    Rnode *p;int i,j;
    for(i=0;i<=RAX-1;++i)                //将 RAX 个链队列初始化为空
    f[i]=r[i]=NULL;
    p=L;
    while(p!=NULL){
      L=L->next;
      j=p->key[i];                       //用记录中第 i 位关键字的值作为相应的队列号
      if(f[j]==NULL)f[j]=p;              //将结点*p 分配到相应的链队列中 f[j]
      else r[j]->next=p;
      r[j]=p;r[j]->next=NULL; p=L;
    }
}
Rnode *Collect(){                        //从链队列 f[0]开始,依次收集各链队列中的结点
    Rnode *L;
    int i=0,j;
    while(f[i]==NULL) i++;               //查找第一个不空的链队列
```

```
        L=f[i];
        for(j=i,k=i+1;k<=RAX-1;++k)
            if(f[k]!=NULL){r[j]->next=f[k];j=k;}
        return L;
    }
    Rnode *RadixSort(int n){            //对 n 个记录进行基数排序
        Rnode *L;
        L=SetList();                    //建待排序记录组成的单链表 L
        for(i=M-1;i>=0;--i){            //分别按 M 个子关键字对待排序列进行分配和收集
            Distribute(L,i);L=Collect();
        }return L;
    }
```

从算法中容易看出，对 n 个待排记录（每个记录含 M 个子关键字，每个子关键字的取值范围为 RAX 个值）进行链式基数排序，每一次分配运算需要循环 n 次，每一次收集运算需要循环 RAX 次，且排序时分别按 M 个子关键字对待排序列进行分配和收集；这样，算法的时间复杂度为 $O(M(n+RAX))$。算法所需辅助空间为 $2 \times RAX$ 个队列指针。另外，由于本算法采用链表作为存储结构，相对于其他以顺序结构存储记录的排序方法而言，还增加了 n 个指针域空间。

*5.5 火车车厢重排问题

重新考察一下 4.4.6 节的火车车厢重排问题。假定缓冲铁轨以图 5-13 所示的形式位于入轨和出轨之间，这时，车厢由入轨，经过缓冲铁轨到出轨的一个过程是按"先进先出"的方式运作的，因此可将缓冲铁轨视为队列。为明确车厢的移动方向，约定所有的车厢移动都按照图 5-13 中箭头所示的方向进行，禁止将车厢从缓冲铁轨移动至入轨，或者从出轨处移至缓冲铁轨。

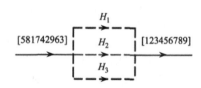

图 5-13 3 个缓冲铁轨示例

另外，为使某些车厢能够直接从入轨移至出轨，在 k 个缓冲铁轨中，规定铁轨 H_k 为可直接将车厢从入轨移动到出轨的通道。这样，可用来容留车厢的缓冲铁轨的数目为 $k-1$ 个。

5.5.1 问题分析及算法思想

下面通过对实例的分析来介绍将缓冲铁轨视为队列时车厢的重排过程。

【例 5-7】假定重排 9 节车厢，入轨时车厢的顺序为(5,8,1,7,4,2,9,6,3)，现借助 3 个缓冲铁轨重排车厢，使车厢进入出轨的序列为(9,8,7,6,5,4,3,2,1)。其中铁轨 H_3 为直接通道，允许车厢从入轨处通过 H_3 直接到达出轨处。

车厢按(5,8,1,7,4,2,9,6,3)的顺序依次入轨，3 号车厢排在最前面，但不可以将其直接移动到出轨，因为 1 号车厢和 2 号车厢必须在 3 号车厢之前出轨。因此，先把 3 号车厢移动至缓冲铁轨 H_1。

第二个入轨的是 6 号车厢，也不可以直接移动到出轨。由于它将在 3 号车厢之后输出，因此将其放在 H_1 中 3 号车厢之后。同理，此后入轨的 9 号车厢可以继续放在 H_1 中 6 号车厢之后。

接下来入轨的是 2 号车厢，它不可放在 H_1 中 9 号车厢之后，因为 2 号车厢必须在 9 号车厢之前输出。因此，将 2 号车厢移至缓冲铁轨 H_2 中。之后 4 号车厢被放在 H_2 中 2 号车厢之后，7 号车厢又被放在 4 号车厢之后。

至此，紧接着入轨的 1 号车厢可通过缓冲铁轨 H_3 直接移动至出轨。然后，从 H_2 移动 2 号车厢至出轨，从 H_1 移动 3 号车厢至出轨，再从 H_2 移动 4 号车厢至出轨。

由于 5 号车厢此时仍位于入轨之中，所以先把刚入轨的 8 号车厢移动至 H_2，这样就可以把 5 号车厢直接从入轨移动至出轨。在这之后，可依次从缓冲铁轨中输出 6 号、7 号、8 号和 9 号车厢，最终完成车厢的重排，使得所有车厢以 (9,8,7,6,5,4,3,2,1) 的顺序进入出轨处。

由上例的分析可以得出该问题的算法思想：在将车厢 c 移动到某缓冲铁轨 H_x 中时，应遵循如下的原则：缓冲铁轨 H_x 中现有各车厢的编号均小于 c，若有多个缓冲铁轨都满足这一条件，则选择一个左端车厢编号最大的缓冲铁轨；否则选择一个空的缓冲铁轨（如果有的话）。

5.5.2 火车车厢重排算法设计

为实现上述车厢重排的过程，用 $k-1$ 个链队列来描述 $k-1$ 个用来容留车厢的缓冲铁轨，用两个链表 L1、L2 分别描述入轨和出轨的车厢序列。链表与链队列具有相同的结点类型，每个结点的 data 域中存放车厢的编号。这样，与 4.4.6 节一样，结点类型及变量可定义为：

```
typedef struct node{
    int data;
    struct node *next;
}Link;
Link *L1,*L2,*Hf[k-1],*Hr[k-1];
```

其中，数组 Hf[$k-1$] 和 Hr[$k-1$] 分别指向 $k-1$ 个链队列的队头和队尾。

首先，建立一个表示入轨序列的链表 L1：

```
L1=(Link *)malloc(sizeof(Link));      //建立链表的第一个结点
scanf("%d",&x);
L1->data=x; L1->next=NULL;u=L1;
for(i=2;i<= n;i++){                    //按入轨顺序建立表示 n 个车厢入轨序列的链表
    s=(Link *)malloc(sizeof(Link));
    scanf("%d",&x);
    s->data=x;s->next=NULL; u->next=s;u=u->next;
}
```

然后，将表示出轨序列的链表 L2、描述 $k-1$ 个缓冲铁轨的 $k-1$ 个链队列初始化为空：

```
L2=NULL;
for(i=0;i<k-1;i++){
    Hf[i]=NULL;Hr[i]=NULL;
}
```

接下来，从链表 L1 的首元素结点开始扫描，并用变量 y 记录当时应进入出轨处的车厢编号；初始时，$y=1$。

若正在扫描链表 L1 中的结点*p，且 p->data 与 y 相等，则将该结点直接插入到链表 L2 的表尾，同时 y 的值加 1；若 p->data 与 y 不相等，则让该结点进入到链队列 Hr[i] 中，且满足 p->data>Hr[i]->data，同时，Hr[i]->data 与所有链队列的队尾结点的 data 域相比最大；若没有满足该条件的链队列，则将结点*p进入到一个空队列中。若某链队列的队头结点 data 域值等于 y 值，则将该结点出队，插入到链表 L2 中，直至链表 L1 以及 k-1 个链队列均为空，算法结束。

5.5.3　火车车厢重排算法及其性能分析

按照上述算法分析，通过被视为队列的 k-1 个缓冲铁轨，将 n 个火车车厢重排问题的算法描述如下：

```
void Railroad (int n,int k) {          //借助 k-1 个缓冲铁轨将 n 个车厢重排
    Link *L1,*L2,*Hf[k-1],*Hr[k-1],*p,*q,*u;
    int x,i,m,y=1;
    L1=(Link *)malloc(sizeof(Link));//按入轨顺序建立表示 n 个车厢入轨序列的链表
    scanf("%d",&x);
    L1->data=x;L1->next=NULL;u=L1;
    for(i=2;i<=n;i++) {
        s=(Link *)malloc(sizeof(Link));scanf("%d",&x);
        s->data=x;s->next=NULL; u->next=s;u=u->next;
    }
    L2=NULL;                          //将表示出轨序列的链表 L2 置空
    for(i=0;i<k-1;i++){               //将描述 k-1 个缓冲铁轨的 k-1 个链队列初始化为空
        Hf[i]=NULL;Hr[i]=NULL;
    }
    p=L1;u=L2;
    while(p!=NULL||y<n){
        L1=p->next;                   //从链表 L1 中删除*p 结点
        if(p->data==y){
            //若结点*p 正是符合出轨要求的结点,则将其直接插入到链表 L2 中
            if(L2==NULL){L2=p;u=p;}   //若出轨链表 L2 为空
            else{u->next=p;u=u->next;}
            p=L1;y++;
        }else{
            //若结点*p 不是满足出轨要求的结点,则将其插入到链队列中
            //查找队尾车厢编号小于待入栈车厢编号的链队列
            x=n+1;          //令 x 记录满足条件的队尾车厢编号,并设 x 初始值为 n+1
            for(i=0;i<k-1;i++)
                if(Hr[i]!=NULL&&Hr[i]->data<p->data){
                    x=Hr[i]->data;m=i;break;
                }
            //要求该编号是所有满足这种条件的链队列中队尾车厢编号中最大的一个
            if(x!=n+1)                 //查找满足条件的链队列
                for(i=0;i<k-1;i++)
                    if(Hr[i]->data <p->data && x<=Hr[i]->data){
                        x=Hr[i]->data;m = i ;
                    }
            else for(i=0;i<k-1;i++)     //若没有满足条件的链队列,则查找一个空队列
                if(Hr[i]==NULL){m=i;break;}
            if(Hr[m]==NULL){           //若结点*p 入空队列
                Hf[m]=p;Hr[m]=p;Hr[m]->next=NULL;
            }
```

```
        else{                              //若结点*p入非空队列
            Hr[m]->next=p;Hr[m]=p;Hr[m]->next=NULL;
        }p=L1;
    }
    for(i=0;i<k;i++)                        //查看各链队列的队头结点是否满足出轨要求
        if(Hf[i] !=NULL&&Hf[i]>data==y){
            q=Hf[i];Hf[i]=Hf[i]->next;
            if(Hf[i]==NULL)Hr[i]=NULL        //若原先该链队列中只有一个结点
            if(L2==NULL){L2=q;u=q;}          //若出轨链表 L2 为空
            else { u->next=q;u=u->next;}
        }
    y++;
    }
}
```

同 4.4.6 节一样，本算法也没有考虑车厢重排不成功的情况。可以参照 4.4.6 节所介绍的方法，考虑让缓冲铁轨的数量 k 是一个变量，当算法执行中出现重排失败时，自动增加一个缓冲铁轨，以保证重排成功。

本算法的执行时间主要耗费在外层的 while 循环和内层的 for 循环上，重排成功时，算法的时间复杂度为 $O(nk)$。另外，算法中使用链栈来存储结点，空间性能较好。

*5.6　电路布线问题

在 4.4.9 节中，分析了迷宫老鼠问题，并给出了问题的解决方案，但该方案并不能确保可以找到一条从迷宫入口到迷宫出口的最短路径。而在迷宫中寻找最短路径也是一个存在于许多领域的常见问题，本节讨论的电路布线问题就是这样的一个问题。

5.6.1　电路布线问题分析

【例 5-8】电路布线问题。假定 a、b 是某布线区域中的两点，需要在 a、b 间布设一条金属线路实现互连。要求是：①希望该线路 a、b 间的路径最短，以便减少信号的延迟；②该线路应该避开其他线路，不可以与其他线路相交；③线路的转弯处应为直角，如图 5-14（a）所示。

一种常用的解决方法是：在布线区域叠上一个网格，该网格把布线区域划分成 $m×n$ 个方格，就像迷宫一样，如图 5-14（b）所示，a 和 b 分别位于不同方格的中心。若已经有某条线路经过一个方格，则封锁该方格，如图 5-14（b）所示的阴影方格都是被封锁的方格。然后找出连接 a、b 的符合上述要求的最短路径，该路径就是 a、b 间应布设的线路。

5.6.2　电路布线问题算法思想

在这样的"迷宫"中查找最短路径可以按如下的方式进行：先从位置 a 开始搜索，把 a 可到达的相邻方格都标记为 1（表示与 a 相距为 1），然后把标号为 1 的方格可到达的相邻方格都标记为 2（表示与 a 相距为 2），继续进行下去，直到到达 b 或者找不到可到达的相邻方格为止。图 5-15（a）演示了这种搜索过程，其中 a=(3,2)，b=(4,6)。

接下来，为了得到 a 与 b 之间的最短路径，从 b 开始，首先移动到一个比 b 的编号小的相邻位置上。在图 5-15（a）中，可从 b 移动到(5,6)。然后，从该位置开始，继续移动到比当前标号小 1 的相邻位置上，重复这个过程，直至到达 a 为止。在图 5-15（a）的例子中，从(5,6)移动到(6,6)、(6,5)、(6,4)、(5,4)、…。图 5-15（b）给出了所得到的路径。

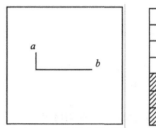

（a）有 a、b 两点的布线区域

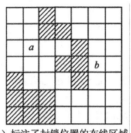

（b）标注了封锁位置的布线区域

图 5-14　电路布线问题

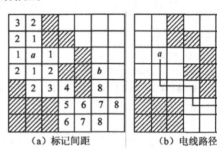

（a）标记间距　　　　　（b）电线路径

图 5-15　搜索最短电线路径示例

5.6.3　电路布线问题算法设计

为了实现上述搜索过程，参照 4.4.9 节中迷宫问题的解决方案，同样将 $m \times n$ 的网格描述成一个二维数组 grid。数组元素 grid[i][j]=0 表示空白的位置，grid[i][j]=1 表示被封锁的位置，且让整个网格被包围在一堵由 1 构成的"墙"中。对于一个 $m \times n$ 的网格，这一堵"墙"（障碍物）将使数组 grid 的第 0 行、第 m+1 行、第 0 列和第 n+1 列的值均为 1。

因为 grid[i][j]=1 表示被封锁的位置，为了与之区分，在标记方格 a 与可到达方格的距离时，约定：把 a 可到达的相邻空闲方格都标记为 2，把标号为 2 的方格可到达的相邻空闲方格都标记为 3，…，依此类推。也就是说，若 a 的位置为(i, j)，则判断 grid[i][j+1]、grid[i+1][j]、grid[i][j−1]、grid[i−1][j]的值是否为 1，若为 1，则表示该位置被封锁；若为 0，则将其值置为 2。若方格 x 的位置为(i,j)，则判断 grid[i][j+1]、grid[i+1][j]、grid[i][j−1]、grid[i−1][j]的值是否为 1，若为 1，则表示该位置被封锁；否则将其值置为 grid[i][j]+1。为了统一描述，不妨将位置 a 的值先置 1。

在搜索过程中，将每一个改变标记的方格都放入队列 Queue 中，每一次都从队头取出方格，判断它上下左右的方格是否需要改变标记、是否为方格 b；若是，则停止搜索。

因为无法估计入队的方格数，所以用链队列来存放已标记的方格，而每一个入队的方格用如下类型的结点描述：

```
typedef struct node{
    int row;
    int col;
    struct node *next;
}GLink;
```

停止搜索后，从方格 b 出发，查找标记值比方格 b 小 1 的网格，并用数组 path 记录该过程，直到回到方格 a。此时，数组 path 所记录的路径即为从 a 到 b 的最短路径。

5.6.4　电路布线问题算法及其性能分析

综合上述分析，将电路布线问题的算法描述如下：

```
#define NULL 0
#define n 7
```

```
#define m 7
#define Len 20
typedef struct node{
    int row;int col;struct node *next;
}GLink;
struct node1{
    int row;int col;
}offset[4],path[Len];
//offset 数组帮助搜索当前网格的上下左右邻居, path 数组记录最短路径
int grid[n+2][m+2];
int GridPath(){                    //寻找网格中的最短路径, 若有返回 1, 否则返回 0
    int i,j,arow,acol,brow,bcol,x,y;
    GLink *Qf,*Qr,*p,*q;
    for(i=0;i<=n+1;i++)            //建立网格矩阵
    for(j=0;j<=m+1;j++)scanf("%d",& grid[i][j]);
    offset[0].row=0;offset[0].col=1;    //初始化 offset 数组
    offset[1].row=1;offset[1].col=0;offset[2].row=0;
    offset[2].col=-1;offset[3].row=-1;offset[3].col=0;
    printf("输入网格 a 的位置:");
    scanf("%d%d",&arow,&acol);
    printf("输入网格 b 的位置:");
    scanf("%d%d",&brow,&bcol);
    Qf=Qr=NULL;                    //置链队列为空
    p=(GLink *)malloc(sizeof(GLink));    //将方格 a 的位置入队
    p->row=arow;p->col=acol; p->next=NULL;Qf=p;Qr=p;
    grid[p->row][ p->col]=1;          //将方格 a 的位置标记为 1
    while(Qf!=NULL){
        p=Qf;Qf=Qf->next;            //队头方格出队
        if(Qf==NULL)
        Qr=NULL;                      //考察当前方格*p 的上下左右邻居是否是被
                                      //封锁, 若不是, 重新标记该邻居并将其入队
        for(i=0;i<4;i++){
            x=p->row+offset[i].row;y=p->col+offset[i].col;
            if(grid[x][y]==0){
                q=(GLink *)malloc(sizeof(GLink));
                q->row=x;q->col=y;
                grid[q->row][q->col]=grid[p->row][p->col]+1;
                if((q->row==brow)&&(q->col==bcol))
                    break;              //已搜索到方格 b,退出 for 循环
                if(Qf==NULL){Qf=q;Qr=q;} //将*q 入队
                else{Qr->next=q;Qr=q;}
            }
            if((q->row==brow)&&(q->col==bcol))
                break;                  //已搜索到方格 b, 退出 while 循环
        }
    }
    if(Qf==NULL)return(0);              //若队列为空, 表示没有路径, 返回 0
```

```
        else{                                    //否则，构造路径
            i=0;path[i].row=brow;path[i].col=bcol;
            while(path[i].row!=arow && path[i].col!=acol){
                for(j=0;j<4;j++){
                    x=path[i].row+offset[i].row;y=path[i].col+offset[i].col;
                    if(grid[x][y]==grid[path[i].row][ path[i].col]-1){
                        i++;path[i].row=x;path[i].col=y;break;
                    }
                }
            }
            return 1;
        }
    }
```

本算法中，由于任意一个方格最多入队 1 次，所以完成方格编号过程需耗时 $O(m \times n)$（对一个 $m \times n$ 的网格来说），而构造路径的过程需耗时 $O(PathLen)$，其中 $PathLen$ 为最短路径的长度。

*5.7　识别图元问题

数字化图像是一个 $m \times m$ 的像素矩阵。在单色图像中，每个像素的值要么为 0，要么为 1，值为 0 的像素表示图像的背景，而值为 1 的像素表示图像上的一个点，称其为图元像素。如果一个图元像素在另一个图元像素的上部、下部、左侧、右侧，即两个图元像素相邻，则称这两个像素属于同一图元。识别图元就是对图元像素进行标记，属于同一图元的像素标号相同。

5.7.1　识别图元问题分析

【例 5-9】图 5-16（a）给出了一个 7×7 图像，空白方格代表背景像素，而标记为 1 的方格则代表图元像素。试对该图像进行图元识别。

可以看出，图元像素(1,3)和(2,3)相邻，它们应属于同一图元；同时，图元像素(2,4)与(2,3)相邻，它们也同样属于同一图元，因此，3 个图元像素(1,3)、(2,3)和(2,4)属于同一图元。由于没有其他图元像素与这 3 个图元像素相邻，因此这 3 个

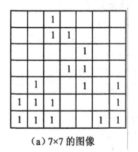

(a) 7×7 的图像

(b) 标记图元

图 5-16　识别图元

像素定义了一个图元。照此分析，图 5-16(a)的图像中存在 4 个图元，分别是{(1,3),(2,3),(2,4)}、{(3,5),(4,4),(4,5),(5,5)}，{(5,2),(6,1),(6,2),(6,3),(7,1),(7,2),(7,3)}、{(5,7),(6,7),(7,6),(7,7)}。在图 5-16（b）中，属于同一图元的图元像素被编上相同的标号。

5.7.2　识别图元算法设计

可以采纳在解决电路布线问题时所使用的策略设计识别图元的算法，即在图像周围包上一圈空白像素（0 像素），采用二维数组 pixel 表示一个图像，用数组 offset 来确定与一个给定图元像素相邻的像素。

具体实现时，通过两层 for 循环逐行扫描像素来识别图元；当遇到一个没有标号的图元像素时，即当 pixel[r][c]=1 时，就给它指定一个图元编号（使用数字 2，3，…，作为图元编号），并通过识别和标记与该图元像素相邻的所有图元像素来确定图元中的其他像素；接下来识别和标记与这些标记过的图元像素相邻的所有无标记图元像素；……持续这个过程，直到再也找不到新的、相邻的无标记图元像素为止。这个过程与电路布线问题中搜寻布线路径的过程非常类似，因此，也将标记过的图元像素入队；当队空时，表示已标记了一个图元；而当两层 for 循环结束时，图像中所有的图元像素都已经获得了一个标号。

5.7.3 识别图元算法及其性能分析

根据以上分析，借鉴解决电路布线问题时所使用的策略，将识别图元的算法描述如下：

```
#define m 7
typedef struct node{
  int row,col;
  struct node *next;
}LinkQ;
struct node1{
  int row,col;
}offset[4];                      // offset 数组帮助搜索当前图元像素的上下左右邻居
int pixel[m+2][m+2];             //为了运用, 矩阵外围用 0 圈起
void Label(){                    //识别图元
  int i,r,c,hrow,hcol,nrow,ncol,id=1;
  LinkQ *Qf,*Qr,*q;
  printf("请输入像素矩阵:\n");
  for(r =0;r<m+2;r++)             //初始化像素矩阵
    for(c=0;c<m+2;c++)scanf("%d",&pixel[r][c]);
  offset[0].row=0;offset[0].col=1;        //初始化 offset 数组
  offset[1].row=1;offset[1].col=0;offset[2].row=0;
  offset[2].col=-1;offset[3].row=-1;offset[3].col =0;
  Qf=Qr=NULL;                             //置链队列为空
  for(r=1;r<=m;r++)                       //扫描所有像素
    for(c=1;c<=m;c++)
        if(pixel[r][c]==1){               //找到一个图元像素
          pixel[r][c]=++id;               //标记一个图元,建立图元像素结点,并将其入队
          q=(LinkQ *)malloc(sizeof(LinkQ));
          q->row=r;q->col=c;q->next=NULL;
          if(Qf==NULL){ Qf=q;Qr=q;}       //将*q 入队
          else{Qr->next=q;Qr=q;}
          //从(r,c)开始寻找该图元的其余图元像素
          while(Qf!=NULL){
            q=Qf;Qf=Qf->next;             //队头结点出队
            if(Qf==NULL)Qr=NULL;
            hrow=q->row;hcol=q->col;
            for(i=0;i<4;i++){             //检查当前图元像素的所有相邻像素
              nrow=hrow + offset[i].row; ncol=hcol + offset[i].col;
              if(pixel[nrow][ncol] == 1) {
                pixel[nrow][ncol]=id; //建立新图元像素结点,并将其入队
                q=(LinkQ*)malloc(sizeof(LinkQ));
```

```
            q->row=nrow;q->col=ncol;
            if(Qf==NULL){Qf=q;Qr=q;}//将*q入队
            else{Qr->next=q;Qr=q;}
        }
      }
    }
  }
}
```

本算法中，初始化像素矩阵需耗时 $O(m^2)$，初始化 offset 数组需耗时 $O(1)$；在两层 for 循环中，尽管条件 pixel[r][c]==1 被检查了 m^2 次，但它为 1 的次数只有 cnum 次，其中 cnum 为图像中图元的总数；而对于任一个图元来说，识别并标记该图元中的每个图元像素所需要的时间为 O(该图元中图元像素总数)。由于任意一个像素都不会同时属于两个以上的图元，因此，识别并标记所有图元像素所需要的总时间为 O(图像中图元像素总数) $\approx O(m^2)$。因此，函数 Label 总的时间复杂度为 $O(m^2)$。

*5.8 工厂仿真问题

通常，一个工厂配有若干台机器，工厂中所执行的每项任务都由若干道工序构成。一台机器用来完成一道工序，不同的机器完成不同的工序。每项任务中的各道工序必须按照一定的次序来执行：首先从处理第一道工序的机器开始，当第一道工序完成后，任务转至处理第二道工序的机器，依此进行下去，直到最后一道工序完成为止。当一项任务到达一台机器时，若机器正忙，则该任务将不得不等待。所有在某机器旁等待的任务都是按"先进先出"的原则进行，即先来的任务先执行。

另外，每台机器在刚刚完成一道工序后，可能存在一个为下一项新任务的执行做准备的转换状态，例如机器操作员可能需要清理机器并稍作休息等。每台机器在转换状态期间所花费的时间可能各不相同。

5.8.1 工厂仿真问题分析

工厂仿真就是模拟任务在机器间流动，而并没有实际执行任何工序，这样可以知道每项任务的实际完成时间和每项任务所花费的等待时间，并且得知哪些机器导致的等待时间最多，据此来改进和提高工厂的效能。

【例 5-10】假设有一间工厂，由 m=3 台机器构成，现处理 n=4 项任务。

任务 1：有 3 道工序，依次在第一台机器上执行 2 h，然后在第二台机器上执行 4 h，最后在第一台机器上执行 1 h；用(1,2)、(2,4)、(1,1)分别表示在不同的机器上执行的 3 道工序。

任务 2：工序数为 2，分别为(3,4)、(1,2)。

任务 3：工序数为 2，分别为(1,4)、(2,4)。

任务 4：工序数为 2，分别为(3,1)、(2,3)。

每台机器工作完成后的转换状态时间分别 2、0、1 个时间单元。现假定所有 4 项任务都在 0 时刻出现，并且在任务完成过程中不再有新的任务出现。问每个任务执行完成分别需要多长时间？

首先按照各任务的第一道工序把 4 项任务分别放入相应的机器队列中。1 号任务和 3 号任务的第一道工序将在第一台机器 M1 上执行，因此这两项任务被放入 M1 的队列中。2 号任务和 4 号任务的第一道工序将在第三台机器 M3 上执行，因此这两项任务被放入 M3 的队列中。第二台机器 M2 的队列为空。

在时刻 2，M1 完成了 1 号任务的工序；此后 1 号任务被移到 M2 上执行下一道工序。由于 M2 是空闲的，因此 1 号任务的第二道工序将立即开始执行，这道工序将在第 6 个时刻完成（前一个工序的完成时间 2+该工序的工时 4）。从时刻 2 开始，M1 进入转换状态并将持续 2 个时间单元。

在时刻 4，M1 完成它的"转换"工序，开始执行新的任务；M3 完成了它的当前工序。为此，M1 从它的队列中选择第一个任务——3 号任务。3 号任务第一个工序的长度为 4，所以该工序的结束时间为 8，8+2 就是 M1 完成"转换"的时间。M3 上的 2 号任务在完成其第一道工序之后需移至 M1 上继续执行，由于 M1 正忙，所以 2 号任务被放入 M1 的队列，M3 则进入转换状态，转换状态的结束时刻为 5。

依此类推能够给出后续的事件序列。2 号和 4 号任务在第 12 时刻完成，1 号任务在第 15 时刻完成，3 号任务在第 19 时刻完成。

5.8.2 工厂仿真问题算法设计

假定所有的任务都在 0 时刻出现，并且在仿真过程中不再出现其他新的任务，此外还假定仿真过程将一直持续到所有任务都完成为止。在这个前提下，如果要设计一个工厂仿真器，必须要解决如下问题：

（1）如何描述各任务，并根据不同工序把它们送往不同的机器？

（2）怎样描述每台机器对各工序的完成情况？

（3）如何统计各任务的完成时间？

为解决这些问题，定义如下数据结构。

首先，对每一个任务按工序的先后顺序存储在链表中，表头结点为第一道工序；每个结点的结构如图 5-17 所示。

该结点类型定义为：

```
typedef struct node{
    int task;        //该工序所在的任务号
    int mach;        //该工序应送往的机器号
    int time;        //该工序的实际执行时间
    struct node *next;
}Node;
```

task	mach	time	next

图 5-17　工厂仿真问题中链表及链队列的结点结构

若有 n 个任务，则需构造 n 个 node 类型的单链表；同时，定义 m 个链队列表示 m 台机器。当有多个任务的工序在等候某台机器时，这些工序将依次入该台机器的链队列中。因此定义：

```
node *Task[n],*Mf[m],*Mr[m];
```

其中，Task[i] 为第 i 个任务（第 i 个单链表）的头指针；而 Mf[i] 和 Mr[i] 分别表示机器 i 的链队列的队头指针和队尾指针。

另外，定义整型数组 Time[n] 记录 n 个任务的实际执行时间，数组 M[m] 记录 m 个机器的转换状态时间。

算法的执行过程如下：

（1）首先，根据 n 个任务建 n 个单链表 Task[n]，同时 m 个链队列置空。

（2）然后，扫描所有单链表，将它们的表头结点入队。根据 Task[i]->mach 的值，将该结点入第 Task[i]->mach 个机器的链队列中。图 5-18（a）所示为例 5-10 中 4 个任务所对应的单链表，图 5-18（b）所示为扫描这些单链表后所建立的 m 个链队列及删除表头结点后的单链表。

（3）接着比较所有的链队列的队头结点的 time 域，即比较 Mf[i]->time 的大小（看哪个工序首先完成），将较小的出队，并作如下运算：

① 扫描第 Mf[i]->task 个单链表 Task[Mf[i]->task]，将表头结点按其机器号 Task[Mf[i]->task]->mach 插入对应的链队列 Mf[Task[Mf[i]->task]->mach]中（如果某任务的前一道工序已完成，应将其下一道工序送往相应的机器）。

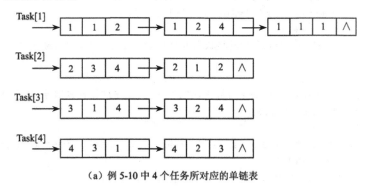

（a）例 5-10 中 4 个任务所对应的单链表

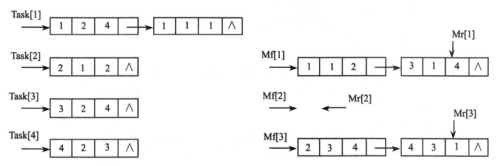

（b）单链表的链表及链队列

图 5-18　工厂仿真问题中链表及链队列的建立示例

② 记下该任务到目前为止所花费的时间：

```
Time[Mf[i]->task]=Mf[i]->time
```

③ 对进行了出队运算的那个链队列的新队头结点的 time 域进行运算：

```
Mf[i]->time=Mf[i]->time+M[i]          //M[i]记录该机器的转换状态时间
```

（4）重复运算（3），直到所有链队列为空。

5.8.3　工厂仿真问题算法及其性能分析

根据上述分析，工厂仿真问题算法描述如下：

```
#define m 3                          //m 台机器
```

```
#define n 4                          //n 个任务
#define NULL 0
typedef struct node{
    int task;                        //该工序所在的任务号
    nt mach;                         //该工序应送往的机器号
    nt time;                         //该工序的实际执行时间
    truct node *next;
}Node;
int Time[n+1];                       //记录 n 个任务的实际执行时间
void Simachine(){
    Node *Task[n+1],*Mf[m+1],*Mr[m+1],*p,*q;
    int i,x,M[m+1],pm,pt,t;
    for (i=1;i<=n;i++){Task[i]=NULL;Time[i]=0;}
    for(i=1;i<=m;i++){Mf[i]=NULL;Mr[i]=NULL;}
    for(i=1;i<=m;i++){
        printf("输入%d 个机器的转换状态时间",i);scanf("%d",&M[i]);
    }
    for (i=1;i<=n;i++){        //输入 n 个任务，建 n 个单链表
        printf("输入第%d 个任务的信息\n",i);printf("输入机器号、时间");
        scanf("%d%d",&pm,&pt);
        while(pm!=0){
            p=(Node *)malloc(sizeof(Node)); p->task=i;p->mach=pm;p->time=pt;
            p->next=NULL;
            if(Task[i]==NULL){Task[i]=p;q=Task[i];}
            else{q->next=p;q=q->next;}
            printf("输入机器号、时间");scanf("%d%d",&pm,&pt);
        }//while 循环结束
    }
    for(i=1;i<=n;i++){        //扫描所有单链表,将表头结点插入相应队列
        if(Task[i]!=NULL){q=Task[i];Task[i]=Task[i]->next;}
        else continue;
        x=q->mach;
        if(Mf[x]==NULL){Mf[x]=q;Mr[x]=q;}        //将*q 入队
        else{Mr[x]->next=q;Mr[x]=q;}
    }
    x=0;
    do{                        //比较所有的链队列的队头结点的 time 域，并进一步运算
        for(i=1;i<=m;i++)
            if(Mf[i]!=NULL){x=Mf[i]->time;break;}
        if(x==0) break;                         //若所有队列均空，结束 while 循环
        for(i=1;i<=m;i++)                       //比较 Mf[i]->time 的大小，找较小的
            if(Mf[i]!=NULL&& x> Mf[i]->time){x=Mf[i]->time;t=i;}
        p=Mf[t];Mf[t]=Mf[t]->next;              //Mf[i]->time 较小的队头结点出队
        if(Mf[t]==NULL) Mr[t]=NULL;
        else Mf[t]->time=Mf[t]->time+p->time+M[t];
        //该队列中下一个工序的完成时间为该工序的工时+前一个工序的完成时间+机器转换状态时间
        x=p->task;                              //出队工序的任务号
        Time[x]=Time[x]+ p->time;               //出队工序所在任务所花费的时间累计
        q=Task[x];Task[x]=Task[x]->next;        //该任务的下一个工序*q
```

```
        x=q->mach;//这个工序所对应的机器号
        if(Mf[x]==NULL){Mf[x]=q;Mr[x]=q;}        //将工序入相应的队列
        else{Mr[x]->next=q;Mr[x]=q;}
    while(1);
}
```

若 n 个任务共有 N 个工序，则算法中，建立 n 个 Task 链表需耗时 $O(N)$，初始化 m 个链队列需耗时 $O(m)$；尽管条件对链队列的运算是一个两重的循环，但实际的时间耗费与总工序数有关，为 $O(N)$。因此，本算法总的时间复杂度为 $O(N+m)$。

本 章 小 结

本章介绍了队列及其相关应用。队列是一种运算受限制的线性结构，遵守"先进先出"的规则，其插入在队尾、删除在队头。顺序存储和链接存储的队列分别被称为顺序队列和链队列。由于不断有出队运算，使得顺序队列出现"假溢出"现象，为避免这种现象发生，同时也为了节省存储空间，提出了循环队列的概念，循环队列是一种具有实用价值的数据结构。队列的不同存储结构决定了各种运算的实现方法的不同。

在对队列的逻辑结构、存储结构及基本运算介绍的基础上，本章还介绍了队列的一些基本应用。队列作为一类重要的数据结构，被广泛应用于各种实际问题解决及程序设计中。本章选取了一些典型的应用范例，分别进行了问题分析，提出了算法思想，并给出解决问题的算法实现过程，供读者在学习和工作中借鉴使用。

本 章 习 题

一、填空题

1. 队列是一种只允许在一端进行_____，在另一端进行_____运算的线性数据结构。一般地，将允许插入的一端称为_____，允许删除的一端称为_____。

2. 在循环队列中删除一个元素时，其运算是_____。

3. 在循环队列中插入一个元素时，其运算是_____。

4. 当队列中实际的元素个数远远小于向量空间的规模时，也可能由于尾指针已超越向量空间的上界而不能做入队运算。该现象称为_____现象。

5. 对于非空链队列 Q，假设其指向队首和队尾的指针分别为 front 和 rear，单链表 QueueNode 中包含数据 data 和指向下一个结点的指针 next，则元素 e 进队列的运算是_____。

6. 对于非空链队列 Q，假设其指向队首和队尾的指针分别为 front 和 rear，单链表 QueueNode 中包含数据 data 和指向下一个结点的指针 next，则出队列的运算是_____。

二、选择题

1. 一个队列的入队序列是 1234，则队列的输出序列是（　　　）。

   A. 4321   B. 1432   C. 1234   D. 3241

2. 判定一个队列 Q（最多元素为 m）为空的条件是（　　　）。

   A. rear−front=m B. rear−front−1=m C. front=rear   D. front=rear+1

3. 队列通常采用的两种存储结构是（　　　　）。

    A. 顺序存储结构和链表存储结构   B. 散列方式和索引方式

    C. 链表存储结构和数组   D. 线性存储结构和非线性存储结构

4. 判定一个队列 Q（最多元素为 m）为满队列的条件是（　　　　）。

    A. rear−front=m B. rear−front−1=m C. front=rear   D. front=rear+1

5. 判断一个循环队列 Q（最多元素为 m）为空的条件是（　　　　）。

    A. Q.front=Q.rear   B. Q.front<>Q.rear

    C. Q.front=(Q.rear+1) mod m D. Q.front<>(Q.rear+1) mod m

6. 判断一个循环队列 Q（最都元素为 m）为满的条件是（　　　　）。

    A. Q.front=Q.rear   B. Q.front<>Q.rear

    C. Q.front=(Q.rear+1) mod m D. Q.front<>(Q.rear+1) mod m

7. 在循环队列用数组 $A[0..m-1]$ 存放其元素值，已知其头尾指针分别是 front 和 rear，则当前队列中的元素个数是（　　　　）。

    A. (rear−front+m) mod m B. rear−front+1   C. rear−front−1   D. rear−front

8. 栈和队列的共同点是（　　　　）。

    A. 都是先进后出   B. 都是先进先出

    C. 只允许在端点处插入和删除元素   D. 没有共同点

三、判断题

1. 队列称为先进先出的线性表（简称为 FIFO 结构）。   （　　　）

2. 在顺序队列中，当头尾指针相等时，队列为满；在非空队列里，队头指针始终指向队头元素，尾指针始终指向队尾元素的下一位置。   （　　　）

3. 对于链队列，一般情况下不会发生因队列满而造成的"上溢"现象。   （　　　）

4. 顺序队列的出队列和进队列运算比链队列灵活。   （　　　）

5. 对于序列 p−>369−>367−>177−>239−>237−>138−>230−>139，第二次分配收集后的结果是 p−>230−>237−>138−>239−>139−>367−>368−>177。   （　　　）

四、简答题

1. 栈和队列数据结构各有什么特点，什么情况下用到栈，什么情况下用到队列？

2. 在循环队列中，判断队空和队满有几种方法？

3. 简述基数排序问题的算法思路。

4. 试分析火车车厢重排问题中缓冲铁轨的作用。

5. 试举出一个在生活中应用队列的例子。

6. 假设 $Q[1..10]$ 是一个顺序队列，初始状态为 front = rear = 0，画出做完下列运算后队列的头尾指针的状态变化情况，若不能入队，指出元素并说明理由。

    （1）d,e,b,g,h 入队。（2）d,e 出队。（3）i,j,k,l,m 入队。（4）b 出队。（5）n,o,p,q,r 入队。

7. 假设 $CQ[1..10]$ 是一个循环队列，初始状态为 front=rear=1，画出做完下列运算后队列的头尾指针的状态变化情况，若不能入队，指出元素并说明理由。

    （1）d,e,b,g,h 入队。（2）d,e 出队。（3）i,j,k,l,m 入队。（4）b 出队。（5）n,o,p,q,r 入队。

8. 设循环队列的容量为 40（序号从 0 到 39），现经过一系列的入队和出队运算后，有：

（1）front=11,rear=19。（2）front=19,rear=11。

问在这两种情况下，循环队列中各有多少个元素？

五、算法设计题

1. 设以数组 se[m]存放循环队列的元素，同时设变量 rear 和 front 分别作为队头、队尾指针，且队头指针指向队头前一个位置，写出这样设计的循环队列入队、出队的算法。

2. 假设以数组 se[m]存放循环队列的元素，同时设变量 rear 和 num 分别作为队尾指针和队中元素个数记录，试给出判别此循环队列的队满条件，并写出相应入队和出队的算法。

3. 对于一个以单链表方式组织的队列，假设初始状态 front=rear=NULL，队列为空，编写实现以下 5 种运算过程的函数：

（1）Makenull：把队列置成空队列。

（2）Front：返回队列的第一个元素。

（3）Enqueue：把元素 x 插入到队列的尾端。

（4）Denqueue：删除队列的第一个元素。

（5）Empty：判定队列是否为空。

4. 假设以带头结点的循环链表表示一个队列，并且只设一个队尾指针指向尾元素结点（注意：不设头指针），试写出相应的置空队、入队、出队的算法。

5. 如果用一个循环数组表示队列时，该队列只有一个队列头指针 front，不设队尾指针 rear，而设置计数器 count 以记录队列中结点的个数。编写实现下面所列的队列的 5 个基本运算；并判断队列中能容纳元素的最多个数还是 $m-1$ 个吗？（m 为循环队列的空间大小）

（1）Makenull：把队列置成空队列。

（2）Front：返回队列的第一个元素。

（3）Enqueue：把元素 x 插入到队列的尾端。

（4）Denqueue：删除队列的第一个元素。

（5）Empty：判定队列是否为空。

6. 利用两个栈 s1 和 s2，模拟一个队列时，如何用栈的运算来实现队列的下列运算：

（1）Enqueue：插入一个元素。

（2）Denqueue：删除一个元素。

（3）Queue_empty：判定队列为空。

第6章 特殊矩阵、广义表及其应用

教学目标：本章将学习数组、特殊矩阵和广义表的基本概念、存储结构及基本运算。在此基础上学习基于稀疏矩阵的运算与广义表应用等相关问题。通过本章的学习，要求掌握特殊矩阵的压缩存储结构、在该存储结构下数据元素的定位方法，理解稀疏矩阵的计算和广义表的存储结构及其基本运算，了解矩阵与广义表的相关应用。

教学提示：本章讨论的数组和广义表等数据结构可以看成是在前几章线性结构基础上的一个扩展：组成该数据结构的数据元素本身也是一个数据结构。矩阵计算是数值计算方面的问题，由于矩阵和数组的关系以及特殊矩阵存储结构的复杂性，进而使得特殊矩阵的存储结构和算法也表现出其特殊性，所以数据结构课程包括了解决其计算的算法设计等问题。

6.1　数组与矩阵

数组是非常熟悉的一种数据类型，几乎所有的程序设计语言都支持数组这种数据类型。本节在前几章内容的基础上，把数组看成是线性结构的扩充，讨论其存储实现。矩阵是一种在科学与工程计算问题中常用的数据表示方法，鉴于矩阵的结构与数组的相似性，本节将在讨论数组存储结构的基础上，进一步讨论特殊矩阵的存储结构。

6.1.1　数组与矩阵的概念及其相互关系

1. 数组

定义 6.1　数组是满足下列条件的同类型数据元素 $a_{j_1 \cdots j_i \cdots j_n}$ 的集合：

（1）对于该集合中任一数据元素 $a_{j_1 \cdots j_i \cdots j_n}$ 来说，$j_i = 0$，$\cdots$，b_i-1，$i = 1, 2, \cdots, n$。$n>0$ 称为数组的维数，b_i 是数组第 i 维的长度，j_i 是数组元素的第 i 维下标。

（2）数据元素之间的关系表示为 $Ri = \{<a_{j_1 \cdots j_i \cdots j_n}, a_{j_1 \cdots j_{i+1} \cdots j_n}>|, 0 \leqslant j_k \leqslant b_k-1, 1 \leqslant k \leqslant n$ 且 $k \neq i$，$0 \leqslant j_i \leqslant b_i-2$，$i=1,2,\cdots,n\}$，且 $R = \{R_1, R_2, \cdots, R_n\}$。

从以上定义可以看出，对于一个 n 维的数组，其中包含有 $\prod\limits_{i=1}^{n} b_i$ 个数据元素，每个元素都受 n 个关系的约束，且关系 R_1，R_2，$\cdots$，R_n 间为线性关系。下面以二维数组为例解释上述关于数组的定义。

【例 6-1】设有二维数组 A，其第 1 维的长度 $b_1=3$，第 2 维的长度 $b_2=4$；数据元素描述为 $a_{j_1 j_2}$，其中 $j_1 = 0$，$\cdots$，$b_1-1=0, 1, 2$；$j_2 = 0$，$\cdots$，$b_2-1=0, 1, 2, 3$；则该二维数组共有 12 个具有相同数据类型的数据元素，分别为：

$$
\begin{array}{cccc}
a_{00} & a_{01} & a_{02} & a_{03} \\
a_{10} & a_{11} & a_{12} & a_{13} \\
a_{20} & a_{21} & a_{22} & a_{23}
\end{array}
$$

可以看出，每一行是一个一维数组，元素间存在序偶关系；每一列也是一个一维数组，元素间也同样存在序偶关系，即每个元素都受着两个关系的约束：$<a_{j_1 j_2}, a_{j_1 j_2+1}>$、$<a_{j_{i+1} j_2}, a_{j_i j_2}>$。若把每一行看作是一个整体，则行与行之间是线性关系；若把每一列看作是一个整体，则列与列之间也是线性关系。

这样，可以把二维数组看成是一个线性表，它的每一个数据元素都是一个一维数组，也是一个线性表。

由此可以推广到 n 维数组。可以说 n 维数组是一个线性表，它的每一个数据元素都是 $n-1$ 维数组，也是一个线性表。

数组一旦被定义，其维数及每维的长度(维界)就不再改变。因此，数组的运算除了初始化和销毁之外，只有查找元素和修改元素值的操作。

2．矩阵

定义 6.2 矩阵是由 $m \times n$ 个数排列成 m 行（横向）、n 列（纵向）所形成的矩形数表：

$$
A_{m \times n} = \begin{pmatrix}
a_{11} & a_{12} & \dots & a_{1n} \\
a_{21} & a_{22} & \dots & a_{2n} \\
\vdots & \vdots & a_{ij} & \vdots \\
a_{m1} & a_{m2} & \dots & a_{mn}
\end{pmatrix}, (1 \leqslant i \leqslant m, 1 \leqslant j \leqslant n)
$$

称为 $m \times n$ 矩阵，简记为 $A = (a_{ij})_{m \times n}$，其中 a_{ij} 为矩阵 A 的第 i 行第 j 列的元素。

由定义可以看出，矩阵是数的集合（可以认为是同类型的数据的集合），且所有的数按行、列的形式整齐排列，各行、各列均具有相等数量的数据元素。

3．矩阵与数组的关系

对照上述数组的定义，不难看出，矩阵中所有数据元素组成了一个二维数组，矩阵的每一行、每一列的数据元素分别组成等长的一维数组。也可以说，矩阵是一个线性表，其中每一个数据元素（行或列）也是一个线性表。

6.1.2 数组的存储结构

由于数组一旦被定义，其维数及维界就不再改变，也就是说，数组一般不作插入和删除操作。这样，对于线性结构的数组，采用顺序存储结构来存储是必然的。

由于存储单元是一维的，用地址连续的一维存储单元来存储多维的数组需要对数组元素的存储次序有个约定。本节主要讨论二维数组的顺序存储问题。

二维数组的顺序存储有两种存储方式：一种是以行序为主序存储，另一种是以列序为主序存储。

以行序为主序存储：对一个具有 m 行、n 列的二维数组 $A_{m \times n}$ 来说，先存储第 1 行（一个一维数组），再存储第 2 行（一维数组），……，最后存储第 m 行；图 6-1（a）描述的二维数组 $A_{m \times n}$ 按行序存储的元素序列。

以列序为主序存储：对一个具有 m 行、n 列的二维数组 $A_{m \times n}$，先存储第 1 列（一个一维数组），再存储第 2 列（一维数组），……，最后存储第 n 列；图 6-1（b）描述的是该二维数组按列序存储的元素序列。

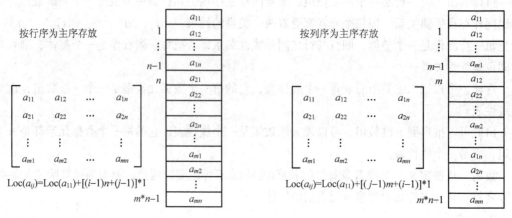

（a）以行序为主序存储二维数组　　　　　　（b）以列序为主序存储二维数组

图 6-1　二维数组的两种存储方式

这样，对于一个二维数组，一旦确定了维数和维界，便可以为其分配存储空间。反之，如果给定数组中第一个元素的存放地址（基地址）、维数、维界以及每个数组元素所占用的存储单元数，就可以将数组元素的存储地址表示为其下标的线性函数。这样，就可以随机读取或查找该数组中的任一数组元素。

【例 6-2】二维数组 $A_{m \times n}$ 以行序为主序存储在内存中，若每个元素占 d 个存储单元，则数组元素 a_{ij} 的存储地址如何计算？

元素 a_{ij} 的存储地址应是数组的基地址加上排在 a_{ij} 前面的元素所占用的单元数。元素 a_{ij} 位于第 i 行、第 j 列，前面 $i-1$ 行共有 $(i-1)*n$ 个元素，第 i 行上 a_{ij} 前面又有 $j-1$ 个元素；故它前面一共有 $(i-1)*n + (j-1)$ 个元素，因此，a_{ij} 地址的计算函数为：

$$\text{LOC}(a_{ij}) = \text{LOC}(a_{11}) + [(i-1)*n + (j-1)]*d \qquad (6-1)$$

值得注意的是，在 C 语言中，数组的下标是从 0 开始的，因此，在 C 语言中二维数组中元素 a_{ij} 地址的计算函数为：

$$\text{LOC}(a_{ij}) = \text{LOC}(a_{00}) + [i*(n+1)+j]*d \qquad (6-2)$$

关于以列序为主序存储二维数组，数组元素地址的计算方法可参照图 6-1（b）和例 6-2。

6.2　特殊矩阵的压缩存储

在用高级语言编写程序时，通常用二维数组来存储矩阵。但对一些数据分布呈某种规律的矩阵，或是 0 元素大量存在（远远多于非 0 元素）的矩阵，采用上述存储方法会造成存储空间的大量浪费。为了节省存储空间，需要对这类特殊矩阵进行压缩存储。下面介绍一些常见的特殊矩阵的存储方法。

6.2.1　对称矩阵及其存储结构

1. 对称矩阵定义

定义 6.3　在一个 n 阶方阵 A 中，若元素满足下述性质：

$$a_{ij} = a_{ji},\ 0 \leqslant i,\ j \leqslant n-1$$

则称 A 为对称矩阵。

【例 6-3】 图 6-2 所示为一个 5 阶对称矩阵。

$$\begin{pmatrix} 1 & 12 & 8 & 4 & 3 \\ 12 & 3 & 1 & 3 & 4 \\ 8 & 1 & 5 & 6 & 9 \\ 4 & 3 & 6 & 6 & 0 \\ 3 & 4 & 9 & 0 & 8 \end{pmatrix}$$

图 6-2　一个 5 阶对称矩阵

2. 对称矩阵存储结构

对称矩阵中的元素关于主对角线对称，可以为相互对称的两个元素分配一个存储空间。为了不失一般性，以行序为主序存储矩阵的下三角（包括对角线）中的元素，其存放形式如图 6-3 所示。

可以看出，这个下三角矩阵的第 i 行（$0 \leqslant i < n$）有 $i+1$ 个元素，共有元素 $n(n+1)/2$ 个。这样，可以定义一个一维数组 sa[$n(n+1)/2$]、以行序为主序来存储 n 阶对称矩阵 A。

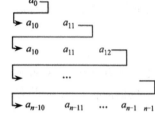

图 6-3　对称矩阵以行序为主序的存放顺序

为便于访问该矩阵中的任一元素，需要分析对给定行号 i 和列号 j 的元素 a_{ij}，在数组 sa[ ] 中的下标 k 是什么。

若 $i \geqslant j$，则元素 a_{ij} 位于矩阵的下三角，a_{ij} 之前有 i 行，共有 $1+2+3+\cdots+i = i \times (i+1)/2$ 个元素，a_{ij} 是第 $i+1$ 行上的第 $j+1$ 个元素，因此有：

$$k = i \times (i+1)/2 + j \qquad 0 \leqslant k < n(n+1)/2 \qquad (6\text{-}3)$$

若 $i < j$，则元素 a_{ij} 位于矩阵的上三角。因为 $a_{ij} = a_{ji}$，即该元素的存储位置就是元素 a_{ji} 的存储位置 k：

$$k = j \times (j+1)/2 + i \qquad 0 \leqslant k < n(n+1)/2 \qquad (6\text{-}4)$$

这样，数组元素 sa[k] 与矩阵元素 a_{ij} 之间存在对应的关系：

$$k = \begin{cases} i(i+1)/2 + j & i \geqslant j \\ j(j+1)/2 + i & i < j \end{cases} \qquad (6\text{-}5)$$

在这种压缩存储方式下，对于任意给定的一组矩阵元素下标 (i,j)，均可在数组 sa[ ] 中找到对应的矩阵元素 a_{ij}；反之，对所有的 $k = 0,\ 1,\ 2,\ \cdots,\ n(n+1)/2-1$，都能确定数组元素 sa[$k$] 在矩阵中位置 (i,j)。

6.2.2　三角矩阵及其存储结构

1. 三角矩阵定义

定义 6.4　在一个 n 阶矩阵 A 中，若当 $i \leqslant j$ 时，a_{ij} 的值均为常数 c，则称该矩阵为下三角矩阵；若当 $i \geqslant j$ 时，a_{ij} 的值均为常数 c，则称该矩阵为上三角矩阵。

【例 6-4】 图 6-4（a）、（b）所示分别为上三角矩阵和下三角矩阵。

$$\begin{pmatrix} a_{00} & a_{01} & \cdots & a_{0\ n-1} \\ c & a_{11} & \cdots & a_{1\ n-1} \\ \vdots & \vdots & & \vdots \\ c & c & \cdots & a_{n-1\ n-1} \end{pmatrix} \qquad \begin{pmatrix} a_{00} & c & \cdots & c \\ a_{10} & a_{11} & \cdots & c \\ \vdots & \vdots & & \vdots \\ a_{n-1\ 0} & a_{n-1\ 1} & \cdots & a_{n-1\ n-1} \end{pmatrix}$$

（a）上三角矩阵　　　　　　　　　　（b）下三角矩阵

图 6-4　三角矩阵示例

多数情况下，三角矩阵中的常数 $c=0$。

2．三角矩阵存储结构

三角矩阵中的重复元素 c 可以共享一个存储空间，其余元素恰好有 $n(n+1)/2$ 个，因此，三角矩阵可以用一维数组 sa[$n(n+1)/2+1$] 来存储，其中常数 c 存放在最后一个数组元素中。

下三角矩阵的存储与对称矩阵类似，sa[k] 与 a_{ij} 的对应关系是：

$$k = \begin{cases} i(i+1)/2 + j & i \geqslant j \\ n(n+1)/2 & i < j \end{cases} \tag{6-6}$$

在上三角矩阵中，主对角线之上的第 x 行（$0 \leqslant x < n$）有 $n-x$ 个元素。对于主对角线之上的元素 a_{ij}，它的前面有 i 行，一共有：

$$\sum_{x=0}^{i-1}(n-x) = i(2n-i+1)/2 \tag{6-7}$$

个元素；在第 i 行上，a_{ij} 是该行的第 $j-i+1$ 个元素。因此，sa[k] 与 a_{ij} 的对应关系是：

$$k = \begin{cases} i(2n-i+1)/2 + j - i & i \leqslant j \\ n(n+1)/2 & i < j \end{cases} \tag{6-8}$$

6.2.3　对角矩阵及其存储结构

1．对角矩阵定义

定义 6.5　在一个 n 阶矩阵 A 中，若所有的非 0 元素都集中在以主对角线为中心的带状区域中，则称该矩阵为对角矩阵。

常见的对角矩阵是三对角矩阵。图 6-5 所示即为一个三对角矩阵。三对角矩阵有如下特点：

当 $\begin{cases} i=0, j=0,1 \\ 0<i<n-1, \ j=i-1,i,i+1 \ \text{时} \\ i=n-1, j=n-2,n-1 \end{cases}$ 时，a_{ij} 非 0；其他情况时，a_{ij} 的值为 0。

2．对角矩阵存储结构

以行序为主序进行存储三对角矩阵，并且只存储矩阵中的非 0 元素。

在 n 阶三对角矩阵中，除了第一行和最后一行只有两个非 0 元素外，其余各行均有 3 个非 0 元素，共 $2+2+3\times(n-2)=3n-2$ 个非 0 元素。这样，可以将该三对角矩阵存储在一维数组 sa[$3n-2$] 中。现在，对给定的非 0 元素 a_{ij}，与其对应的数组元素的下标是什么呢？

$$\begin{pmatrix} a_{11} & a_{12} & 0 & 0 & 0 \\ a_{21} & a_{22} & a_{23} & 0 & 0 \\ 0 & a_{32} & a_{33} & a_{34} & 0 \\ 0 & 0 & a_{43} & a_{44} & a_{45} \\ 0 & 0 & 0 & a_{54} & a_{55} \end{pmatrix}$$

图 6-5　一个三对角矩阵

由三对角矩阵的特点知，矩阵中的非 0 元素 a_{ij} 的前面有 i 行，共有 $3i-1$ 个非 0 元素；在元素 a_{ij} 所在的第 i 行，a_{ij} 之前有 $j-i+1$ 个非 0 元素。因此可得与非 0 元素 a_{ij} 对应的数组元素的下标为：

$$k=3i-1+j-i+1=2i+j \qquad\qquad (6-9)$$

6.2.4 稀疏矩阵及其存储结构

1. 稀疏矩阵定义

定义 6.6 设矩阵 $A_{m\times n}$ 中有 s 个非 0 元素，若 s 远远小于矩阵元素的总数（即 $s<<m\times n$），则称矩阵 A 为稀疏矩阵。

【例 6-5】图 6-6 所示为一个稀疏矩阵。

$$\begin{pmatrix} 0 & 0 & -3 & 0 & 0 & 0 & 0 & 12 \\ 12 & 0 & 0 & 0 & 6 & 0 & 0 & 0 \\ 0 & 0 & -7 & 0 & 0 & 0 & 0 & 0 \\ 0 & 0 & 0 & 0 & 0 & 0 & 3 & 0 \\ 0 & 0 & 0 & 0 & 1 & 0 & -5 & 0 \end{pmatrix}$$

图 6-6 稀疏矩阵示例

对稀疏矩阵的压缩存储就是只存储非 0 元素。但稀疏矩阵中，非 0 元素的分布一般是没有规律的，因此，在存储这些非 0 元素的同时，还应存储适当的辅助信息，以便确定这些元素在矩阵中的位置。最简单的方法是，将非 0 元素的值与它们在矩阵中的行号、列号存放在一起；这样，矩阵中的每一个非 0 元素就由一个三元组(行号,列号,值)来唯一确定。

【例 6-6】如图 6-6 所示的稀疏矩阵中非 0 元素的三元组分别为：(0,2,-3)，(0,7,12)，(1,0,12)，(1,4,6)，(2,2,-7)，(3,6,3)，(4,4,1)，(4,6,-5)。

下面，分别讨论通过顺序及链接存储三元组，以达到压缩存储稀疏矩阵的方法。

2. 稀疏矩阵的顺序存储——三元组表

将稀疏矩阵中非 0 元素的三元组以行序为主序或以列序为主序，顺序存储在一维数组中，所得到的顺序表称为三元组表。

图 6-7 所示为例 6-5 的稀疏矩阵以行序为主序存储三元组所得到的三元组表。

显然，要唯一确定一个稀疏矩阵，还应存储该矩阵的行数和列数。为了运算方便，还要记录将非 0 元素的个数与三元组表存储在一起。因此，稀疏矩阵的三元组表数据类型可定义如下：

```
#define smax 10 //一个大于非 0 元素个数的常数
typedef struct{
    int i,j;        //非 0 元素行号、列号
    Datatype v;     //非 0 元素的值
}node;              //三元组结点的类型
typedef struct{
    int m,n,t;      //稀疏矩阵行数、列数、非 0 元素的个数
    node data[smax]; //存储非 0 结点的三元组
}Spmatrix;          //稀疏矩阵三元组表的类型
```

(0,2,-3)
(0,7,12)
(1,0,12)
(1,4,6)
(1,4,-7)
(3,6,3)
(4,4,31)
(4,6,-5)

图 6-7 稀疏矩阵的三元组表

【例 6-7】建立稀疏矩阵的三元组表。

分析：首先应申请以三元组表的形式存储一个稀疏矩阵所需要的存储空间；这包括存储三元组所需的 data[]数组的空间，以及存储矩阵的行数、列数、非 0 元素个数所需的空间：

```
Spmatrix *A;
A=(Spmatrix *)malloc(sizeof(Spmatrix));
```

然后，分别输入该稀疏矩阵的行数、列数以及非 0 元素的个数，将它们存放在已申请的空间中：

```
scanf("%d%d%d",&(A->m),&(A->n),&(A->t));
```

接下来，按行序输入所有非 0 元的三元组，将它们依次存放在数组 data[smax]中。

综合上述分析，建立稀疏矩阵的三元组表算法如下：

```
Spmatrix *SetMatrix(){
    Spmatrix *A;int i;
    A=(Spmatrix *)malloc(sizeof(Spmatrix));
    printf("请输入矩阵行数、列数及非 0 元素个数: ");
    scanf("%d%d%d",&(A->m),&(A->n),&(A->t));
    printf("建立三元组: \n");
    for(i=0;i<A->t;i++)                    //建立三元组表，A->t 为非 0 元素的个数
        scanf("%d%d%d",&(A-> data[i].i),&(A-> data[i].j),&( A->data[i].v));
    return A;
}
```

3. 稀疏矩阵的链式存储——十字链表

当用三元组表存储一个稀疏矩阵时，若该稀疏矩阵中非 0 元素的个数及位置经常发生变化，必然需要对三元组表进行插入与删除操作。由于在顺序表中进行插入与删除操作的时间性能较差，因此有另外一种存储方法：链接存储。

稀疏矩阵的链接存储表示方法不止一种，在这里仅介绍一种称为十字链表的链接存储方法。

在十字链表中，每一个非 0 元素用一个结点表示。结点中除了描述非 0 元素所在的行号 i、列号 j 及非 0 元素值 v 的数据域以外，还包括两个指针域：行指针域 rptr 和列指针域 cptr。行指针域 rptr 用来指向本行中的下一个非 0 元素；列指针域 cptr 用来指向本列中的下一个非 0 元素。结点结构如图 6-8 所示，结点类型描述如下：

```
typedef struct node{
    int i,j,v;
    struct node *rptr,*cptr;
}OLnode;
```

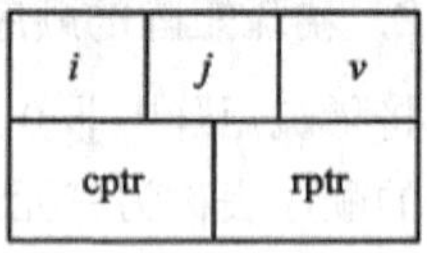

图 6-8　十字链表的结点结构

行指针域将矩阵中同一行的非 0 元素链接在一起，列指针域将矩阵中同一列的非 0 元素链接在一起。对于稀疏矩阵中的每一个非 0 元素 a_{ij} 来说，它既是第 i 行的行链表中的一个结点，又是第 j 列的列链表中的一个结点；这种描述形式使得该结点像是处在十字交叉路口上，故称这样的链表为十字链表。

为运算方便，为十字链表中的每一个行链表、列链表分别增加一个表头结点，该结点只有一个指针域，用来存放该行(列)链表中第一个结点的地址。所有行链表、列链表的表头结点分别以 OLnode 类型的指针数组 rhead[ ]、chead[ ]的数组元素的形式存在。

```
OLnode *rhead[m], *chead[n];
```

将这两个指针数组、稀疏矩阵中非 0 元素的个数封装在一起，形成 CrossList 类型：

```
#define K 10                      //预设稀疏矩阵的行数
#define N 10                      //预设稀疏矩阵的列数
typedef struct{
    OLnode *rhead[K],*chead[N];
    int m,n,t;                    //稀疏矩阵的行数、列数、非 0 元素个数
}CrossList;
```

若有变量定义：

```
CrossList *M;
```

则一个十字链表由一个 M 指针唯一确定。

图 6-9 所示为例 6-5 稀疏矩阵的十字链表存储形式。

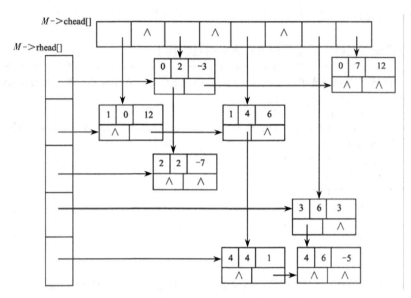

图 6-9 稀疏矩阵的十字链表存储示例

【例 6-8】采用十字链表存储结构创建一个稀疏矩阵。

分析：首先申请一个存放 CrossList 类型的数据所需的存储空间。这包括存放各行链表(列链表)首元素结点地址的行指针数组(列指针数组)的空间，以及存放稀疏矩阵的非 0 元素个数所需的存储空间。

```
M=( CrossList *)malloc(sizeof(CrossList));
```

接下来，分别给 M->m、M->n、M->t、M->rhead[K]、M->chead[N]赋值；初始时，每个行链表、列链表的头指针均为空。

```
scanf("%d%d%d",&(M->m),&(M->n),&(M->t));
for(i=0;i<M->m;i++)M->rhead[i]=NULL;
for(i=0;i<M->n;i++)M->chead[i]=NULL;
```

然后，输入所有的非 0 元素的三元组，生成相应的结点，并根据其行号将该结点插入到相应的行链表中：

```
scanf("%d%d%d",&i,&j,&v);
p=(OLnode *)malloc(sizeof(OLnode));
p->i=i;p->j=j;p->v=v;
if(M->rhead[p->i]==NULL||M->rhead[p->i]->j>p->j){
//如果该行链表为空，或者当前结点的列号比该行链表中第一个结点的列号小，则将该结点作为首元
//素结点插入到该行链表中
    p->rptr=M->rhead[p->i];
    M->rhead[p->i]=p;
}
else{//否则，查找该行链表中的各结点的列号，将该结点按列号的顺序插入到该行链表中
    u=M->rhead[p->i];
    q=M->rhead[p->i]->rptr;
    while(q!=NULL){
        if(q->j>p->j)break;
        u=q;q=q->rptr;
    }
    p->rptr=q;
```

```
    u->rptr=p;
}
```

根据列号将该结点插入到相应的列链表中的过程同上：

```
if(M->chead[p->j]==NULL||M->chead[p->j]->i>p->i){ //如果该列链表还为空，或者当
//前结点的行号比该列链表中第一个结点的行号小，则将该结点作为首元素结点插入到该列链表中
    p->cptr=M->chead[p->j];
    M->chead[p->j]=p;
}else{//否则，查找该列链表中的各结点的行号，将该结点按行号的顺序插入到该列链表中
    u=M->chead[p->j];
    q=M->chead[p->j]->cptr;
    while(q!=NULL){
      if(q->i>p->i)break;
      u=q;q=q->cptr;
    }
    p->cptr=q;
    u->cptr=p;
}
```

综合上述分析，采用十字链表存储结构创建一个稀疏矩阵的算法描述如下：

```
CrossList *CreatCrossL(){
  CrossList *M;
  OLnode *p,*q,*u;
  int k;
  M=(CrossList *)malloc(sizeof(CrossList));
  scanf("%d%d%d",&(M->m),&(M->n),&(M->t));
  for(i=0;i<M->m;i++) M->rhead[i]=NULL;
    for(i=0;i<M->n;i++)M->chead[i]=NULL;
    for(k=1;k<=M->t;k++){
        p=(OLnode *)malloc(sizeof(OLnode));
        scanf("%d%d%d",&(p->i),&(p->j),&(p->v));
        //根据其行号将该结点插入到相应的行链表中
        if(M->rhead[p->i]==NULL||M->rhead[p->i]->j>p->j){
            rptr=M->rhead[p->i];
            M->rhead[p->i]=p;
        }else{
            M->rhead[p->i];
            q=M->rhead[p->i]->rptr;
            while(q!=NULL){
                if(q->j>p->j)
                    break;
                u=q;q=q->rptr;
            }
    p->rptr=q; u->rptr=p;
        }                     //根据其列号将该结点插入到相应的列链表中
    if(M->chead[p->j]==NULL||M->chead[p->j]->i>p->i){
        p->cptr=M->chead[p->j];
        M->chead[p->j]=p;
    }else{
        u=M->chead[p->j];q=M->chead[p->j]->cptr;
        while(q!=NULL){
            if(q->i>p->i)break;
            u=q;q=q->cptr;
        }p->cptr=q;u->cptr=p;
```

```
        }
    }
    return M;
}
```

建十字链表算法的时间复杂度为 $O(t×s)$，其中，t 为稀疏矩阵中非 0 元素的个数，s 为该稀疏矩阵的行数域列数中的最大值。

6.3 矩阵的应用实例

矩阵作为科学与工程计算问题中常见的数学对象，其应用极为广泛。本节介绍矩阵作为数学中运算对象的一些应用。

6.3.1 稀疏矩阵的转置问题

1. 问题分析及算法思想

定义 6.7 一个 $m×n$ 阶的矩阵 A 的转置矩阵 B 是一个 $n×m$ 阶的矩阵，且 $a_{ij}=b_{ji}$，$0≤i<m$，$0≤j<n$。

通常情况下，若矩阵 B 是矩阵 A 的转置矩阵，则矩阵 A 也是矩阵 B 的转置矩阵；即 A、B 互为转置矩阵。

【例 6-9】图 6-10 所示的矩阵 A、B 互为转置矩阵。

$$A=\begin{pmatrix} 0 & 0 & -3 & 0 & 0 & 15 \\ 12 & 0 & 0 & 0 & 18 & 0 \\ 9 & 0 & 0 & 24 & 0 & 0 \\ 0 & 0 & 0 & 0 & 0 & -7 \\ 0 & 0 & 14 & 0 & 0 & 0 \\ 0 & 0 & 0 & 0 & 0 & 0 \\ 0 & 0 & 0 & 0 & 0 & 0 \end{pmatrix} \quad B=\begin{pmatrix} 0 & 12 & 9 & 0 & 0 & 0 & 0 \\ 0 & 0 & 0 & 0 & 0 & 0 & 0 \\ -3 & 0 & 0 & 0 & 14 & 0 & 0 \\ 0 & 0 & 24 & 0 & 0 & 0 & 0 \\ 0 & 18 & 0 & 0 & 0 & 0 & 0 \\ 15 & 0 & 0 & -7 & 0 & 0 & 0 \end{pmatrix}$$

图 6-10 转置矩阵示例

对一个矩阵求它的转置矩阵，只需要变换元素的位置，将矩阵 A 中位于 (i,j) 位置上的元素变换到矩阵 B 的 (j,i) 位置上，也就是把元素的行列互换。对于一个普通的矩阵来说，这种变换非常容易实现。下面的算法就是将矩阵 $A_{m×n}$ 变换成它的转置矩阵 $B_{n×m}$：

```
void TrabsMatrix(int A[m][n],int B[n][m]){
    int i,j;
    for(i=0;i<m;i++)
        for(j=0;j<n;j++)B[i][j]=A[j][i];
}
```

显然，稀疏矩阵不可以采用这样的算法来实现矩阵的转置，因为稀疏矩阵的压缩存储使得它不可以这样简单完成行列互换。下面讨论如何采用三元组表来实现稀疏矩阵的转置。

假设 A、B 是互为转置的稀疏矩阵，则将矩阵 A 中非 0 元素 a_{ij} 的三元组的行号、列号互换，所得到的三元组应该就是其转置矩阵 B 中的非 0 元素 b_{ji} 的三元组。将图 6-10 所示矩阵 A 的三元组表 a 照此方法转换，得到其转置矩阵 B 的三元组表 b，如图 6-11 所示。

可以看出，矩阵 **A** 的三元组表 a 是以行序为主序存放的，而转换后的三元组表 b 以列序为主序存放。现要求三元组表 b 也应按行序存放，这就需要对三元组表 b 按矩阵 **B** 的行下标的大小重新排序，但这需要耗费大量的时间。

由于矩阵 **A** 的列是矩阵 **B** 的行，为避免重排三元组表 b，可以按照三元组表 a 的列序进行转置，这样得到的三元组表 b 必定是按行序为主序存放的。

具体的做法是：首先，对三元组表 a 进行扫描，若有列号为 0（起始列号）的三元组，则将其行号、列号互换后存入矩阵 **B** 的三元组表中。

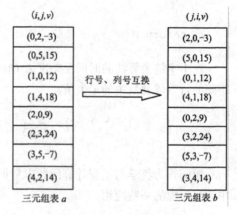

图 6-11 稀疏矩阵的转置

若有定义：
```
#define smax 10              //一个大于非 0 元素个数的常数
typedef struct{
    int i,j;                 //行号、列号
    int v;                   //非 0 元素的值
}node;                       //三元组结点的类型
typedef struct{
    int m,n,t;               //行数、列数、非 0 元素的个数
    node data[smax];         //三元组表
}Spmatrix;
Spmatrix *a,*b;
```
其中，*a 为矩阵 **A** 的三元组表，*b 为矩阵 **B** 的三元组表，则上述操作描述为：
```
acol=0;                      //acol 记录在三元组表 a 查找的列号
brow=0;                      //brow 记录三元组表 b 的行号
for(k=0;k<a->t;k++){         //扫描三元组表 a 中的 a->t 个非 0 元素的三元组
    if(a->data[k].j==acol){  //若某三元组的列号为 0 则将其存入三元组表 b 中
        b->data[brow].i=a->data[k].j;
        b->data[brow].j=a->data[k].i;
        b->data[brow].v=a->data[k].v;
        brow ++;
    }
}
```
上述操作结束后，三元组表 a 中所有列号为 0 的三元组均被选出，进行行列互换后，存入三元组表 b 中。接下来，需继续在三元组表 a 中扫描，查找列号为 1 的三元组，……，重复该过程，直至列号为 a->n-1 三元组已被全部选出：
```
brow=0;
for(acol=0;acol<a->n;acol++)  //acol 记录在三元组表 a 查找的列号
    for(k=0;k<a->t;k++)       //扫描三元组表 a 中的 a->t 个非 0 元素的三元组
        if(a->data[k].j==acol){  //若某三元组列号为 acol 则将其存入三元组表 b 中
            b->data[brow].i=a->data[k].j;
            b->data[brow].j=a->data[k].i;
            b->data[brow].v=a->data[k].v;
            brow ++;
        }
```

2. 稀疏矩阵的转置算法实现

综合上述分析，稀疏矩阵的转置算法如下：

```
#define smax 10                      //一个大于非 0 元素个数的常数
typedef struct{
    int i,j;                         //行号、列号
    int v;                           //非 0 元素的值
}node;                               //三元组结点的类型
typedef struct{
    int m,n,t;                       //行数、列数、非 0 元素的个数
    node data[smax];                 //三元组表
}Spmatrix;
Spmatrix * TrabsMatrix(Spmatrix *a){
                        //对稀疏矩阵 A 进行转置，返回其转置矩阵 B 的三元组表 b
    Spmatrix *b;
    int brow, acol,k;
    b=(Spmatrix *) malloc(sizeof(Spmatrix)); //申请*b 的存储空间
    //确定矩阵 B 的行数、列数及非 0 元素个数
    b->m=a->n;b->n=a->m;b->t=a->t;
    if(b->t >0){                               //若有非 0 元素，则转置
        brow=0;
        for(acol=0;acol < a->n;acol++)
            for(k=0;k<a->t;k++)
                if(a->data[k].j==acol){
                    b->data[brow].i=a->data[k].j;
                    b->data[brow].j=a->data[k].i;
                    b->data[brow].v=a->data[k].v;
                    brow ++;
                }
    }return b;
}
```

本算法的时间主要耗费在两重 for 循环上，若矩阵 A 的列数为 n，非 0 元素的个数为 t，则算法的时间复杂度为 $O(n×t)$。对于普通矩阵来说，其转置算法的时间复杂度为 $O(n×m)$；其中，m、n 分别为矩阵的行数和列数。由于稀疏矩阵中非 0 元素的个数一般远远大于行数，所以，上述稀疏矩阵转置算法的时间大于非压缩存储的矩阵转置的时间。

6.3.2 稀疏矩阵的加法运算

1. 问题分析

对于两个 $m×n$ 的普通矩阵来说，这种运算非常容易实现，就是将两个矩阵的同一个位置(i,j)上的元素值相加，并将结果仍存放在该位置上。下面的算法就是实现"将普通矩阵 $B_{m×n}$ 加到普通矩阵 $A_{m×n}$ 上"：

```
int *MatrixPlus(int A[m][n],int B[m][n]){
    int i,j;
    for(i=0;i<m;i++)
        for(j=0;j<n;j++)A[i][j]=A[i][j]+B[i][j];
    return A;
}
```

对稀疏矩阵来说，其存储结构决定了它不可以采用上述方法实现加法运算。若用三元组表实现"将稀疏矩阵 $B_{m \times n}$ 加到稀疏矩阵 $A_{m \times n}$ 上"，由于两个矩阵的非 0 元素不一定均在同一位置上，这会导致需要大量移动三元组表 a 中三元组的位置，影响算法的效率。故采用十字链表存储稀疏矩阵，来实现两个稀疏矩阵的加法运算。

2．算法思想

对于两个稀疏矩阵 A、B 相加，每个位置 (i,j) 上的和只可能有 3 种情况：$a_{ij}+b_{ij}$、a_{ij}（$b_{ij}=0$）和 b_{ij}（$a_{ij}=0$）。将稀疏矩阵 $B_{m \times n}$ 加到稀疏矩阵 $A_{m \times n}$ 上，对于用十字链表存储的稀疏矩阵 A、B 来说，若 $a_{ij}+b_{ij}$ 不等于 0，则只需改变 a_{ij} 的值；若 $a_{ij}+b_{ij}$ 等于 0，则应从十字链表 A 中删除 a_{ij} 对应的结点；若和值为 b_{ij}，则需在十字链表 A 中添加一个结点。为了实现该过程，可以从矩阵的第一行起逐行进行。具体做法是逐个比较两个矩阵对应行 i 的行链表 A->rhead[i] 与 B->rhead[i] 上的每一个结点 *a 和 *b：

（1）若两个结点的列号相同 (a->j=b->j)，则将它们值域中的内容相加 (a->v=a->v+ b->v)；若它们的和 a->v 等于 0，则将结点 *a 从行链表 A->rhead[i] 及相应的列链表中删除。

（2）若行链表 B->rhead[i] 上结点 *b 的列号小于行链表 A->rhead[i] 上结点 *a 的列号，则：

① 将结点 *b 插入到行链表 A->rhead[i] 上结点 *a 之前。

② 根据结点 *b 的列号将其插入到十字链表 A 合适的列链表中。

（3）若行链表 B->rhead[i] 上结点 *b 的列号大于行链表 A->rhead[i] 上结点 *a 的列号，则令 $a=a$->rptr。

（4）重复（1）、（2）、（3）步，直到对应的行链表比较完毕。

另外，为便于插入与删除结点，还应设立一些辅助指针：在 A 的行链表上设置一个 pre 指针，使其指向 *a 的前驱结点；在 A 的每一个列链表上设置一个指针 acol[j]，它的初值与列链表的头指针相同，即 acol[j] = A->cheah[j]。

3．算法分析

根据以上算法思想，分析算法的具体实现方法。

（1）令 a 和 b 分别指向 A 和 B 的第一个行链表：

```
i=0;
a=A->rhead[i];b=B->rhead[i];pre=NULL;
```

并且初始化指针 acol[ ]：

```
for(j=0;j<A->n;j++)acol[j]=A->cheah[j];
```

（2）逐个比较行链表 A->rhead[i] 与 B->rhead[i] 上的每一个结点 *a 和 *b，直到链表 B->rhead[i] 中所有非 0 元结点均比较完毕：

① 若链表 A->rhead[i] 已比较完毕，或结点 *b 的列号小于结点 *a 的列号，则在链表 A->rhead[i] 中插入一个 *b 的复制结点：

```
if(a==NULL||a->j>b->j) {
    if(pre==NULL)A->rhead[i]=p;              //*p 是 *b 的复制结点
    else pre->rptr=p;
    p->rptr=a;
    pre=p;
}
```

同时，结点 *p 也应插入到相应的列链表中。p->j 是 *p 结点的列号，应将它插入到列链表

A->chead[p->j]中。i 是*p 结点的行号，应从 acol[p->j]开始查找*p 结点在列链表 A->chead[p->j]中的前驱结点，并将*p 结点插入到相应位置：

```
if(A->chead[p->j]==NULL||A->chead[p->j]->i>i){
  A->chead[p->j]=p;p->cptr=A->chead[p->j];
}else{
    while(acol[p->j]->cptr->i<i)
        acol[p->j]=acol[p->j]->cptr;
    p->cptr=acol[p->j]->cptr;
    acol[p->j]->cptr=p;
}
acol[p->j]=p;
```

② 若结点*b 的列号大于结点*a 的列号，则在链表 A->rhead[i]中查找列号大于*b 的列号的结点的前驱结点，并插入一个*b 的复制结点*p；即若*c 的后继结点的列号大于*b 的列号，则将*p 插入到*c 后：

```
while(a!=NULL&&a->j<b->j){
    a=a->rptr;
    pre=a;
}
pre->rptr=p;
p->rptr=a;
pre=p;
```

同时，结点*p 也应插入到相应的列链表中。

③ 若结点*b 的列号等于结点*a 的列号，将*b 结点的值加到*a 结点上：

```
if(a->j==b->j)a->v=a->v+b->v;
```

此时，若 a->v!=0，则无需其他操作；否则，在十字链表 A 中删除该结点。在行链表中删除该结点：

```
if(pre==NULL )A->rhead[i]=a->rptr;
else
  pre->rptr=a->rptr;
  p=a;a=a->rptr;                          //p 指向被删除的结点
```

同时，在列链表 A->chead[p->j]中删除该结点：

```
if(A->chead[p->j]==p){
  A->chead[p->j]=p->cptr;
  acol[p->j]=p->cptr;
}else{
    while(acol[p->j]->cptr!=p)
        acol[p->j]=acol[p->j]->cptr;
    acol[p->j]->cptr=p->cptr;
}
free(p);
```

（3）若本行不是最后一行，则令 a 和 b 指向下一行行链表的首元素结点，转至（2）；否则，算法结束。

4. 两个稀疏矩阵相加算法实现

综合上述分析，两个稀疏矩阵相加的算法描述如下：

```
#define K 10         //预设稀疏矩阵的行数
#define N 10         //预设稀疏矩阵的列数
typedef struct node{
```

```
        int i,j,v;
    struct node *rptr, *cptr;
}OLnode;
typedef struct{
    OLnode *rhead[K],*chead[N];
    int m,n,t;
}CrossList;
CrossList *MatrixPlus(CrossList *A,CrossList *B){
    OLnode *a,*b,*p,*pre,*acol[N];
    int i;
    for(i=0;i<A->n;i++)acol[i]=A->cheah[i];
    for(i=0;i<A->m;i++){
        a=A->rhead[i]; b=B->rhead[i]; pre = NULL;
        while( b!=NULL){                //若结点*b 的列号等于结点*a 的列号
            if(a->j==b->j){
                a->v=a->v+b->v;
                if(a->j==0){            //在行链表中删除该结点
                    if(pre==NULL)
                        A->rhead[i]=a->rptr;
                    else pre->rptr=a->rptr;
                    p=a;a=a->rptr;      //在列链表中删除该结点
                    if(A->chead[p->j]==p){A->chead[p->j]=p->cptr;
                        acol[p->j]=p->cptr;
                    }else{
                        while(acol[p->j]->cptr!=p)
                            acol[p->j]=acol[p->j]->cptr;
                        acol[p->j]->cptr=p->cptr;
                    }
                    free(p);
                }
            }else{                          //①复制结点*b
                p=malloc(sizeof(OLnode));
                p->i=b->i;p->j=b->j;p->v=b->v;
                //②若链表 A->rhead[i] 已比较完毕，或结点*b 的列号小于结点*a 的列号，
                //将*b 的复制结点*p 插入到行链表 A->rhead[i]中
                if(a==NULL||a->j>b->j){
                    if(pre==NULL)A->rhead[i]=p;     //p 是*b 的复制结点
                    else pre->rptr=p;
                    p->rptr=a;pre=p;
                }
                else{//③若结点*b 的列号大于结点*a 的列号，查找新结点的插入位置，将*b
                //的复制结点*p 插入到行链表 A->rhead[i]中
                    while( a!=NULL&&a->j<b->j){a=a->rptr;pre=a;}
                pre->rptr=p;
                p->rptr=a;pre=p;
                }
                //④将结点*p 插入到相应的列链表中
                if(A->chead[p->j]==NULL||A->chead[p->j]->i>i){
                A->chead[p->j]=p;
                p->cptr=A->chead[p->j];
                }else{
                    while(acol[p->j]->cptr->i<i)
```

```
                acol[p->j]=acol[p->j]->cptr;
                p->cptr=acol[p->j]->cptr;
                acol[p->j]->cptr=p;
            }
            acol[p->j]=p;
        }
        b=b->rptr;
    }
}
```

本算法的时间主要耗费在对十字链表 *A*、*B* 进行逐行扫描上，循环次数主要取决于矩阵 *A*、*B* 中非 0 元素的个数 *A*->*t* 和 *B*->*t*。因此，算法的时间复杂度为 $O(A\text{->}t+B\text{->}t)$。

6.4　广　义　表

广义表是线性表的一种推广。它广泛应用于人工智能等领域的表处理 LISP 语言中。在 LISP 语言中，广义表作为一种基本的数据结构，甚至该语言的程序也表示为一系列的广义表。

6.4.1　广义表的概念

定义 6.8　广义表是 *n*（*n* ≥ 0）个元素 a_1，a_2，…，a_n 的有限序列；其中，*n* 为广义表的长度，a_i 或者是原子或者是一个广义表，当它是广义表时，称其为原广义表的子表。

可以看出，广义表是递归定义的，因为在定义广义表时又用到了广义表的概念。表示广义表时，将广义表用圆括号括起来，用逗号分隔其中的元素，记作 LS=($a_1,a_2,\cdots,a_n$)；其中 LS 是广义表的名字。通常情况下，为了区分原子和广义表，约定用大写字母表示广义表，用小写字母表示原子。

若广义表 LS 非空（*n* ≥ 1），则 a_1 是广义表 LS 的表头，其余元素构成的子表($a_2,\cdots,a_n$)为广义表 LS 的表尾。

【例 6-10】下面是一些广义表，指出其表长、表中元素以及表头和表尾分别是什么。

（1）*A*=()：*A* 是一个空广义表，长度为 0。

（2）*B*=(*e*)：*B* 是长度为 1 的广义表，其中只有一个元素 *e*，广义表 *B* 的表头是原子 *e*，表尾是一个空表()。

（3）*C*=(*a*,(*b,c,d*))：*C* 是长度为 2 的广义表，两个元素分别为原子 *a* 和子表(*b,c,d*)，广义表 *C* 的表头是原子 *a*，表尾是一个子表((*b,c,d*))。

（4）*D*=(*A,B,C*)：*D* 是长度为 3 的广义表，3 个元素都是广义表；广义表 *D* 的表头是广义表 *A*，表尾是一个子表(*B,C*)；

（5）*E*=(*a,E*)：*E* 是一个递归的广义表，其长度为 2，其中一个元素是原子 *a*，另一个元素是它本身；广义表 *E* 的表头是原子 *a*，表尾是一个子表(*E*)；*E* 表相当于一个无穷表。

由例 6-10 可以看出：

（1）广义表的元素可以是原子，也可以是子表，而且子表还可以有子表……；因此，广义表是一个多层次的结构。

鉴于广义表的这种层次结构，还可以用图形来形象地表示一个广义表。

【例 6-11】图 6-12 所示为广义表 D 的图形表示，其中，圆圈表示广义表，方块表示原子。

广义表中元素的最大层次为表的深度；所谓元素的层次，就是包含该元素的括号对的数目。

【例 6-12】广义表 F = (a,b,(c,(d)))，其中，数据元素 a，b 在第一层，数据元素 c 在第二层，数据元素 d 在第三层；则广义表 F 的深度为 3。

（2）广义表可以被其他广义表所共享。

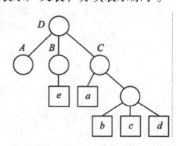

图 6-12　广义表 D 的图形表示

【例 6-13】广义表 D = (A, B, C) 中，广义表 A、B、C 为广义表 D 的子表，则在广义表 D 中可以不必列出各子表的值，而通过子表的名称来引用。

（3）广义表允许递归，如广义表 E。

（4）任何一个非空广义表，其表头可能是原子，也可能是广义表，而其表尾必定为广义表。

通常，用 Head() 和 Tail() 分别描述广义表的取表头和取表尾运算。

【例 6-14】若广义表 C = (a,(b,c,d))，广义表 D = (A,B,C)，则指出广义表 C、D 的表头、表尾分别是什么，并计算 Head(Tail(D)) 的值。

取广义表 C、D 的表头和表尾的运算分别描述为：

Head(C)，运算结果为 a

Tail(C)，运算结果为 ((b,c,d))

Head(D)，运算结果为 A

Tail(D)，运算结果为 (B,C)

Head(Tail(D)) 分解为先取广义表 D 的表尾 (B,C)，然后再对该子表取表头：

Head(Tail(D)) 运算结果可表示为 Head((B,C))，Head((B,C)) 的运算结果为 B

值得注意的是，广义表 () 和广义表 (()) 不同。广义表 () 为空表，长度 $n=0$，不能分解成表头和表尾；而广义表 (()) 不是空表，其长度 $n=1$，可以分解得到表头是空表 ()，表尾是空表 ()。

6.4.2　广义表的存储结构

由于一个广义表中的元素可以是原子，也可以是子表，而原子与子表具有不同的结构。因此，难以用顺序存储结构来存储广义表。通常，用一个结点描述广义表中的一个元素 (原子或子表)，采用链式存储结构来存储一个广义表。

1. 单链存储结构

由于任一非空的广义表都可以分解成表头和表尾两部分，因此一个表结点至少应包含两个域：表头指针域和表尾指针域，分别指向该广义表的表头和表尾；而一个原子结点中只需要存储该原子的值。

为了区分原子结点和表结点，为它们分别加上一个标志域。这样，一个表结点可由 3 个域构成：标志域 tag=1，表头指针域 hp 和表尾指针域 tp。而一个原子结点只需要两个域：标志域 tag=0 和值域 atom，如图 6-13 所示。

结点类型描述如下：

```
typedef enum{
    ATOM,LIST
}ElemTag; //ATOM=0 表示原子，LIST=1 表示子表
```

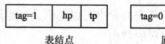

表结点　　　　　原子结点

图 6-13　单链存储的广义表的结点结构

```
typedef struct GLNode{
    ElemTag tag;
    union{
        AtomType atom;      //原子结点的值域 atom
        struct{struct GLNode *hp,*tp;
            }htr;           //表结点的指针域 htp 包括表头指针域 hp 和表尾指针域 tp
        }atom_htp;
                            //atom_htp 是原子结点的值域 atom 和表结点的指针域 htp 的联合体域
}SGlist;
```

【例6-15】例 6-10 中广义表 B、C、D、E 的链存储结构如图 6-14 所示。

可以看出，这种存储结构有如下几个特点：

（1）在该存储结构中，用来表示原子和子表的结点的结构不相同，原子结点中没有指针域。

（2）除空表的表头指针为空外，对任何非空广义表，其表头指针均指向一个表结点，且该结点中的 hp 域指示广义表的表头（或为原子结点，或为表结点），tp 域指向广义表表尾，且除非表尾为空，则指针为空，否则必为表结点。

（3）容易分清广义表中原子和子表所在层次。

【例6-16】在例 6-15 广义表 D 中可以看出，原子 a 和 e 在同一层次上；而 b、c 和 d 均比 a 和 e 低一层，且在同一层次。B 和 C 是同一层次的子表。

（4）最高层的表结点个数即为广义表的长度。

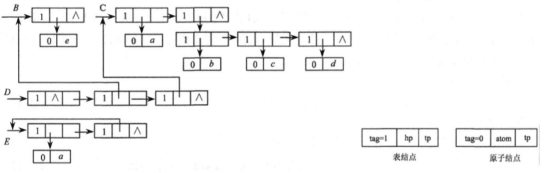

图 6-14　广义表的单链存储结构示例　　　　图 6-15　双链存储的广义表的结点结构

2．双链存储法

在该存储方法中，原子结点和表结点具有相同的结点结构，都包含 3 个域。如图 6-15 所示，原子结点中所增加的指针域用来指向其后继元素。

结点类型描述如下：

```
typedef enum{
    ATOM,LIST
}ElemTag;                     //ATOM=0 表示原子，LIST=1 表示子表
typedef struct GLNode{
    ElemTag tag;
    union{
        AtomType atom;        //原子结点的值域
        struct GLNode *hp;    //表结点的表头指针
    }htr;
    struct GLNode *tp;        //指向下一个元素结点，相当于单链表中的 next
}DGlist;
```

【例6-17】例6-10中所有广义表的双链存储结构如图6-16所示。

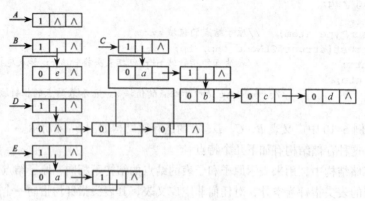

图 6-16 广义表的双链存储结构示例

6.4.3 广义表的应用——m 元多项式的表示

在第 3 章中讨论了一元多项式的表示及两个一元多项式相加的问题。对于一元多项式的每个项，用有两个数据项（系数项和指数项）的链表结点表示，将一个一元多项式表示成一个单链表。本节讨论 m 元多项式的表示。

一个 m 元多项式的每一项最多有 m 个变元，如果用单链表表示，则每个结点应该包括 m 个指数项和一个数据项；如果多项式各项的变元数不相同，将造成存储空间的浪费。为此，考虑采用其他方式来存储一个 m 元多项式。

以三元多项式：

$$P(x,y,z)=x^{10}y^3z^2+2x^6y^3z^2+3x^5y^2z^2+x^4y^4z+6x^3y^4z+2yz+15 \tag{6-10}$$

为例，讨论其存储表示。

该多项式中各项的变元数目不尽相同，某些因子多次出现，可以将其改写为：

$$P(x,y,z)=((x^{10}+2x^6)y^3+3x^5y^2)z^2+((x^4+6x^3)y^4+2y)z+15 \tag{6-11}$$

此时，该多项式就变成了变元 z 的多项式，即 $Az^2+Bz^1+15z^0$，对这个一元多项式可以用单链表表示为：

$$P \rightarrow \boxed{A \mid 2} \rightarrow \boxed{B \mid 1} \rightarrow \boxed{15 \mid 0 \mid \wedge}$$

而这里的 A、B 又是一个多项式。其中，$A=(x^{10}+2x^6)y^3+3x^5y^2=Cy^3+Dy^2$，用单链表表示为：

$$A \rightarrow \boxed{C \mid 3} \rightarrow \boxed{D \mid 2 \mid \wedge}$$

而 $C=x^{10}+2x^6$，$D=3x^5$，用单链表分别表示为：

$$C \rightarrow \boxed{1 \mid 10} \rightarrow \boxed{2 \mid 6 \mid \wedge} \qquad D \rightarrow \boxed{3 \mid 5 \mid \wedge}$$

对于多项式 B，$B=(x^4+6x^3)y^4+2y=Ey^4+Fy$，且 $E=x^4+6x^3$，$F=2$，用单链表分别表示为：

通过这样的分解，一个 m 元多项式就被分解成若干个一元多项式。在这些一元多项式的单链表表示中，有的链表结点的系数域中是系数（如链表 C、D、E、F），而有的链表结点的系数域中

却是另一个多项式（如链表 P、A、B）。

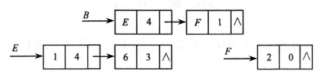

不妨认为多项式 P 是一个广义表：

$$P=(A,B,15) \tag{6-12}$$

其中，A 和 B 也是一个广义表：

$$A=(C,D) \qquad B=(E,F) \tag{6-13}$$

而 C、D、E、F 也是广义表：

$$C=(1,10) \qquad D=(3) \qquad E=(1,6) \qquad F=(2) \tag{6-14}$$

至此，广义表 C、D、E、F 中的元素均为原子。

既然一个 m 元多项式可以描述为一个广义表，那么就可以用广义表的存储结构来存储一个 m 元多项式。这里，用类似于广义表的双链存储法来存储该多项式。其中，链表的结点结构定义如图 6-17 所示。

其中，exp 为指数域，coef 为系数域，hp 指向其子表，tp 指向后继结点。结点类型如下：

tag=1	hp	exp	tp

表结点

tag=0	coef	exp	tp

原子结点

图 6-17　m 元多项式存储结构中结点的结构

```
typedef enum{
    ATOM,LIST
}ElemTag;              //ATOM=0 表示原子，LIST=1 表示子表
typedef struct MPNode{
    ElemTag tag;
    int exp;
    union{
        float coef;
        struct MPNode *hp;
    }htr;
    struct MPNode *tp;  //指向下一个元素结点，相当于单链表中的 next
}MPlist;
```

按照这种结点类型描述，式（6-10）的多项式的存储结构如图 6-18 所示。

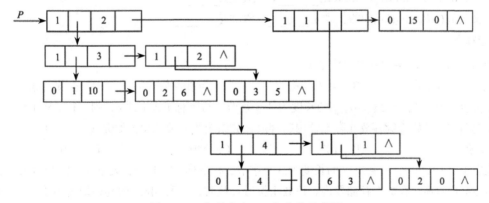

图 6-18　多项式（6-10）存储示意图

本 章 小 结

本章在介绍数组的概念和存储方法的基础上，重点介绍了矩阵的存储及应用，以及广义表的相关概念。

矩阵广泛应用于科学与工程计算问题中，通常采用二维数组来存储矩阵。在数值计算过程中，经常出现一些阶数很高、但其数据元素分布具有一定规律的矩阵，称这样的矩阵为特殊矩阵，包括三角矩阵、对称矩阵、对角矩阵和稀疏矩阵等。本章介绍了这些特殊矩阵的存储方法，并重点介绍了稀疏矩阵的存储及应用。

尽管广义表是线性表的一种推广，但它并不是线性表。本章在介绍广义表的基本概念的基础上，介绍了广义表的存储及应用。广义表浓缩了线性表、数组等常见数据结构的特点，在有效利用存储空间方面更胜一筹，目前在文本处理、人工智能、代数操作和计算机图形等各领域都具有应用价值。

本 章 习 题

一、填空题

1. 已知二维数组 A（$M \times N$）采用行列为主方式存储，每个元素占 K 个存储单元，并且第一个元素的存储地址是 $loc(A[1,1])$，则 $A[i,j]$的地址是_____。

2. 二维数组 $A[10,20]$采用列序为主方式存储，每个元素占一个存储单元，且 $A[1,1]$的存储地址为 200，则 $A[6, 12]$的地址为_____。

3. 二维数组 $A[10..20,5..10]$采用行序为主方式存储，每个元素占 4 个存储单元，并且 $A[10,5]$的存储地址是 1000，则 $A[8,9]$的地址是_____。

4. 有一个 10 阶对称矩阵 A，采用压缩存储方式（以行序为主存储，且 $A[1,1]=1$），则 $A[8,5]$的地址是_____。

5. 设 n 行 n 列的下三角矩阵 A 已压缩到一维数组 $S[1..n \times (n+1)/2]$中，若按行序为主存储，则 $A[i,j]$对应的 S 中的存储位置为_____。

6. 如果一个 n 阶矩阵 A 中的元素满足性质 $a_{ij}=a_{ji}$，$1 \leqslant i$，$j \leqslant n$，则称该矩阵为 n 阶_____。

7. 广义表$((A),((b),c),(((d))))$的表头是_____，表尾是_____。

8. 广义表$(a,(a,b),d,e,((i,j),k))$的长度是_____，深度是_____。

二、选择题

1. 数组通常具有的两种基本操作是（　　　　）。
   A. 建立与删除　　　　B. 索引与修改　　　　C. 查找与修改　　　　D. 查找与索引

2. 在数组 A 中，每个元素 $A[i, j]$的长度为 3 个字节，行下标 i 从 1 到 8，列下标 j 从 1 到 10，从首地址 SA 开始连续存放在存储器内，存放该数组至少需要的单元数是（　　　　）。
   A. 80　　　　　　　　B. 100　　　　　　　　C. 240　　　　　　　　D. 270

3. 在数组 A 中，每个元素 $A[i,j]$的长度为 3 个字节，行下标 i 从 1~8，列下标 j 从 1~10，从首地址 SA 开始连续存放在存储器内，该数组按行存放时，元素 $A[8,5]$的起始地址为（　　　　）。
   A. SA+141　　　　　　B. SA+144　　　　　　C. SA+222　　　　　　D. SA+225

4. 在数组 A 中，每个元素 $A[i,j]$ 的长度为 3 字节，行下标 i 从 $1\sim8$，列下标 j 从 $1\sim10$，从首地址 SA 开始连续存放在存储器内，该数组按列存放时，元素 $A[8,5]$ 的起始地址为（　　　　）。

   A．SA+141　　　　　　B．SA+180　　　　　　C．SA+222　　　　　　D．SA+225

5. 稀疏矩阵一般的压缩存储方法有两种，即（　　　　）。

   A．二维数组和三维数组　B．三元组和散列　　　C．三元组和十字链表　D．散列和十字链表

6. 广义表 $((a,b,c,d))$ 的表头是（　　　　）。

   A．a　　　　　　　　　B．空表　　　　　　　C．(a,b,c,d)　　　　　D．$((a,b,c,d))$

7. 广义表 $((a,b,c,d))$ 的表尾是（　　　　）。

   A．a　　　　　　　　　B．空表　　　　　　　C．(a,b,c,d)　　　　　D．$((a,b,c,d))$

8. head(head($((a,b),(c,d))$)) 的结果是（　　　　）。

   A．a　　　　　　　　　B．(b,c)　　　　　　C．空表　　　　　　　D．b

三、判断题

1. 若采用三元组压缩技术存储稀疏矩阵，只要把每个元素的行下标和列下标互换，就完成了对该矩阵的转置运算。　　　　　　　　　　　　　　　　　　　　　　　　　　（　　　）

2. 一个广义表的表头总是一个广义表。　　　　　　　　　　　　　　　　　　　　（　　　）

3. 一个广义表的表尾总是一个广义表。　　　　　　　　　　　　　　　　　　　　（　　　）

4. 在广义表中，一个表结点可由两个域组成：标志域和值域。　　　　　　　　　　（　　　）

四、简答题

1. 假设按行优先存储整数数组 A[9][3][5][8] 时，第一个元素的字节地址是 100，每个整数占 4 字节。问下列元素（1）a_{0000}，（2）a_{1111}，（3）a_{3125}，（4）a_{8247} 的存储地址是什么？

2. 设系统中一个二维数组采用以行序为主的存储方式存储，已知二维数组 $a[n][m]$ 中每个数据元素占 k 个存储单元，且第一个数据元素的存储地址是 Loc($a[0][0]$)，求数据元素 $a[i][j]$（$0\leqslant i\leqslant n-1$，$0\leqslant j\leqslant m-1$）的存储地址。

3. 设有三对角矩阵 $A_{n\times n}$，将其 3 条对角线上的元素存于数组 $B[3][n]$ 中，使得元素 $B[u][v]=a_{ij}$，试推导出从 (i,j) 到 (u,v) 的下标变换公式。

4. 假设一个准对角矩阵：

$$\begin{pmatrix} a_{11} & a_{12} & & & & & & \\ a_{21} & a_{22} & & & & & & \\ & & a_{33} & a_{34} & & & & \\ & & a_{43} & a_{44} & & & & \\ & & & & \cdots & & & \\ & & & & a_{ij} & & & \\ & & & & & & a_{2m-1,2m-1} & a_{2m-1,2m} \\ & & & & & & a_{2m,2m-1} & a_{2m,2m} \end{pmatrix}$$

按以下方式存储于一维数组 $B[4m]$ 中：

0	1	2	3	4	5	6	…	k	…	4m-2	4m-1	4m
a_{11}	a_{12}	a_{21}	a_{22}	a_{33}	a_{34}	a_{43}	…	a_{ij}	…	$a_{2m-1,2m}$	$a_{2m,2m-1}$	$a_{2m,2m}$

试写出由一对下标(i,j)求k的转换公式。

5. 现有如下的稀疏矩阵 A（见图 6-19），要求画出以下各种表示方法。

（1）三元组表示法；（2）十字链表法。

$$\begin{pmatrix} 0 & 0 & 0 & 22 & 0 & -15 \\ 0 & 13 & 3 & 0 & 0 & 0 \\ 0 & 0 & 0 & -6 & 0 & 0 \\ 0 & 0 & 0 & 0 & 0 & 0 \\ 91 & 0 & 0 & 0 & 0 & 0 \\ 0 & 0 & 28 & 0 & 0 & 0 \end{pmatrix}$$

图 6-19　稀疏矩阵 A

6. 画出下列广义表的图形表示：（1）$A(a,B(b,d),C(e,B(b,d),L(f,g)))$；（2）$A(a,B(b,A))$。

7. 画出下列广义表的存储结构示意图：（1）$A=((a,b,c),d,(a,b,c))$；（2）$B=(a,(b,(c,d),e),f)$。

五、算法设计题

1. 设矩阵 A、矩阵 B 和矩阵 C 为采用压缩存储方式存储的 n 阶上三角矩阵，矩阵元素为整数类型，要求：

（1）编写实现矩阵加 $C=A+B$ 的函数。

（2）编写实现矩阵乘 $C=A\times B$ 的函数。

（3）编写一个主程序进行测试。

2. 若将稀疏矩阵中的非 0 元素以行序为主序的顺序存于一个一维数组中，并用一个二维数组表示稀疏矩阵中的相应元素是否是 0 元素，若稀疏矩阵中某元素是 0 元素，则该二维数组中对应位置的元素为 0；否则为 1。以图 6-6 所示的稀疏矩阵为例，可用一维数组 $V=\{-3,12,12,6,-7,3,1,-5\}$ 和二维数组表示该稀疏矩阵。试编写函数，实现使用上述稀疏矩阵存储结构的矩阵加运算 $X=X+Y$。

3. 对于二维数组 $A[m][n]$，其中 $m\leqslant80,n\leqslant80$，先读入 m,n，然后读该数组的全部元素，对如下 3 种情况分别编写相应算法：

（1）求数组 A 靠边元素之和。

（2）求从 $A[0][0]$ 开始的互不相邻的各元素之和。

（3）当 $m=n$ 时，分别求两条对角线的元素之和，否则打印 $m\neq n$ 的信息。

4. 有数组 $A[4][4]$，把 1～16 个整数分别按顺序放入 $A[0][0]...A[0][3],A[1][0]...A[1][3],A[2][0]...A[2][3]$，$A[3][0]...A[3][3]$ 中，编写一个算法获取数据并求出两条对角线元素的乘积。

5. n 只猴子要选大王，选举办法如下：所有猴子按 1，2，…，n 编号围坐一圈，从第 1 号开始按 1，2，…，m 报数，凡报 m 号的退出圈外，如此循环报数，直到圈内剩下一只猴子时，这只猴子就是大王。n 和 m 由键盘输入，打印出最后剩下的猴子号。编写一个算法实现。

6. 假设稀疏矩阵 A 和 B（分别为 $m\times n$ 和 $n\times 1$ 矩阵）采用三元组表示，编写一个算法计算 $C=A\times B$，要求 C 也是采用稀疏矩阵的三元组表示。

7. 假设稀疏矩阵只存放其非 0 元素的行号、列号和数值，以一维数组顺次存放，行号为-1 结束标志。例如：图 6-20 所示的稀疏矩阵 M：

$$M = \begin{pmatrix} 1 & 0 & 0 & 0 & 10 & 0 & 0 & 0 & 0 \\ 0 & 0 & 0 & 0 & 0 & 0 & 0 & 0 & 0 \\ 0 & 0 & 0 & 0 & 0 & 0 & 0 & 0 & 5 \\ 0 & 0 & 0 & 0 & 0 & 0 & 0 & 0 & 0 \\ 0 & 0 & 0 & 0 & 0 & 0 & 0 & 0 & 0 \end{pmatrix}$$

图 6-20　稀疏矩阵 M

存在一维数组 D 中：$D[0]=1$，$D[1]=1$，$D[2]=1$，$D[3]=1$，$D[4]=5$，$D[5]=10$，$D[6]=3$，$D[7]=9$，$D[8]=5$，$D[9]=-1$。现有两个如上方法存储的稀疏矩阵 A 和 B，它们均为 m 行 n 列，分别存放在数组 A 和 B 中。编写求矩阵加法 $C=A+B$ 的算法，C 放在数组 C 中。

8. 已知记录序列 $a[1..n]$ 中的关键字各不相同，可按如下所述实现计数排序：另设数组 $c[1..n]$，对每个记录 $a[i]$，统计序列中关键字比它小的记录个数存于 $c[i]$，则 $c[i]=0$ 的记录必为关键字最小的记录，然后依 $c[i]$ 值的大小对 a 中记录进行重新排列。试编写实现上述排序的算法。

9. 已知奇偶交换排序算法描述如下：第一趟对所有奇数的 i，将 $a[i]$ 和 $a[i+1]$ 进行比较，第二趟对所有偶数的 i，将 $a[i]$ 和 $a[i+1]$ 进行比较，每次比较时若 $a[i]>a[i+1]$，则将二者交换，以后重复上述二趟过程，直至整个数组有序。试完成

（1）上述排序结束的条件是什么？（2）编写一个实现上述排序过程的算法。

10. 编写算法，对 n 个关键字取整数值的记录进行整理，以使得所有关键字为负值的记录排在关键字为非负值的记录之前，要求：

（1）采用顺序存储结构，至多使用一个记录的辅助存储空间。

（2）算法的时间复杂度为 $O(n)$。

（3）讨论算法中记录的最大移动次数。

11. 编写程序判定两个广义表是否相等。相等的含义是指两个广义表具有相同的存储结构，对应的原子结点的数据域值也相等。

第7章 二叉树及其应用

教学目标： 本章将学习二叉树的概念、性质、数据结构定义和各种基本算法，在此基础上介绍二叉树的一些应用问题。通过本章的学习，要求掌握二叉树概念及其性质、二叉树的逻辑结构和存储结构等知识，掌握二叉树的建立、遍历、线索化等基本概念和算法及性能分析，能熟练应用二叉树这种结构来解决一些实际问题，如哈夫曼树及哈夫曼编码、查找（二叉排序树）与排序（堆排序）等问题，掌握相关概念，理解算法实现过程。

教学提示： 在现实生活中有许多数据关系可抽象为树或二叉树的形式。二叉树是一种非线性数据结构。本章中的二叉树的概念及其性质、存储结构、遍历、线索化、基本算法为重点内容，二叉排序树和堆排序等应用为难点内容。有一定的学习难度，教学学时可能紧张，在教学中可在分析清楚问题和算法思路的基础上采用任务驱动法教学。

7.1 二叉树的基本概念

二叉树是一种重要的树形结构，其结构规整。许多从实际问题中抽象出来的数据关系往往是二叉树的形式，而且其存储结构及运算都较为简练，因此，二叉树在数据结构课程中显得特别重要。

7.1.1 二叉树的定义

定义 7.1 二叉树是由 n（$n \geq 0$）个结点组成的有限集合，其中：

（1）当 $n = 0$ 时，为空二叉树。

（2）当 $n > 0$ 时，有且仅有一个特定的结点，称为二叉树的根，其余结点可分为两个互不相交的子集，其中每一个子集本身又是一棵二叉树，分别称为左子树和右子树。

【例 7-1】 如图 7-1 所示为一棵二叉树，它是由 8 个结点组成的非空集，其中，结点 A 为该二叉树的根，子集 $\{B,D,E,G\}$ 和 $\{C,F,H\}$ 分别为根的左右子树；而左右子树也分别是一棵二叉树。

二叉树定义是一个递归定义。由定义可以看出，可以有空二叉树；若根的左右子树为空二叉树，则存在仅有一个根结点的单结点二叉树，或者存在只有左子树或右子树的二叉树。由此，二叉树可以有 5 种基本形态，如图 7-2 所示。

【例 7-2】 如图 7-3 所示是具有 3 个结点的二叉树的所有形态。

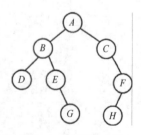

图 7-1 二叉树示例

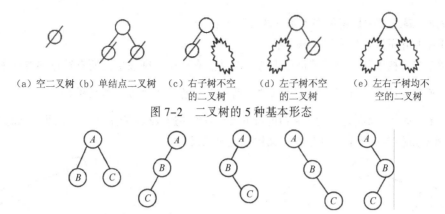

（a）空二叉树 （b）单结点二叉树 （c）右子树不空 （d）左子树不空 （e）左右子树均不
的二叉树 的二叉树 空的二叉树

图 7-2 二叉树的 5 种基本形态

图 7-3 具有 3 个结点的二叉树

7.1.2 二叉树的基本术语

下面介绍在数据结构中关于二叉树的一些基本术语。

- 父结点：若一个结点有子树，则该结点为父结点（又称双亲结点）。
- 孩子结点：若某结点有左子树，则其左子树的根为该结点的左孩子；若其有右子树，则其右子树的根为该结点的右孩子。
- 兄弟结点：同一个结点的孩子。延伸父子关系可得到祖先结点和后代结点关系。
- 层次：根结点的层次为 1，其余结点的层次是其父结点的层次加 1。
- 高度（深度）：二叉树中结点的最大层次数。
- 度：一个结点的孩子数目是这个结点的度。
- 叶子结点：度为 0 的结点。
- 二叉树的度：二叉树中结点的最大的度。

【例 7-3】对于如图 7-1 所示的二叉树：根结点 A 是结点 B、C 的父结点，结点 B 是结点 D、E 的父结点，E 是 G 的父结点；结点 B、C 为结点 A 的孩子结点，其中 B 为 A 的左孩子，C 为 A 的右孩子。

这样，结点 A 的度为 2；而结点 B 有两个孩子，结点 C 有一个右孩子，则 B 的度为 2，C 的度为 1；结点 D、G、H 没有孩子，它们的度均为 0，为叶子结点。该二叉树中，结点 G、H 具有最大层次数 4，则该二叉树的高度为 4。

注意：对于结点数大于 1 的二叉树，有且仅有一个结点为二叉树的根，其余结点均为孩子结点，且有左右之分——左孩子、右孩子。

由上述分析可以看出，二叉树的逻辑结构可以描述如下：
（1）二叉树中任一结点（除根结点外）只有一个父结点。
（2）二叉树中任一结点（除叶子结点外）最多有 2 个孩子结点。
（3）结点间为非线性关系。

7.1.3 两种特殊的二叉树

下面介绍两种特殊的二叉树：满二叉树和完全二叉树。

定义 7.2　满二叉树是满足如下条件的二叉树：

（1）任一非叶子结点均有两个孩子。

（2）对于二叉树的任一层，若该层上有一个结点有孩子，则该层上所有结点均有孩子。

思考：可不可以说，所有非叶子结点均有两个孩子的二叉树为满二叉树？

定义 7.3　完全二叉树是在满二叉树的最下层从右到左连续地删除若干个结点所得到的二叉树。

【**例 7-4**】如图 7-4 所示分别是满二叉树和完全二叉树。

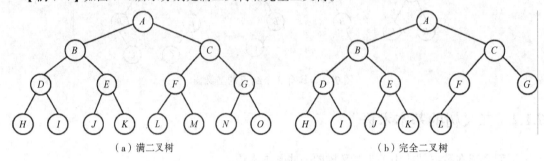

（a）满二叉树　　　　　　　　　　　（b）完全二叉树

图 7-4　满二叉树和完全二叉树示例

显然，满二叉树必为完全二叉树，而完全二叉树不一定是满二叉树。在完全二叉树中，若某个结点没有左孩子，则它一定没有右孩子，该结点必是叶子结点；而且，完全二叉树的叶子结点只可能在层次最大的两层上出现。

7.1.4　二叉树的性质

性质 1：在二叉树的第 i 层上至多有 2^{i-1} 个结点（$i>0$）。

证明：可用数学归纳法证明之。

归纳基础：当 $i=1$ 时，整个二叉树只有一根结点，此时 $2^{i-1}=2^0=1$，结论成立。

归纳假设：假设 $i=k$ 时结论成立，即第 k 层上结点总数最多为 2^{k-1} 个。

现证明当 $i=k+1$ 时，结论成立：因为二叉树中每个结点的度最大为 2，则第 $k+1$ 层的结点总数最多为第 k 层上结点最大数的 2 倍，即 $2 \times 2^{k-1}=2^{(k+1)-1}$，故结论成立。证毕。

性质 2：深度为 k 的二叉树至多有 2^k-1 个结点（$k>0$）。

证明：因为深度为 k 的二叉树，其结点总数的最大值是将二叉树每层上结点的最大值相加，所以深度为 k 的二叉树的结点总数至多为：

$$\sum_{i=1}^{k} 层上的最大结点个数 = \sum_{i=1}^{k} 2^{i-1}=2^k-1。$$

故结论成立。证毕。

注意：深度为 k 的满二叉树有 2^k-1 个结点；或者说，深度为 k 且有 2^k-1 个结点的二叉树为满二叉树。

性质 3：对任一棵非空的二叉树，如果其叶子数为 n_0，度为 2 的结点数为 n_2，则

$$n_0=n_2+1$$

证明：设二叉树的总结点数为 n，度为 1 的结点数为 n_1，则

$$n=n_1+n_2+n_0$$

又因为度为 1 的结点有 1 个孩子，度为 2 的结点有 2 个孩子，故二叉树中孩子结点的总数为

$$n_1+2n_2$$

而二叉树中只有根结点不是任何结点的孩子，所以二叉树中总结点数

$$n=n_1+2n_2+1$$

即

$$n_1+2n_2+1=n_1+n_2+n_0$$

$$n_0=n_2+1$$

证毕。

【例 7-5】已知某二叉树的叶子数为 20，10 个结点有一个左孩子，15 个结点有一个右孩子，求该二叉树的总结点数。

该二叉树的叶子数 $n_0=20$，度为 1 的结点数 $n_1=10+15=25$。

根据性质 3，有 $n_0=n_2+1$，则 $n_2=n_0-1=19$。

所以 $n=n_0+n_1+n_2=20+25+19=64$。

性质 4：有 n 个结点的完全二叉树($n>0$)的高度为

$$\lfloor \log_2 n \rfloor +1$$

证明：假设一棵高度为 h 的二叉树有 n 个结点。

根据性质 2，有　　　　　　　　$n \leqslant 2^h-1$

从而　　　　　　　　　　　　$h \geqslant \log_2(n+1)$

所以　　　　　　　　$h \geqslant \lfloor \log_2 n \rfloor +1$

证毕。

性质 5：若对满二叉树或完全二叉树按照"从上到下，每层从左到右，根结点编号为 1"的方式编号，则编号为 i 的结点，它的两个孩子结点的编号分别为 $2i$ 和 $2i+1$，它的父结点的编号为 $i/2$，如图 7-5 所示。

【例 7-6】有 100 个结点的完全二叉树有多少个叶子结点？

第 100 个结点的编号为 100，其父结点的编号为 50，且其父结点的右兄弟（编号为 51）没有孩子，即为叶子；所以，叶子结点的编号从 51 至 100，叶子结点有 50 个。

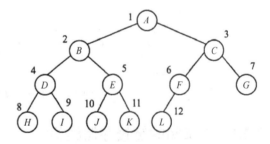

图 7-5　加上编号的完全二叉树

7.2　二叉树的存储结构

二叉树的存储结构可以采用顺序存储和链式存储两种存储方式。

7.2.1　二叉树的顺序存储结构

将一棵二叉树中的结点按它们在完全二叉树模式中的编号顺序，依次存储在一维数组 bt[n+1]

中，即编号为 i 的结点存储在数组中下标为 i 的数组元素空间中。

根据性质 5 可知，若编号为 i 的结点存放在数组的第 i 个分量 bt[i] 中，则其左孩子存放在数组的第 $2i$ 个分量 bt[$2i$] 中，其右孩子存放在数组的第 $2i+1$ 个分量 bt[$2i+1$] 中，而其父结点存放在数组的第 $i/2$ 个分量 bt[$i/2$]（$i \geqslant 2$）中。也就是说，二叉树中结点间关系蕴含在其存储位置中，无需附加任何信息就能在这种存储结构里找到每个结点的双亲和孩子。

【例 7-7】二叉树的顺序存储结构如图 7-6 所示。

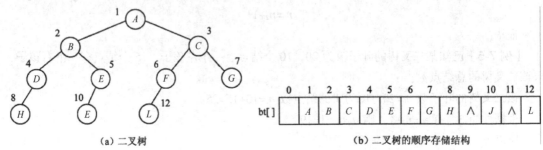

（a）二叉树 　　（b）二叉树的顺序存储结构

图 7-6　二叉树与顺序存储结构

显然，这种存储方式非常适合完全二叉树的存储，既不浪费存储空间，又可以很方便地找到任一结点的父结点及左右孩子结点。

对于一般的二叉树，若按照完全二叉树的编号顺序来存储，会造成空间浪费。极端的情况下，具有 n 个结点的二叉树却需要 $2n-1$ 个元素空间，如图 7-7 所示，造成存储空间的极大浪费。

（a）单支二叉树 　　（b）单支二叉树的顺序存储结构

图 7-7　单支二叉树与其顺序存储结构

7.2.2　二叉树的链接存储结构

由于二叉树的顺序存储结构可能会造成存储空间的浪费，并且，若在二叉树中插入或删除结点，需大量地移动结点，这使得二叉树的顺序存储方式不利于其运算实现。可采用链式存储结构的方法。

对于任意的二叉树来说，每个结点最多有两个孩子。采用链式方式存储时，设计每个结点除了存储结点本身的数据外，还应至少包括两个指针域：左孩子指针域和右孩子指针域。结点结构如下：

lchild	data	rchild

其中，lchild 域记录该结点左孩子的地址，data 域存储该结点的信息，rchild 域记录该结点右孩子的地址。结点类型描述如下：

```
typedef struct node{
    datatype data;
```

```
    struct node *lchild,*rchild;
}Bitree;
```

若将一棵二叉树中的每一个结点按照这样的结点结构来存储，结点的两个指针域分别指向其左右孩子（若某结点没有左孩子或没有右孩子，则其左孩子指针域或右孩子指针域为空），这样构造的二叉树的存储结构称为二叉链表。

若定义一个 Bitree 类型的指针变量 T，存放二叉树根结点的地址，则称 T 为根指针。这时，一个二叉链表由根指针 T 唯一确定，称其为二叉链表 T。若二叉树为空，则 $T=$NULL。

【例 7-8】二叉树及其对应的二叉链表的示例如图 7-8 所示。

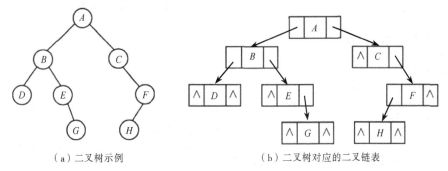

（a）二叉树示例　　　　　　　　（b）二叉树对应的二叉链表

图 7-8　二叉树及二叉链表示例

7.2.3　建立二叉树的算法

建立一个二叉树是指在内存中建立二叉树的存储结构。

建立一个顺序存储的二叉树较为简单，这里讨论以建立一个二叉树的二叉链表。

要建立一个二叉链表，需要按照某种顺序依次输入二叉树中的结点，且该输入顺序必须隐含结点间的逻辑结构信息。下面介绍按完全二叉树的层次顺序，依次输入结点信息建立二叉链表的过程。

对于一般的二叉树，必须添加一些虚结点，使其成为完全二叉树。例如，对于如图 7-8 所示的二叉树，按照完全二叉树的结点顺序输入的结点序列为：A，B，C，D，E，@，F，@，@，@，G，@，@，H，#。其中，@表示虚结点，#是输入结束的标志。

1. 算法思想

（1）依次输入结点信息，若其不是虚结点，则建立一个新结点。

（2）若新结点是第一个结点，则令其为根结点；否则将新结点作为孩子链接到它的父结点上。

（3）重复（1）、（2），直至输入信息"#"时终止。

该算法实现的关键在于如何将新结点作为左孩子或右孩子链接到它的父结点上，为此，可设置一个队列，该队列是一个指针类型的数组，保存已输入的结点的地址。具体操作如下：

（1）令队头指针 front 指向当前与其孩子结点建立链接的父结点，队尾指针 rear 指向当前输入的结点。初始时，front=1，rear=0。

（2）若 rear 为偶数，则该结点为父结点的左孩子；若 rear 为奇数，则为父结点的右孩子。若父结点或孩子结点为虚结点，则无需链接。

（3）若父结点与其两个孩子结点链接完毕，则令 front=front+1，使 front 指向下一个等待链接的父结点。

2．建立二叉树算法

```
#define maxsize 10
#define NULL 0
typedef struct node{
    char data;
    struct node *lchild,*rchild;
}Bitree;
Bitree *Q[maxsize];                   //队列Q为指针类型
Bitree *creatree(){                   //建立二叉树，返回根指针
    char ch;
    int front,rear;
    Bitree *T,*s;
    T=NULL;                           //置空二叉树
    front=1;rear=0;                   //置空队列
    ch=getchar();                     //输入第一个字符
    while(ch!='#'){                   //不是结束符号时继续
        s=NULL;                       //如果输入的是虚结点，则无需为虚结点申请空间
        if(ch!='@'){                  //@表示虚结点，不是虚结点时建立新结点
            s=(Bitree *)malloc(sizeof(Bitree));
            s->data=ch;
            s->lchild=s->rchild=NULL;
        }
        rear++;Q[rear]=s;             //将虚结点指针NULL或新结点地址入队
        if(rear==1) T=s;             //输入的第一个结点为根结点
        else{
            if(s!=NULL&&Q[front]!=NULL)    //孩子和双亲结点均不是虚结点
                if(rear%2==0)Q[front]->lchild=s;
                else Q[front]->rchild=s;
            if(rear%2==1)front++;     //结点*Q[front]的两个孩子已处理完毕，front+1
        }
        ch=getchar();
    }
    return T;
}
```

该算法的时间复杂度请读者自行分析。

7.3　二叉树的遍历算法

在二叉树的某些应用中，常常需要查找二叉树中的某些结点，或者通过对二叉树中所有结点的逐一处理而达到某种运算的目的。这涉及对二叉树中结点的进行遍历操作。

7.3.1　二叉树遍历的概念

定义 7.4 对一个二叉树，按某种次序访问其中每个结点一次且仅一次的过程称为二叉树的遍历。

根据遍历的定义，可以知道，遍历一个线性结构非常容易，只需从开始结点出发顺序访问每

个结点一次即可。但二叉树是非线性结构，要遍历它需要寻找一种规律来依次访问二叉树中的每一个结点。

从分析二叉树的结构着手。若一棵二叉树非空，则它由根、左子树、右子树这 3 个部分组成，如图 7-9 所示。可以按照某种顺序依次解决 3 个子问题：访问根、访问左子树、访问右子树。下面具体分析该过程的实现。

遍历过程的实现分析如下：

（1）若二叉树为空，则遍历结束。

（2）否则，假设二叉树的形态如图 7-9 所示，且左右子树能分别遍历，则整个二叉树可按如下 6 种次序分别遍历出来：

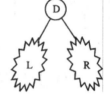

图 7-9　左右子树均不空的二叉树

① 访问根，遍历左子树，遍历右子树（记做 DLR，称作根左右）。

② 访问根，遍历右子树，遍历左子树（记做 DRL，称作根右左）。

③ 遍历左子树，访问根，遍历右子树（记做 LDR，称作左根右）。

④ 遍历右子树，访问根，遍历左子树（记做 RDL，称作右根左）。

⑤ 遍历左子树，遍历右子树，访问根（记做 LRD，称作左右根）。

⑥ 遍历右子树，遍历左子树，访问根（记做 RLD，称作右左根）。

关于左右子树的遍历，可采取与整个二叉树相同的方式来实现遍历。

称 DLR 和 DRL 为先（根）序遍历，LDR 和 RDL 为中（根）序遍历，LRD 和 RLD 为后（根）序遍历。

通常，习惯按先左后右的顺序来遍历二叉树，这样，以上 6 种遍历方式只剩下 DLR、LDR 和 LRD 这 3 种了。

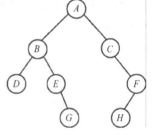

图 7-10　二叉树示例

【例 7-9】分别写出如图 7-10 所示二叉树的先序、中序及后序遍历序列。

可以采用"分步填空"的方式。

对于先序遍历，先写出对整个二叉树的遍历顺序，即根结点、左子树、右子树：$\underset{\text{AL}}{A}\ \underline{\hspace{1.5cm}}\ \underset{\text{AR}}{\underline{\hspace{1.5cm}}}$

然后对 A 的左右子树 AL 和 AR 分别应用同样的方法：$A\ B\ \underset{\text{AL}}{\underline{\hspace{1cm}}}\ \underset{\text{AR}}{\overset{C}{\underline{\hspace{1cm}}}}$

对于结点 B、C 的左右子树的遍历采取同样的方法：$A\ B\ D\ \underline{\hspace{0.8cm}}E\underline{\hspace{0.8cm}}\ \underset{}{\overset{空}{C}}\ F\ \underline{\hspace{0.8cm}}$

最终，将所有的空填满后，就得到了该二叉树的先序遍历序列：ABDEGCFH。

以同样的方式可以得到如图 7-10 所示二叉树的其他遍历序列：

中序遍历结果：$DBEGACHF$；后序遍历结果：$DGEBHFCA$。

可见，对于一棵二叉树按照某种次序遍历的结果是一个结点的序列。

【例 7-10】已知二叉树遍历的先序和中序序列如下，构造出相应的二叉树。

先序：$ABCDEFGHIJ$；中序：$CDBFEAIHGJ$。

分析：由先序序列确定根；由中序序列确定左右子树。

首先由先序知根为 A，则由中序知左子树为 $CDBFE$，右子树为 $IHGJ$；对于左右子树，继续在先序序列中确定根，并在中序序列中划定其左右子树；如此往复，直至该二叉树构造完成，其过程如图7-11所示。

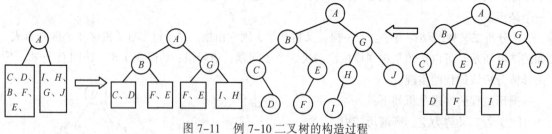

图7-11 例7-10二叉树的构造过程

7.3.2 二叉树遍历递归算法

由上述对二叉树遍历的实现过程分析可知，对二叉树的遍历是在对各子树分别遍历的基础上进行的，而各子树的遍历与整个二叉树的遍历方法相同。这样，可借用对整个二叉树的遍历算法来实现对左右子树的遍历，即左右子树的遍历可递归调用整个二叉树的遍历算法。下面以二叉链表作为存储结构，分别讨论二叉树的3种遍历顺序的递归描述。

1. 先序遍历二叉树递归算法

若二叉树为空，则操作结束，否则依次执行如下3个操作。

（1）访问根结点。（2）先序遍历左子树。（3）先序遍历右子树。

假设 T 为根指针，则遍历左右子树时，分别遍历以 T->lchild 和 T->rchild 为根指针的子树。算法如下：

```
void Preorder(Bitree *T){
    if(T){
        visite(T);
        Preorder(T->lchild);
        Preorder(T->rchild);
    }
}
```

【例7-11】模拟先序遍历递归算法实现对如图7-12（a）所示二叉树的遍历。

模拟运行先序递归算法遍历图7-12（a）中二叉树的过程如图7-12（b）所示。

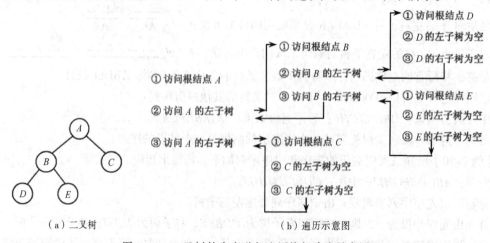

（a）二叉树 （b）遍历示意图

图7-12 二叉树的先序递归遍历执行踪迹示意图

可得该二叉树的先序遍历序列为：*ABDEC*。

2. 中序遍历二叉树递归算法

```
void Inorder(Bitree *T){
    if(T){                          //若二叉树不空
        Inorder(T->lchild);         //中序遍历左子树
        visite(T);                  //访问根
        Inorder(T->rchild);         //中序遍历右子树
    }
}
```

仿照例 7-11，模拟中序递归遍历图 7-12（a）二叉树的过程，可得该二叉树的中序遍历序列为：*DBEAC*。

3. 后序遍历二叉树递归算法

```
void Postorder(Bitree *T){
    if(T){                          //若二叉树不空
        Postorder(T->lchild);       //后序遍历左子树
        Postorder(T->rchild);       //后序遍历右子树
        visite(T);                  //访问根
    }
}
```

仿照例 7-11，模拟后序递归遍历图 7-12（a）二叉树的过程，可得该二叉树的后序遍历序列为：DEBCA。

可以看出，3 种遍历序列都是线性序列，在不同的遍历序列中，每一个结点有不同的前驱和后继。为区别二叉树中结点的前驱（父结点）、后继（孩子结点）的概念，对遍历序列中结点的前驱与后继冠以该遍历方式的名称。例如，对后序遍历序列 *DEBCA* 中的结点 *E*，其后序前驱是 *D*，后序后继是 *B*。

7.3.3 二叉树先序遍历非递归算法

二叉树的遍历也可以采用非递归的算法来实现。

1. 先序遍历二叉树的非递归算法的讨论

【例 7-12】假定对二叉树的遍历是为了打印各结点的值，试描述对图 7-12（a）所示二叉树 *T* 的先序遍历过程。

先序遍历二叉树的过程如下：

（1）首先访问根，输出 *T*->data，即输出 *A*；令 *p*=*T*->lchild（见图 7-13（a）），这样可以访问以 B 为根的子树，即二叉树 *T* 的左子树。

（2）访问二叉树 *T* 的左子树，输出 *p*->data，即输出 *B*。

① 访问 *B* 的左子树；令 *p*=*p*->lchild（见图 7-13（b）），使 *p* 指向 *B* 的左孩子 *D*，输出 *p*->data，即输出 *D*。

② 访问 *B* 的右子树；首先访问 *B* 的右孩子。

这时存在一个问题：*B* 的右孩子 *E* 的地址在哪儿？

若已知结点 *B* 的地址，则不难知道其右孩子的地址。在（1）中 *p* 的值为结点 *B* 的地址，但在①中进行 *p*=*p*->lchild 赋值后，结点 *B* 的地址就丢失了。为了以后能顺利访问结点 *B* 的右孩子，应在①中进行 $p=p$->lchild 赋值前保存结点 B 的地址。

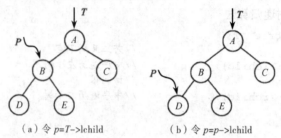

（a）令 $p=T$->lchild　　　　　（b）令 $p=p$->lchild

图 7-13　非递归先序遍历二叉树的指针移动示意图

其实，对每一个结点访问后都应该保存其地址，以便能顺利访问其右子树（右孩子）。对于如图 7-12（a）所示的二叉树，在访问结点 D 之前，应依次保存结点 A、B 的地址；而后先取出结点 B 的地址，遍历其右子树；再取出结点 A 的地址。

这样，可以定义一个栈，将访问过的结点 x 的地址依次入栈，并同时访问 x（x 的地址为栈顶元素）的左孩子；当访问过栈顶的右孩子后，将其出栈。

图 7-14 描述了该二叉树的遍历过程。

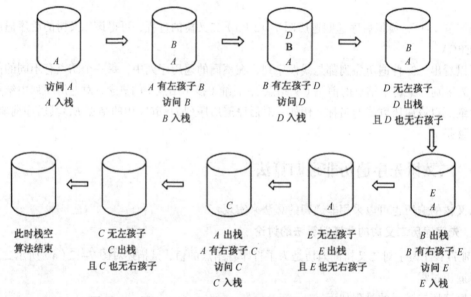

图 7-14　图 7-12（a）所示二叉树的非递归先序遍历过程

2. 先序遍历二叉树的非递归算法的描述

二叉树的非递归先序遍历算法描述如下：

```c
void preorder(Bitree *T){
    Bitree *p=T;
    InitStack(S);
    while(p!=NULL||!Empty(S)){
        if(p!=NULL){
            visit(p->data);
            Push(S,p);
            p=p->lchild;
```

```
        }else{
         p=Pop(S);
         p=p->rchild;
        }
      }
    }
```

7.3.4　二叉树中序遍历非递归算法

在二叉树的先序遍历非递归算法中，利用栈存储已访问过的结点，以便能顺利访问其右子树。那么，对于二叉树的中序遍历，如何做到在搜索路线经过根时不访问根而先访问根的左子树呢？同样可以利用栈结构来实现。

算法思想如下：

（1）首先将二叉树的根 T 入栈。

（2）若 T 有左子树，令 T=T->lchild，再将 T 入栈。

（3）重复（2），直到 T 无左子树。

（4）栈顶元素 T 出栈，访问 T，若栈空，则遍历结束。

（5）若 T 有右子树，重复（1）、（2）、（3）、（4）、（5）；否则，转（4）。

算法描述如下：

```
void inorder(Bitree *T){
    Bitree *p=T; InitStack(S);
    while(p!=NULL||!Empty(S)){
       if(p!=NULL){
          Push(S,p);
          p=p->lchild;
       }else{
           p=Pop(S);
           visit(p->data);
           p=p->rchild;
       }
    }
}
```

7.3.5　二叉树后序遍历非递归算法

1. 后序遍历二叉树的非递归算法的讨论

后序遍历的非递归算法较为复杂，不仅在搜索路线第一次经过根结点时不访问它，并将其入栈，而且，在后根遍历它的左子树之后，搜索路线第二次经过根结点时也不能访问它。因此，在搜索线第二次经根结点时，不可以让栈顶元素（根）出栈，而应后序遍历其右子树；直到搜索路线第三次经过该结点时，才将其出栈，并且访问它。

为此，定义如下类型的顺序栈，使得数组 st[]的中每一个元素不仅记录入栈的结点地址，同时还记录搜索线经过该结点的次数。

```
# define StackSize 20
typedef struct{
    struct{
```

```
    Bitree *elem;    //记录入栈的结点地址
    int n;           //记录搜索线经过该结点的次数
  }st[StackSize];
  int top;
}SeqStack;
```

2. 后序遍历二叉树的非递归算法程序

```
void Postorder(Bitree *T){
    Bitree *p=T,*q;
    SeqStack *S;
    S=(SeqStack *)malloc(sizeof(SeqStack));
    S->top=-1;                            //建空栈
    while(p!=NULL||S->top>=0){
      if(p!=NULL){
        S->top++;//p入栈
        S->st[S->top].elem=p;
        S->st[S->top].n=1;                //搜索线第一次经过
        p=p->lchild;
      }else  if(S->st[S->top].n==2){ //若搜索线第二次经过则访问该结点
        q=S->st[S->top].elem;
        visit(q->data);
        S->top--;
      }else{
        p=S->st[S->top].elem;
        S->st[S->top].n++;                //搜索线第二次经过
        p=p->rchild;
      }
    }free(S);
}
```

7.4 线索二叉树

当用二叉链表作为二叉树的存储结构时，可以很方便地找到某个结点的左右孩子；但一般情况下，无法直接找到该结点在某种遍历序列中的直接前驱和直接后继结点。为解决这个问题，提出了线索二叉树的概念。

7.4.1 线索二叉树的概念

保存二叉树遍历过程中任一结点的直接前驱和直接后继信息的一个简单方法是，对二叉链表中的每一个结点增设前驱、后继指针域，分别指示该结点在某种遍历次序中的前驱和后继信息。显然，这样做会大大降低存储空间的利用率。

那么，是否可以利用二叉链表中的空指针域？

对于具有 n 个结点的二叉链表，共有 $2n$ 个孩子指针域，但该二叉树仅有 $n-1$ 个孩子。也就是说，这 $2n$ 个孩子指针域中，仅有 $n-1$ 个用来指示结点的左右孩子，其余 $n+1$ 个指针域为空。这样，可以充分利用这些空指针域。

若利用二叉链表中的空指针域将空的左孩子指针域改为指向其前驱，空的右孩子指针域改为指向其后继，这种改变指向的指针称为线索；加上了线索的二叉链表称为线索链表；而相应的二叉树称为线索二叉树。

为区分孩子指针和线索，对二叉链表中每个结点增设两个标志域 ltag 和 rtag，并约定：

ltag=0　　　　//表示 lchild 域记录该结点的左孩子结点地址
ltag=1　　　　//表示 lchild 域记录该结点的前驱结点地址
rtag=0　　　　//表示 rchild 域记录该结点的右孩子结点地址
rtag=1　　　　//表示 rchild 域记录该结点的后继结点地址

结点的结构如图 7-15 所示：

ltag	data	rtag
lchild		rchild

图 7-15　结点结果

【例 7-13】二叉树图 7-16（a）的先序、中序和后序的线索二叉树链表如图 7-16（b）～（d）所示。

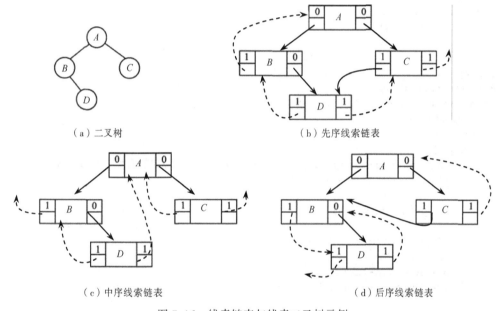

（a）二叉树　　　　　　　　　　（b）先序线索链表

（c）中序线索链表　　　　　　　　（d）后序线索链表

图 7-16　线索链表与线索二叉树示例

7.4.2　二叉树的线索化

1. 线索化及其讨论

将二叉树转换成线索二叉树的过程称为线索化。

按某种遍历顺序将二叉树线索化，只需在遍历过程中将二叉树中每个结点的空的左右孩子指针域分别修改为指向其前驱和后继结点。

这样，每个结点的线索化操作包括以下内容：

（1）若其左子树为空，则将其左孩子域线索化，使左孩子指针 lchild 指向其前驱，ltag 置 1。

（2）若其右子树为空，则将其右孩子域线索化，使右孩子指针 rchild 指向其后继，rtag 置 1。

这样，若对结点*p 线索化，应知道其前驱和后继结点的地址。为此，附设一个指针 pre，当遍历到结点*p 时，用 pre 记录刚刚访问过的*p 的前驱结点的地址，但此时还不知道*p 的后继结点的地址，所以只能对*p 结点前驱线索化，不能对其后继线索化。

2．线索化算法思想

可以看出，结点*pre 是结点*p 的前驱，而*p 是*pre 的后继。这样，当遍历到结点*p 时，可以进行以下 3 步操作：

（1）若*p 有空指针域，则将相应的标志域值置 1。

（2）若*p 的左线索标志已经建立（p->ltag==1），则可使其前驱线索化，令 p->lchild=pre。

（3）若*pre 的右线索标志已经建立（pre->rtag==1），则可使其后继线索化，令 pre->rchild=p。

如此，二叉树的线索化可以在二叉树的遍历过程完成，该算法应为遍历算法的一种变化形式。

3．先序线索化算法的实现

下面给出线索链表中结点的类型说明以及先序线索化算法。

```
typedef char datatype;
typedef struct node{
    int ltag,rtag;
    datatype data;
    struct node *lchild,*rchild;
}Bithptr;
Bithptr *pre=NULL;
void prethread(Bithptr *root){
    Bithrtr *p;
    p=root;
    if(p){
        if(pre&&pre->rtag==1)  pre->rchild=p;      //前驱结点后继线索化
        if(p->lchild==NULL){
            p->ltag=1;
            p->lchild=pre;
        }                                          //后继结点前驱线索化
        if(p->rchild==NULL)p->rtag=1;
        pre=p;
        prethread(p->lchild);
        prethread(p->rchild);
    }
}
```

类似地，可以给出二叉树的中序线索化算法和后序线索化算法。

7.4.3 线索二叉树的查找算法

这里介绍在线索二叉树上查找二叉树中某结点的前驱、后继结点的操作，共有 3 组 6 个问题：

（1）先序线索二叉树中查找先序前驱和后继结点。

（2）中序线索二叉树中查找中序前驱和后继结点。

（3）后序线索二叉树中查找后序前驱和后继结点。

下面重点讨论先序后继、先序前驱及中序后继结点的查找。

1．先序线索二叉树中的查找先序后继结点

在先序线索二叉树中查找结点*p 的后继结点分以下 3 种情形：

（1）若*p 的左子树不空，根据先序遍历的顺序，其左子树的根为*p 的后继，即 p->lchild 指向其后继。

（2）若*p 的左子树为空，而右子树不空，则根据先序遍历的顺序，其右子树的根为*p 的后继，即 p->rchild 指向其后继。

（3）若*p 的左右子树均为空，则 p->rchild 为右线索，指向*p 的后继结点。

算法描述如下：

```
Bithptr *presuc(Bithptr *p){
    if(p->ltag==0)return(p->lchild);
    elsereturn(p->rchild);
}
```

2．先序线索二叉树中的前驱查找算法

在先序线索二叉树中查找结点*p 的前驱结点的方法分析如下：

若结点*p 无左孩子，则 p->lchild 为左线索，指向*p 的前驱结点；否则，有以下几种情况：

（1）若结点*p 为二叉树的根，根据先序遍历的顺序，根没有前驱结点。

（2）若结点*p 为父结点的左孩子，根据先序遍历的顺序，其前驱为父结点。

（3）若结点*p 为父结点的右孩子，而其无左兄弟，则*p 的前驱为父结点；若结点*p 有左兄弟，则*p 的前驱为其左兄弟子树中最右下的叶子结点。

由上述分析可知，要查找先序前驱必须知道结点*p 的父结点，当线索链表中结点未设双亲指针时，要进行从根开始的先序遍历才能找到结点*p 的先序前驱。由此可以看出，线索对查找指定结点的先序前驱并无多大帮助。

3．中序线索二叉树中的后继查找算法

在中序线索二叉树中查找结点*p 的后继结点分两种情形：

（1）若*p 的右子树为空，则 p->rchild 为右线索，指向*p 的后继结点。

（2）若*p 的右子树非空，根据中序遍历的顺序，*p 的后继结点为其右子树中最左下的结点 X，如图 7-17 所示。

基于以上分析，不难给出中序后继结点的查找算法：

```
Bithptr *insuc(Bithptr *p){
    Bithptr *q;
    if(p->rtag==1)return(p->rchild);
    else{
        q=p->rchild;
        while(q->ltag==0)q=p->lchild;
        return(q);
    }
}
```

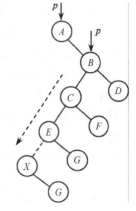

图 7-17　中序后继是结点 X

关于中序前驱、后序后继和后序前驱结点的查找可以应用类似的方法，建议读者自行分析。

7.5　二叉树的应用 1——二叉树遍历的应用实例

二叉树是应用很广泛的数据结构之一。二叉树的遍历算法对一个二叉树按某种次序"访问"

其中每个结点一次且仅一次，利用这一特点，适当修改"访问"操作，就可以得到许多实际问题的求解算法。

【例 7-14】按先序遍历序列建立二叉树的二叉链表。

分析：按先序遍历的顺序，将每次访问根结点的操作改为新建一个结点，以此建立一个二叉链表。例如，按如下次序读入字符：

$A\ B\ C\ \#\ \#\ D\ E\ C\ \#\ G\ \#\ \#\ F$

将 A 作为二叉树的根，第 2 个读入的字符 B 是 A 的左子树的根；若函数 crt_bt_pre()用来返回结点 A(二叉树的根)的地址 bt，那么，读入字符 B 后可以调用该函数，返回左子树的根 bt->lchild；继续读入的字符又作为 B 的左子树的根……直到读入的字符为#，下一个读入的字符就是父结点右子树的根。算法描述如下：

```
Bitree *crt_bt_pre(Bitree *bt){
    char ch;
    ch=getchar();
    if(ch=='#')bt=NULL;
    else{
        bt=(Bitree *)malloc(sizeof(Bitree));
        bt->data=ch;
        bt->lchild=crt_bt_pre(bt->lchild);
        bt->rchild=crt_bt_pre(bt->rchild);
    }
    return(bt);
}
```

【例 7-15】统计二叉树中叶子结点个数。

设该二叉树的存储形式是以 bt 为根指针的二叉链表,若函数 countleaf(bt)用来统计该二叉树中叶子结点数。该函数的实现分析如下：

（1）若 bt==NULL，则叶子数为 0。

（2）否则，可能有两种情况：

① 根结点*bt 无左右孩子，其本身为叶子，则整个二叉树的叶子结点数为 1。

② 根结点*bt 的左右子树至少有一个不空，则以*bt 为根的二叉树中叶子结点的数目是其左右子树中叶子数之和。

其左右子树中叶子数可通过调用函数：countleaf(bt->lchild)和 countleaf(bt->rchild)来求得。算法描述如下：

```
int countleaf(Bitree *bt){
    if(bt==NULL)return(0);
    else if((bt->lchild==NULL)&&(bt->rchild==NULL))return(1);
    elsereturn(countleaf(bt->lchild)+countleaf(bt->rchild));
}
```

【例 7-16】设计算法求二叉树的深度。

设该二叉树的存储形式是以 bt 为根指针的二叉链表，函数 treedepth(bt)用来计算该二叉树的深度。算法分析如下：

（1）若二叉树 bt 为空，则其深度为 0，算法结束。

（2）若 bt 不为空，则二叉树 bt 的深度应该是其左右子树的深度的最大值加 1；而其左、右子树的深度值分别由函数 treedepth(bt->lchild)和 treedepth(bt->rchild)计算得到。

算法描述如下：

```
int treedepth(Bitree *bt){
    if(bt==NULL)return(0);
    elsereturn(max(treedepth(bt->lchild),treedepth(bt->rchild))+1);
}
```

【例 7-17】表达式树及其求值。

形如(a+b*c)-d/e 的表达式可以用二叉树表示为图 7-18，称这样的二叉树为表达式树。表达式树是二叉树的一种常见应用。

在表达式中，任何一个操作符的左、右均为操作数（表达式），即在使用该操作符之前，其左右表达式的值必须已经求出，这在表达式树的操作上表现为后序遍历过程。这样，关于对表达式树 T 求值的过程可以分析如下：

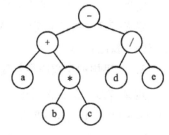

图 7-18 表达式的二叉树表示

（1）若该表达式树为空树，即 T==NULL，则该表达式的值为 0。

（2）若根结点是一个非操作符的数值，则该表达式树的值为 T->data。

（3）否则，应用根结点所描述的操作符，将其左、右子树根结点的值作为运算对象进行运算；而其左、右子树也是表达式树，其根结点值须首先依本算法求得。

假定表达式中的操作符为+、−、*、/，操作数为整数，且表达式是合法的，表达式树的存储结构采用二叉链表，则表达式树的求值算法可以描述如下：

```
int evaluate( Bitree *T){
    int a,b;
    if(T==NULL)return(0);
    if((T->data!='+')&&(T->data!='-')&&(T->data!='*')&&(T->data!='/'))
        return(T->data);
    a=evaluate(T->lchild);
    b=evaluate(T->rchild);
    switch(T->data){
        case '+': return(a+b);break;
        case '-': return(a-b);break;
        case '*': return(a*b);break;
        case '/': return(a/b);break;
    }
}
```

7.6 二叉树的应用 2——哈夫曼树

在许多数据处理和软件设计中，常常需要压缩数据以节省存储空间。哈夫曼树就为数据压缩提供了一种基本方法，利用哈夫曼树，可以获得平均长度最短的数据编码，从而达到压缩数据的目的。

7.6.1 基本概念

在介绍哈夫曼树之前，先介绍几个基本概念。

1. 路径和路径长度

定义 7.5 在二叉树中，从一个结点可以达到的孩子或后辈结点之间的通路称为路径。通路中分支的数目称为路径长度。

若规定根结点的层次数为 1，则从根结点到第 L 层结点的路径长度为 $L-1$。

2．结点的权及结点的带权路径长度

定义 7.6 若将二叉树中结点赋予一个有着某种实际意义的数值，则这个数值称为该结点的权。

定义 7.7 在二叉树中，从根结点到某后辈结点之间的路径长度与该结点的权的乘积称为该结点的带权路径长度。

3．二叉树的带权路径长度

定义 7.8 在二叉树中，所有叶子结点的带权路径长度之和被称为二叉树的带权路径长度（Weighted Path Length，WPL），通常记为：

$$\text{WPL} = \sum_{i=1}^{n} w_i \times l_i \qquad (7-1)$$

其中，n 为叶子结点的数目，w_i 为第 i 个叶子结点的权值，l_i 为第 i 个叶子结点的路径长度。

【例 7-18】分别计算如图 7-19 所示的 3 棵二叉树的带权路径长度。

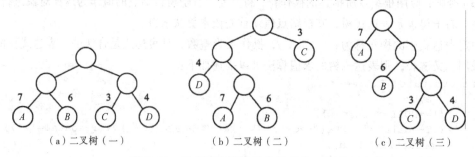

（a）二叉树（一）　　（b）二叉树（二）　　（c）二叉树（三）

图 7-19　具有不同带权路径长度的二叉树

$\text{WPL}_a = 7 \times 2 + 6 \times 2 + 3 \times 2 + 4 \times 2 = 40$；$\text{WPL}_b = 7 \times 3 + 6 \times 3 + 3 \times 1 + 4 \times 2 = 50$；$\text{WPL}_c = 7 \times 1 + 6 \times 2 + 3 \times 3 + 4 \times 3 = 30$。

思考： 什么样的二叉树的带权路径长度较小？

由例 7-19 可以看出，权值较大的叶子离根越近，则二叉树的带权路径长度越小。

7.6.2　哈夫曼树定义

定义 7.9 在具有 n 个叶子结点、且叶子结点的权值分别为 w_1，w_2，…，w_n 的所有二叉树中，带权路径长度 WPL 最小的二叉树被称为最优二叉树或哈夫曼树（Huffman Tree）。

【例 7-19】给定 4 个叶子结点 A、B、C、D，权值分别为 8、7、2、4。可以构造若干个二叉树，如图 7-20 所示为其中的 3 棵。它们的带权路径长度分别为：

$\text{WPL}_a = 8 \times 1 + 4 \times 2 + 7 \times 3 + 2 \times 3 = 43$；$\text{WPL}_b = 2 \times 1 + 4 \times 2 + 8 \times 3 + 7 \times 3 = 55$；$\text{WPL}_c = 8 \times 1 + 7 \times 2 + 2 \times 3 + 4 \times 3 = 40$。

其中，（c）树的带权路径长度 WPL 最小。可以验证，它就是最优二叉树，即哈夫曼树。

由例 7-19 可知，在叶子结点的数目及权值相同的二叉树中，完全二叉树不一定是最优二叉树。

注意： 一般情况下，最优二叉树中，权值越大的叶子离根越近。

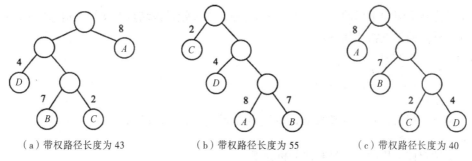

（a）带权路径长度为 43　　　　　（b）带权路径长度为 55　　　　　（c）带权路径长度为 40

图 7-20　具有不同带权路径长度的二叉树

7.6.3　哈夫曼树的构造过程

假设给定 n 个实数 w_1，w_2，…，w_n，构造拥有 n 个叶子结点的哈夫曼树，且这 n 个叶子结点的权值分别为给定的实数，则哈夫曼树的构造方法如下：

（1）根据给定的 n 个实数，构造 n 棵单结点二叉树，各二叉树的根结点的权值分别为 $w_1,w_2,\cdots,$ w_n；令这 n 棵二叉树构成一个二叉树的集合 M。

在这 n 棵单结点的二叉树中，这些结点既是根结点又是叶子结点。

（2）在集合 M 中筛选出两个根结点的权值最小的二叉树作为左、右子树，构造一棵新二叉树，且新二叉树根结点的权值为其左、右子树根结点权值之和。

（3）从集合 M 中删除被选取的两棵二叉树，并将新二叉树加入该集合。

（4）重复（2）、（3）步，直至集合 M 中只剩一棵二叉树为止，则该二叉树即为哈夫曼树。

下面以实例介绍哈夫曼树的构造过程。

【例 7-20】假设给定的实数分别为 1、5、7、3，则构造哈夫曼树的过程如图 7-21 所示。

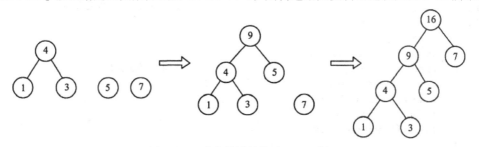

图 7-21　哈夫曼树的构造过程示例

总结：

（1）给定 n 个权值，需经过 $n-1$ 次合并最终形成哈夫曼树。

（2）经过 $n-1$ 次合并产生 $n-1$ 个新结点，且这 $n-1$ 个新结点都是具有两个孩子的分支结点。

（3）哈夫曼树中共有 $n+n-1=2n-1$ 个结点，且其所有的分支结点的度均不为 1。

7.6.4　哈夫曼树的存储结构及哈夫曼算法思想

由以上分析可知，一棵有 n 个叶子结点的哈夫曼树上共有 $2n-1$ 个结点，可以采用长度为 $2n-1$ 的数组顺序存储结点信息。每一个结点应包括 4 个域：存放该结点权值的 weight 域、分别存放其左右孩子结点在数组中下标的 lchild 域和 rchild 域，以及记录该结点的父结点信息的 parent 域。

这样，结点的类型描述如下：

```
typedef struct{
    float weight;
    int parent,lchild,rchild;
}hufmtree;
```

若给定 n 个权值，则可定义数组 tree[ ]来存储哈夫曼树上的结点：

```
hufmtree tree[2n-1];
```

基于上述存储结构的哈夫曼算法分析如下：

（1）初始化数组 tree[2n-1]；读入给定的 n 个权值，分别放入数组的前 n 个分量的 weight 域中，并将数组中所有分量的 lchild 域、rchild 域和 parent 域置 0。

（2）从数组的前 n 个分量中选择权值最小和次小的两个结点（假设下标分别为 $p1$ 和 $p2$）合并，产生新结点，将新结点的信息存放在第 $n+1$ 个分量中；新结点的权值 weight 为这两个结点的权值之和，左右孩子域中的值分别修改为 $p1$ 和 $p2$；同时，改变下标为 $p1$ 和 $p2$ 结点的 parent 域中的值，使其等于 $n+1$。

（3）重复（2），每次均从 parent 域的值为 0 的所有结点中选择权值最小和次小的两个结点合并，产生的新结点顺次存放在 weight 域值为 0 的分量中，同时修改该分量的左右孩子域值和被合并的两个结点的 parent 域值，直到数组的第 $2n-1$ 个分量的 weight 域、lchild 域和 rchild 域中的值被修改为止。

7.6.5　哈夫曼算法

```
#define n 7
#define m 2*n-1
#define maxval 100.0                        //令 maxval 为最大值
Huffman(hufmtree tree[]){
    int i,j,p1,p2;
    float small1,small2,f;
    for(i=0;i<m;i++){                        //初始化数组
        ree[i].parent=0;
        tree[i].lchild=0;
        tree[i].rchild=0;
        tree[i].weight=0.0;
    }
    for(i=0;i<n;i++){                        //读入前 n 个结点的权值
        scanf("%f",&f);
        tree[i].weight=f;
    }
    for(i=n;i<m;i++){                        //进行 n-1 次合并，产生 n-1 个新结点
    p1=p2=0;
    small1=small2=maxval;
    for(j=0;j<=i-1;j++){                     //选出两个权值最小的根结点
        if(tree[j].parent==0)
            if(tree[j].weight<small1){       //查找最小权，并用 p1 记录其下标
                small2=small1;
                small1=tree[j].weight;
                p2=p1;p1=j;
```

```
        }else if(tree[j].weight<small2){  //查找次小权，并用 p2 记录其下标
            small2=tree[j].weight;
            p2=j;
        }
        tree[p1].parent=tree[p2].parent=i;
        tree[i].weight=tree[p1].weight+tree[p2].weight;
        tree[i].lchild=p1;
        tree[i].rchild=p2;
    }
  }
}
```

7.6.6　哈夫曼树的应用——哈夫曼编码

1．哈夫曼编码

哈夫曼树被广泛应用于各种技术中，这里介绍的哈夫曼编码是其在编码技术上的应用。

在通信及数据传输中多采用二进制编码。为了使电文尽可能缩短，可以让那些出现频率较高的字符的二进制码短些，而让那些很少在电文中出现的字符的二进制码长一些。这样，就需要对这些字符进行不等长编码。但不等长编码很容易导致短码与长码的开始部分相同。例如，假设字符 E 的编码为 00，字符 F 的编码为 01，字符 T 的编码为 0001，当接收到信息串 0001 时，将其理解为 EF 还是 T 呢？因此，若对字符集进行不等长编码，则要求任一字符的编码不可以是其他字符编码的前缀。这种编码称为前缀码。

那么，什么样的前缀码可以使得电文总长最短呢？

假设电文中共有 n 个不同的字符，每个字符在电文中出现的次数为 w_i，其编码长度为 l_i，则该电文的编码总长为 $\sum_{i=1}^{n} w_i l_i$。若存在以 w_i 为叶子结点权值的二叉树，则该式即为二叉树的带权路径长度。而哈夫曼树的带权路径长度最小，若以 w_i 为给定权值构造哈夫曼树，以叶子结点的路径长度 l_i 作为编码长度来设计哈夫曼编码，则哈夫曼编码可以使得电文总长最短；而二叉树中没有一片树叶是另一片树叶的祖先，所以每个叶子结点的编码不可能是其他叶子结点编码的前缀，这样，哈夫曼编码就是一种可以使得电文总长最短的前缀码。

【例 7-21】假设组成电文的字符集 $D=\{A,B,C,D,E,F,G\}$，其概率分布 $W=\{0.40,0.30,0.15,0.05,0.04,0.03,0.03\}$，设计最优前缀码。

分析：（1）首先，以每个字符的概率值作为给定的权值，构造哈夫曼树。这样，哈夫曼树上的每个叶子结点分别代表字符集 D 中的不同字符。

（2）约定哈夫曼树的所有左分支标记为 1，所有右分支标记为 0；则从根结点到叶子结点的路径上所有分支标记将组成一个代码序列，该序列就是该叶子结点所对应的字符的编码。

所构造的哈夫曼树如图 7–22 所示，其左右分支上分别标记了 0 和 1。

这样，可得字符集 D 中每个字符的前缀码如下：

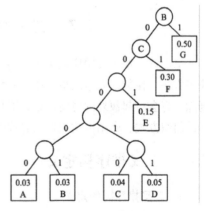

图 7–22　哈夫曼树及哈夫曼编码示例

A：00000 B：00001 C：00010 D：00011 E：001 F：01 G：1

2．哈夫曼编码的存储结构

在哈夫曼树的存储结构中，由于每个结点都有相应的域记录其父结点及左右孩子结点的位置。这样就可以由叶子结点 tree[i]的 parent 域找到其父结点 tree[p]（令 p=tree[i].parent），并由 tree[p].lchild 及 tree[p].rchild 是否为 i 来判断 tree[i]是 tree[p]的左孩子还是右孩子，以便记录对应于左右分支的字符"0"或"1"，并将该字符存放在字符数组 bits[ ]中；按这种方法向上回溯到根结点，数组 bits[ ]中将记录下叶子结点 tree[i]的编码。由于生成编码的序列与所要求的编码次序相反，我们可以将依次得到的字符"0"或"1"从后往前依次存放在数组 bits[ ]中。

这样，需要一个整型变量 start 记录编码在数组 bits[ ]中的起始位置。可以定义编码的存储结构如下：

```
typedef struct{
    char bits[n];                //n为哈夫曼树中叶子结点的数目，编码的长度不可能超过n
    int  start;
    char ch;                     //与编码对应的字符
}Codetype;
```

3．哈夫曼编码的生成算法

综合以上分析，哈夫曼编码的生成算法可以描述如下：

```
Codetype code[n];               //有 n 个字符的编码
HuffmanCode(hufmtree tree[]){
    int i,j,p;
    for(i=0;i<n;i++){
        code[i].start=n-1;
        j=i;
        p=tree[i].parent;
        while(p!=0){
            if(tree[p].lchild==j)code[i].bits[n-1]='0';
            else code[i].bits[n-1]='1';
            code[i].start--;
            j=p;
            p=tree[p].parent;
        }
    }
}
```

7.7 二叉树的应用 3——二叉排序树

第 2 章介绍了以顺序表来组织待查数据元素的查找表，使用顺序查找、二分查找以及分块查找等方法，在数据元素的集合中查找特定元素。在查找过程中，如果存在数据元素频繁地插入或删除，将会引起额外的时间开销，降低相应算法的效率。在本节中，将以二叉树作为一组数据元素的组织方式，介绍以树表作为查找表时数据元素的查找方法。

7.7.1 二叉排序树定义

1．二叉排序树的定义

二叉排序树又称二叉查找树，它是一种结构特殊的二叉树。

定义 7.10　二叉排序树或者是一棵空树，或者是具有如下性质的二叉树：

（1）若其左子树非空，则左子树上所有结点的值均小于根结点的值。

（2）若其右子树非空，则右子树上所有结点的值均大于根结点的值。

（3）其左右子树也分别为二叉排序树。

【例 7-22】比较如图 7-23 所示的两个二叉树，判断哪一个是二叉排序树。

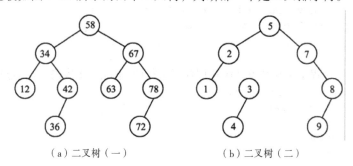

（a）二叉树（一）　　　　　（b）二叉树（二）

图 7-23　二叉排序树与非二叉排序树

根据二叉排序树的定义可以看出（a）为二叉排序树，（b）不是二叉排序树。

【例 7-23】中序遍历图 7-23（a）所示的二叉排序树，写出遍历序列。

该二叉排序树的中序遍历序列为：12，34，36，42，58，63，67，72，78。

可以看出，该中序遍历序列是一个按关键字排列的递增有序序列。由此可以得出二叉排序树的一个重要**性质**：

中序遍历非空的二叉排序树所得到的数据元素序列是一个按关键字排列的递增有序序列。

7.7.2　二叉排序树的存储结构

本小节讨论在二叉排序树中如何实现数据元素的查找、插入及删除，在这些操作中，使用二叉链表作为存储结构，其结点结构说明如下：

```
typedef struct node{
    keytype key;              //关键字项
    datatype other;          //其他数据项
    struct node *lchild,*rchild;   //左右孩子指针
}Bstnode;
```

7.7.3　二叉排序树的结点查找算法

1. 二叉排序树的静态查找结点算法

在顺序表中实现数据元素的顺序查找、二分查找及分块查找时是一种静态查找，即查找过程中不进行任何插入或删除操作，称这类查找表为静态查找表。

在二叉排序树中也可实现这样的静态查找。静态查找思想描述如下：

（1）若二叉排序树为空，则查找失败。

（2）否则，将根结点的关键字值与待查关键字进行比较，若相等，则查找成功；若根结点关键字值大于待查值，则进入左子树重复此步骤，否则，进入右子树重复此步骤；若在查找过程中

遇到二叉排序树的叶子结点时，还没有找到待查结点，则查找不成功。

上述查找过程的描述是一种递归描述，很容易写出递归算法，描述如下：

```
Bstnode *Bsearch(Bstnode *t,keytype x){
    if(t==NULL)return(NULL);
    else{
        if(t->key==x)return(t);
        if(x<(t->key)return(Bsearch(t->lchild,x));
        elsereturn(Bsearch(t->rchild,x));
    }
}
```

另外，由于查找过程是从根结点开始逐层向下进行的，因此，也容易写出该过程的非递归算法：

```
Bstnode *Bsearch(Bstnode *t,keytype x){
    Bstnode *p;int flag=0;
    p=t;
    while(p!=NULL){
        if(p->key==x){
            flag=1;return(p);break;
        }
        if(x<p->key)p=p->lchild;
        else p=p->rchlid;
    }
    if(flag==0){
        printf("找不到值为%x 的结点!",x);
        return(NULL);
    }
}
```

2．二叉排序树的动态查找结点算法

在二叉排序树中除了可以实现静态查找，还可以进行动态查找，也就是说，若查找失败，则插入待查结点；若查找成功，则可删除该结点；操作结束后，该二叉树仍然是一棵二叉排序树。这类查找表称为动态查找表。

二叉排序树的动态查找思想描述如下：

（1）若二叉排序树为空，则插入待查元素结点。

（2）否则，将根结点关键字的值与待查关键字进行比较，若相等，则查找成功，若根结点关键字值大于待查值，则进入左子树重复此步骤，否则，进入右子树重复此步骤。

与二叉排序树的静态查找相比，其动态查找过程需要实现数据元素（结点）的插入操作。

7.7.4　二叉排序树的结点插入算法

1．二叉排序树的结点插入实例

【例 7-24】在如图 7-24（a）所示的二叉排序树中动态查找关键字值分别为 11、53 的数据元素。

查找关键字为 11 的结点，首先将 11 与根结点的关键字比较，确定需要在左子树中继续查找；直至与左子树的最左下的叶子结点的关键字比较后，仍找不到关键字为 11 的结点，这时可以将该结点插入到二叉排序树中。查找过程及插入的位置如图 7-24（b）所示。

同样的方法可以用来查找关键字为 53 的结点。图 7-24（c）描述了其查找路线及插入位置。

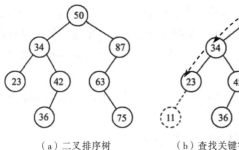

（a）二叉排序树　　　　（b）查找关键字为 11 的结点　　　　（c）查找关键字为 53 的结点

图 7-24　二叉排序树的查找示例

可以看出，在二叉排序树中插入结点是在查找过程中进行的，若二叉排序树中不存在关键字等于 x 的结点，则插入。而且，新插入的结点一定是一个新添加的叶子结点，并且是查找不成功时查找路径上访问的最后一个结点的左孩子或右孩子。插入操作完成后，该二叉树仍是一棵二叉排序树。

2．二叉排序树的结点插入算法

综上所述，将一个关键字值为 x 的结点 s 插入到二叉排序树中，可以用下面的方法进行：

（1）若二叉排序树为空，则关键字值为 x 的结点 s 成为二叉排序树的根。

（2）若二叉排序树非空，则将 x 与二叉排序树的根进行比较，如果 x 的值等于根结点关键字的值，则停止插入；如果 x 的值小于根结点关键字的值，则将 x 插入左子树；如果 x 的值大于根结点关键字的值，则将 x 插入右子树。在左右子树中的插入方法与整个二叉排序树相同。

为此，插入算法可在上述查找算法上修改得到。下面给出插入过程的非递归算法：

```
Bstnode *InsertBST(Bstnode *t,keytype x)
    //若在二叉排序树中不存在关键字等于 x 的元素，插入该元素
    Bstnode *s,*p,*f;
    p=t;
    while(p!=NULL){
        f=p;                            //查找过程中，f 指向*p 的父结点
        if(x==p->key) return t;         //二叉排序树中已有关键字值为 x 的元素，无需插入
        if(x<p->key)p=p->lchild;
        else p=p->rchild;
    }
    s=(Bstnode *)malloc(sizeof(Bstnode));
    s->key=x;
    s->lchild=NULL;s->rchild=NULL;
    if(t==NULL)return s;                //原树为空，新结点成为二叉排序树的根
    if(x<f->key)f->lchild=s;            //新结点作为*f 的左孩子
    else f->rchild=s;                   //新结点作为*f 的右孩子
    return t;
}
```

7.7.5　二叉排序树的生成算法

1．如何生成二叉排序树

可以看出，在空二叉排序树中进行上述插入操作可以生成一个二叉排序树。

若给定一个元素序列，利用上述二叉排序树的插入算法创建一棵二叉排序树的方法是：首先

建一棵空二叉排序树，然后逐个读入元素，每读入一个元素，就建立一个新的结点，并调用上述二叉排序树的插入算法，将新结点插入到当前已生成的二叉排序树中，最终生成一棵二叉排序树。

【例 7-25】设关键字的输入序列为 45、24、53、12、28、90，按上述算法生成一棵二叉排序树。图 7-25 描述了该二叉排序树的生成过程。

对于这组关键字，若输入序列改为 24、12、45、53、90、28，则生成的二叉排序树如图 7-26 所示。

由此可见，关键字的输入顺序不同，可建立不同的二叉排序树。

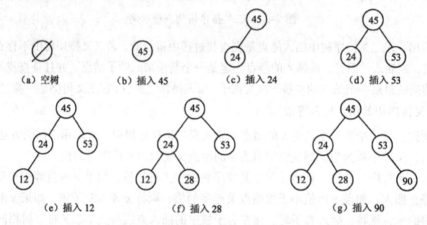

图 7-25　二叉排序树的生成过程示例

2．二叉排序树生成算法

```
#define endflag-1        //定义 endflag 为关键字输入结束的标志
Bstnode *CreateBST(){
    Bstnode *t;
    int key;
    t=NULL;               //设置二叉排序树的初态为空树
    scanf("%d",&key);     //读入第一个结点的关键字
    while(key!=endflag){
        t=InsertBST(t,key);
        scanf("%d",&key);
    }
    return t;
}
```

图 7-26　改变输入序列
生成的二叉排序树

7.7.6　二叉排序树的结点删除算法

1．二叉排序树的结点删除问题讨论

由二叉排序树的性质可知，中序遍历二叉排序树可以得到一个递增有序的序列。从二叉排序树中删除一个结点，相当于在这个有序序列中删去一个结点，不但要保证该序列的有序性，还要保证该二叉排序树的完整性。也就是说，不能把以该结点为根的子树都删去，只能删掉该结点，并且还应保证删除后所得的二叉树仍然是一棵二叉排序树。

在二叉排序树中删除结点，首先要进行查找操作，以确定被删结点是否在二叉排序树中。若不在，则不做任何操作；否则，假设要删除的结点为*p，结点*p 的父结点为*f，并假设结点*p 是结点

*f 的左孩子（右孩子的情况类似）。根据被删结点*p 有无孩子，删除操作可以分以下 3 种情况讨论：

（1）若*p 为叶子结点，则可令其父结点*f 的左孩子指针域为空，直接将其删除。

`f->lchild=NULL;free(p);`

（2）若*p 结点只有左子树，或只有右子树，如图 7-27（a）所示；中序遍历的序列为 $C_LC\ C_RPFF_R$，删除结点*p 后的序列为 $C_LCC_RFF_R$。则可将 p 的左子树或右子树直接改为其双亲结点 f 的左子树，如图 7-27（b）所示，即

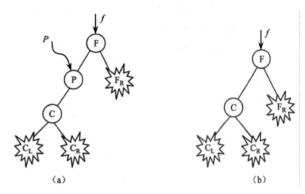

`f->lchild=p->lchild;`
`//或 f->lchild=p->rchild)`
`free(p);`

（3）若*p 既有左子树，又有右子树；如图 7-28（a）所示，其中序遍历的序列为 $C_LC\cdots Q_LQS_LSPP_RFF_R$。这里，结点*s 为*p 的中序前驱。删除结点*p 后的序列为 $C_LC\cdots Q_LQS_LS\ P_RFF_R$。

图 7-27　结点 P 只有左孩子时删除结点 P

此时，删除*p 结点有以下两种做法。

方法一：（见图 7-28（b））

首先找到*p 的中序前驱结点*s，然后将*p 的左子树改为*f 的左子树，而将*p 的右子树改为*s 的右子树：

`f->lchild=p->lchild;`
`s->rchild=p->rchild;`
`free(p);`

方法二：（见图 7-28（c））

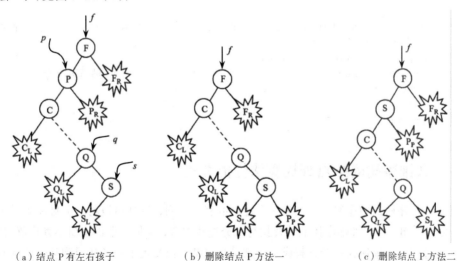

（a）结点 P 有左右孩子　　　　（b）删除结点 P 方法一　　　　（c）删除结点 P 方法二

图 7-28　结点 P 有左右孩子时删除结点 P

首先找到*p 的中序前驱结点*s，然后用结点*s 的值替代结点*p 的值，再将结点*s 删除，结点*s 的原左子树改为*s 的双亲结点*q 的右子树：

```
    p->data=s->data;
    q->rchild=s->lchild;
    free(s);
```

2. 二叉排序树的结点删除算法

综合以上分析，可以得到二叉排序树的删除算法。下面的算法描述的是采用方法二来实现在二叉排序树中删除一个结点。

```
Bstnode *DeleteBST(Bstnode *t, keytype k){
//在二叉排序树 t 中删去关键字为 k 的结点
    Bstnode *p,*f,*s,*q;
    p=t; f=NULL;
    while(p){                                    //查找关键字为 k 的待删结点*p
        if(p->key==k)break;                      //若找到，则退出循环
        f=p;                                     //结点*f 为结点*p 的父结点
        if(p->key>k)p=p->lchild;
        else p=p->rchild;
    }
    if(p==NULL)return t;                         ///若找不到，则返回原二叉排序树的根指针
    if(p->lchild==NULL||p->rchild==NULL){        //若*p 无左子树或无右子树
        if(f==NULL)                              //若*p 是原二叉排序树的根
            if(p->lchild==NULL)t=p->rchild;
        else t=p->lchild;
        else if(p->lchild==NULL)                 //若*p 无左子树
            if(f->lchild==p)f->lchild=p->rchild; //p 是*f 的左孩子
        else f->rchild=p->rchild;                //p 是*f 的右孩子
        elseif(f->lchild==p)f->lchild=p->lchild; //若*p 无右子树
                                                 //p 是*f 的左孩子
        else  f->rchild=p->lchild;               //p 是*f 的右孩子
        free(p);
    }else{                                       //若*p 有左右子树
        q=p;s=p->lchild;
        while(s->rchild){q=s;s=s->rchild;}       //在*p 的左子树中查找最右下结点
        if(q==p)q->lchild=s->lchild;
        else q->rchild=s->lchild;
        p->key=s->key;                           //将*s 的值赋给*p
        free(s);
    }
    return t;
}
```

7.7.7 二叉排序树的结点查找算法性能分析

由于二叉排序树的中序遍历序列为一个递增的有序序列，这样可以将二叉排序树看作是一个有序表。可以看出，在二叉排序树上的查找与二分查找类似，也是一个逐步缩小查找范围的过程。

其查找过程可以描述为：若查找成功，则是从根结点出发走了一条从根到某个结点的路径；若查找不成功，则是从根结点出发走了一条从根到某个叶子结点的路径。无论怎样，和关键字比较次数也不超过该二叉排序树的深度。

对于深度为 d 的二叉排序树，若设第 i 层有 n_i 个结点($1 \leq i \leq d$)，则在同等查找概率的情况下，

其平均查找长度为
$$\text{ASL} = \frac{1}{n} \sum_{i=1}^{d} i \times n_i \qquad (7\text{-}2)$$

其中，$n = 1 + n_2 + \cdots + n_d$ 为二叉排序树的结点数。

【例 7-26】如图 7-29 所示的两棵二叉排序树，它们对应同一元素集合。假定每个元素的查找概率相同，则它们的平均查找长度分别是：

$\text{ASL}_{(a)} = (1+2+2+3+3+3)/6 = 14/6$；$\text{ASL}_{(b)} = (1+2+3+4+5+6)/6 = 21/6$

由此可见，在二叉排序树上进行查找时的平均查找长度与二叉排序树的形态有关。在最坏的情况下，具有 n 个结点的二叉排序树是一棵深度为 n 的单支树，其平均查找长度与顺序查找相同，为 $(n+1)/2$；即平均查找长度的数量级为 $O(n)$。在最好的情况下，二叉排序树的形态均匀，它的平均查找长度与二分查找相似，大约是 $\log_2 n$，其平均查找长度的数量级为 $O(\log_2 n)$。

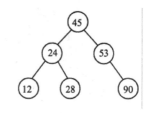

（a）二叉树（一）

7.7.8　平衡二叉排序树

1．平衡二叉排序树定义

通过对二叉排序树的查找性能分析发现，若二叉排序树的形态均匀，则其查找效率较高。而二叉排序树的形态取决于结点的插入次序，但结点的插入次序往往是固定的。这样，就需要找到一种动态平衡的方法，使得对于任意给定的关键字序列都能构造出一棵形态均匀的二叉排序树。平衡的二叉排序树就是一棵形态均匀的二叉排序树。

定义 7.11　平衡二叉排序树又称 AVL 树，它或者是一棵空树，或者是具有如下性质的二叉排序树：

（1）其左子树与右子树的高度之差的绝对值小于等于 1。

（2）其左子树和右子树也是平衡的二叉排序树。

为了方便起见，为二叉排序树上每个结点标注一个整数，表明该结点左子树与右子树的高度差，这个整数称为结点的平衡因子。

根据平衡二叉排序树的定义，平衡二叉排序树上所有结点的平衡因子只能是 -1、0、或 1。当

图 7-29　由同一组关键字构成的两棵形态不同的二叉排序树

在一个平衡二叉排序树上插入一个结点时，有可能导致失衡，出现绝对值大于 1 的平衡因子，如 2、-2。

【例 7-27】如图 7-30（a）和图 7-30（b）所示分别为标注了平衡因子的平衡二叉排序树和失衡的二叉排序树。

如果在一棵平衡二叉排序树中插入一个新结点，就有可能造成失衡，此时必须重新调整二叉树的结构，使之恢复平衡。失衡情

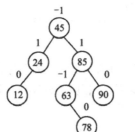

（a）平衡的二叉排序树

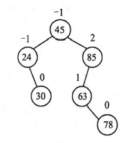

（b）非平衡的二叉排序树

图 7-30　平衡和非平衡的二叉排序树示例

况归纳起来有 4 种，下面分别以示例说明并讨论这 4 种失衡情况以及相应的调整方法。

2. LL 型失衡及调整

【例 7-28】如图 7-31（a）所示为一棵平衡的二叉排序树，在 A 的左子树的左子树上插入关键字为 10 的结点后，A 的平衡因子从 1 增加至 2，导致失衡（见图 7-31（b）），称这种失衡为 LL 型失衡。

为恢复平衡并保持二叉排序树的特性，可将 A 改为 B 的右孩子，而 B 的右孩子成为 A 的左孩子（见图 7-31（c））。这相当于以 B 为轴，对 A 做了一次顺时针旋转。

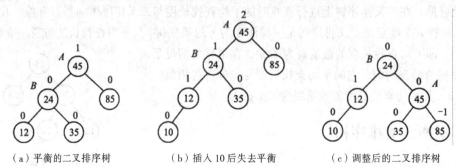

（a）平衡的二叉排序树　　　　（b）插入 10 后失去平衡　　　　（c）调整后的二叉排序树

图 7-31　失衡二叉排序树的调整示例（1）

将这种失衡以及调整平衡的过程描述为如图 7-32 所示的一般性过程。

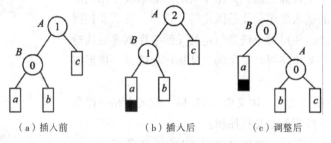

（a）插入前　　　　　　　（b）插入后　　　　　　　（c）调整后

图 7-32　LL 型失衡调整操作示意图

为实现平衡二叉排序树的失衡调整操作，可以在二叉排序树的结点结构中增加一个存放平衡因子的域 bf，其结点结构说明如下：

```
typedef struct node{
    keytype key;                      //关键字项
    datatype other;                   //其他数据项
    struct node *lchild,*rchild;      //左右孩子指针
    int bf;                           //存放平衡因子
}AVLtnode;
```

在以后的描述中约定：用来表示结点的字母也用来表示指向该结点的指针。因此，LL 型失衡的特点是：A->bf=2，B->bf=1。相应调整操作可用如下语句完成：

```
A->lchild=B->rchild;
B->rchild=A;
A->bf=0;
B->bf=0;
```

设 A 原来的父指针为 FA，如果 FA 非空，则用 B 代替 A 做 FA 的左孩子或右孩子；否则，若原来 A 就是根结点，此时应令根指针 T 指向 B：

```
if(FA==NULL) T=B;
```

```
else if(A==FA->lchild) FA->lchild=B;
else FA->rchild=B;
```

3. RR 型失衡及调整

【例 7-29】如图 7-33（a）所示为一棵平衡的二叉排序树，在 A 的右子树的右子树上插入关键字为 68 的结点后，A 的平衡因子从-1 增加至-2，导致失衡（见图 7-33（b）），称这种失衡为 RR 型失衡。

可将 A 改为 B 的左孩子，而 B 的左孩子成为 A 的右孩子（见图 7-33（c））。这相当于以 B 为轴，对 A 做了一次逆时针旋转。

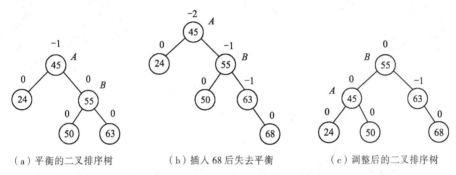

（a）平衡的二叉排序树　　　　（b）插入 68 后失去平衡　　　　（c）调整后的二叉排序树

图 7-33　失衡二叉排序树的调整示例（2）

如图 7-34 所示为这种失衡以及调整平衡的一般性描述。

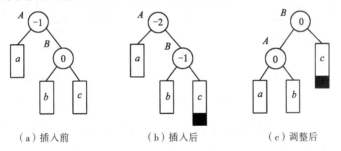

（a）插入前　　　　（b）插入后　　　　（c）调整后

图 7-34　RR 型失衡调整操作示意图

RR 型失衡的特点是：A->bf=-2，B->bf=-1。相应调整操作可用如下语句完成：
```
A->rchild=B->lchild;
B->lchild=A;
A->bf=0;
B->bf=0;
```
若 A 原来的父指针 FA 非空，则用 B 代替 A 做 FA 的左孩子或右孩子；否则，若原来 A 就是根结点，此时应令根指针 T 指向 B：
```
if(FA==NULL)T=B;
else if(A==FA->lchild) FA->lchild=B;
else FA->rchild=B;
```

4. LR 型失衡及调整

【例 7-30】如图 7-35（a）所示为一棵平衡二叉排序树，在 A 的左子树的右子树上插入关键字为 32 的结点后，A 的平衡因子从 1 增加至 2，导致失衡（见图 7-35（b）），称这种失衡为 LR 型失衡。

为恢复平衡并保持二叉排序树的特性，可先将 B 改为 C 的左孩子，C 原先的左孩子改为 B 的右孩子；然后将 A 改为 C 的右孩子，C 原先的右孩子改为 A 的左孩子（见图 7-35（c））。这相当于以插入的结点 C 为旋转轴，对 B 做了一次逆时针旋转，对 A 做了一次顺时针旋转。

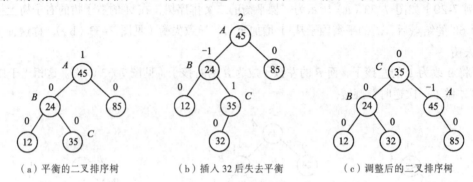

（a）平衡的二叉排序树　　　　（b）插入 32 后失去平衡　　　　（c）调整后的二叉排序树

图 7-35　失衡二叉排序树的调整示例（3）

图 7-36 描述了这种失衡以及调整平衡的一般性过程。

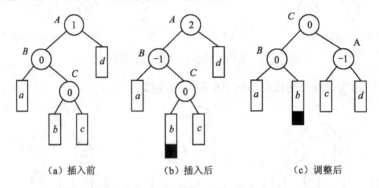

（a）插入前　　　　（b）插入后　　　　（c）调整后

图 7-36　LR 型失衡调整操作示意图

LR 型失衡的特点是：A->bf=2，B->bf=-1。相应调整操作可用如下语句完成：

```
B->rchild=C->lchild;
A->lchild=C->rchild;
C->lchild=B;
C->rchild=A;
```

在 A 的左子树的右子树上插入结点可分 3 种情况：①在 C_L 下插入结点 S；②在 C_R 下插入结点 S；③C 本身就是新插入的结点，此时 C_L、C_R、B_L、A_R 均为空。可以针对不同情况，修改 A、B、C 的平衡因子。

（1）如果是在 C_L 下插入结点 S，则失衡时 A->bf = 2，B->bf = -1，C->bf = 1；调整平衡后，的平衡因子为 A->bf = -1，B->bf = 0，C->bf = 0。即：

```
if(S->key<C->key){A->bf=-1,B->bf=0,C->bf=0;}
```

（2）如果是在 C_R 下插入结点 S，则失衡时 A->bf=2，B->bf=-1，C->bf=-1；调整平衡后，的平衡因子为 A->bf=0，B->bf=1，C->bf=0。即：

```
if(S->key>C->key){A->bf=0,B->bf=1,C->bf=0;}
```

（3）若 C 本身就是新插入的结点，则失衡时 A->bf=2，B->bf=-1；调整平衡后，的平衡因子为 A->bf=0，B->bf=0。即：

```
if(S->key==C->key){A->bf=0,B->bf=0;}
```

最后，将调整后的子二叉树的根结点 C 代替原来结点 A。

```
if(FA==NULL)T=C;
else if(A==FA->lchild)FA->lchild=C;
else FA->rchild=C;
```

5. RL 型失衡及调整

【例 7-31】如图 7-37（a）所示为一棵平衡的二叉排序树，在 A 的右子树的左子树上插入关键字为 48 的结点后，A 的平衡因子从 -1 增加至 -2，导致失衡（见图 7-37（b））。称这种失衡为 RL 型失衡。

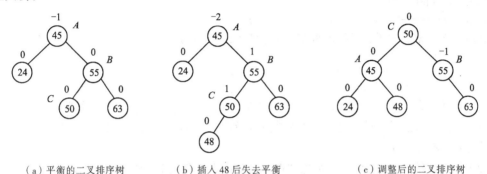

（a）平衡的二叉排序树　　　（b）插入 48 后失去平衡　　　（c）调整后的二叉排序树

图 7-37　失衡二叉排序树的调整示例（4）

为恢复平衡并保持二叉排序树的特性，可先将 B 改为 C 的右孩子，C 原先的右孩子改为 B 的左孩子；然后将 A 改为 C 的左孩子，C 原先的左孩子改为 A 的右孩子（见图 7-37（c））。这相当于以插入的结点 C 为旋转轴，对 B 做了一次顺时针旋转，对 A 做了一次逆时针旋转。

图 7-38 描述了这种失衡以及调整平衡的一般性过程。

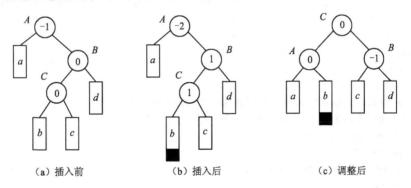

（a）插入前　　　　　（b）插入后　　　　　（c）调整后

图 7-38　RL 型失衡调整操作示意图

RL 型失衡的特点是：A->bf=-2，B->bf=1。相应调整操作可用如下语句完成：

```
B->lchild=C->rchild;
A->rchild=C->lchild;
C->lchild=A;
C->rchild=B;
```

在 A 的右子树的左子树上插入结点也分为在 C_L 下插入结点 S、在 C_R 下插入结点 S，以及 C 本身就是新插入的结点这 3 种情况。此时 C_L、C_R、A_L、B_R 均为空。下面针对不同情况，修改 A、

B、C 的平衡因子：

（1）如果是在 C_L 下插入结点 S，则失衡时 A->bf $=$-2，B->bf=1，C->bf=1；调整平衡后的平衡因子为 A->bf=0，B->bf=-1，C->bf=0。即：

```
if(S->key<C->key){A->bf=0,B->bf=-1,C->bf=0;}
```

（2）如果是在 C_R 下插入结点 S，则失衡时 A->bf=-2，B->bf=1，C->bf=-1；调整平衡后的平衡因子为 A->bf=1，B->bf=0，C->bf=0。即：

```
if(S->key>C->key){A->bf=1,B->bf=0,C->bf=0;}
```

（3）若 C 本身就是新插入的结点，则失衡时 A->bf=-2，B->bf=1；调整平衡后的平衡因子为 A->bf=0，B->bf=0。即：

```
if(S->key==C->key){A->bf=0,B->bf=0;}
```

最后，将调整后的子二叉树的根结点 C 代替原来结点 A。

```
if(FA==NULL)T=C;
else if(A==FA->lchild) FA->lchild=C;
else FA->rchild=C;
```

综上所述，在一个平衡的二叉排序树上插入一个新结点 S 时，应包括以下操作：

（1）查找插入位置，同时记录离插入结点 S 最近的、可能失衡的祖先结点 A（插入新结点前，A 的平衡因子不等于 0）。

（2）插入新结点 S，并修改从祖先结点 A 到新结点 S 路径上各结点的平衡因子。

（3）根据 A 及其孩子结点 B（新结点 S 的祖先结点）的平衡因子判断是否失衡以及失衡类型，并做相应处理。

6. 平衡二叉排序树的结点插入算法

在以上分析的基础上，给出在平衡二叉排序树上插入结点的算法：

```
void InsertAVL(AVLtnode *t, keytype k){
//在平衡二叉排序树 t 中插入关键字值为 k 的结点，并使其仍成为一棵平衡二叉排序树
  AVLtnode *S,*A,*B,*FA,*p,*fp,*C,
  S=(AVLtnode *)malloc(sizeof(AVLtnode));
  S->key=k;S->lchild=S->rchild=NULL;
  S->bf=0;
  if(t==NULL)t=S;
  else{//查找 S 的插入位置 fp，同时记录距 S 的插入位置最近
    //且平衡因子不等于 0(等于-1 或 1)的结点 A
    A=t;FA=NULL;p=t;fp=NULL;
    while(p!=NULL){
        if(p->bf!=0){A=p;FA=fp;}
        fp=p;
        if(k<p->key)p=p->lchild;
        else p=p->rchild;
    }                                      //插入结点 S
    if(k<fp->key)fp->lchild=S;
    else fp->rchild=S;                     //确定结点 B，并修改 A 的平衡因子
    if(k<A->key){B=A->lchild;A->bf=A->bf+1;}
    else{B=A->rchild;A->bf=A->bf-1;}
    //修改 B 到 S 路径上各结点的平衡因子
    p=B;
```

```
while(p!=S)if(k<p->key){p->bf=1;p=p->lchild;}
else{p->bf=-1;p=p->rchild;}
  //判断失衡类型并做相应处理
if(A->bf==2&&B->bf==1){              //LL 型
    B=A->lchild;A->lchild=B->rchild;
    B->rchild=A;A->bf=0;B->bf=0;
    if(FA==NULL)t=B;
    else if(A==FA->lchild)FA->lchild=B;
    else FA->rchild=B;
 }else if(A->bf==2&&B->bf==-1){      //LR 型
    B=A->lchild;C=B->rchild; B->rchild=C->lchild;
    A->lchild=C->rchild;C->lchild=B;C->rchild=A;
    if(S->key <C->key){A->bf=-1;B->bf=0;C->bf=0;}
    else if(S->key>C->key){A->bf=0;B->bf=1;C->bf=0;}
    else{A->bf=0;B->bf=0;}
    if(FA==NULL)t=C;
    else if(A==FA->lchild)FA->lchild=C;
    else FA->rchild=C;
 }else if(A->bf==-2&&B->bf==1){          // RL 型
    B=A->rchild;C=B->lchild;B->lchild=C->rchild;
    A->rchild=C->lchild;C->lchild=A;C->rchild=B;
    if(S->key<C->key){A->bf=0;B->bf=-1;C->bf=0;}
    else if(S->key>C->key){A->bf=1;B->bf=0;C->bf=0;}
    else{A->bf=0;B->bf=0;}
    if(FA==NULL)t=C;
    else if(A==FA->lchild) FA->lchild=C;
    else FA->rchild=C;
 }else if((A->bf==-2)&&(B->bf==-1)){      //RR 型
    B=A->rchild;A->rchild=B->lchild;
    B->lchild=A;A->bf=0; B->bf=0;
    if(FA==NULL)t=B;
    else if(A==FA->lchild)FA->lchild=B;
    else FA->rchild=B;
 }
 }
}
```

【例 7-32】用关键字序列(13,24,37,90,53)构造一棵平衡二叉排序树。

构造过程如图 7-39 所示。

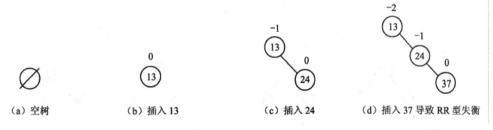

(a) 空树 　　　(b) 插入 13 　　　(c) 插入 24 　　　(d) 插入 37 导致 RR 型失衡

图 7-39 平衡二叉排序树的构造过程示例

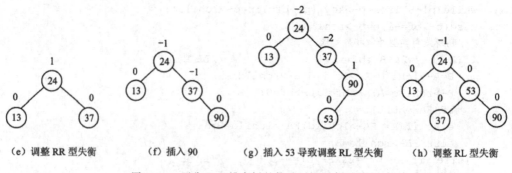

（e）调整 RR 型失衡　　　　（f）插入 90　　　　（g）插入 53 导致调整 RL 型失衡　　　　（h）调整 RL 型失衡

图 7-39　平衡二叉排序树的构造过程示例（续）

7.8　二叉树的应用 4——堆和堆排序

前面介绍了选择排序的思想：在每一趟排序中，从待排序序列中选出关键字最小或最大的元素放在其最终位置上。直接选择排序是这一思想的应用。本节介绍的堆排序也是基于这种排序思想的一种树形选择排序。

7.8.1　堆和堆排序的概念

1. 堆的定义

定义 7.12　n 个关键字序列（k_1，k_2，…，k_n）称为堆，当且仅当该序列满足如下特性：

$$\begin{cases} k_i \leqslant k_{2i} \\ k_i \leqslant k_{2i+1} \end{cases} \quad \text{或} \quad \begin{cases} k_i \geqslant k_{2i} \\ k_i \geqslant k_{2i+1} \end{cases} \quad (1 \leqslant i \leqslant \lfloor n/2 \rfloor) \tag{7-3}$$

并分别称其为小根堆和大根堆。

从堆的定义可以看出，堆实质是满足如下性质的完全二叉树：二叉树中任一非叶子结点关键字的值均小于(大于)它的孩子结点的关键字。在小根堆中，第一个元素(完全二叉树的根结点)的关键字最小；大根堆中，第一个元素（完全二叉树的根结点）的关键字最大。显然，堆中任一子树仍是一个堆。

【例 7-33】关键字序列(98,77,35,62,55,14,35,48)为堆，对应的完全二叉树如图 7-40（a）所示，该序列为一个大根堆；关键字序列(14,48,35,62,55,98,35,77)也是一个堆，其对应的完全二叉树如图 7-40（b）所示，该序列为一个小根堆。

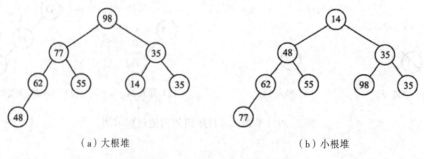

（a）大根堆　　　　　　　　　　　　（b）小根堆

图 7-40　大根堆、小根堆示例

2. 堆排序

定义 7.13 若对一个大根堆（小根堆）进行如下操作：

（1）输出堆顶元素。

（2）将剩余元素按关键字大小重新排列又建成一个大根堆（小根堆）。

（3）重复（1）和（2）。

则当该序列中所有元素均已输出后，便能得到一个有序序列。这个过程称为堆排序。

由堆排序的过程可以看出，实现堆排序需要解决两个问题：

（1）如何将一个无序序列建成一个堆？

（2）如何在输出堆顶元素后，调整剩余元素为一个新的堆。

下面分别讨论这两个问题。

7.8.2 堆的调整算法

1. 堆的调整

如何在输出堆顶元素后，调整剩余元素为一个新的堆。解决方法如下：

（1）输出堆顶元素之后，以堆中最后一个元素替代；若以完全二叉树来描述一个堆，即将二叉树中的最后一个叶子结点移至根结点位置，作为二叉树的根。

（2）将根结点关键字的值与其左、右子树的根结点关键字进行比较，并与其中较大者进行交换（当该堆为大根堆时；若为小根堆，应与其中较小者交换）。

（3）由上至下、从左至右，对每一棵子树重复（2）；当叶子结点所在的子树也被调整完毕，则完成了一次堆的调整过程，得到新的堆。称这个从根结点至叶子结点的调整过程为"筛选"。

【例 7-34】对于大根堆(98,77,35,62,55,14,35,48)，将其堆顶元素输出后，将其余元素仍调整为一个大根堆。调整过程如图 7-41 所示。

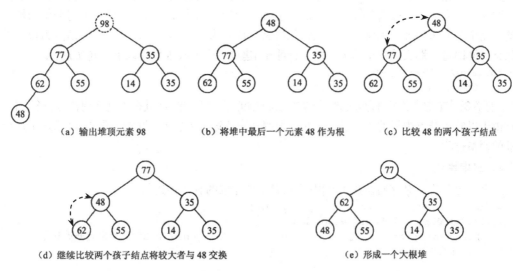

(a) 输出堆顶元素 98　　　(b) 将堆中最后一个元素 48 作为根　　　(c) 比较 48 的两个孩子结点

(d) 继续比较两个孩子结点将较大者与 48 交换　　　(e) 形成一个大根堆

图 7-41　大根堆的调整过程示例

2. 堆的调整算法

由于一个堆实质上是一个完全二叉树，则在实际操作中，通常用一维数组存储一个堆。该数组的类型定义如下：

```
typedef struct{
    Keytype key;                    //key 为关键字
    Othertype otherdata;
}Recordtype;
```

假设下标从 *k* 到 *m* 的数组元素序列描述的是以 *r[k]* 为根的完全二叉树，且以 *r[2k]*、*r[2k+1]* 为根的子树均为大根堆，这样，将下标从 *k* 到 *m* 的数组元素序列调整为一个大根堆的"筛选"算法可以描述如下：

```
void Sift(Recordtype r[],int k,int m){
    int j,i;i=k;j=2*i;
    while(j<=m){                          //若 j≤m, r[2*i]是 r[i]的左孩子
        if(j<m&&r[j].key<r[j+1].key)j++;
        //比较左右孩子的大小，使 j 为较大的孩子的下标
        if(r[i].key<r[j].key){
            r[i]<->r[j];                  //将较大的孩子与根交换
            i=j;j=2*i;
        }               //上述交换可能使以该孩子结点为根的子树不再为堆，则需重新调整
        else break;
    }
}
```

7.8.3 建堆

1．建堆思想

可以看出，上述"筛选"过程是从关键字序列中选出最大（最小）者。若对一个无序序列反复应用"筛选"算法，就可以得到一个堆。那么，怎样判断一个序列是一个堆？或者说，建堆操作从哪儿着手？

显然，单结点的二叉树是堆；在完全二叉树中，所有以叶子结点（编号 *i>n/2*）为根的子树都是堆。

这样，只需应用"筛选"算法，自底向上逐层把所有以非叶子结点为根的子树调整为堆，直至整个完全二叉树为堆。也就是说，只需依次将以序号为 *n/2*，*n/2-1*，…，1 的结点为根的子树均调整为堆即可。那么，将初始无序的 *r[1]* 到 *r[n]* 建成一个大根堆可用以下语句实现：

```
for(i=n/2;i>=1;i--)
    Sift(r,i,n);
```

【例 7-35】有关键字序列为(49,38,65,97,76,13,27,49)的一组记录,将其按关键字调整为一个大根堆。

由于以叶子结点为根的子树已经是堆，则调整应从第 *n/2* 个元素开始。图 7-42 描述了这个大根堆的调整过程。

2．建堆算法

综合以上分析，对存储在数组 *r[]* 中的元素序列建堆的算法描述如下：

```
void Createheap(Recordtype r[],int n){
//对记录数组 r[ ]建堆，n 为数组的长度
    for(i=n/2;i>=1;--i)                   //自第 n/2 个元素开始进行筛选建堆
        Sift(r,i,n);
}
```

7.8.4 堆排序算法及性能分析

由堆排序的定义可知，堆排序的过程是一个建初始堆以及不断进行堆调整的过程。

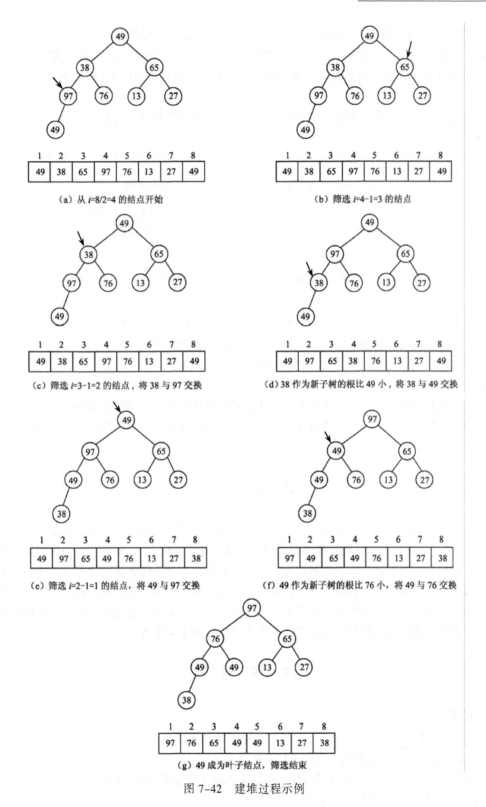

图 7-42　建堆过程示例

若进行按关键字递增排序，则建初始堆的结果是把 $r[1] \sim r[n]$ 中关键字最大的记录选到堆顶

$r[1]$的位置上。因此，将$r[1]$与$r[n]$交换后就得到了第一趟排序的结果。

第二趟排序首先应将$r[1]$到$r[n-1]$重新调整为大根堆，然后再将$r[1]$与$r[n-1]$交换。

第三趟排序应先将$r[1]$到$r[n-2]$重新调整为大根堆，然后再将$r[1]$与$r[n-2]$交换。

……

重复该过程$n-2$次后，就得到一个按关键字递增有序的序列$r[1]\sim r[n]$。

堆排序算法如下：

```
void HeapSort(Recordtype r[],int n){        //对 r[1]~r[n]进行堆排序
    int i;
    for(i=n/2;i>=1;i--)  Sift(r,i,n);        //建初始堆
    for(i=n;i>1;i--){                        //进行 n-1 趟排序
        r[1]<->r[i];                         //将根与最后一个元素交换
        Sift(r,1,i-1);                       //对 r[1]到 r[i-1]重新建堆
    }
}
```

堆排序的时间主要耗费在建初始堆和调整建新堆时进行的反复"筛选"上。对应于深度为 k 的完全二叉树，筛选算法中进行的关键字的比较次数至多为 $2(k-1)$次；而具有 n 个结点的完全二叉树的深度为 $\lfloor \log_2 n \rfloor + 1$，则调整建新堆时调用 Sift 算法 $n-1$ 次总共进行的比较次数不超过：

$$2(\lfloor \log_2(n-1) \rfloor + \lfloor \log_2(n-2) \rfloor + ... + \lfloor \log_2 2 \rfloor) < 2n \lfloor \log_2 n \rfloor$$

而建初始堆所进行的比较次数不超过 $4n$。因此，堆排序在最坏情况下，其时间复杂度也为 $O(n\log_2 n)$。这是堆排序的最大优点。

另外，堆排序仅需一个记录大小供交换用的辅助存储空间，其空间性能较好。

然而，堆排序是一种不稳定的排序方法，它不适用于待排序记录个数 n 较少的情况，但对于 n 较大的文件还是很有效的。

本 章 小 结

本章主要内容有二叉树的概念，二叉树的有关性质，两种特殊的二叉树（完全二叉树和满二叉树），二叉树的两种存储结构（顺序存储结构、链式存储结构），二叉树遍历的递归算法和非递归算法，线索化二叉树算法，二叉树中叶子结点个数统计，二叉树的深度计算等。这些基本问题和基本算法是学习的要点。在此基础上，本章列出的二叉树应用问题，如表达式求值、哈夫曼树和哈夫曼编码问题、二叉排序树、堆和堆排序等问题，有一定的学习难度，教学学时可能紧张，在教学中可在分析清楚问题和算法思路的基础上采用任务驱动法教学。

本 章 习 题

一、填空题

1. 二叉树结点由_____、_____、_____ 3个基本单元组成。

2. 在二叉树中，指针 p 所指结点为叶子结点的条件是_____。

3. 二叉排序树中某一结点左子树的深度减去右子树的深度称为该结点的_____。

4. 具有 256 个结点的完全二叉树的深度为_____。

5. 深度为 k 的完全二叉树至少有_____个结点，至多有_____个结点。

6. 在顺序存储的二叉树中，编号为 i 和 j 的两个结点处在同一层的条件是_____。

7. 高度为 8 的完全二叉树至少有_____个叶子结点。

8. 已知二叉树有 50 个叶子结点，则该二叉树的总结点数至少是_____。

9. 如果某二叉树有 20 个叶子结点，有 30 个结点仅有一个孩子，则该二叉树的总结点数为_____。

10. 对于一个具有 n 个结点的二叉树，当它为一棵_____二叉树时具有最小高度；当它为一棵_____时，具有最大高度。

11. 具有 n 个结点的二叉树采用二叉链表存储时，共有_____个空链域。

12. 二叉树的先序序列和中序序列相同的条件是_____。

13. 已知一棵二叉树的先序序列为 abdecfhg，中序序列为 dbeahfcg，则该二叉树的根为_____，左子树中有_____，右子树中有_____。

14. 已知二叉树先序序列为 ABDEGCF，中序序列为 DBGEACF，则后序序列一定是_____。

15. 按中序遍历二叉树的结果为 abc，有_____种不同的二叉树可以得到这一遍历结果，这些二叉树分别是_____。

16. 一个无序序列可以通过构造一棵_____树而变成一个有序序列，构造树的过程即为对无序序列进行排序的过程。

17. 一棵左子树为空的二叉树在先序线索化后，其中的空链域的个数为_____。

18. 线索二叉树的左线索指向其_____，右线索指向其_____。

19. 有一份电文中共使用 6 个字符：a、b、c、d、e、f。它们的出现频率依次为 2、3、4、7、8、9，试构造一棵哈夫曼树，则其加权路径长度 WPL 为_____，字符 c 的编码是_____。

20. 设 n_0 为哈夫曼树的叶子结点数目，则该哈夫曼树共有_____个结点。

二、选择题

1. 在下述结论中，正确的是（ ）。
   ① 只有一个结点的二叉树的度为 0。② 二叉树的度为 2。③ 二叉树的左右子树可任意交换。
   ④ 深度为 K 的完全二叉树的结点个数小于或等于深度相同的满二叉树。
   A. ①②③   B. ②③④   C. ②④   D. ①④

2. 若一棵二叉树具有 10 个度为 2 的结点，5 个度为 1 的结点，则度为 0 的结点个数是（ ）。
   A. 9   B. 11   C. 15   D. 不确定

3. 在一棵三叉树中度为 3 的结点数为 2 个，度为 2 的结点数为 1 个，度为 1 的结点数为 2 个，则度为 0 的结点数为（ ）个。
   A. 4   B. 5   C. 6   D. 7

4. 一个具有 1 025 个结点的二叉树的高 h 为（ ）。
   A. 11   B. 10   C. 11～1 025   D. 10～1 024

5. 一棵树高为 K 的完全二叉树至少有（ ）个结点。
   A. 2^k-1 B. $2^{k-1}-1$ C. 2^{k-1} D. 2^k

6. 对二叉树的结点从 1 开始进行连续编号，要求每个结点的编号大于其左、右孩子的编号，同一结点的左右孩子中，其左孩子的编号小于其右孩子的编号，可采用（ ）遍历实现编号。
   A. 先序   B. 中序   C. 后序   D. 从根开始按层次

7. 一棵二叉树的先序遍历序列为 *ABCDEFG*，它的中序遍历序列可能是（ ）。
   A. *CABDEFG*   B. *ABCDEFG*   C. *DACEFBG*   D. *ADCFEG*

8. 已知某二叉树的后序遍历序列是 dabec，中序遍历序列是 debac，它的先序遍历是（　　　　）。

    A. acbed   B. decab   C. deabc   D. cedba

9. 二叉树的先序遍历序列是 $EFHIGJK$；中序遍历序列是 $HFIEJKG$，则该二叉树根的右子树的根是（　　　　）。

    A. E B. F C. G D. H

10. 某二叉树 T 有 n 个结点，设按某种顺序对 T 中的每个结点进行编号，编号为 1，2，…，n，且有如下性质：T 中任一结点 V，其编号等于左子树上的最小编号减 1，而 V 的右子树的结点中，其最小编号等于 V 左子树上结点的最大编号加 1。这时是按（　　　　）编号的。

    A. 中序遍历序列   B. 先序遍历序列   C. 后序遍历序列   D. 层次顺序

11. 对于先序遍历与中序遍历结果相同的二叉树为（　　　　）；对于先序遍历和后序遍历结果相同的二叉树为（　　　　）。

    A. 一般二叉树   B. 只有根结点的二叉树

    C. 根结点无左孩子的二叉树   D. 根结点无右孩子的二叉树

    E. 所有结点只有左子数的二叉树   F. 所有结点只有右子树的二叉树

12. 一棵非空的二叉树的先序遍历序列与后序遍历序列正好相反，则该二叉树一定满足（　　　　）。

    A. 所有的结点均无左孩子   B. 所有的结点均无右孩子

    C. 只有一个叶子结点   D. 是任意一棵二叉树

13. 在完全二叉树中，若一个结点是叶结点，则它没有（　　　　）。

    A. 左子结点   B. 右子结点

    C. 左子结点和右子结点   D. 左子结点、右子结点和兄弟结点

14. 一棵左子树为空的二叉树在先序线索化后，其中空的链域的个数是（　　　　）。

    A. 不确定   B. 0   C. 1   D. 2

15. 引入二叉线索树的目的是（　　　　）。

    A. 加快查找结点的前驱或后继的速度   B. 为了能在二叉树中方便地进行插入与删除

    C. 为了能方便地找到双亲   D. 使二叉树的遍历结果唯一

16. n 个结点的线索二叉树上含有的线索数为（　　　　）。

    A. $2n$ B. $n-1$ C. $n+1$ D. n

17. 二叉树在线索后，仍不能有效求解的问题是（　　　　）。

    A. 前（先）序线索二叉树中求前（先）序后继

    B. 中序线索二叉树中求中序后继

    C. 中序线索二叉树中求中序前驱

    D. 后序线索二叉树中求后序后继

18. 下述编码中不是前缀码的是（　　　　）。

    A. (00,01,10,11)   B. (0,1,00,11)   C. (0,10,110,111)   D. (1,01,000,001)

19. 分别以下列序列构造二叉排序树，与用其他 3 个序列所构造的结果不同的是（　　　　）。

    A. (100,80,90,60,120,110,130)   B. (100,120,110,130,80,60,90)

    C. (100,60,80,90,120,110,130)   D. (100,80,60,90,120,130,110)

20. 在平衡二叉树中插入一个结点后造成了不平衡，设最低的不平衡结点为 A，并已知 A 的左孩子的平衡因子为 0 右孩子的平衡因子为 1，则应作（　　　　）型调整以使其平衡。

    A. LL   B. LR   C. RL   D. RR

21．以下序列不是堆的是（　　　　）。

    A．(100,85,98,77,80,60,82,40,20,10,66)　　　　B．(100,98,85,82,80,77,66,60,40,20,10)

    C．(10,20,40,60,66,77,80,82,85,98,100)　　　　D．(100,85,40,77,80,60,66,98,82,10,20)

22．有一组数据（15,9,7,8,20,−1,7,4），用堆排序的筛选方法建立的初始堆为（　　　　）。

    A．−1，4，8，9，20，7，15，7　　　　　　　　B．−1，7，15，7，4，8，20，9

    C．−1，4，7，8，20，15，7，9　　　　　　　　D．A，B，C 均不对

三、判断题

1．二叉树是度为 2 的有序树。（　　　）

2．完全二叉树一定存在度为 1 的结点。（　　　）

3．二叉树的先序遍历并不能唯一确定这棵树，但是，如果我们还知道该树的根结点是哪一个，则可以确定这棵二叉树。（　　　）

4．用一维数组存储二叉树时，总是以先序遍历顺序存储结点。（　　　）

5．任何二叉树的后序线索树进行后序遍历时都必须用栈。（　　　）

6．在完全二叉树中，若一个结点没有左孩子，则它必是树叶。（　　　）

7．在二叉排序树中插入结点，则此二叉树便不再是二叉排序树了。（　　　）

8．非空的二叉树一定满足：某结点若有左孩子，则其中序前驱一定没有右孩子。（　　　）

9．在任意一棵非空二叉排序树，删除某结点后又将其插入，则所得二叉排序树与删除前原二叉排序树相同。（　　　）

10．下面二叉树的定义只有一个是正确的，在正确的地方画"√"。

    （1）它是由一个根和两棵互不相交的、称为左子树和右子树的二叉树组成的。（　　　）

    （2）a．在一棵二叉树的第 i 层上，最大结点数是 2^{i-1}（ $i \geqslant 1$ ）。（　　　）

        b．在一棵深度为 k 的二叉树中，最大结点数是 $2^{k-1}+1$（ $k \geqslant 1$ ）。（　　　）

    （3）二叉树是结点的集合，满足如下条件：

        a．或者是空集。

        b．或者是由一个根和两个互不相交的、称为左子树和右子树的二叉树组成。（　　　）

11．线索二叉树的优点是便于在中序下查找前驱结点和后继结点。（　　　）

12．哈夫曼树的结点个数不能是偶数。（　　　）

13．当一棵具有 n 个叶子结点的二叉树的 WPL 值为最小时，称其树为哈夫曼树，且其二叉树的形状必是唯一的。（　　　）

14．在二叉树排序树中插入一个新结点，总是插入到叶子结点下面。（　　　）

15．完全二叉树肯定是平衡二叉树。（　　　）

16．对一棵二叉排序树按前序方法遍历得出的结点序列是从小到大的序列。（　　　）

17．二叉树中除叶子结点外，任一结点 X，其左子树根结点的值小于该结点（ X ）的值；其右子树根结点的值大于等于该结点（ X ）的值，则此二叉树一定是二叉排序树。（　　　）

18．N 个结点的二叉排序树有多种，其中树高最小的二叉排序树是平衡二叉排序树。（　　　）

19．堆肯定是一棵平衡二叉树。（　　　）

20．堆是满二叉树。（　　　）

四、应用题

1．对于图 7-43 所示二叉树，试给出：

（1）它的顺序存储结构示意图；

（2）它的二叉链表存储结构示意图；

（3）它的三叉链表存储结构示意。

2. 已知一棵二叉树如图 7-43 所示，请分别写出按前序、中序、后序和层次遍历时得到的结点序列。

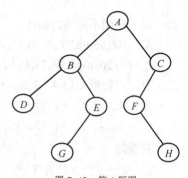

图 7-43　第 1 题图

3. 一个深度为 L 的满 K 叉树有以下性质：第 L 层上的结点都是叶子结点，其余各层上每个结点都有 K 棵非空子树，如果按层次顺序从 1 开始对全部结点进行编号，求：

（1）各层结点的数目是多少？

（2）编号为 n 的结点的双亲结点（若存在）的编号是多少？

（3）编号为 n 的结点的第 i 个孩子结点（若存在）的编号是多少？

（4）编号为 n 的结点有右兄弟的条件是什么？如果有，其右兄弟的编号是多少？

4. 有 n 个结点并且其高度为 n 的二叉树的数目是多少？

5. 已知完全二叉树的第七层有 10 个叶子结点，则整个二叉树的结点数最多是多少？

6. 如果在内存中存放一个完全二叉树，在二叉树上只进行下面两个操作：

（1）寻找某个结点双亲。

（2）寻找某个结点的儿子。问应该用何种结构来存储该二叉树？

7. 已知完全二叉树有 30 个结点，则整个二叉树有多少个度为 0 的结点？

8. 试找出满足下列条件的二叉树：

（1）先序序列与后序序列相同。（2）中序序列与后序序列相同。

（3）先序序列与中序序列相同。（4）中序序列与层次遍历序列相同。

9. 已知一棵二叉树的中序序列和后序序列分别为 $DBEAFIHCG$ 和 $DEBHIFGCA$，画出这棵二叉树。

10. 一棵二叉树的先序、中序遍历序列如下：先序遍历序列：$A\ B\ D\ F\ C\ E\ G\ H$；中序遍历序列：$B\ F\ D\ A\ G\ E\ H\ C$。

（1）画出这棵二叉树。（2）画出这棵二叉树的后序线索树。

11. 一棵非空的二叉树其先序序列和后序序列正好相反，画出这棵二叉树的形状。

12. 一棵二叉树的先序、中序、后序序列如下，其中一部分未标出，试构造出该二叉树。

先序序列：$\_\_C D E\_G H I\_K$；中序序列：$C B\_\_F A\_J K I G$；后序序列：$\_E F D B\_J I H\_A$。

13. 说明下面递归过程的功能。

```
int unknown(BinTreNode * t){      //指针 T 是二叉树的根指针。
    if(t==NULL)return-1;
    else  if(unknown(t->leftChild)>=unknown(t->rightChild))
       return 1+unknown(t->leftChild));
    else  return 1+unkuown(t->rightChild);
}
```

14. 给定集合{15,3,14,2,6,9,16,17}。

（1）用□表示外部结点，用○表示内部结点，构造相应的 huffman 树。

（2）计算它的带权路径长度。

（3）写出它的哈夫曼编码。

15. 设 T 是一棵二叉树，除叶子结点外，其他结点的度数皆为 2，若 T 中有 6 个叶子结点，试问：

（1）T 的最大深度 $Kmax$ 是多少，最小可能深度 $Kmin$ 是多少？

（2）T 中共有多少个非叶子结点？

（3）若叶子结点的权值分别为 1，2，3，4，5，6。构造一棵哈曼夫树，并计算该哈曼夫树的带权路径长度 WPL。

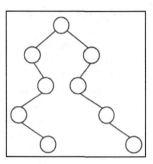

16．一棵二叉排序树结构如图 7-44 所示，各结点的值从小到大依次为 1～9，标出各结点的值。

17．依次输入表(30,15,28,20,24,10,12,68,35,50,46,55)中的元素，生成一棵二叉排序树。

图 7-44　第 16 题图

（1）试画出生成之后的二叉排序树。

（2）对该二叉排序树作中序遍历，试写出遍历序列。

18．已知一组元素为（46，25，78，62，12，37，70，29），试画出按元素排列次序插入生成的一棵二叉搜索树。

19．已知长度为 12 的表{Jan,Feb,Mar,Apr,May,June,July, Aug,Sep,Oct,Nov,Dec}。

（1）试按表中元素的次序依次插入一棵初始为空的二叉排序树，画出插入之后的二叉排序树，并求在等概率情况下查找成功的平均查找长度。

（2）若对表中元素先进行排序构成有序表，求在等概率的情况下对此表进行折半查找成功的平均查找长度。

（3）按表中元素顺序构造一棵平衡二叉排序树，并求其在等概率情况下查找成功的平均查找长度。

20．试画出从空树开始，由字符序列(t,d,e,s,u,g,b,j,a,k,r,i)构成的二叉平衡树，并为每一次的平衡处理指明旋转类型。

21．在一棵空的二叉查找树中依次插入关键字序列为 20、30、8、12、34、5、60、5、1、29，请画出所得到的二叉查找树。

22．将(for, case, while, class, protected, virtual, public, private, do, template,const ,if, int)中的关键字依次插入初态为空的二叉排序树中，请画出所得到的树 T。然后画出删去 for 之后的二叉排序树 T，若再将 for 插入 T 中得到的二叉排序树 T'是否与 T 相同？最后给出 T'的先序、中序和后序序列。

23．画出对长度为 18 的有序的顺序表进行二分查找的判定树，并指出在等概率时查找成功的平均查找长度，以及查找失败时所需的最多的关键字比较次数。

24．已知序列{503，87，512，61，908，170，897，275，653，462}，请给出采用堆排序对该序列做升序排序时的每一趟结果。

五、程序填空题

1．设 y 指向二叉线索树的一个叶子结点，x 指向一个待插入结点，将 x 作为 y 的左孩子插入，树中标志域为 ltag 和 rtag，并规定标志为 1 是线索，则下面的一段算法将 x 插入并修改相应的线索，试将其补充完整（lchild、rchild 分别代表左、右孩子域）。

　　x->ltag =_____；x->lchild =_____；y->ltag =_____；

　　y->lchild =_____；x->rtag =_____；x->rchild =_____；

　　if((x->lchild != NULL) &&(x->lchild->rtag=1) x->lchild->rchild =_____；

2．将二叉树 bt 中每一个结点的左右子树互换的算法如下，其中 ADDQ(Q,bt)、DELQ(Q)、EMPTY(Q) 分别为进队、出队和判别队列是否为空的函数，填写算法中的空格，完成其功能。

```
typedef struct node{
    int data;
    struct node *lchild,*rchild;
}btnode;
void EXCHANGE(btnode *bt){
    btnode*p,*q;
    if(bt){ADDQ(Q,bt);
        while(!EMPTY(Q)){
            p=DELQ(Q);q=_____;
            p->rchild=_____ ;  _____=q;
            if(p->lchild);
            if(p->rchild);
        }
    }
}
```

3. 将下面求二叉树高度的递归算法补充完整。说明：二叉树的两指针域为 lchild 与 rchild，算法中 p 为二叉树的根，lh 和 rh 分别为以 p 为根的二叉树的左子树和右子树的高，hi 为以 p 为根的二叉树的高，hi 最后返回。

```
height(p){
    if(_____){
        if(p->lchild==NULL)  lh=_____;
        else lh=_____;
        if(p->rchild==NULL)  rh=_____;
        else rh=_____;
        if( lh>rh)  hi=_____;
        else hi=_____;
    }else hi=_____;
    return hi;
}
```

4. 如下的算法分别是后序线索二叉树求给定结点 node 的前驱结点与后继结点的算法，在空格处填上正确的语句。设线索二叉树的结点数据结构为(lflag,lef,data,right,rflag)，其中，lflag=0，left 指向其左孩子；lflag=1，left 指向其前驱；rflag =0，right 指向其右孩子；rflag=1，right 指向其后继。

```
void prior(node, x){
    if(node!=NULL)
        if(_____) x=ode->right;
    else x=node->left;
}
next(bt,node,x){                        // bt 是二叉树的树根
    _____;
    if(node!=bt&&node!=NULL)
        if(node->rflag)_____;
        else{
            do{
                t=x;
                _____;
            }while(x==node);
            x=t;
        }
}
```

5. 下面是将任意序列调整为最大堆（Max Heap）的算法，在空白部分填上相应内容。将任意序列调整为最大堆通过不断调用 adjust 函数，即：

```
for(i=n/2;i>0;i--) adjust(list,i,n);
```

其中 list 为待调整序列所在数组（从下标 1 开始），*n* 为序列元素个数。

```
void adjust(int list[ ],int root,int n){
//将以 root 为下标的对应元素作为待调整堆的根,待调整元素放在 list 数组中,最大元素下标为 n
    int child,rootkey;
    rootkey=ist[root];
    child=2*root;
    while(child<=n){
        if((child<n)&&(list[child]<list[child+1])) _____;
        if(rootkey>list[child])break;
        else{
            List[_____]=list[child];
            child*=2;
        }
    }
    list[child/2]=rootkey;
}
```

六、算法设计题

约定以下算法中二叉树的二叉存储结构描述如下：

```
typedef struct BTNode{
    datatype data;
    struct BTNode *lchild,*rchild;
}BTNode ,*BiTree;
```

1. 给定一棵用二叉表示的二叉树，其根指针为 root。试写出求二叉树结点的数目的算法。

2. 已知二叉树按照二叉链表方式存储，编写算法，计算二叉树中度为 0 的结点个数、度为 1 的结点个数、度为 2 的结点个数。

3. 编写递归算法：对于二叉树中每个元素值为 *x* 的结点，删去以它为根的子树，并释放相应的空间。

4. 给定一棵用链表表示的二叉树，其根结点 root。试写出求二叉树的深度的算法。

5. 给定一棵用链表表示的二叉树，其根指针为 root。试写出求二叉树各结点的层数的算法。

6. 给定一棵用链表表示的二叉树，其根指针为 root。试写出将二叉树中所有结点的左、右子树相互交换的算法。

7. 一棵 *n* 个结点的完全二叉树以向量作为存储结构，试设计非递归算法对该完全二叉树进行前序遍历。

8. 在二叉树中查找值为 *x* 的结点，试设计打印值为 *x* 的结点的所有祖先结点算法。

9. 已知一棵二叉树的后序遍历序列和中序遍历序列，写出可以唯一确定一棵二叉树的算法。

10. 写出按层遍历二叉树的算法。

11. 设计一个算法，要求该算法把二叉树的叶结点按从左至右的顺序链成一个单链表。二叉树按 lchild-rchild 方式存储，链接时用叶结点的 rchild 域存放链指针。分析所设计算法的时间、空间复杂度。

12. 已知一棵二叉排序树上所有关键字中的最小值为 $-max$，最大值为 max，又知 $-max<x<max$。编写递归算法，求该二叉排序树上的小于 *x* 且最靠近 *x* 的值 *a* 和大于 *x* 且最靠近 *x* 的值 *b*。

13. 试编写一个判定二叉树是否二叉排序树的算法，设此二叉树以二叉链表作存储结构，且树中结点的关键字均不同。

14. 二叉树结点的平衡因子(bf)定义为该结点的左子树高度与右子树高度之差。设二叉树结点结构为(lchild,data,bf,rchild)，lchild、rchild 是左右儿子指针；data 是数据元素；bf 是平衡因子，编写递归算法计算二叉树中各个结点的平衡因子。

第8章 树和森林及其应用

教学目标: 本章将学习树和森林的数据结构、基本算法及其性能分析,树和森林与二叉树间的转换算法等,在此基础上介绍树的应用——B⁻树。通过本章的学习,要求掌握树和森林的概念和性质、数据结构、树的基本算法及性能分析、树与二叉树间的转换及其算法,并能应用 B⁻树来实现数据元素的动态查找。

教学提示: 树是一种非线性结构,它在二叉树的基础上做了更为一般化的扩展,而森林是树的集合。在树结构中,每一个元素最多只有一个前驱(父辈),但可能有多个后继(后代)。现实生活中的家族关系、单位的组成结构等,均可抽象为树的形式。在教学中注意树、森林与二叉树的关系、树的链接存储结构和遍历算法。在编译系统、数据库系统、操作系统等计算机领域中有许多应用。

8.1 树和森林的基本概念

树和森林是一种常见的非线性结构,可以用它来描述许多实际问题。

8.1.1 树和森林的定义

树的定义在二叉树的基础上做了更为一般化的扩展。

定义 8.1 树是由 n($n \geq 0$)个结点组成的有限集合,其中:

(1)当 $n=0$ 时为空树。

(2)当 $n>0$ 时,有且仅有一个特定的结点,称为树的根,其余结点可分为 m($m>0$)个互不相交的子集,其中每一个子集本身又是一棵树,并且称为根的子树。

可见,树的定义也是递归定义。

【例 8-1】图 8-1 表示一个由 11 个结点构成的树,其中结点 A 是树的根,它有 3 棵子树,分别为{B,E,F}、{C,G}和{D,H,I,J,K},而它们本身又都是树。

【例 8-2】根据定义,树有 3 种基本形态,如图 8-2 所示。其中(a)表示一棵空树,不包含任何结点;(b)表示仅包含一个结点的树,该结点就是树的根;(c)表示包含子树的树。

在"第 7 章二叉树及其应用"中的各类术语均可应用于树,如父结点、度等。除此以外,下面介绍几个只能应用于树中的基本术语。

(1)有序树:树中所有结点的各子树从左至右是有次序的,不能互换。

(2)无序树:树中所有结点的子树没有次序,可以互换。

(3)长子:有序树中结点最左边的子树的根。

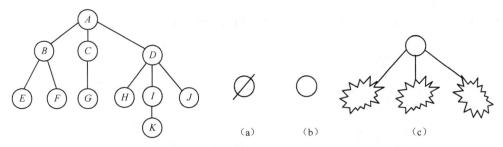

图 8-1 树的示例　　　　　　　　　　图 8-2 树的 3 种基本形态

【例 8-3】在如图 8-3 所示的有序树中，结点 B 是结点 A 的长子，而结点 C 的长子是结点 E。

定义 8.2　森林是 m（$m \geq 0$）棵互不相交的树的集合。

【例 8-4】图 8-4 表示了一个由 3 棵树组成的森林，其中第 2 棵树是空树。

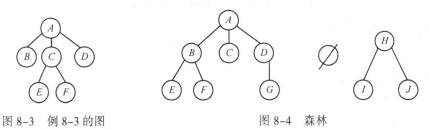

图 8-3　例 8-3 的图　　　　　　　　　图 8-4　森林

8.1.2　树的性质

性质 1：树的结点总数等于所有结点的度数加 1。

证明：从树的定义可知，除根结点外，树中每个结点有且只有一个父结点，即每个结点都对应一个从父结点指向自身的分支。因此，树中除根结点外的其他结点数等于所有结点的分支数，即结点的度数。加上根结点，则结点总数等于所有结点的度数加 1。

证毕。

【例 8-5】在如图 8-5 所示的树中，所有结点的度数为 5，共有结点 5+1=6 个。

性质 2：度为 m 的树中，第 i 层的结点总数至多为 m^{i-1}。

证明：用数学归纳法。

（1）对于第 1 层，无论 m 是多少，$m^{i-1}=m^{1-1}=m^0=1$，而第 1 层中只有一个根结点，结论成立。

（2）假设对于第 n 层结论成立，即第 n 层的结点数为 m^{n-1}。根据树的定义，度为 m 的树中每个结点至多有 m 个孩子结点，因此第 $n+1$ 层结点数至多为 $m^{n-1} \times m = m^n = m^{(n+1)-1}$，结论成立。

证毕。

【例 8-6】图 8-6 所示的树的度为 3，第 2 层结点数为 $3=3^{2-1}$，第 3 层结点数为 $6 < 3^{3-1}=9$。

性质 3：高度为 h 的 m 叉树的结点总数至多为 $(m^h-1)/(m-1)$。

证明：由性质 2 可知 m 叉树的每一层的结点数至多为 m^{i-1}，i 为层数，则每层加起来可得 m 叉树的结点总数最多为 $m^0+m^1+m^2+\cdots+m^{h-1}=(m^h-1)/(m-1)$。证毕。

性质 4：具有 n 个结点的 m 叉树的高度（层数）最小为 $\lceil \log_m(n(m-1)+1) \rceil$。

证明：设具有 n 个结点的 m 叉树的高度为 h。若树的前 $h-1$ 层的结点都是满的，即每一层的

结点数为 m^{i-1}（$1 \le i \le h-1$），显然在这种情况下，树的高度最小。

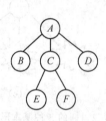

图 8-5　例 8-5 图

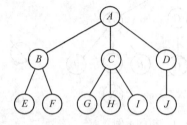

图 8-6　例 8-6 图

根据性质 2 可得前 $h-1$ 层的结点数为 $m^0+m^1+\cdots+m^{h-2}=(m^{h-1}-1)/(m-1)$。

根据性质 3 可得：

$(m^{h-1}-1)/(m-1)n \le (m^h-1)/(m-1) \Rightarrow m^{h-1} < n(m-1)+1 \le m^h \Rightarrow h-1 < \log_m(n(m-1)+1) \le h \Rightarrow \log_m(n(m-1)+1) \le h < \log_m(n(m-1))+1$

因为 h 只能取整数，所以 $h = \lceil \log_m(n(m-1)+1) \rceil$。证毕。

8.1.3　树和森林的遍历

1. 树的遍历

定义 8.3　对一棵树，按某种次序访问其中每个结点一次且仅一次的过程称为树的遍历。

树有两种遍历方法：

（1）先序遍历：先访问树的根结点，然后按照次序（一般是从左至右）先序遍历根结点的每棵子树。

（2）后序遍历：先依次后序遍历每棵子树，然后访问根结点。

【例 8-7】对如图 8-7 所示的树，采用先序遍历得到的序列为 $A\,B\,E\,F\,C\,D\,G$；采用后序遍历得到的序列为 $E\,F\,B\,C\,G\,D\,A$。

可见，对树采用某种次序进行遍历，其结果是结点的序列。

2. 森林的遍历

定义 8.4　对一个森林，按某种次序访问其中所有树的每个结点一次且仅一次的过程称为森林的遍历。

同样，森林也有两种遍历方法：

（1）先序遍历：按照次序先序遍历森林中的每棵树。

（2）中序遍历：按照次序后序遍历森林中的每棵树。

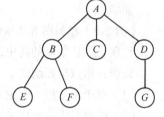

图 8-7　例 8-7 图

注意：这里之所以命名为"中序"遍历，是因为遍历结果和对该森林所转换的二叉树进行中序遍历所得结果一致。关于森林和二叉树之间的转换详见 8.1.4 的介绍。

【例 8-8】对如图 8-8 所示的森林，采用先序遍历得到的序列为 $A\,B\,C\,E\,D\,F\,G\,H\,I\,J\,K$；采用中序遍历得到的序列为 $B\,E\,C\,D\,A\,G\,F\,I\,K\,J\,H$。

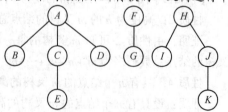

图 8-8　例 8-8 图

8.1.4 树、森林与二叉树的关系

树或森林与二叉树之间有一个自然的一一对应关系。任何一个森林或一棵树可以唯一地对应到一棵二叉树；反之，任何一棵二叉树也能唯一地对应到一个森林或一棵树。

1. 树转换成二叉树

把一棵树转换成二叉树的方法如下：

（1）首先把树看成从左至右的有序树。

（2）把树的根结点转换为二叉树的根结点。

（3）对于树中每个结点，如果有子树，则把它的长子结点转换成二叉树中的左子树的根结点。

（4）对于树中每个结点，如果其右面还有兄弟结点，则把下一个右兄弟结点转换成二叉树中的右子树的根结点。

【例 8-9】图 8-9 表示了一棵树如何转换成二叉树。其中根结点 A 同样转换成二叉树中的根结点；树中结点 E 是结点 B 的长子，因此转换成二叉树中结点 B 的左子树的根结点；树中结点 C 是结点 B 的兄弟结点，因此转换成二叉树中结点 B 的右子树的根结点。

因为根结点没有兄弟结点，因此转换后的二叉树只有左子树。

2. 森林转换成二叉树

把一个森林转换成二叉树的方法如下：

（1）首先把森林中的所有树看成从左至右的有序树。

（2）按照上面的方法把森林中的每棵非空树都转换成二叉树。

（3）合并所有转换后的二叉树，合并方法是把第 $n+1$ 棵二叉树作为第 n 棵二叉树的根结点的左子树。

【例 8-10】图 8-10 表示了一个森林如何转换成二叉树。首先将森林中的每棵树都转换成二叉树，然后按照合并的规则生成一棵二叉树。

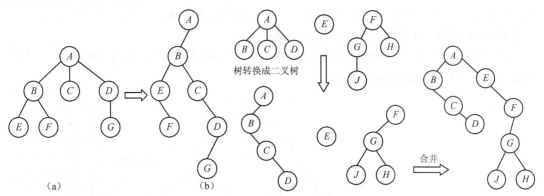

图 8-9 树转换成二叉树　　　　图 8-10 森林转换成二叉树

对图 8-10 的森林中每棵树做后序遍历，得结点序列 $BCDAEJGHF$，与转换成的对应二叉树的中序遍历所得序列一致。

3. 二叉树转换成树或森林

根据以上方法的逆方法，可将一棵二叉树转换成树或森林。

【例 8-11】 把如图 8-11（a）所示的二叉树转换为一棵树。

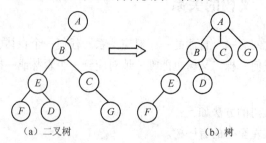

(a) 二叉树　　　　　　　　　(b) 树

图 8-11　二叉树转换成树

转换方法：（1）左子结点转换成左子树根结点，（2）右子结点转换成右兄弟节点。转换结果如图 8-11（b）。

8.2　树的存储结构

树的存储结构可以采用顺序存储结构和链接存储结构两种方式。

8.2.1　树的顺序存储结构和建树算法

由于树中结点可以有任意多个子树，结点编号和孩子结点的编号不存在必然的关系，因此须在结点中明确指出结点之间的父子关系。

1. 双亲表示法

在双亲表示法中，树中所有结点从上到下、从左至右依次编号，作为结点在顺序存储中的位置。树中每个结点包含两个域，如图 8-12 所示。

其中第一个是数据域（data），存放结点的数据；另一个是双亲域（parent），存放双亲（父）结点在顺序存储中的位置编号。通过 parent 域，顺序存储的各结点可以保持正确的父子关系。

【例 8-12】 图 8-13 采用双亲表示法顺序存储一棵树。

每个结点按从上到下、从左至右的次序依次编号，作为其位置编号。每个结点的 data 域存放数据，parent 域存放它的父结点的编号。

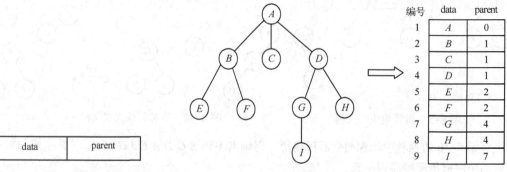

编号	data	parent
1	A	0
2	B	1
3	C	1
4	D	1
5	E	2
6	F	2
7	G	4
8	H	4
9	I	7

data	parent

图 8-12　顺序存储的树结点　　　　　　　图 8-13　双亲表示法顺序存储树

这里有一个特殊情况：由于根结点没有父结点，因此其 parent 域为 0。

2．双亲表示法中的存储结构

采用 C 语言定义双亲表示法中的存储结构：

```
#define MAX_NODE_NUM 100              //最大结点数
typedef struct{                      //树结点类型
    char data;                       //数据域，采用 char 类型
    int parent;                      //双亲域，父结点的编号
}STreeNode;
typedef struct{                      //双亲表示法的树类型
    STreeNode nodes[MAX_NODE_NUM];   //一维数组，顺序存储树中所有结点
    int nodeNum;                     //树中的结点数
}STree;
```

3．建立树的算法思想

建立一个采用双亲表示法存储的树，其算法思想如下：

（1）输入结点数，初始化树中的结点数组和结点数；

（2）按照从上到下、从左至右的顺序依次输入每个结点的信息，包括结点的数据域和父结点编号；

（3）根据输入的结点信息，建立树中的结点数组。

4．建立树算法

建立双亲表示法存储结构的树的算法如下：

```
STree createSTree(){
    int i,parent;
    char data;
    STree st;
    printf("请输入树的结点数量");
    scanf("%d",&i);
    st.nodeNum=i;                    //初始化树的结点数量
    if(i==0) return st;              //空树，结束函数
    for(i=1;i<=st.nodeNum;i++)    {  //依次输入每个结点的信息
        printf("请输入第%d个结点的数据及其父结点的编号",i);
        scanf("%c%d",&data,&parent);
        st.nodes[i].data=data;       //初始化结点信息
        st.nodes[i].parent=parent;
    }return st;
}
```

5．算法性能分析

分析该算法的时间复杂度，显然等于 $O(n)$，n 为树的结点数量。

8.2.2　树的链接存储结构和建树算法

树的链接存储有两种方法：孩子表示法和孩子兄弟表示法。

1．孩子表示法

在这种方法中，每个结点不仅存储自身的数据，还存储指向所有孩子结点的指针，结点的结构如图 8-14 所示。

data	child$_1$	child$_2$	⋯	child$_d$

图 8-14　孩子表示法的树结点结构

树中结点可以包含任意多个孩子结点，因此结点中的指针域数量应为树的度。

【例 8-13】图 8-15 表示了采用孩子表示法存储一棵树。

采用孩子表示法会产生大量的空指针域，造成存储空间的浪费。如果一棵度为 k 的树有 n 个结点，则必然有 $n(k-1)+1$ 个空指针域。在图 8-15 中，树的度为 3，共 9 个结点，采用孩子表示法存储，共产生了 $9×2+1=19$ 个空指针域。

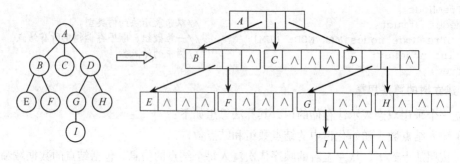

图 8-15　孩子表示法存储树

采用孩子表示法的树的存储结构如下：

```
#define DEGREE 10                //树的度
typedef struct{                  //树结点的类型
    datatype data;               //数据域，采用 datatype 类型
    CTreeNode *children[DEGREE]; //指向孩子结点的指针域
}CTreeNode;
```

一棵树由树的根结点表示，通过根结点可以访问树中所有的结点。

2．孩子兄弟表示法

为了克服孩子表示法中产生大量空指针域的问题，可以采用孩子兄弟表示法。

（1）结点结构分析。孩子兄弟表示法首先通过 8.1.4 小节中介绍的方法将树转换成二叉树，然后用二叉链表存储，因此又称为二叉链表表示法。

在孩子兄弟表示法中，树结点由 3 个域组成，如图 8-16 所示。其中第一个是数据域（data），存放结点的数据；第二个是长子域（firstChild），存放指向长子结点的指针；第三个是兄弟域（nextSibling），存放指向第一个兄弟结点的指针。

data	firstChild	nextSibling

图 8-16　孩子兄弟表示法的树结点

【例 8-14】图 8-17 表示了采用孩子兄弟表示法存储一棵树。

可以看出，孩子兄弟表示法大大减少了空指针域。

（2）结点存储结构分析。采用孩子兄弟表示法的树的结点存储结构如下：

```
typedef struct{                  //树结点的类型
    char data;                   //数据域，采用 char 类型
    CSTreeNode *firstChild;      //指向长子结点的指针域
    CSTreeNode *nextSibling;     //指向下一个兄弟结点的指针域
}CSTreeNode;
```

一棵树由树的根结点表示，通过根结点可以访问树中所有的结点。

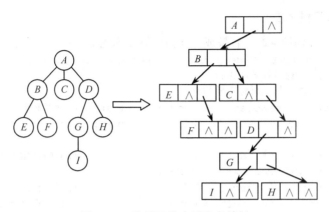

图 8-17 孩子兄弟表示法存储树

8.3 树的基本算法及性能分析

本节讨论树或森林与二叉树之间的转换算法及树的遍历算法。

8.3.1 树转换为二叉树算法及性能分析

在 8.1.4 小节中介绍了树、森林和二叉树的关系：任意一棵树或森林都有唯一的一棵二叉树与之对应。下面介绍树或森林转换成二叉树的算法。

当树采用孩子兄弟表示法存储时，它已经是一棵二叉树了，无须转换。因此，只考虑采用孩子表示法存储的树如何转换成二叉树。

1. 算法思想

（1）树的根转换成二叉树的根。

（2）从根开始，按层次遍历树，即按从上到下、从左至右的次序依次访问每个结点的指针域。

（3）如果结点是其父结点的长子，则成为其父结点的左孩子；否则作为其上一个兄弟结点的右孩子。

2. 算法的存储结构和辅助存储空间分析

二叉树的结点存储结构定义如下（参见第 7 章的描述）：

```
typeof struct{
    datatype data;                  //数据域
    BTreeNode *lchild,*rchild;      //左、右孩子结点的指针
}BTreeNode
```

辅助存储空间分析：为了保证能够按层次遍历树，必须建立一个辅助存储空间，即先入先出的队列 visitedCTreeNodes 来存放已经访问过的结点。每个结点访问后"进"队列，下一个要访问的结点是"出"队列的结点的孩子结点。

为了保证正确转换，同样需要建立另外一个辅助存储空间，即队列 visitedBTreeNodes 来存放已经建立的二叉树的结点，它和 visitedCTreeNodes ——对应。

整个算法结束的条件就是两个队列 visitedCTreeNodes 和 visitedBTreeNodes 为空。

3. 树转换为二叉树算法

采用孩子表示法存储结构的树转换成二叉树的算法描述如下：

```
void TreeToBTree(CTreeNode *ctroot,BTreeNode *btroot) {
   //ctroot:指向树的根结点的指针
   //btroot:指向二叉树的根结点的指针
   Queue visitedCTreeNodes,visitedBTreeNodes;     //辅助队列
   CTreeNode ctnode;BTreeNode btnode,p,lastSibling;
   int i;
   btroot->data=ctroot->data;                      //树的根结点作为二叉树的根结点
   btroot->lchild=btroot->rchild=NULL;
   addQueue(ctroot,visitedCTreeNodes);             //树的根结点进队列
   addQueue(btroot,visitedBTreeNodes);             //树的根结点进队列
   while(!empty(visitedCTreeNodes)){
      ctnode=delQueue(visitedCTreeNodes);          //树结点出队列
      btnode=delQueue(visitedBTreeNodes);          //二叉树结点出队列
      for(i=0;i<DEGREE;i++){                        //访问树结点所有的孩子结点
         if(ctnode->children[i]==NULL) break;      //孩子结点访问完毕
         p=(BTreeNode)malloc(sizeof(BTreeNode));    //分配二叉树结点
         p->data=ctnode->children[i]->data;
         p->lchild=p->rchild=NULL;
         if(i==1) btnode->lchild=p;                 //长子，作为父结点的左孩子
         else lastSibling->rchild=p;                //作为上一个兄弟结点的右孩子
         lastSibling=p;
         addQueue(ctnode->children[i],visitedCTreeNodes);    //树结点进队列
         addQueue(p,visitedBTreeNodes);             //二叉树结点进队列
      }
   }
}
```

4. 算法性能分析

分析上面的算法，它由嵌套的两层循环组成。外层循环 n 次，n 是树结点的个数。内层循环次数取决于每个结点的度，它是一个不大于整个树的度的整数。因此，整个算法的时间复杂度为 $O(a \times n)$，其中 a 是一个修正系数，它反映了树中的空指针域的多少。空指针域越多，则 a 越小；反之则 a 越大。a 最大取值小于树的度 degree。

8.3.2 森林转换为二叉树算法及性能分析

1. 算法思想

（1）顺序访问森林中的每棵树，并将其转换成二叉树。

（2）从第 2 棵二叉树开始，令第 $i+1$ 棵二叉树的根结点成为第 i 棵二叉树的根结点的右孩子。

2. 森林的存储结构分析

```
#define MAX_TREE_NUM 10
typedef struct{
   CTreeNode *ctrees[MAX_TREE_NUM];                 //数组存放每棵树的根结点
   int treeNum;                                     //树的数目
}Forest;
```

3．森林转换为二叉树算法

将森林转换成二叉树的算法如下：

```
void ForestToBTree(Forest f,BTreeNode *btroot){
    //f: 待转换的森林
    //btroot: 指向转换后的二叉树的根结点的指针
    int i;
    BTreeNode *btrees[f.treeNum];              //对应森林中每棵树的二叉树数组
    for(i=0;i<f.treeNum;i++){                   //依次转换森林中的每棵树
        btrees[i]=(BTreeNode)malloc(sizeof(BTreeNode));
        TreeToBTree(f.ctrees[i],btrees[i]);    //树转换成二叉树
    }
    btroot=btrees[0]
    for(i=1;i<f.treeNum;i++){                   //把每棵转换后的二叉树合并成一棵树
        btrees[i-1]->rchild=btrees[i];
    }
}
```

4．算法性能分析

分析以上算法，时间复杂度主要取决于第一个将树转换成二叉树的循环，其中每一次循环的时间复杂度又取决于树中结点的数量和每个结点的度，因此整个算法的时间复杂度为 $\sum_{i=1}^{m} O(a_i \times n_i)$。其中 m 是森林中树的数目；n_i 是第 i 棵树的结点数目；a_i 是第 i 棵树的修正系数。

8.3.3　二叉树转换为树算法及性能分析

二叉树转换成树算法就是树转换成二叉树算法的逆算法。

1．算法的存储结构和辅助存储空间分析

在二叉树转换为树的算法中同样需要建立两个队列 visitedBTreeNodes 和 visitedCTreeNodes 分别保存已经访问过的二叉树结点和树结点。

2．算法思想

（1）二叉树的根结点转换成树的根结点，并分别将它们的根结点进入 visitedBTreeNodes 和 visitedCTreeNodes 队列。

（2）从队列 visitedBTreeNodes 和 visitedCTreeNodes 中分别取出一个结点，首先访问二叉树结点的左孩子，将它转换成树结点的长子结点，访问后的左孩子结点和长子结点分别进队列。

（3）沿着右子树方向依次访问所有的右孩子，将右孩子转换成树结点的孩子结点，访问后的二叉树结点和树结点分别进队列。

（4）重复（2）、（3）直至队列为空。

3．二叉树转换为树算法

将二叉树转换成用孩子表示法存储结构的树的算法如下：

```
void BTreeToTree(BTreeNode *btroot,CTreeNode * ctroot){
    //ctroot:指向树的根结点的指针
    //btroot:指向二叉树的根结点的指针
    BTreeNode btnode,btcnode;
    CTreeNode ctnode,ctcnode;
```

```
        Queue visitedCTreeNodes,visitedBTreeNodes;         //辅助队列
        ctroot->data=btroot->data;                          //二叉树的根结点转换为树的根结点
        addQueue(ctroot,visitedCTreeNodes);                 //树的根结点进队列
        addQueue(btroot,visitedBTreeNodes);                 //树的根结点进队列
        while(!empty(visitedBTreeNodes)){
            btnode=delQueue(visitedBTreeNodes);             //二叉树结点出队列
            ctnode=delQueue(visitedCTreeNodes);             //树结点出队列
            btcnode=btnode.lchild;
            ctcnode=(CTreeNode *)malloc(sizeof(CTreeNode));    //分配树结点
            ctcnode->data=btcnode->data;                    //左孩子结点转换成长子结点
            ctnode->children[0]=ctcnode;
            addQueue(btcnode,visitedBTreeNodes);            //进队列
            addQueue(ctcnode,visitedCTreeNodes);
            i=0;
            while(btcnode->rchild!=NULL){
                i++;btcnode=btcnode->rchild;
                ctcnode=(CTreeNode*)malloc(sizeof(CTreeNode));   //分配树结点
                ctcnode->data=btcnode->data;                //右孩子结点转换成孩子结点
                ctnode->children[i]=ctcnode;
                addQueue(btcnode,visitedBTreeNodes);        //进队列
                addQueue(ctcnode,visitedCTreeNodes);
            }
        }
    }
```

4．算法性能分析

分析以上算法，它的时间复杂度和树转换二叉树算法的时间复杂度是一样的，为 $O(a \times n)$，其中 a 是修正系数。

8.3.4 二叉树转换为森林算法及性能分析

同理，二叉树转换成森林的算法是森林转换成二叉树算法的逆算法。

1．算法思想

（1）从二叉树的根结点开始沿右子树的方向依次访问并断开每个右孩子链接，分离出对应森林中每棵树的二叉子树。

（2）把分离出来的每个二叉子树用同样方法转换成对应的树。

2．二叉树转换成森林算法

将二叉树转换成森林的算法描述如下：

```
void BTreeToForest(BTreeNode *btroot,Forest f) {
    //btroot: 待转换的二叉树的根结点的指针
    //f: 转换后的森林
    BTreeNode btnode,btrnode;
    CTreeNode ctnode;
    f.treeNum=0;
    btnode=btroot
    while(btnode!=NULL){                    //沿右子树方向一次分离二叉子树并转换
        btrnode=btnode->rchild;             //分离二叉子树
        btnode->rchild=NULL;
```

```
        f.treeNum++;
        ctnode=(CTreeNode*)malloc(sizeof(CTreeNode));   //分配树的根结点
        BTreeToTree(btnode,ctnode);              //二叉子树转换成树
        f.ctrees[f.treeNum-1]=ctnode;
        btnode=btrnode;
    }
}
```

3．算法性能分析

分析以上算法，它的时间复杂度和森林转换成二叉树算法的时间复杂度一样，为 $\sum\limits_{i=1}^{m}O(a_i\times n_i)$。
其中，m 是森林中树的数目；n_i 是第 i 棵树的结点数目；a_i 是第 i 棵树的修正系数。

8.3.5　树的遍历算法

树的遍历算法有两种：先序遍历和后序遍历，下面分别进行介绍。

1．树的先序遍历算法

树的存储仍然采用孩子表示法，树的先序遍历采用递归方法，其算法描述如下：
```
void preorderTree(CTreeNode *ctroot){
    //遍历每个结点的操作为输出该结点的data域
    CTreeNode *ctchild;int i;
    printf("%c",ctroot->data);              //先遍历根结点
    for(i=0;i<DEGREE;i++){                   //依次先序遍历孩子结点
        ctchild=ctroot->children[i];
        if(ctchild==NULL)break;             //孩子结点遍历结束，退出
        else preorderTree(ctchild);
    }
}
```
分析以上算法可知，树中每个结点均被访问一次且只被访问一次，因此，该算法的时间复杂
度为 $O(n)$。

2．树的后序遍历算法

树的存储仍然采用孩子表示法，同样采用递归方法，算法如下：
```
void postorderTree(CTreeNode *ctroot){
    //遍历每个结点的操作为输出该结点的data域
    CTreeNode *ctchild;int i;
    for(i=0;i<DEGREE;i++){                   //先依次后序遍历孩子结点
        ctchild=ctroot->children[i];
        if(ctchild==NULL)break;             //孩子结点遍历结束，退出
        else postorderTree(ctchild);
    }printf("%c",ctroot->data);             //最后遍历根结点
}
```
分析以上算法可知，树中每个结点均被访问一次且只被访问一次，因此树的后序遍历算法的
时间复杂度为 $O(n)$。

8.3.6　森林的遍历算法

森林也有两种遍历方法：先序遍历和中序遍历，下面分别介绍这两种遍历算法。

1．森林的先序遍历算法

森林的先序遍历就是依次先序遍历森林中的每棵树，其算法描述如下：

```
void preorderForest(Forest f){
    //遍历每个结点的操作为输出该结点的data域
    int i;
    for(i=0;i<f.treeNum;i++){            //依次先序遍历每棵树
        preorderTree(f.ctrees[i]);
    }
}
```

分析以上算法可知，森林中每个结点均被访问一次且只被访问一次，所以其时间复杂度为 $O(n)$，n 为森林中结点的数目。

2．森林的中序遍历算法

森林的中序遍历就是依次后序遍历森林中的每棵树，其算法描述如下：

```
void postorderForest(Forest f){
    //遍历每个结点的操作为输出该结点的data域
    int i;
    for(i=0;i<f.treeNum;i++){            //依次后序遍历每棵树
        postorderTree(f.ctrees[i]);
    }
}
```

分析以上算法可知，森林中每个结点均被访问一次且只被访问一次，所以其时间复杂度为 $O(n)$，n 为森林中结点的数目。

8.4 树的应用——B⁻树

B⁻树是一种平衡的多路查找树。

8.4.1 B⁻树的概念

定义 8.5 一棵 m 阶的 B⁻树，或为空树，或为满足下列条件的 m 叉树：

（1）树中每个结点最多有 m 棵子树。

（2）若根结点不是叶子结点，则最少有 2 棵子树。

（3）除根结点之外的所有非终端结点最少有 $\lceil m/2 \rceil$ 棵子树。

（4）所有叶子结点在同一层。

B⁻树中的结点结构如图 8-18 所示。

其中，n 为结点中的关键字个数；K_i
（$i=1,2,\cdots,n$）为关键字，且 $K_i<K_{i+1}$；A_i（$i=1,2,\cdots,n$）

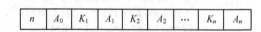

图 8-18 B⁻树的结点结构

为指向子树根结点的指针，且 A_{i-1} 所指向的子树中所有结点的关键字均介于 K_{i-1} 和 K_i 之间，A_0 所指向子树的所有关键字均小于 K_1，A_n 所指向子树的所有关键字均大于 K_n。

【例 8-15】图 8-19 所示为一棵 4 阶 B⁻树。

B-树结构通常用于组织索引文件。此时在 B-树的结点中还应添加指向关键字所对应的数据记录的指针（平衡的多路查找树）。由于本书只探讨 B⁻树的数据结构及其基本算法，因此略去。

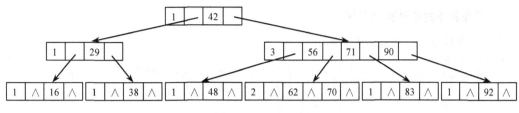

图 8-19   4 阶 B⁻树

8.4.2   B⁻树的数据存储类型

定义 B⁻树的数据存储类型如下：

```
#define M 5                    //B⁻树的阶数
typedef struct {
    int keyNum;                //关键字个数
    MBNode *parent;            //指向父结点的指针
    int key[M-1];              //关键字数组
    MBNode *children[M];       //指向子树的指针数组
}MBNode;
```

8.4.3   B⁻树的查找算法

1. 查找过程分析

由 B⁻树的定义可知，在 B⁻树中查找指定关键字 K 的过程如下：

（1）从 B⁻树的根结点开始，在结点中查找 K。如果找到则查找结束；否则找到一个子树的指针 A_i，使得 $K_i < K < K_{i+1}$。

（2）在 A_i 所指的结点中重复（1）。

（3）如果 A_i=NULL，则 B⁻树中不存在 K，查找失败。

【例 8-16】在图 8-20 所示的 B⁻树中查找关键字 62。

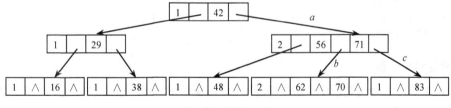

图 8-20   例 8-16 图

首先从根结点开始，由于 62>K_1(42)，所以选择指针 A_1(a)所指的结点继续查找。在 a 所指结点中，因为 K_1(56)<62<K_2(71)，因此选择 b 所指结点继续查找。在 b 所指结点中查找到关键字 62，查找成功。

如果查找关键字 73，则其过程从根结点开始，依次沿着指针 a、c 查找。在 c 所指向的结点中，因为 73<K_1(83)，因此选择结点中的指针 A_0，但 A_0=NULL，查找失败。

由此可见，在 B⁻树中查找指定关键字的过程就是一个沿指针查找结点和在结点的关键字中查找交叉进行的过程。

2．查找算法的辅助存储空间

定义"查找结果"的数据类型如下：

```
typedef struct {
    MBNode *p;          //指向关键字所在结点，或查找失败时只想最后查找的结点
    int i;              //关键字在结点中的位置，或查找失败时空指针的位置
    boolean found;      //标志查找是否成功
}Result;
```

3．查找算法的辅助函数

另外，定义一个在结点中查找指定关键字的函数：

```
int searchMBTreeNode(MBNode *mbnode,int K)
```

函数功能：如果在结点中查找到关键字，则返回关键字的位置，即 key 数组中的下标；否则返回下一次查找的结点指针位置。

由于 key 数组是一个有序数组，因此该函数可以用前面各章所学到的各种查找方法实现，如顺序查找、折半查找等。有兴趣的读者可以自己实现这个函数。

4．B⁻树查找算法

在 B⁻树中查找指定关键字 K 的算法如下：

```
Result searchMBTree(MBNode *mbroot,int K){
    //mbroot是指向B-树根结点的指针，K是待查关键字，函数返回Result类型
    Result result;
    int found=0;
    MBNode *p,*q;
    int i;
    p=mbroot;q=NULL;
    while(p!=NULL&&!found){              //依次查找
       i=searchMBTreeNode(p,K);         //在结点中查找
       if(p->key[i]==K) found=1;        //找到
       else{ q=p;p=p->children[i];}     //没有找到，顺着指针继续找
    }
    if(found){
       result.found=1;result.p=p;result.i=i;
    }else{result.found=0;result.p=q;result.i=i;}
    return result;
}
```

5．算法性能分析

分析以上算法，时间复杂度取决于算法中的 while 循环次数。从算法中可知，每一次循环，查找都在 B⁻树中下降一个层次。因此，待查关键字所在结点在 B⁻树中的层次是 B⁻树查找时间复杂度的决定因素。

在这里，我们省略在结点中查找的时间复杂度，即 searchMBTreeNode 函数的执行时间。因为在结点中无论采取何种查找算法，其时间复杂度总是固定的，且在一次循环中固定执行一次。

对于具体的待查关键字，因为无法确定其所在结点的层次数，因此按最坏的情况考虑。这样查找的时间复杂度就转变成求一个含有 n 个关键字的 m 阶 B⁻树的最大深度的问题。

6．B⁻树的性质讨论

性质 5：在一个含 n 个关键字的 m 阶 B⁻树中，其结点的层次数不超过

$$\log_{\lceil m/2 \rceil}\left(\frac{n+1}{2}\right)+1 \qquad\qquad (8\text{-}1)$$

证明：为了讨论方便，在 B⁻树的叶子结点下面再加一层。这一层中的结点不包含任何信息，只起到和叶子结点中的空指针对应的作用，如图 8-21 所示。可以把它们视为查找不成功的结点，也就是查找的最坏情况。

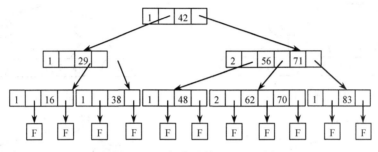

图 8-21　添加辅助结点后的 B⁻树

不失一般性，设 B⁻树的层次为 L，则辅助结点处于第 $L+1$ 层。

根据 B⁻树的定义，第一层至少有 1 个结点（根结点），第二层至少有 2 个结点。除根之外每个非终端结点最少有 $\lceil m/2 \rceil$ 棵子树，因此第 3 层至少有 $2(\lceil m/2 \rceil)$ 个结点。依此类推，第 $L+1$ 层至少有 $2(\lceil m/2 \rceil)^{L-1}$ 个结点，而 $L+1$ 层的结点为辅助结点。若 m 阶 B⁻树中包含 n 个关键字，则辅助结点有 $n+1$ 个。因此

$$n+1 \geqslant 2(\lceil m/2 \rceil)^{L-1}$$

整理后得

$$L \leqslant \log_{\lceil m/2 \rceil}\left(\frac{n+1}{2}\right)+1$$

证毕。

8.4.4　B⁻树的插入算法

B⁻树的建立从一棵空树开始，逐个地将关键字插入到已建立的树中。

1．B⁻树建树过程分析

根据 B⁻树定义，B⁻树结点中的关键字个数必须不小于 $\lceil m/2 \rceil-1$ 且不大于 $m-1$。因此，在插入一个新的关键字时不是简单地添加一个叶子结点，而是首先将该关键字插入到已有的叶子结点中，然后判断这个结点中的关键字个数。如果不超过 $m-1$，则插入完成；否则需要"分裂"该结点。

【例 8-17】在如图 8-22 所示的 3 阶 B⁻树中，依次插入关键字 31、28、81、7，要求插入后继续保持 B⁻树的特性。

（1）首先插入关键字 31，其插入位置可通过在 B⁻树中查找关键字 31 来确定将 31 插入到 d 结点中，插入后结点中的关键字个数为 2，符合 B⁻树要求，插入完成。插入后的 B⁻树如图 8-23 所示。

（2）插入关键字 28。通过查找确定将 28 插入到 D 结点中，插入后结点中的关键字个数为

3>(*m*−1)，因此需要分裂该结点：把关键字 28 及其前后两个指针仍保留在 *D* 结点中，接着把关键字 37 及其前后两个指针存储到分裂出来的新结点 *D₁* 中，最后把关键字 31 和指向新结点 *D₁* 的指针"上移"到父结点 *B* 中。*B* 结点插入了新的关键字后，同样需要判断，其关键字个数为 2，符合 B 树的要求，因此插入完成。插入 28 及分裂 *D* 结点的过程如图 8-24 所示。

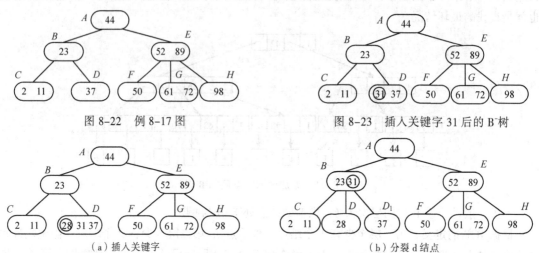

图 8-22　例 8-17 图　　　　　　　　图 8-23　插入关键字 31 后的 B⁻树

（a）插入关键字　　　　　　　（b）分裂 d 结点

图 8-24　插入关键字 28 后的 B⁻树

（3）插入关键字 81。通过查找确定将 81 插入到 *G* 结点中，插入后结点中的关键字个数为 3，因此需要分裂。分裂后关键字 72 上移到结点 *E* 中，造成 *E* 结点的关键字个数为 3，需要继续分裂，将关键字 72 上移到根结点中，插入完成。插入 81 及分裂 *G*、*E* 结点的过程如图 8-25 所示。

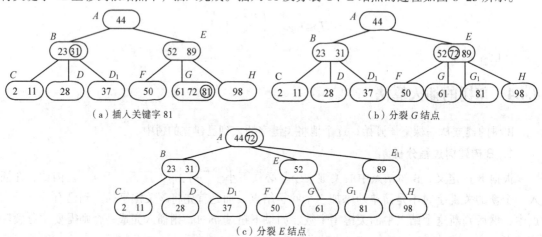

（a）插入关键字 81　　　　　　　（b）分裂 *G* 结点

（c）分裂 *E* 结点

图 8-25　插入关键字 81 后的 B⁻树

（4）插入关键字 7。通过查找确定将 7 插入到 *C* 结点中，插入后结点中的关键字个数为 3，因此需要分裂。分裂后关键字 7 上移到结点 *B* 中，造成 *B* 结点的关键字个数也为 3，需要继续分裂。将关键字 23 上移到根结点中，同样造成根结点中关键字的个数为 3，需要分裂根结点。产生一个新的根结点 *I*，存储关键字 44 存储到 *I* 结点中，插入完成。插入 7 及分裂 *C*、*B* 和 *A* 结点的过程如图 8-26 所示。

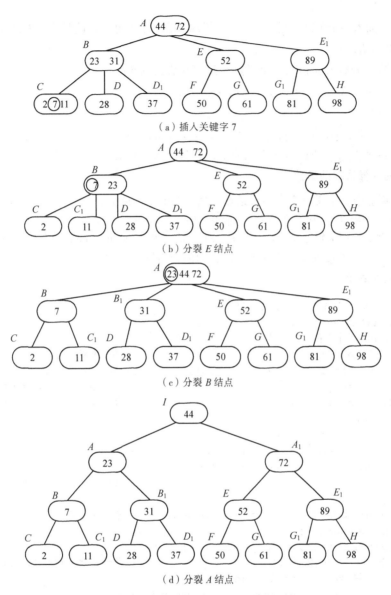

图 8-26　插入关键字 7 后的 B⁻树

2．B⁻树插入算法思想

在 B⁻树中插入一个关键字的算法如下：

（1）在 B⁻树中查找待插入关键字，返回关键字在叶子结点中的插入位置。

（2）将关键字插入到叶子结点中。

（3）判断结点中的关键字个数。如果小于 B⁻树的阶数，则插入完成。

（4）如果关键字个数等于阶数，则分裂该结点，将关键字上移到父结点。

（5）重复（3）、（4）。

可以看出在插入算法中，可能需要频繁地分裂结点。

【例 8-18】在一棵 *m* 阶 B⁻树中如何分裂一个结点。

假设结点 p 插入一个关键字后，有 m（B⁻树的阶数）个关键字，此时结点中包含的信息有

m, A_0, K_1, A_1, K_2, ..., K_m, A_m

可以将结点 p 分裂成 p 和 p_1 两个结点，其中 p 结点包含：

$\lceil m/2 \rceil - 1$, A_0, K_1, A_1, K_2, ..., $K_{\lceil m/2 \rceil - 1}$, $A_{\lceil m/2 \rceil - 1}$

而 p_1 结点包含：

$m - \lceil m/2 \rceil$, $A_{\lceil m/2 \rceil}$, $K_{\lceil m/2 \rceil + 1}$, $A_{\lceil m/2 \rceil + 1}$, ..., K_m, A_m

最后将关键字 $K_{\lceil m/2 \rceil}$ 和指向 p_1 结点的指针一起插入到 p 结点的父结点中。

3. B⁻树插入算法辅助函数

B⁻树插入算法中，定义一个在指定结点中插入关键字的函数：

```
void insertMBTreeNode(MBNode *mbnode,i,K,MBNode *p)
```

该函数功能是：把关键字 K 插入到 key[i+1]，把 p 插入到 children[i+1]中，把原来数组中的元素顺序向后移动。该函数可以用第 6 章中所介绍的数组操作来实现。

4. B⁻树插入算法

在 B⁻树中插入一个指定关键字的算法如下：

```
void insertMBTree(MBNode *mbroot,int K) {
    //mbroot:B⁻树根节点，k:待插入关键字
    int finished=0;                              //插入完成标志
    Result res=searchMBTree(mbroot,K);           //查找插入的位置
    int i,j,insKey=K;                            //每次循环中待插入的关键字，初始时=K
    MBNode *insPtr=NULL;                         //每次循环中待插入的指针，初始时=NULL
    MBNode *p;
    while(!finished){
        insertMBTreeNode(res.p,res.i,insKey,insPtr);
        if(res.p->keyNum<M){finished=1;}          //关键字个数符合要求，插入完成
        else {                                    //关键字个数=m，分裂结点
            j=(M+1)/2;
            p=(MBNode *)malloc(sizeof(MBNode));   //分配新结点
            p->keyNum=M-j;
            p->children[0]=res.p->children[j];
            for(i=1;i<=M-j;i++){                  //移动关键字和指针到新结点
                p->key[i]=res.p->key[j+i];
                p->children[i]=res.p->children[j+i];
            }
            res.p->keyNum=j-1;
            insKey=res.p->key[j];                 //上移的关键字
            insPtr=p;                             //上移的指针
            if(res.p->parent==NULL){              //已经到根结点，创建新的根结点
                p=(MBNode *)malloc(sizeof(MBNode));
                p->keyNum=1;
                p->key[1]=insKey;
                p->children[0]=res.p;
                p->children[1]=insPtr;
                finished=0;
            }else{                                //未到根结点，上移到父结点
                i=searchMBTreeNode(res.p->parent,insKey);
                res.p=res.p->parent;
```

```
                res.i=i;
            }
        }
    }
}
```

5．算法性能分析

分析以上算法，首先需要从根结点开始一直到最底层的叶子结点查找关键字的插入位置，然后根据插入后的情况，可能需要分裂结点。最坏的情况是，这种分裂将从叶子结点一直延伸到根结点。因此，插入关键字的最坏时间复杂度和查找相同。

8.4.5 B⁻树的删除算法及实例

在 B⁻树中删除一个关键字，首先需要找到该关键字所在的结点，然后从结点中删除。与查找一样，在删除关键字的过程中，必须保证结点的关键字个数满足 B⁻树的特性，即 $\lceil m/2 \rceil - 1 \leqslant$ 关键字个数 $\leqslant m-1$。

为了讨论方便，可以把删除关键字的操作简化为只从最底层的叶子结点中删除一个关键字的情况。这是因为如果待删除关键字处于非叶子结点中，可以删除该关键字并将该结点下级结点中的关键字上移，从而保证非叶子结点的关键字个数不变。依此类推，最终演变成删除叶子结点中的一个关键字。

【例 8-19】图 8-27 表示了从 B⁻树中一个非叶子结点中删除一个关键字，通过下级结点的关键字顺序上移，从而保证非叶子结点的关键字个数满足 B⁻树的特性。

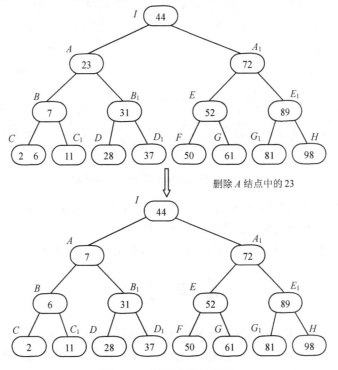

图 8-27 顺序上移关键字

在最下层叶子结点中删除一个关键字有下列 3 种可能：

（1）被删关键字的结点中的关键字个数大于等于 $\lceil m/2 \rceil$，则删除后关键字个数仍然满足 B⁻树的要求。此时只需从该结点中直接删除关键字 K_i 和相应指针 A_i，树的其他部分保持不变。

（2）被删关键字的结点中包含的关键字个数等于 $\lceil m/2 \rceil - 1$，且与该结点相邻的兄弟结点的关键字个数大于等于 $\lceil m/2 \rceil$，则将兄弟结点中的最小（或最大）关键字上移到父结点中，并将父结点中小于（或大于）上移关键字的关键字下移到被删除关键字的结点中，即可满足 B⁻树对关键字个数的要求。

【例 8-20】在图 8-28 所示 B⁻树中删除关键字 52，同时保持 B⁻树的特性。

首先删除关键字 52，然后将兄弟结点中的关键字 70 上移，最后将父结点中的关键字 61 下移，得到如图 8-28 下方所示的结果，其满足 B⁻树的特性。

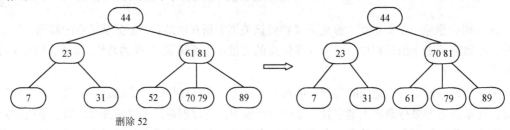

图 8-28　删除关键字后的第二种情况

（3）被删关键字的结点中的关键字个数和与其相邻的兄弟结点的关键字个数均等于 $\lceil m/2 \rceil - 1$。假设该结点有右兄弟结点，右兄弟结点由父结点中的指针 A_i 指向，则在删除关键字后，将结点中剩余的关键字和指针加上父结点中的关键字 K_i 一起合并到右兄弟结点中。

【例 8-21】在图 8-29 所示 B⁻树中删除关键字 61，并保持 B⁻树的特性。

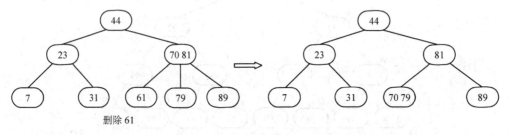

图 8-29　删除关键字后的第三种情况

首先删除关键字 61，然后将自身的剩余指针和父结点中的关键字 70 一起合并到右兄弟结点中，得到图 8-29（b）所示的结果，其满足 B⁻树的特性。

关于在 B⁻树中删除一个关键字的算法，读者可以根据上面的分析自行设计一个算法。

本 章 小 结

树在二叉树的基础上做了更为一般化的扩展，而森林是树的集合。

树或森林与二叉树之间有一个自然的一一对应关系。任何一个森林或一棵树可以唯一地对应到一棵二叉树；反之，任何一棵二叉树也能唯一地对应到一个森林或一棵树。

树的常用存储结构包括双亲表示法、孩子表示法和孩子兄弟表示法 3 种。

对一棵树，按某种次序访问其中每个结点一次且仅一次的过程称为树的遍历。树有两种遍历方法：先序遍历和后序遍历。同样对一个森林，按某种次序访问其中所有树的每个结点一次且仅一次的过程称为森林的遍历。森林也有两种遍历方法：先序遍历和中序遍历。

本章还介绍了数的一种典型应用——B⁻树。B⁻树是一种平衡的多路查找树，本书给出了在 B⁻树中查找、插入和删除关键字的算法。

本 章 习 题

一、填空题

1. 树有两种遍历方法，分别是_____和_____。森林有两种遍历方法，分别是_____和_____。

2. 有序树中所有结点的各子树从_____至_____是有次序的，不能互换。

3. 有序树中结点最左边的子树的根称为该结点的_____。

4. 树的存储结构有两种，分别是_____和_____。

5. 树的顺序存储采用_____。树中每个结点包含两个域，其中第一个是_____，存放结点的_____；另一个是_____，存放双亲（父）结点在顺序存储中的_____。

6. 树的链接存储有两种方法：_____和_____。

7. 将树转换成二叉树，对于树中每个结点，如果其有子树，则把它的长子结点转换成二叉树中的_____的根结点；如果其右面还有兄弟结点，则把它下一个右兄弟结点转换成二叉树中的_____的根结点。

8. 在孩子兄弟表示法中，树结点由 3 个域组成。其中第一个是_____；第二个是_____；第三个是_____。

9. 一棵 m 阶的 B⁻树，树中每个结点最多有_____棵子树，除根结点之外的所有非终端结点最少有_____棵子树。

10. 已知一棵度为 3 的树有 2 个度为 1 的结点，3 个度为 2 的结点，4 个度为 3 的结点，则该树有_____个叶子结点。

二、选择题

1. 对图 8-30 所示的树进行先序遍历，得到的结点序列是（　　）。

A. $ABCDEFGHI$ B. $ABECGDHFI$

C. $ABEFCGIDH$ D. $ABEFCGDHI$

2. 对如图 8-30 所示的树进行后序遍历，得到的结点序列是（　　）。

A. $IHGFEDCBA$ B. $EFBIGCHDA$

C. $EBFIGCHDA$ D. $EFBAIGCHD$

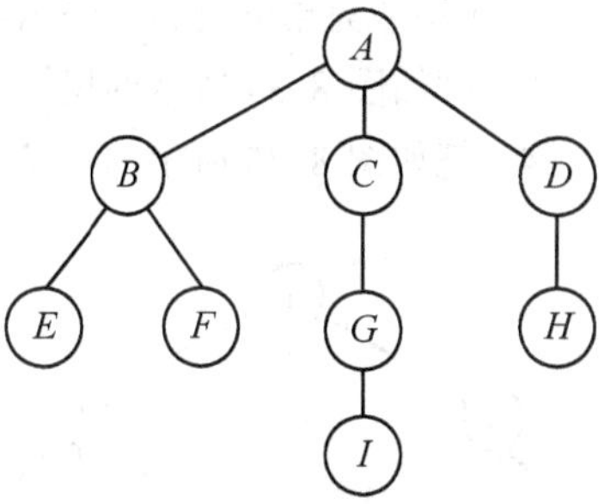

图 8-30　选择题第 1、2 题图

3. 对如图 8-31 所示的森林进行先序遍历，得到的结点序列是（　　）。

A. ABCEDFGHJKI　　　　　　　B. AFGBCDHIEJK

C. BCDEFGHJKI　　　　　　　D. ABCDEFGHIJK

4. 对如图 8-31 所示的森林进行中序遍历，得到的结点序列是（　　　）。

A. KJIHGFEDCBA　　　　　　　　B. KJEIHDCBGFA

C. JKHIGFBECDA　　　　　　　　D. BECDAFJKHIG

5. 有一棵树采用双亲表示法存储，如图 8-32 所示。则结点 A 的度是（　　　）。

A. 1　　　　　　　B. 2　　　　　　　C. 3　　　　　　　D. 4

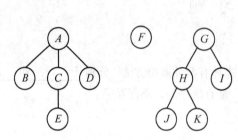

图 8-31　选择题第 3、4 题图

编号	data	parent
1	A	0
2	B	1
3	C	1
4	D	2
5	E	2
6	F	2
7	G	4
8	H	6

图 8-32　第 5 题图

6. 有一棵度为 3 的树，共有 7 个结点，采用孩子表示法存储，则浪费的指针域有（　　　）个。

A. 12　　　　　　　B. 13　　　　　　　C. 14　　　　　　　D. 15

7. 一棵高度为 4 的 3 叉树最多有（　　　）个结点。

A. 38　　　　　　　B. 39　　　　　　　C. 40　　　　　　　D. 41

8. 一棵 3 叉树有 28 个结点，则它最少有（　　　）层。

A. 3　　　　　　　B. 4　　　　　　　C. 5　　　　　　　D. 6

三、简答题

1. 一棵度为 2 的树与一棵二叉树有何区别？树与二叉树之间有何区别？

2. 对于图 8-33 所示的树，试给出：

（1）双亲数组表示法示意图；

（2）孩子链表表示法示意图；

（3）孩子兄弟链表表示法示意图。

3. 把如图 8-34 所示的树转换成二叉树。

4. 把如图 8-35 所示的二叉树转换成树。

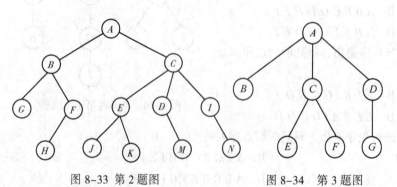

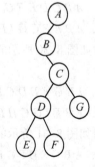

图 8-33 第 2 题图　　　　　　图 8-34　第 3 题图　　　　　　图 8-35　第 4 题图

5. 把如图 8-36 所示的森林转换成二叉树，并指出在二叉链表中某结点所对应的森林中结点为叶子结点的条件。

6. 把如图 8-37 所示的二叉树转换成森林。

7. 画出和下列已知序列对应的树 T：① 树的先根次序访问序列为：$GFKDAIEBCHJ$；② 树的后根访问次序为：$DIAEKFCJHBG$。

画出和下列已知序列对应的森林 F：① 森林的先序次序访问序列为：$ABCDEFGHIJKL$；② 森林的中序访问次序为：$CBEFDGAJIKLH$。

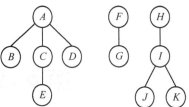

图 8-36 第 5 题图

8. 有一棵 3 阶 B⁻树，如图 8-38 所示，依次插入关键字 28、65、37、72、50，要求保持 B⁻树的特性不变。

9. 有一棵 3 阶 B⁻树，如图 8-39 所示，依次删除关键字 10 和 46，要求保持 B⁻树的特性不变。

10. 含有 9 个叶子结点的 3 阶 B⁻树中至少有多少个非叶子结点？含有 10 个叶子结点的 3 阶 B⁻树中至少有多少个非叶子结点？

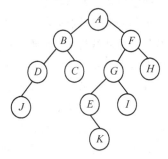

图 8-37 第 6 题图

11. 画出依次插入 z、v、o、q、w、y 到图 8-40 所示的 5 阶 B⁻树的过程。

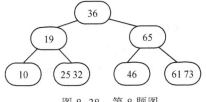

图 8-38 第 8 题图

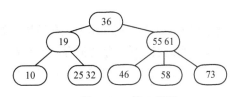

图 8-39 第 9 题图

12. 从空树开始，依次输入 20、30、50、52、60、68、70，画出建立 2-3 树的过程，并画出删除 50 和 68 后的 B⁻树状态。

四、算法设计题

```
typedef  struct  TreeNode{
datatype data;
struct       TreeNode      *child,
*nextsibling ;
}NodeTtpe , *CSTree;
```

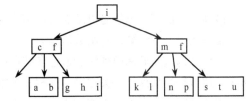

图 8-40 第 11 题图

1. 对以孩子兄弟链表表示的树编写计算树的深度的算法。

2. 对于一棵采用孩子兄弟表示法存储的树，设计一个按层次遍历树的算法。

3. 对于一棵采用孩子兄弟表示法存储的树，设计算法
   `insertNode(NodeTtpe* root,char pdata,char insdata)`
   实现插入一个结点。其中 root 是树的根结点指针，pdata 是待插入结点的父结点的值，insdata 是待插入结点的值。

4. 对以双亲链表表示的树编写计算树的深度的算法。

5. 对于一棵采用双亲表示法存储的树，设计一个算法求解指定结点的度。

第9章 散列结构及其应用

教学目标： 本章将学习散列结构的相关知识，学习常用的散列函数和冲突处理方法，散列表的常用算法及其性能分析，通过本章的学习，要求掌握散列结构和散列函数的相关概念，掌握散列结构的存储结构（散列表）的相关概念，要求掌握散列冲突处理方法（散列法）的相关知识，并能灵活运用散列法解决应用问题。

教学提示： 散列结构是使用散列函数建立数据结点关键字与存储地址之间的对应关系并提供多种当数据结点存储地址发生"冲突"时的处理方法而建立的一种数据结构。散列结构的查找效率很高。本章中散列函数、散列结构、散列表、散列法的基本概念和基本算法是重点，线性探测散列算法、链地址法散列算法和散列法的应用（LZW 压缩算法、直接存取文件）是难点。

9.1 散列结构的基本概念

散列结构不同于前面所介绍的数据结构，如线性表、堆栈、队列、树等。在散列结构中，结点的存储位置和结点的关键字之间存在着某种对应关系，当需要查找指定关键字时，不再进行若干次的比较运算，而可以通过关键字直接计算出结点数据存储地址，是查找效率很高的一种数据结构。

9.1.1 散列结构的概念

散列结构的基本思想是以结点关键字作为自变量，通过某种确定的函数 H（称作散列函数或者哈希函数）进行计算，将函数值作为地址存储该结点。

散列结构法（简称散列法）通过在结点的存储地址和结点关键字之间建立某种确定的函数关系 H，使得每个结点（或关键字）都和一个唯一的存储地址相对应。这样在查找时可以方便地根据待查关键字 K 计算出对应的"映像" $H(k)$，即结点的存储地址。从而一次存取便能得到待查结点，不需要进行若干次的比较。所以，散列法既是一种存储地址确定的方法，也是一种高效的查找方法。

【例 9-1】假设要建立一张全国 34 个地区的各民族人口统计表，每个地区是一个结点，其数据项为下列形式：

编　号	地　区　名	总　人　口	汉族人口	回族人口	⋯

可以用一个一维数组 $c[34]$ 来存储这张表，其中 $c[i]$ 表示编号为 i 的地区的各民族人口信息。编号是结点的关键字，同时也是结点的存储位置。例如北京的编号为 1，则 $c[1]$ 存储北京的人口信息。此时结点关键字和存储地址之间的映射函数为：$H(\text{key})=\text{key}$。这种存储方式即为散列法。

【例 9-2】在例 9-1 所采用的散列法中，散列函数为 $H(\text{key})=\text{key}$。如果上海的编号为 2，因为 $H(2)=2$，则上海地区的结点为 $c[2]$。

【例 9-3】在例 9-1 中，也可以把地区名作为关键字，散列函数设计为 $H(\text{key})= \text{firstCharacter}$，其中 firstCharacter 代表地区名的首字母在字母表中的序号。

河北的地区名为 Hebei，$H(\text{Hebei})=8$，因此河北地区的结点为 $c[8]$。

9.1.2 散列存储结构——散列表

定义 9.1 对于某一个特定的散列函数，不同的关键字可能得到同一散列地址，即 key1≠key2，但 $H(\text{key1})=H(\text{key2})$，此种现象称为冲突。把具有相同散列函数值的关键字（或结点）称为同义词（synonym）。

【例 9-4】采用例 9-3 的散列函数，河北的散列地址为 $H(\text{Hebei})=8$，同理河南、海南的散列地址也为 8，此时发生冲突。Hebei 与 Henan、Hainan 是同义词。

一般情况下，通过精心选择散列函数可以减少冲突，但不能完全避免。因为关键字集合（关键字所有可能的取值）通常很大，例如地区名称的集合是所有可能的字母组合；而存储地址集合总是有限的，因此在函数由关键字集合映射到地址集合时往往会发生冲突。

【例 9-5】某种程序设计语言的标识符规定由英文字母组成，长度不超过 5。编译程序需要保存程序中所有使用到的标识符。在这里，标识符是关键字，其集合的大小为：

$$26^5+26^4+26^3+26^2+26=12\ 356\ 630$$

如果按照一一对应的关系，则需要 12 356 630 个存储单元来存储标识符，但一个程序不可能用到如此多的标识符，因此完全没有必要。

当冲突发生时，必须采用一定的处理方法来解决这一问题。因为一个存储地址不可能同时存储两个关键字（或结点）。因此在采用散列法时不仅要精心设计散列函数，还需要设计一种相应的冲突处理方法。一种散列函数总是"伴随"这一种冲突处理方法。

定义 9.2 根据设定的散列函数 $H(\text{key})$ 和相应的冲突处理方法将一组关键字（或结点）映射到一个有限的连续存储空间上，并以关键字在存储空间上的映像作为结点的存储地址，结点的实际存储地址称为散列地址或哈希地址，这种存储结构称为散列表，又称为哈希表（Hash Table）。

这一映射过程称为哈希造表或散列。

【例 9-6】对例 9-1 中的人口统计表。散列函数采用地区名称首字母的序号，即 $H(\text{key})=$ firstCharacter。如果发生冲突，则结点放入紧挨着的下一个地址，如果仍然冲突，则一直向下直到找到一个空地址。

采用包含 34 个元素的一位数组作为散列表的存储结构，根据这样的散列函数和冲突处理方法，可得如表 9-1 所示的散列表。

表 9-1 人口统计散列表

Key	Beijing（北京）	Shanghai（上海）	Tianjin（天津）	Hebei（河北）	Shanxi（山西）	Neimenggu（内蒙古）	Liaoning（辽宁）
$H(\text{key})$	2	19	20	8	19	14	12
地址	2	19	20	8	21	14	12

Key	Heilongjiang（黑龙江）	Jiangsu（江苏）	Zhejiang（浙江）	Anhui（安徽）	Fujian（福建）	Jiangxi（江西）	Shandong（山东）
H(key)	8	10	26	1	6	10	19
地址	9	10	26	1	6	11	22
Key	Hubei（湖北）	Hunan（湖南）	Guangdong（广东）	Guangxi（广西）	Hainan（海南）	Chongqing（重庆）	Sichuan（四川）
H(key)	8	8	7	7	8	3	19
地址	13	15	7	16	17	3	23
Key	Yunnan（云南）	Xizang（西藏）	Shanxi（陕西）	Gansu（甘肃）	Qinghai（青海）	Ningxia（宁夏）	Xinjiang（新疆）
H(key)	25	24	19	7	17	14	24
地址	25	24	27	18	28	29	30
Key	Macau（澳门）	Taiwan（台湾）	Jilin（吉林）	Henan（河南）	Guizhou（贵州）	HongKong（香港）	
H(key)	1	20	10	8	7	24	
地址	4	31	32	33	34	3	

以湖南为例，$H(Hunan)=8$，但在它之前河北已经"占据"了第 8 个存储地址，并且 9～14 存储地址也已经被占据，因此湖南存储在第 15 号地址。

9.1.3 散列函数

散列函数的构造方法有很多，但一个好的散列函数应该是一个均匀的散列函数。所谓"均匀"是指对于任何一个关键字，经散列函数映射到存储地址集合中的概率是相等的。

下面介绍几种常用的散列函数。

1．直接定址法

直接定址法：取关键字或关键字的某个线性函数值作为结点的存储地址，即

$$H(\text{key})=\text{key} \text{ 或 } H(\text{key})=a\times\text{key}+b \tag{9-1}$$

其中 a 和 b 是常数。

【例 9-7】有一个某门课程的考试成绩统计表，统计每个分数下的学生人数，考试分数在 0 到 100 之间。取分数作为关键字，采用直接定址法作为散列函数，具体为 $H(\text{key})=\text{key}$，则散列表如表 9-2 所示。

表 9-2　采用直接定址法产生考试成绩统计的散列表

分　数	0	1	2	3	…	63	64	…	100
人　数	2	6	0	1	…	44	98	…	1
地　址	0	1	2	3	…	63	64	…	100

【例 9-8】有一个某大学科研项目统计表，统计建校后（1980 年建校）每一年的科研项目数。

取年份作为关键字，散列函数为 $H(\text{key})=\text{key}-1980$，则散列表如表 9-3 所示。

表 9-3 采用直接定址法产生科研项目统计的散列表

年 份	1980	1981	1982	1983	…	1992	1993	…	2005
项目数	6	10	10	11	…	24	18	…	29
地 址	0	1	2	3	…	12	13	…	25

采用直接定址法，关键字集合和存储地址集合的大小相同并一一对应，因此不会发生冲突。但在实际中，关键字集合往往很大，所以使用直接定址法的情况很少。

2．除留余数法

除留余数法：对关键字进行模（mod）运算，将运算结果所得余数作为存储地址，即

$$H(\text{key})=\text{key} \bmod p \tag{9-2}$$

其中 $p \leqslant m$，m 是散列表的长度。

值得注意的是：在使用除留余数法构造散列函数时，需要慎重考虑对 p 的选择。如果 p 值选择不当，则会出现大量的同义词，造成严重的冲突。

【例 9-9】有一组关键字集合为 {12,27,34,56,18,67,99}。采用除留余数法构造散列函数，如果选择 $p=9$，即 $H(\text{key})=\text{key} \bmod 9$。则关键字 27、56、18 和 99 将发生冲突，冲突概率很高。因此可以说选择 $p=9$ 是不适当的。

【例 9-10】有一组关键字集合为 {12,27,34,56,18,67,99}。采用除留余数法构造散列函数，如果选择一个偶数作为 p，则所有奇数的关键字都将转换为奇数地址，而关键字为偶数的都将转换为偶数地址，显然容易产生冲突。

由经验可得，在一般情况下只要选择 p 为质数或不包含小于 20 的质因子的合数，就能得到均匀的散列函数。

【例 9-11】有一组关键字集合为 {12,39,18,24,33,21}，采用除留余数法构造散列函数。首先选择 12 作为除数，由于 12 含有质因子 3，因此上述关键字（也都含有质因子 3）都被映射到 0、3、6、9 这 4 个地址上，共发生两次冲突；但如果选择 11 作为除数，尽管映射地址比 12 少了一个，但 11 是质数，不含有其他质因子，因此没有发生冲突。

3．数字分析法

数字分析法：分析关键字集合中每一个关键字中的每一位数码的分布情况，找出数码分布均匀的若干位作为存储地址。

数字分析法适合于关键字由若干数码组成，同时事先知道数码分布规律的情况。

【例 9-12】有一组 90 个结点，其关键字为 7 位十进制数。选择散列表长度为 100，则可取关键字中的两位十进制数作为结点的存储地址。具体采用哪两位数码，需要用数字分析法对关键字中的数码分布情况进行分析。假设结点中有一部分关键字如下：

$K_1=6\,1\,5\,1\,1\,4\,1$，$K_2=6\,1\,0\,3\,2\,7\,4$，$K_3=6\,1\,1\,1\,0\,3\,4$，$K_4=6\,1\,3\,8\,2\,9\,9$，$K_5=6\,1\,2\,0\,8\,7\,4$，$K_6=6\,1\,9\,5\,3\,9\,4$，$K_7=6\,1\,7\,0\,9\,2\,4$，$K_8=6\,1\,4\,0\,6\,3\,7$。

对上述关键字的数码分布情况进行分析，可以发现关键字的第 1 位均为 6，第 2 位均为 1，分布集中，不适合作为存储地址。而第 3、5 位则分布均匀，可作为结点的存储地址，则上述 8 个结点的散列地址如下：$H(K_1)=51$，$H(K_2)=02$，$H(K_3)=10$，$H(K_4)=32$，$H(K_5)=28$，$H(K_6)=93$，$H(K_7)=79$，$H(K_8)=46$。

4．平方取中法

平方取中法：将关键字求平方后，取其中间的几位数字作为散列地址。

平方取中法是一种较常用的构造散列函数的方法，由于关键字平方后的中间几位数字和组成关键字的每一位数字都有关，因此产生冲突的可能性较小。最后究竟取几位数字需要由散列表的长度决定。

【例 9-13】为某种编程语言的源程序中使用的标识符建立一张散列表。假设一个标识符由字母和数字组成，长度不超过两位，每个字符由两位八进制数表示。如果散列表长度为 512，可用 3 位八进制数表示，因此取标识符平方后中间 3 位作为散列地址。

表 9-4 给出了 6 个标识符所表示的关键字、关键字的平方以及相应的散列地址。

表 9-4　采用平方取中法产生标识符的散列表

关 键 字	关键字平方	散列地址	关 键 字	关键字平方	散列地址
A（0100）	0010000	010	P_2（2062）	4314704	314
J（1200）	1440000	440	Q_1（2161）	4734741	734
P_1（2061）	4310541	310	Q_3（2163）	4745651	745

和数字分析法不同，平方取中法无需事先知道关键字的分布情况。

5．折叠法

折叠法：将关键字分隔成位数相等的几部分（最后一部分位数可以不相等），取这几部分的相加之和作为散列地址。

在折叠法中根据叠加的方式又可分为移位叠加和间界叠加两种。

移位叠加：将分割后的各部分的最低位对齐，然后相加取其和作为散列地址。

间界叠加：将分割的各部分从一端向另一端沿分割界来回折叠，然后对齐相加取其和作为散列地址。

对于关键字位数很多，且关键字上每一位的数字分布比较均匀的情况，适合于采用折叠法。

【例 9-14】在一个单位中每位职工都有一个职工号作为职工信息的关键字，它是一个 10 位的十进制数字。假设职工总数小于 10 000，则可以采用折叠法把职工号构造成为一个 4 位数的散列地址。对于职工号为 1001582139，其散列地址的求解如下所示。

（1）移位叠加：

$$
\begin{array}{r}
2139 \\
0158 \\
+\quad 10 \\
\hline
2307
\end{array}
$$

$H(\text{key})=H(1001582139)=2307$

（2）间界叠加：

$$
\begin{array}{r}
2139 \\
8510 \\
+\quad 10 \\
\hline
10659
\end{array}
$$

舍去最高位得 $H(\text{key})=0659$

以上列出的各散列函数各有优缺点，在实际使用中应根据关键字的特点适当地选择某种散列函数，不能一概而论。好的散列函数可以使关键字得到一个尽可能"随机"的存储地址，均匀地分布在散列表中，从而降低冲突发生的可能性。

冲突处理的方法有很多，下面介绍两种主要的处理方法。

9.1.4　冲突处理方法——开放定址法

所谓"冲突"，就是不同的关键字计算出了相同的散列地址。

在构造散列函数时，应尽量使关键字计算出的函数值分布均匀，以避免发生冲突。但实际上冲突不可能完全避免，所以如何处理冲突是散列法不可缺少的一个方面。冲突处理就是为发生冲突的关键字（或结点）找到一个"空"的散列地址。在寻找过程中可能还会发生冲突，就需要继续寻找"下一个"空的地址，直到不发生冲突为止。

冲突处理的方法有很多，下面介绍几种主要的处理方法。

开放定址法：散列表中所有"空"的地址向冲突处理开放。在散列表未满时，处理冲突的"下一个"空地址在散列表内部解决。开放定址法采用下列公式求"下一个"空地址：

$$H_i=(H(Key)+d_i) \bmod m, \quad i=1,2,\dots,K \text{（} K\leqslant m-1 \text{）} \tag{9-3}$$

其中 $H(Key)$ 是散列函数，m 是散列表的长度，d_i 是一个增量序列。

根据 d_i 的不同取法，开放定址还可以分为线性探测再散列、二次探测再散列和伪随机探测再散列 3 种方式，分别介绍如下。

1. 线性探测再散列

线性探测再散列：在开放定址法中，取增量序列

$$d_i=1, 2, \cdots, m-1 \tag{9-4}$$

【例 9-15】假设有 4 个结点，关键字分别为 39，23，58，73，散列表长度为 17。采用"除留余数法"构造散列函数：$H(Key)=Key \bmod 17$。计算出的散列地址如下：

$H(39)=39 \bmod 17=5$，$H(23)=23 \bmod 17=6$，$H(58)=58 \bmod 17=7$，$H(73)=73 \bmod 17=5$。

前 3 个结点的存储地址分别为 5、6、7，没有发生冲突。但当存储第 4 个结点时，由于 $H(73)=5$ 已经被关键字位 39 的结点所占，发生冲突。如图 9-1 所示。

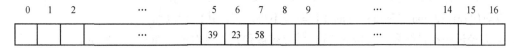

0	1	2	···	5	6	7	8	9	···	14	15	16
			···	39	23	58			···			

图 9-1　线性探测再散列示意图 1

用线性探测再散列进行处理：

$H_1=(H(73)+1) \bmod 17=(5+1) \bmod 17=6$（仍然冲突，继续）

$H_2=(H(73)+2) \bmod 17=(5+2) \bmod 17=7$（仍然冲突，继续）

$H_3=(H(73)+3) \bmod 17=(5+3) \bmod 17=8$（不再冲突，找到新地址，停止）

将关键字为 73 的结点放到 8 号地址。如图 9-2 所示。

采用线性探测再散列处理冲突思路清楚，算法简单。但存在着一个潜在问题：当散列表中第 i，$i+1$ 地址上已经填有结点，下一个散列地址为 i，$i+1$ 的结点都将被填到第 $i+2$ 号地址，产生新

的冲突。这种在处理冲突的过程中又添加了冲突的现象称作"二次聚集"。

为了减少二次聚集的可能性，可以采用二次探测再散列和伪随机探测再散列。

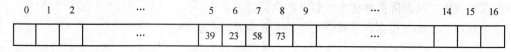

图 9-2　线性探测再散列图 2

2. 二次探测再散列

二次探测再散列：在开放定址法中，取增量序列

$$d_i=1^2,\ -1^2,\ 2^2,\ -2^2,\ \cdots\cdots,\ \pm k^2 \tag{9-5}$$

【例 9-16】在例 9-14 中，如果采用二次探测再散列，则散列地址计算如下：

$H_1=(H(73)+1)\ \mathrm{mod}\ 17=(5+1)\ \mathrm{mod}\ 17=6$（仍然冲突，继续）

$H_2=(H(73)-1)\ \mathrm{mod}\ 17=(5-1)\ \mathrm{mod}\ 17=4$（不再冲突，找到新地址，停止）

只须经过两次再散列，关键为 73 的结点被散列到 4 号地址，如图 9-3 所示。

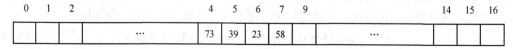

图 9-3　二次探测再散列图

3. 伪随机探测再散列

定义 9.3　伪随机探测再散列：在开放定址法中，取增量序列

$$d_i=\text{伪随机数序列} \tag{9-6}$$

在伪随机探测再散列中，当冲突发生时由一个伪随机数产生器随机产生一个增量 d_i 计算下一个散列地址，如果不发生冲突则插入结点；否则继续产生下一个增量 d_{i+1}，直到冲突解决。

可以看出在伪随机探测再散列中，构造一个伪随机数产生器是非常重要的。

【例 9-17】在例 9-14 中，采用伪随机探测再散列。构造伪随机数产生器如下：

$$d_{i+1}=(d_i+p)\ \mathrm{mod}\ m \tag{9-7}$$

其中，m 为散列表的长度，p 为小于 m 的素数。

在本例中，$m=17$，$p=13$，11，7，3，1。假设 $d_0=0$，则再散列地址计算如下：

$H_1=(H(73)+13)\ \mathrm{mod}\ 17=(5+13)\ \mathrm{mod}\ 17=1$（不再冲突，找到新地址，停止）

只需经过一次再散列，关键为 73 的结点被散列到 1 号地址，如图 9-4 所示。

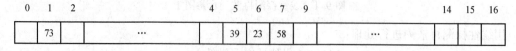

图 9-4　伪随机探测再散列图

9.1.5　冲突处理方法——链地址法

链地址法：在散列表的每一个存储单元中增加一个指针域，把产生冲突的关键字(或结点)以链表结构存放在指针指向的单元中。采用链地址法，散列表中"空"的地址不再向冲突的同义词

开放，而是采用动态链式存储结构存储。

【例 9-18】有一组关键字{buy,each,boy,army, hash,egg,and,breeze}，假设构造的散列函数为：用关键字的第一个字母在字母表中的位置作为其散列地址，则得到：

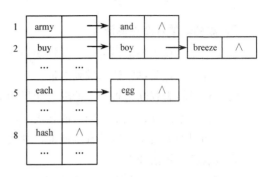

$$H(\text{buy})=2, \qquad H(\text{each})=5, \qquad H(\text{boy})=2,$$
$$H(\text{army})=1, \qquad H(\text{hash})=8, \qquad H(\text{egg})=5$$
$$H(\text{and})=1, \qquad H(\text{breeze})=2$$

可以看出，有 4 次冲突发生。采用链地址法得到如图 9-5 所示的散列表。

图 9-5　采用链地址法得到的散列表

采用链地址法，可以从根本上杜绝"二次聚集"的发生，但会"浪费"一部分散列表的空间。下面将结合以上的冲突处理方法，举例介绍散列算法的具体实现。

9.2　线性探测散列算法

本节介绍采用线性探测法处理冲突的散列算法。

9.2.1　线性探测散列算法的数据类型

采用线性表作为散列表的存储结构，数组下标就是关键字（或结点）的散列地址。为了标志数组中的元素是否为空，还需要建立一个标志数组 stored[]。标志数组和散列表长度一致，其值为 0 代表对应的散列表元素为空，否则已经存储了关键字（或结点）。

用线性探测法处理冲突，散列表的数据结构如下：

```
#define MAX_LENGTH 100          //散列表的最大长度
typeof struct{                  //定义结点类型
    int key;                    //关键字，根据需要也可以采用其他数据类型
    char data;                  //结点的其他数据项，根据需要可以采用其他数据类型
}ElemType;
typeof struct{                  //定义散列表类型
    ElemType elems[MAX_LENGTH]; //结点数组
    int len;                    //散列表长度
}HashTable;
int stored[MAX_LENGTH];         //标志数组
```

9.2.2　线性探测散列基本算法

1. 初始化散列表

初始化散列表的算法需要完成两项操作。一是设置散列表的长度，二是初始化标志数组的元素为 0。初始化散列表的算法如下：

```
void initHashTable(HashTable ht,int n) {
    //ht: 散列表
    //n: 散列表长度
    ht.len=n;int i;                //设置散列表的长度
```

```
    for(i=0;i<n;i++){stored[i]=0;}            //初始化标志数组
}
```

2. 散列表插入结点算法

将一个结点插入到散列表中，其算法分为以下几步：

（1）根据结点关键字计算散列地址。

（2）根据标志判断是否发生冲突。如果冲突，进行线性探测再散列，直到找到空地址。

（3）找到空地址，把结点插入散列表，修改标志数组。

（4）如果散列表中已经没有空地址，则报错。

散列表插入算法如下：

```
void insert(HashTable ht,ElemType ele){
    //ht: 散列表
    //ele: 插入结点
    int i,add;i=Hash(ele.key);        //计算散列地址，Hash()是散列函数
    if (stored[i]==0){                //没发生冲突
        ht.elems[i]=ele;
        stored[i]=1;
    }else {                           //发生冲突，再散列
        add=i;
        i=(i+1)%ht.len;
        while(i!=add) {
            if(stored[i]==0){         //找到空地址
                ht.elems[i]=ele;
                stored[i]=1;
                break;
            }
            i=(i+1)%ht.len;
        }if(i==add) {                 //散列表中已经没有空地址，报错
            printf("error occurred!");
        }
    }
}
```

3. 散列表查找结点算法

在线性探测散列表中查找一个结点，其算法分为以下几步。

（1）根据待查结点关键字计算散列地址。

（2）如果该地址存储的结点关键字等于待查结点关键字，则找到；否则进行线性探测再散列，直到找到待查关键字或遇到空地址或找遍散列表。

（3）如果找到待查关键字，则返回散列地址；如果遇到空地址或找遍散列表，则说明散列表中没有待查结点，返回-1。

在散列表中查找结点的算法如下：

```
int search(HashTable ht,ElemType ele){
    //ht: 散列表
    //ele: 待查找结点
    int i,add;i=Hash(ele.key);                          //计算散列地址，Hash()是散列函数
    if(stored[i]==1&&ht.elems[i].key==ele.key){         //找到
        return i;
    }else {                                             //线性探测再散列
```

```
      add=i;i=(i+1)%ht.len;
      while(i!=add&&stored[i]==1&&ht.elems[i].key!=ele.key){//再查找
        i=(i+1)%ht.len;
      }
      if(ht.elems[i].key==ele.key){              //找到待查结点
        return i;
      }else{                                     //散列表中找不到该结点
        printf("can not find! ");return -1;
      }
    }
}
```

4．散列表删除结点算法

在线性探测散列表中删除一个结点，其过程分为两步。

（1）查找结点。

（2）如果找到则删除，方法是更新标志数组；否则报错。

在散列表中删除结点的算法如下：

```
void delete(HashTable ht,ElemType ele) {
    //ht: 散列表
    //ele: 待删除结点
    int i;i=search(ht,ele);
    if(i!=-1){stored[i]=0;}                  //找到待删除结点，删除
    else printf("error occurred!");          //没有找到，报错
}
```

线性探测法散列算法源程序参见附录 A。

对于线性探测散列表，删除结点会引起"信息丢失"的问题。在线性探测散列法中，处理冲突的方式是把同义词放到散列表中下一个空地址，而查找是沿着同一个路径进行。因此当删除一个结点后，由于标志数组被更新，其后的同义词也将不再被查找到。

【例 9-19】在例 9-15 中，删除关键字为 39 的结点后，散列表结构如图 9-6 所示。

图 9-6　删除结点 39 后的散列表结构

当查找关键字为 79 的结点时，参见查找结点的算法，首先通过散列函数得到地址为 5，由于 stored[5]=0，因此查找结束，返回"找不到结点"（实际上结点存在）。

对于另外两种开放定址法，同样存在结点删除后的信息丢失问题。

9.3　链地址法散列算法

本节介绍采用链地址法（拉链法）处理冲突的散列算法。

9.3.1　链地址散列算法的数据类型

采用拉链法，当出现同义词冲突时，使用链表结构把同义词链接在一起，即同义词的存储地

址不是散列表中其他的空地址。

在拉链法中，每个结点对应一个链表结点，由 3 个域组成，结构如图 9-7 所示。其中，key 为关键字域，存放结点关键字；data 为数据域，存放结点数据信息；next 为链域，存放指向下一个同义词结点的指针。

采用 C 语言定义的数据类型如下：

```
#define MAX_LENGTH 100          //散列表的最大长度
typeof struct{                  //定义结点类型
    int key;                    //关键字，根据需要也可以采用其他数据类型
    ElemType data;              //存储结点的全部数据
    ElemNode *next;             //指向下一个同义词结点的指针
}ElemNode;
typeof struct{                  //定义表头结点类型和散列表类型
    ElemNode *first;            //指向同义词链表中第一个结点的指针
}ElemHeader,HashTable[MAX_LENGTH];
```

所有同义词构成一个单链表，再由一个表头结点指向它。所有表头结点组成一个一维数组，即散列表。数组元素的下标对应由散列函数求出的散列地址。

【例 9-20】例 9-15 中，如果采用拉链法处理冲突，散列表结构如图 9-8 所示。

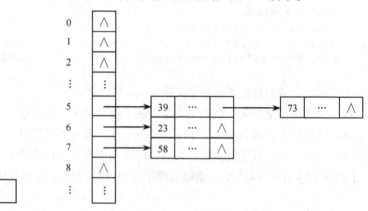

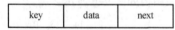

图 9-7　链地址法结点结构　　　　　图 9-8　拉链法处理冲突的散列表结构

9.3.2　链地址散列基本算法

1. 初始化散列链表

初始化链地址散列算法只需要把散列表中所有表头结点的指针域置为 NULL 即可。

初始化散列链表的算法如下：

```
void initHashTable(HashTable ht,int n){
    //ht: 散列表
    //n: 散列表长度
    int i;
    for(i=0;i<n;i++){ht[i].first=NULL;}          //初始化标志数组
}
```

2. 散列链表插入结点算法

将一个结点插入到散列链表中，其算法分为以下几步。

（1）根据结点关键字计算散列地址。

（2）根据散列地址找到表头结点，并将结点插入到对应的单链表中。

链地址法散列链表的插入算法如下：

```
void insert(HashTable ht,ElemType ele){
    //ht: 散列表
    //ele: 插入结点
    int i;
    ElemNode *p;
    i=Hash(ele.key);                         //计算散列地址，Hash()是散列函数
    p=(ElemNode)malloc(sizeof(ElemNode));    //分配结点存储代插入结点
    p->key=ele.key;
    p->data=ele;
    p->next=ht[i].first;                     //插入到单链表中
    ht[i].first=p;
}
```

3. 散列链表查找结点算法

在散列链表中查找一个结点，其算法分为以下几步。

（1）根据待查结点关键字计算散列地址。

（2）在散列地址所指向的单链表中顺次查找待查结点关键字。

（3）如果找到待查关键字，则返回指向该结点的指针；否则返回 NULL。

散列链表中查找结点的算法如下：

```
int search(HashTable ht,ElemType ele){
    //ht: 散列表
    //ele: 待查找结点
    int i;
    ElemNode *p;
    i=Hash(ele.key);                         //计算散列地址，Hash()是散列函数
    p=ht[i].first;
    while(p!=NULL&&p->key!=ele.key){          //顺次查找单链表
       p=p->next;
    }return p;
}
```

4. 散列链表删除结点算法

在散列链表中删除一个结点，其算法分为两步。

（1）查找结点。

（2）如果找到则删除，方法和在单链表中删除一个结点一样；否则报错。

在散列链表中删除结点的算法如下：

```
void delete(HashTable ht,ElemType ele) {
    //ht: 散列表
    //ele: 待删除结点
    int i;
    ElemNode *p,*q;
    i=Hash(ele.key);                         //计算散列地址，Hash()是散列函数
    p=ht[i].first;
    if(p==NULL){                             //没有找到，报错
       printf("error occurred! ");
    }
    if(p->key==ele.key){                     //找到，删除
       Ht[i].first=p->next;
```

```
    }else{
      q=p->next;
      while(q!=NULL&&q->key!=ele.key){
        p=q;
        q=q->next;
      }if(q==NULL){                    //没有找到，报错
        printf("error occurred! ");
      }else{                           //找到，删除
        p->next=q->next;
        free(q);                       //释放空间
      }
    }
  }
```

可以看出采用拉链法不会出现因删除而引起的"信息丢失"的问题。但是，散列表所占的存储空间要比开放定址法大。

9.4 散列结构的查找性能分析

散列法本质上是一种通过关键字直接计算存储地址的方法。在理想情况下，散列函数可以把结点均匀地分布到散列表中，不发生冲突，则查找过程无需比较，其时间复杂度 $O(n)=1$。但在实际使用过程中，为了将范围广泛的关键字映射到一组连续的存储空间，往往会发生同义词冲突，这时就需要进行关键字比较。因此散列法的查找性能取决于 3 个因素：散列函数、冲突处理方法和填充因子。

称能够把关键字尽可能均匀地分布到散列表中的函数是"好"的散列函数。好的散列函数可以有效地降低冲突的发生，从而提高查找性能。但好的散列函数和关键字的数字特征有关，不存在对任何结点都"好"的散列函数。

对于同一种散列函数，采用不同的冲突处理方法将产生不同的效果。例如线性探测法容易导致"二次聚集"，而拉链法可以从根本上杜绝二次聚集，从而提高查找性能。

当散列函数和冲突处理办法固定时，散列法的查找性能就取决于散列表的填充因子。

定义 9.4 填充因子 α=表中已有的结点数/表的长度。

填充因子 α 标志表的填满程度。显然 α 越小则发生冲突的机会就越小；反之就越大，查找的性能也就越低。可以证明，散列表查找成功的平均查找长度和填充因子有关。

定理 9.1 散列表查找成功的平均查找长度 S_n 满足：

线性探测再散列时：

$$S_{nl} \approx \frac{1}{2}\left(1+\frac{1}{1-\alpha}\right)$$

（9-8）

伪随机探测再散列时：

$$S_{nr} \approx -\frac{1}{\alpha}\ln(1-\alpha)$$

（9-9）

链地址法：

$$S_{nc} \approx 1+\frac{\alpha}{2}$$

（9-10）

当散列表中没有包含待查结点时，将查找不成功。可以证明散列表查找不成功的平均查找长度也和填充因子有关。

定理 9.2 散列表查找不成功的平均查找长度 U_n 满足：

线性探测再散列时：

$$U_{nl} \approx \frac{1}{2}(1 + \frac{1}{1-\alpha^2})$$

（9-11）

伪随机探测再散列时：

$$U_{nr} \approx \frac{1}{1-\alpha}$$

（9-12）

链地址法：

$$U_{nc} \approx \alpha + e^{-\alpha}$$

（9-13）

可以看出散列表的平均查找长度是填充因子的函数，和散列表长度没有关系。因此在实际应用中应该选择一个适当的填充因子，以便把平均查找长度控制在一个尽量小的范围内。

*9.5 散列结构应用——LZW 压缩问题

本节介绍利用散列表的 LZW 压缩问题。

9.5.1 LZW 压缩问题

LZW 压缩将输入的数据流转换成输出的编码流，在转换过程中动态构建编译表，其过程可以分为如下几步。

（1）初始化编译表，包括开辟编译表空间，把根字符放入编译表中。

（2）定义一个前缀对象 Current Prefix，记为 p，初始时 p=""；定义一个当前字符串 Current String，记为 $p+k$，其中 k 为当前读取的数据流中的字符。

（3）依次读取数据流中的字符，做：

- CurrentString=$p+k$，"+"代表字符串连接操作。
- 检查 CurrentString 是否在编译表中。如果在，则 $p=p+k$，继续读取下一个字符；否则输出 p 在编译表中的索引到编码流中，把 CurrentString 加入到编译表中，$p=k$，读取下一个字符。

（4）输出 p 在编译表中的索引到编码流中。

【例 9-21】输入的数据流是 abacababad，采用 LZW 压缩，过程中各变量的变化如表 9-5 所示（其中编译表的索引从 0 开始）。

表 9-5 LZW 压缩

序 号	p	k	$p+k$	编 码 流	编 译 表
初始	""				a, b, c, d
1	""	"a"	"a"		a, b, c, d
2	"a"	"b"	"ab"	0	a, b, c, d, ab
3	"b"	"a"	"ba"	01	a, b, c, d, ab, ba
4	"a"	"c"	"ac"	010	a, b, c, d, ab, ba, ac
5	"c"	"a"	"ca"	0102	a, b, c, d, ab, ba, ac, ca
6	"a"	"b"	"ab"	0102	a, b, c, d, ab, ba, ac, ca
7	"ab"	"a"	"aba"	01024	a, b, c, d, ab, ba, ac, ca, aba
8	"a"	"b"	"ab"	01024	a, b, c, d, ab, ba, ac, ca, aba
9	"ab"	"a"	"aba"	01024	a, b, c, d, ab, ba, ac, ca, aba
10	"aba"	"d"	"abad"	010248	a, b, c, d, ab, ba, ac, ca, aba, abad
11	"d"	—	—	0102483	a, b, c, d, ab, ba, ac, ca, aba, abad

可以看出除了 4 个根字符，编译表中其他条目是在压缩过程中动态生成的，即对于不同的输入数据流，产生的编译表也不同。事实上，编译表的内容已经隐含在编码流中，在解压缩中可以重新动态构建，无需保存。通过压缩，输入为 10 个字节的字符串被压缩成 7 个字节的编码流。当输入数据很长，如一个几百万个字节的图像文件时，其压缩比可以达到很高。

9.5.2 LZW 压缩算法及其算法性能分析

LZW 压缩算法描述如下：

```
void lzw_comp(char *charStream){
    //charStream 为输入数据流，由 a、b、c、d 4 种字符组成
    char k;                              //当前读入的字符
    char *p;                             //前缀
    char *currStr;                       //当前字符串
    char StringTable[1024][];            //编译表
    int i=0,j,m;
    //初始化编译表
    StringTable[0]="a";
    StringTable[1]="b";
    StringTable[2]="c";
    StringTable[3]="d";
    for(m=4;m<1024;m++){StringTable[m]="\0";}
    m=4;
    k=charStream[i];
    p=malloc(sizeof(char));
    *p='\0';
    currStr=malloc(sizeof(char));
    *currStr='\0';
    while(k!='\0'){                      //依次读取数据流
        strcpy(currStr,p);
        strcat(currStr,k);
        j=search(StringTable,currStr);   //在编译表中查找当前字符串
        if(j==-1){                       //没有找到
            printf(search(StringTable,p));   //输出前缀在编译表中的索引
            strcpy(StringTable[m++],currStr); //当前字符串加入到编译表中
            strcpy(p,k);
        }else strcat(p,k);               //找到
        k=charStream[++i];
    }
}
```

注意： search 函数完成在编译表中查找字符串的功能，它可以用任何一种查找算法实现，具体实现在此省略，读者可参考资料自行总结。

分析上述算法，其时间复杂度集中在依次读取数据流的 while 循环上，需要做 n 次循环，其中 n 是数据流的长度。在循环中需要在编译表中查找当前字符串，这一操作依赖于编译表的长度（长度是动态变化的）以及所用的查找算法。因此 LZW 压缩算法的时间复杂度为 $O(n \times p)$，其中 p 为查找的时间复杂度。

9.5.3 LZW 解压缩问题

LZW 解压缩就是将输入的编码流逆转换成输出的数据流，在转换过程中可以动态还原出编译

表，其过程可以分为如下几步。

（1）初始化编译表，包括开辟编译表空间，把根字符放入编译表中。

（2）定义一个当前编码，记为 currCode；定义一个上一次编码，记为 oldCode。

（3）读取第一个编码到 currCode，由于它肯定是一个根字符，因此必然在编译表中，输出编译表中 currCode 对应的根字符。

（4）令 oldCode=currCode。

（5）依次读取编码流中的编码到 currCode，做如下判断及操作：

- 如果编译表中有 currCode 单元对应的字符串，则输出该字符串到数据流中。同时将 oldCode 对应的字符串和 currCode 对应的字符串的第一个字符组合起来加入到编译表中，并令 oldCode=currCode。
- 如果编译表中没有 currCode 单元对应的字符串，则输出 oldCode 对应的字符串和该字符串的第一个字符的组合（因为编码的速度比解码慢一步）。同时将输出的字符串组合加入到编译表中，最后令 oldCode=currCode。

【例 9-22】输入的编码流是 0102483，采用 LZW 解压缩，过程中各变量的变化如表 9-6 所示（其中编译表的索引从 0 开始）。

表 9-6　LZW 解压缩

序　号	oldCode	currCode	数　据　流	编　译　表
初始				a，b，c，d
1		0	a	a，b，c，d
2	0	1	ab	a，b，c，d，ab
3	1	0	aba	a，b，c，d，ab，ba
4	0	2	abac	a，b，c，d，ab，ba，ac
5	2	4	abacab	a，b，c，d，ab，ba，ac，ca
6	4	8	abacababa	a，b，c，d，ab，ba，ac，ca，aba
7	8	3	abacababad	a，b，c，d，ab，ba，ac，ca，aba，abad

注意：在第 6 步时，由于编码的速度比解码慢一步，所以此时的编码 8 不在编译表中，我们用 4 表示的字符串 aba 及其第一个字符 a 的组合作为输出。

9.5.4　LZW 解压缩算法及其算法性能分析

LZW 解压缩算法描述如下：

```
void lzw_comp(int[] codeStream,int n){
//codeStream 为输入编码流，n 为编码流的长度
  int oldCode,currCode;                        //当前和上一次的编码
  char *p,*q;                                  //编译表中对应的字符串
  char StringTable[1024][];                    //编译表
  char *charStream;                            //输出的数据流
  int i,j,m;
  StringTable[0]="a";StringTable[1]="b";       //初始化编译表
  StringTable[2]="c";StringTable[3]="d";
  for(m=4;m<1024;m++)StringTable[m]="\0";
  m=4;
  p=malloc(sizeof(char));
```

```
    q=malloc(2*sizeof(char));
    charStream=malloc(sizeof(char));              //初始化数据流
    charStream[0]="\0";
    currCode=codeStream[i];                       //读取第一个编码
    strcpy(charStream,StringTable[currCode];       //输出到数据流
    for(i=1;i<n;i++){                              //依次读取编码
        oldCode=currCode;currCode=codeStream[i];
        if(StringTable[currCode]=="\0"){            //不在编译表中
            strcpy(p,StringTable[oldCode]);
            q[0]=p[0];q[1]="\0";strcat(p,q);
            strcpy(StringTable[m++],p);             //加入编译表
            strcat(charStream,p);                   //输出到数据流
        }else{                                     //在编译表中
            strcat(charStream,StringTable[currCode]); //输出到数据流
            strcpy(p,StringTable[oldCode]);
            q[0]=StringTable[currCode][0];
            q[1]="\0";strcat(p,q);
            strcpy(StringTable[m++],p);             //加入编译表
        }
    }puts(charStream);                             //输出数据流
}
```

可以看出编译表就像散列表一样，通过编码（散列地址）可以快速地找到对应的字符串（关键字）。分析上述算法，显然 LZW 解压缩算法的时间复杂度为 $O(n)$，n 为输入编码流的长度。

本 章 小 结

散列表是一种非常特殊的数据结构，表中各元素之间没有直接的关系。散列表通过在结点关键字与结点存储位置之间建立一种对应关系，从而获得非常高的查找效率。因此散列法非常适合于查找操作频繁的数据结构。

散列和冲突处理是散列法中最重要的两个概念。

散列通过某种函数确定结点关键字与结点存储地址之间的对应关系。常用的散列函数有直接定址法、除留余数法、数字分析法、平方取中法和折叠法等。一个好的散列函数应该是一个均匀的散列函数，即散列函数应将关键字集合中的任何一个关键字尽可能等概率地映射到存储地址集合中的任何一个地址。散列函数的选择往往要根据待处理数据集合的具体特点，视情况而定。没有万能的散列函数。

由于散列法的自身特点，冲突的发生是不可避免的。当不同关键字的结点映射到相同的存储地址时，必须采取某种措施进行处理，才能保证散列法的正常执行。常用的冲突处理办法分为开放定址法和链地址法两大类，其中开放定址还可分为线性探测再散列、二次探测再散列和伪随机探测再散列 3 种方式。开放定址法操作简单，节省空间，但容易引起"二次聚集"，即在处理同义词冲突的过程中又添加了非同义词的冲突；链地址法可以从根本上杜绝二次聚集，但操作烦琐，空间占用大。

本 章 习 题

一、填空题

1. 在散列结构中，结点的_____和结点的_____之间存在着某种对应关系。

2. 散列函数总是以_____为自变量，而函数值则代表该结点的_____。

3. 冲突是指对于某一个特定的散列函数，不同的_____可能得到同一_____，我们把具有相同散列函数值的关键字（或结点）称为_____。

4. 在直接定址法中，取关键字或关键字的某个_____函数值作为结点（或关键字）的存储地址。

5. 除留余数法对关键字进行_____运算，将运算结果所得的_____作为关键字（或结点）的存储地址。

6. 数字分析法分析关键字集合中每一个关键字中的每一位_____的_____情况，找出数码分布_____的若干位作为关键字（或结点）的存储地址。

7. 平方取中法将关键字求_____后，取其_____的几位数字作为散列地址。

8. 折叠法根据叠加的方式又可分为_____和_____两种。

9. 开放定址可以分为_____、_____和_____3 种方式。

10. 链地址法在散列表的每一个存储单元中增加一个_____域，把产生冲突的关键字（或结点）以_____结构存放在_____指向的单元中。

11. 填充因子 α=_____/_____。

二、选择题

1. 散列函数为 $H(Key)=2*key-3$，则对于关键为 9、18、12、3 的结点，其散列地址为（　　）。
   A. 15，33，20，3　　B. 15，33，21，3　　C. 15，36，21，6　　D. 12，33，19，3

2. 有一组关键字集合为{8，24，16，3，12，32，51}。采用除留余数法构造散列函数：$H(Key)=Key \bmod 12$，那么将发生（　　）次冲突。
   A. 3　　　　　　　B. 4　　　　　　　C. 5　　　　　　　D. 6

3. 有一个结点的关键字为 3276012483。采用移位叠加法生成 4 位散列地址，地址为（　　）。
   A. 3581　　　　　B. 3582　　　　　C. 0116　　　　　D. 0117

4. 有一个结点的关键字为 10372587901。采用间界叠加法生成 4 位散列地址，地址为（　　）。
   A. 5263　　　　　B. 5262　　　　　C. 6532　　　　　D. 6531

5. 有 4 个结点，关键字分别为 17、31、6、45。散列函数为 $H(Key)=Key \bmod 13$，采用线性探测再散列，则第四个结点的散列地址是（　　）。
   A. 4　　　　　　　B. 5　　　　　　　C. 6　　　　　　　D. 7

6. 在第 5 题中如果采用二次探测再散列，则第四个结点的散列地址是（　　）。
   A. 3　　　　　　　B. 4　　　　　　　C. 5　　　　　　　D. 8

7. 输入数据流是 aababc，根字符是 a、b、c。用 LZW 压缩后，生成的编译表是（　　）。
   A. a b c ab ba bab bc　　　　　　　　B. a b c aa ab aba abc
   C. a b c aa ab ba abc　　　　　　　　D. a b c aa ab ba bc

8. 第 7 题中输出的编码流是（　　）。
   A. 00114　　　　　B. 01142　　　　　C. 00142　　　　　D. 01412

三、简答题

1. 为什么说冲突只能减少，但不能避免？

2. 为什么说采用直接定址法不会发生冲突？

3. 什么是散列表的填充因子？为什么说当填充因子非常接近 1 时，线性探查类似于顺序查找?为什么说当填充因子比较小（例如 α=0.7 左右）时，散列查找的平均查找时间为 O(1)?

4. 有下列一组关键字：K_1=5 1 5 1 3 4 1，K_2=4 1 2 3 3 7 4，K_3=6 1 5 7 3 3 4，K_4=8 1 9 8 3 9 9，K_5=9 1 2 0 3 7 4，K_6=2 1 9 5 3 9 4。采用数字分析法确定散列函数，并给出各结点的散列地址。

5. 有这样一组关键字{23，9，18，85，74，102}，按平方取中法构造散列函数，并取十位和百位，给出各结点的散列地址。

6. 什么叫二次聚集？

7. 设散列表的长度 m=13；散列函数为 $H(K)=K \bmod m$，给定的关键码序列为 19，14，23，01，68，20，84，27，55，11，试画出用线性探查法解决冲突时所构造的散列表。并求出在等概率的情况下，这种方法的搜索成功时的平均搜索长度和搜索不成功的平均搜索长度。

0	1	2	3	4	5	6	7	8	9	10	11	12

搜索成功时的平均搜索长度为：ASL_{succ}=＿＿＿＿＿＿＿＿＿＿＿＿＿。

搜索不成功时的平均搜索长度为：ASL_{unsucc}=＿＿＿＿＿＿＿＿＿＿＿＿＿。

8. 在地址空间为 0～16 的散列区中，对以下关键字序列构造两个哈希表：
   {Jan, Feb, Mar, Apr, May, June, July, Aug, Sep, Oct, Nov, Dec}
   （1）用线性探测开放地址法处理冲突；
   （2）用链地址法处理冲突。
   并分别求这两个哈希表在等概率情况下查找成功和不成功的平均查找长度。设哈希函数为 $H(key)=i/2$,其中 i 为关键字中第一个字母在字母表中的序号。

9. 设散列表 HT[0..12]，即表的大小为 m=13。采用双散列法解决冲突。散列函数和再散列函数分别为：$H_0(key)=key \% 13$；（注：%是求余数运算（=mod））
   $$H_i=(h_{i-1}+REV(key+1)\%11+1)\%13;\quad i=1,2,3,\dots\dots\dots,m-1$$
   其中，函数 REV(x)表示颠倒 10 进制数 x 的各位，如 REV(37)=73，REV(7)=7 等。若插入的关键码序列为｛2，8，31，20，19，18，53，27｝试画出插入这 8 个关键码后的散列表。

0	1	2	3	4	5	6	7	8	9	10	11	12

10. 哈希函数 H(key)=(3*key) % 11。用开放定址法处理冲突，$d_i=i((7*key) \% 10+1)$，i=1,2,3,…。试在 0～10 的散列地址空间中对关键字序列（22，41，53，46，30，13，01，67）构造哈希表，并求等概率情况下查找成功时的平均查找长度。

11. 简述 LZW 解压缩算法的步骤。

四、算法设计题

1. 假设哈希表长为 m，哈希函数为 H(key)，用链地址法处理冲突。试编写输入一组关键字并建立哈希表的算法。

2. 假设哈希表长为 m，哈希函数为 H(key)，用线性探测开放地址法处理冲突。试编写输入一组关键字并建立哈希表的算法。

第 *10* 章 图及其应用

教学目标： 本章将学习图的定义及性质，图的 4 种存储结构，图的两种遍历算法以及图的典型应用，包括最小生成树、最短路径、拓扑排序和关键路径等。通过本章的学习，要求掌握图的概念和基本性质，图的存储结构（邻接矩阵和邻接表）及其基本算法、图的遍历及算法、图的最小生成树普利姆算法和克鲁斯卡尔算法、图的最短路径迪杰斯特拉算法和弗洛伊德算法、有向无环图拓扑排序算法。了解图的逆邻接表、十字链表、邻接多重表存储结构及其基本算法、关键路径求解算法，并能灵活运用图的不同的数据结构和遍历算法解决复杂的应用问题。

教学提示： 图是一种较线性表和树更为复杂的数据结构。在图形数据结构中，结点之间的关系可以是任意的，图中任意两个数据元素之间都可能相关。因而，图具有特殊的存储结构、遍历算法和应用。教学中应注重基础知识和基本算法的学习。

10.1 图 的 概 念

图（Graph）是一种较线性表和树更为复杂的数据结构。在线性表中，数据元素之间仅存在线性关系，即每个元素只有一个直接前驱和一个直接后继。在树形结构中，元素之间具有明显的层次关系，并且每个元素只能和上一层（如果有的话）的一个元素相关，但可以和下一层的多个元素相关。在图形结构中，元素之间的关系可以是任意的，一个图中任意两个元素都可以是相关的，即每个元素可以有多个前驱和多个后继。

图的最早应用可以追溯到 18 世纪，伟大的数学家欧拉（EULer）利用图解决了著名的哥尼斯堡桥的问题，这一创举为图在现代科学技术领域中的应用奠定了基础。目前图在计算机科学与技术领域的应用十分广泛，已经渗透到电子线路分析、软件工程、人工智能等多个方面。

10.1.1 图的定义

定义 10.1 图是一种数据结构，可以用二元组表示。它的形式化定义为：

$$Graph=(V,VR)$$

其中，$V=\{x|x \in dataobject\}$，$VR=\{<x,y>|P(x,y) \wedge (x,y \in V)\}$

在图中的数据元素通常称作顶点（或结点），定义中的 V 是顶点的有穷非空集合。定义中的 VR 是两个顶点之间关系的集合，可以用序偶对来表示。若 $<x,y> \in$ VR，则表示从 x 到 y 有一条弧（或称有向边），且称 x 为弧尾或初始点，称 y 为弧头或终端点，此时的图称为有向图。若 $<x,y> \in$ VR 必有 $<y,x> \in$ VR，即 VR 是对称的，则以无序对 (x,y) 代替这两个有序对，表示从 x 到 y 有一条边，此时的图称为无向图。定义中的谓词 $P(x,y)$ 表示从 x 到 y 有一条单向通路或其他信息。

【例 10-1】图 10-1 所示为一个有向图，按照定义写出其形式化定义。

根据定义 10.1，图 10-1 所示有向图形式化定义为：

$G_1=(V,\text{VR})$

$V=\{v_1,v_2,v_3,v_4,v_5,v_6\}$

$\text{VR}=\{<v_1,v_2>,<v_1,v_5>,<v_5,v_1>,<v_5,v_4>,<v_3,v_5>,<v_3,v_6>,<v_5,v_6>\}$

【例 10-2】图 10-2 所示为一个无向图，按照定义写出其形式化定义。

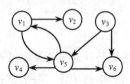 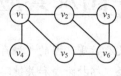 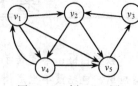

图 10-1　例 10-1 图　　　图 10-2　例 10-2 图　　　图 10-3　例 10-3 图

根据定义 10.1，图 10-2 的有向图形式化定义为：

$G_2=(V,\text{VR})$，　$V=\{v_1,v_2,v_3,v_4,v_5,v_6\}$

$\text{VR}=\{(v_1,v_2),(v_1,v_4),(v_1,v_5),(v_2,v_3),(v_2,v_6),(v_3,v_6),(v_5,v_6)\}$

【例 10-3】给出图 10-3 所示有向图的形式化定义。

$G_3=(V,\text{VR})$，　$V=\{v_1,v_2,v_3,v_4,v_5\}$

$\text{VR}=\{<v_1,v_2>,<v_1,v_4>,<v_1,v_5>,<v_2,v_4>,<v_2,v_5>,<v_3,v_2>,<v_4,v_1>,<v_4,v_5>,<v_5,v_3>\}$

10.1.2　图的基础知识

用 n 表示图中顶点的数目，用 e 表示图中边或弧的数目。在下面的讨论中，约定不考虑顶点的自返圈，即顶点到其自身的边或弧。若图中存在 $<v_i,v_j>$ 或 $(<v_i,v_j>)$，则必有 $v_i \neq v_j$。同时也不允许一条边或弧在途中重复出现。

按照上述规定，在一个有 n 个顶点的图中，边的数目 e 的取值范围是 0 到 $n(n-1)/2$。

1. 邻接点和相关边

定义 10.2　对于无向图 $G=(V,E)$，如果边 $(v_1,v_2) \in E$，则称顶点 v_1 和 v_2 互为邻接点。

称边 (v_1,v_2) 依附于顶点 v_1 和顶点 v_2，即边 (v_1,v_2) 是与顶点 v_1 和 v_2 相关联的边。

【例 10-4】在图 10-2 中，顶点 v_1，v_3，v_6 都是顶点 v_2 的邻接点，而 (v_1,v_2)，(v_2,v_3)，(v_2,v_6) 都是和顶点 v_2 相关联的边。

在有向图 $G=(V,A)$ 中，如果 $<v_1,v_2> \in A$，则称顶点 v_1 邻接到 v_2，顶点 v_2 邻接于 v_1，而弧 $<v_1,v_2>$ 是与顶点 v_1 和 v_2 相关联的。

2. 完全图

定义 10.3　如果图 G 中每个顶点到其他 $n-1$ 个顶点都连有一条边，即有 n 个顶点和 $n(n-1)/2$ 个边的图称为完全图。同理，对于有向图，称有 n 个顶点和 $n(n-1)$ 个弧的图为有向完全图。

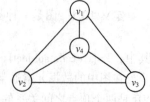

图 10-4　完全图

【例 10-5】图 10-4 表示了一个完全图。

【例 10-6】一个无向图 G 有 5 个顶点，问该图最多有多少条边？

在无向图中，完全图的边最多，有 $n(n-1)/2$ 条边。

所以最多边数 $e=5 \times 4/2=10$。

根据边或弧的数目，我们把有较少条边或弧（$e<n\log n$）的图称为稀疏图，反之称有较多条边或弧的图为稠密图。

3．顶点的度、入度和出度

定义 10.4 顶点的度（Degree）是和顶点 V 相关联的边的数目，记为 TD(V)。

【例 10-7】在图 10-2 中，顶点 v_1 的度为 3，顶点 v_3 的度为 2。

定义 10.5 在有向图 $G=(V,A)$ 中，以顶点 V 为头的弧的数目称为 V 的入度，记为 ID(V)；以顶点 V 为尾的弧的数目称为 V 的出度，记为 OD(V)。顶点的度为 TD(V)=iD(V)+OD(V)。

【例 10-8】在图 10-1 中，顶点 v_1 的入度 ID(v_1)=1，出度 OD(v_1)=2，度 TD(v_1)=3。

定义 10.6 在一个有 n 个顶点和 e 条边或弧的图中，满足如下关系：

$$e=\frac{1}{2}\sum_{i=1}^{n}\text{TD}(v_i) \tag{10-1}$$

【例 10-9】一有向图 G 有 4 个顶点，各顶点的入度依次为 1、0、2、1，出度依次为 2、1、0、1。求图 G 的弧数，并画出该图的一种形状。

因为 TD(v)=iD(v)+OD(v)，所以 TD(v_1)=3，TD(v_2)=1，TD(v_3)=2，TD(v_4)=2。

弧数 $e=\dfrac{1}{2}\sum_{i=1}^{n}\text{TD}(v_i)$ =(3+1+2+2)/2=4。

图 10-5 所示是 G 的一种可能形状。

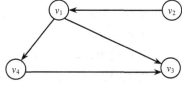

图 10-5　例 10-9 中图 G 的一种形状

4．路径和回路

路径：在无向图 $G=(V,E)$ 中，从顶点 V 到顶点 V' 的路径是一个顶点序列（$V=V_{i0},V_{i1},V_{i2},\cdots,V_{im}=V'$），其中 $(V_{ij-1},V_{ij})\in E$，$1\le j\le m$。如果是有向图，则路径也是有向的，顶点序列必须满足 $<V_{ij-1},V_{ij}>\in E$。路径长度就是路径上边或弧的数目。

定义 10.7 第一个顶点 V_{i0} 和最后一个顶点 V_{im} 相同的路径称为回路或环（Cycle）。

序列中顶点不重复的路径称为简单路径；除第一个顶点和最后一个顶点外，其他顶点不重复的回路称为简单回路。

【例 10-10】在图 10-2 中，v_1、v_2、v_3、v_6 构成一个简单路径，而 v_2、v_3、v_6、v_2 构成一个回路。

5．子图

定义 10.8 若有两个图 $G=\{V, \{E\}\}$ 和 $G'=\{V', \{E'\}\}$，如果 $V'\subseteq V$，并且 $E'\subseteq E$，则称 G' 是 G 的一个子图。

【例 10-11】图 10-6 列出了图 10-2 的几个子图。

6．连通图

定义 10.9 在无向图 G 中，如果从顶点 V 到顶点 V' 存在一条路径，则称 V 和 V' 是连通的。

定义 10.10 如果图 G 中任意两个不同的顶点 V_i 和 V_j 都是连通的，则称 G 是连通图。

【例 10-12】图 10-2 就是一个连通图。

定义 10.11 连通分量就是指无向图中极大连通子图。

【例 10-13】图 10-7 不是连通的，它有两个连通分量。

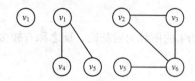
图 10-6　图 10-2 的子图

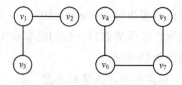
图 10-7　非连通图

【例 10-14】一个无向图 G 有 10 个顶点，6 条边，问该图是否连通？

一个包含边数最少的连通图就是一棵生成树，其所需的边数为 $n-1$。

所以 G 若要连通，至少需要 9 条边。图 G 只有 6 条边，所以不连通。

【例 10-15】在例 10-14 中，G 最多有多少个连通分量，最少有多少个连通分量？

（1）求连通分量的最大值，即要求 6 条边必须连接尽可能少的顶点。

根据图的性质，6 条边最少连接 4 个顶点。此时这 4 个顶点构成一个完全图，而其他 6 个顶点是"孤立点"。

所以 G 最多有 7 个连通分量。

（2）求连通分量的最小值，即要求 6 条边必须连接尽可能多的顶点。

根据图的性质，6 条边最多连接 7 个顶点。此时这 7 个顶点构成一棵生成树，而其他 3 个顶点是"孤立点"。

所以 G 最少有 4 个连通分量。

定义 10.12　在有向图 G 中，如果对于任意两个不同的顶点 V_i 和 V_j，都存在从 V_i 到 V_j 和 V_j 到 V_i 的路径，则称图 G 是强连通图。

有向图中的极大强连通子图称作强连通分量。

【例 10-16】图 10-1 所示不是一个强连通图，它存在一个强连通分量 (V_1, V_5)。

7. 生成树

定义 10.13　一个连通图可以用一棵"树"来表示，树包含了图中的全部顶点，但只包含足以构成一棵树的 $n-1$ 条边，这样的树称为连通图的生成树。

【例 10-17】图 10-8 所示的树就是图 10-2 所示的图的生成树。

一棵有 n 个顶点的生成树有且只有 $n-1$ 条边，当向这棵树中添加一条边后，则必定在这条边所依附的两个顶点之间产生第二条路径，从而产生回路。如果一个有 n 个顶点的图，边的数目小于 $n-1$，则它必定是非连通的；如果边数大于 $n-1$，则必定存在回路；但当边数等于 $n-1$ 时，则不一定就是生成树。

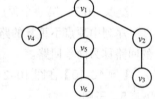
图 10-8　生成树

如果一个有向图只有一个顶点的入度为 0，而其他顶点的入度均为 1，则称它是一棵有向树。

【例 10-18】画出图 10-9 所示的一棵有向树。

以该图顶点 v_3 作为其有向树的根结点，得出有向树如图 10-10 所示。

一个有向图的生成森林是由多棵有向树构成的，它包含了图中所有的顶点，但只包含足以构成不相交的有向树的弧。

8. 权、网

有时图中的边或弧具有和其相关的数据，如表示一个顶点到另一个顶点的距离和花费，称这些相关的数据为边或弧的权，而这种带权的图称为网。

【例 10-19】图 10-11 为一个带权的图（网），例如，其中顶点 v_1 到 v_2 上的权值是 10。

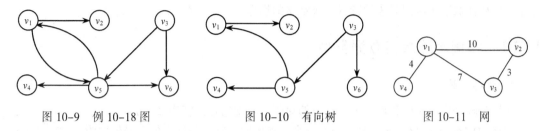

图 10-9　例 10-18 图　　　　图 10-10　有向树　　　　图 10-11　网

10.1.3　图的基本运算

1. 顶点在图中的位置

图不像线性表那样，在数据元素之间存在着明显的前后关系，也不像树存在着严格的层次关系，从逻辑结构上来说，图中的每个顶点都可以称作是第一个或最后一个顶点。因此图中各顶点的位置完全是人为规定的概念。为了操作方便，将图中所有顶点按人为顺序排列，从而指定第 1、2、3、…个顶点。同样，可以把一个顶点的所有邻接点排列起来，并称作第 1、2、3、…个邻接点，并规定第 $k+1$ 个邻接点是第 k 个邻接点的下一个邻接点，最后一个邻接点的下一个邻接点为"空"。

2. 图的基本运算

图的基本操作和图的存储结构密切相关，下面先了解图有哪些基本操作，这些基本操作的算法要结合其存储结构来介绍。

图的基本运算主要有：

（1）顶点定位：loc_vertex(G,v)，如果顶点 v 在图 G 中存在，则返回 v 的位置；否则返回 0。

（2）取顶点：get_vertex(G,i)，若 $i \leq n$（顶点数），则返回第 i 个顶点；否则返回"空"。

（3）求第一个邻接点：first_adj(G,v)，如果 v 有邻接点，则返回第一个邻接点；否则返回"空"。

（4）求下一个邻接点：next_adj(G,v_1,v_2)，已知 v_2 是 v_1 的一个邻接点，如果 v_2 不是 v_1 的最后一个邻接点，则返回下一个邻接点；否则返回"空"。

（5）插入一个顶点：ins_vertex(G,v)，把 v 插入到图 G 中，使其成为第 $n+1$ 个顶点。

（6）插入一条弧：ins_arc(G,v_1,v_2)，在图 G 中插入一条从顶点 v_1 到顶点 v_2 的弧。

（7）删除一个顶点：del_vertex(G,v)，把顶点 v 从图 G 中删除，同时删除和 v 相关联的所有边或弧。

（8）删除一个弧：del_arc(G,v_1,v_2)，把图 G 中从顶点 v_1 到顶点 v_2 的弧删去。

在以上操作中，（1）～（4）操作不改变图的逻辑结构，而（5）～（8）操作将改变图的逻辑结构。

10.2　图的存储结构及其基本算法

在图中，任意两个顶点之间都可能存在关系。由于不存在严格的前后顺序，因而不能采用简单的数组来存储图；若采用链表存储，由于图中各顶点度数不尽相同，最小与最大度数可能相差很大，如果按最大度数的顶点设计链表的指针域，则会浪费很多存储单元，反之，如果设计不同的链表结点，则操作很困难。因此需要设计全新的存储结构。

常用的图的存储结构有邻接矩阵、邻接表、十字链表和邻接多重表。在具体应用中采用何种存储结构往往取决于应用问题的特点和所定义的运算。

10.2.1 邻接矩阵及其数据类型

1. 邻接矩阵

邻接矩阵是表示图中各顶点之间关系的矩阵，是图的存储结构之一。

定义 10.14 假设 $G=\{V,E\}$ 是一个有 n 个顶点的图，规定各顶点的序号依次为 1，2，3，…，n，则 G 的邻接矩阵是一个具有如下定义的 n 阶方阵：

$$A[i,j]=\begin{cases} 1, & \text{若} <v_i,v_j> \text{或者} (v_i,v_j)\in E(G) \\ 0, & \text{反之} \end{cases} \qquad (10-2)$$

对于在边上附有权值的网，可以将以上的定义修正为：

$$A[i,j]=\begin{cases} W_i, & \text{若} <v_i,v_j> \text{或者} (v_i,v_j)\in E(G) \\ 0, & \text{反之} \end{cases} \qquad (10-3)$$

其中，W_i 表示 $<v_i,v_j>$ 弧或 (v_i,v_j) 边上的权值。

【例 10-20】按照邻接矩阵定义，求出图 10-12 所示图的邻接矩阵。

图 10-12 所示的图中有 6 个顶点，它的邻接矩阵是一个 6×6 的方阵，如下所示。

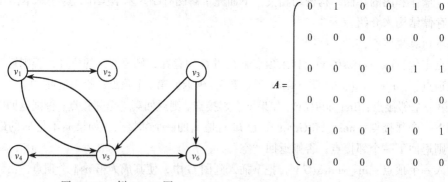

图 10-12 例 10-20 图

【例 10-21】按照邻接矩阵定义，求出图 10-13 所表示的网的邻接矩阵。

图 10-13 所示网中有 4 个顶点，它的邻接矩阵是一个 4×4 的方阵，如下所示。

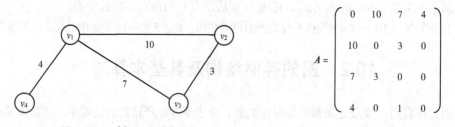

图 10-13 例 10-21 图

在无向图中，邻接矩阵是对称的。因为当 $(v_i,v_j)\in E$ 时，则必有 $(v_j,v_i)\in E$。因此仅需要存储上三角（或下三角）的元素，共计 $n(n+1)/2$ 个存储空间。

在有向图中，邻接矩阵不一定是对称的，因此需要 n^2 个存储空间。

2．数据类型

一个图的邻接矩阵可以用两个数组表示。其中第一个数组 vexs 是一维数组，存储图中顶点的信息；另外一个二维数组 edges，用来存储图中边或弧的信息。邻接矩阵的数据类型定义如下：

```
#define MAX_VERTEX_NUM 100                        //顶点的最大个数
typeof struct{                                    //定义顶点类型
  int num;                                        //顶点序号
  char data;                                      //顶点信息
}VERTEX;
typeof struct{                                    //定义图的类型
  int n;                                          //顶点数目
  int e;                                          //边或弧的数目
  VERTEX vexs[MAX_VERTEX_NUM];                     //一维数组,存储顶点
  int edges[MAX_VERTEX_NUM][MAX_VERTEX_NUM];       //二维数组,存储边或弧
}MGraph;
```

10.2.2 基于邻接矩阵的基本算法

采用邻接矩阵可以方便地实现 10.1.3 小节中介绍的各类基本算法。

1．邻接矩阵生成算法

下面以有向图为例，给出如何建立它的邻接矩阵的算法源程序。

```
MGraph *create_MGraph(){
    int i,j,k,w,n,e;
    char c;
    MGraph mg1,*mg=&mg1;
    printf("顶点数:");
    scanf("%d",&n);                          //读入顶点个数
    printf("弧数:");
    scanf("%d",&e);                          //读入弧个数
    mg->n=n;
    mg->e=e;getchar();
    printf("输入顶点信息:\n");
    for(i=0;i<n;i++){
        scanf("%c",&c);                      //读入第 i 个顶点信息
        mg->vexs[i].data=c;
        mg->vexs[i].num=i;                   //指定顶点的序号
    }
    for(i=0;i<n;i++)mg->edges[i][j]=0;       //先把所有的边置空
    printf("弧的信息:\n");
    for(i=0;i<e;i++){
        scanf("%d%d%d",&j,&k,&w);            //读入边的信息
        mg->edges[j][k]=w;
    }return(mg);
}
```

可以看出，建立一个有向图的邻接矩阵的时间复杂度为 $O(n^2)$，其时间主要耗费在对二维数组 mg.edges 的每个元素的置空操作上。

2. 基于邻接矩阵的顶点定位算法

顶点定位算法 loc_vertex(G,v)：如果 G 中有 v，则返回 v 的序号，否则返回-1。算法如下：

```
int loc_vertex(G,v){
    int i;
    for(i=0;i<G.n;i++)
        if(G.vexs[i].data==v)return(i);          //找到，返回序号
    return(-1);                                   //没有找到，返回-1
}
```

3. 基于邻接矩阵来求第一个邻接点算法

求第一个邻接点算法 first_adj(G,v)的运算结果是要返回 v 的第一个邻接点。如果 G 中没有 v，或 v 没有邻接点，则返回 NULL。算法如下：

```
VERTEX first_adj(G,v) {
    int i,j;
    i=loc_vertex(G,v);
    if(i==-1)return(NULL);                        //G 中没有 v
    else{
        for(j=0;j<G.n;j++)
            if(G.edges[i][j]!=0)return(G.vexs[j]);  //找到第一个邻接点,返回
        return(NULL);                             //v 没有邻接点
    }
}
```

4. 基于邻接矩阵的其他算法

采用邻接矩阵很容易判断图中两个顶点是否相连。例如，判断 v_i 和 v_j 是否相连，只需检查 G.edges[i][j]是否等于 0，如果等于 0 则不相连，否则相连。

同时也可以很容易地求出各个顶点的度。对于无向图，顶点 v_i 的度就是邻接矩阵 G.edges 中第 i 行（或第 i 列）中非 0 元素的个数。

$$\text{TD}(V_i) = \sum_{j=0}^{n-1} \text{G.edges}[i][j] \qquad (10-4)$$

对于有向图，顶点 v_i 的出度就是邻接矩阵 G.edges 中第 i 行中非 0 元素的个数；而 v_i 的入度就是邻接矩阵 G.edges 中第 i 列中非 0 元素的个数。

不过用邻接矩阵存储图时，测试其边的总数必须检查二维数组的所有元素，时间复杂度为 $O(n^2)$，这对于顶点很多而边较少的图（稀疏图）非常不合算。为此提出图的另一种存储方式：邻接表。

10.2.3　邻接表及其数据类型

1. 邻接表

邻接表是图的链式存储结构。在邻接表存储结构中，图中的每个顶点对应一个单链表，第 i 个单链表中的结点表示依附于顶点 v_i 的边（对于有向图，表示以 v_i 为尾的弧）。

单链表中每个结点由 3 个域组成，如图 10-14 所示。

其中，adjvex 为邻接点域，指示顶点 v_i 的邻接点的位置（序号）；nextarc 为链域（指针域），

指示顶点 v_i 的下一条边或弧；info 为信息域，存储与边或弧相关的信息，如权值。一个顶点的所有相关边通过链域 nextarc 相连，组成该顶点的单链表。

在每个单链表的前面附设一个表头结点指示对应的顶点。它由两个域组成，结构如图 10–15所示。

adjvex	nextarc	info

图 10–14　邻接表的结点结构

vexdata	firstarc

图 10–15　邻接表的表头结点

其中，vexdata 为数据域，存储顶点的信息，如顶点位置；firstarc 为链域，指向单链表中的第一个结点，即顶点 v_i 的第一条边。

这些表头结点通常以顺序结构（一维数组）存储，从而可以方便地访问任一单链表。

【例 10-22】画出如图 10–16 所示有向图的邻接表结构。

图 10–16 所示有向图的邻接表结构如图 10–17 所示。

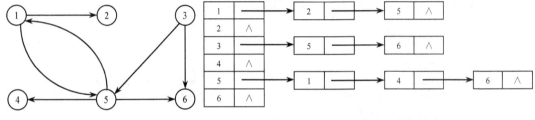

图 10–16　例 10-22 图　　　　　　　　图 10–17　有向图的邻接表

【例 10-23】画出如图 10–18 所示无向图的邻接表结构。

图 10–18 所示无向图的邻接表结构如图 10–19 所示。

如果一个无向图有 n 个顶点和 e 条边，则采用邻接表存储需要 n 个表头结点和 $2e$ 个链表结点；如果是有向图，则只需 n 个表头结点和 e 个链表结点。这对于稀疏图（$e \ll n(n-1)/2$）而言要比采用邻接矩阵存储时极大地节省了空间。当边的相关信息较多时，更是如此。

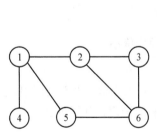 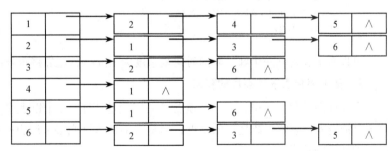

图 10–18　例 10-23 图　　　　　　　　图 10–19　无向图的邻接表

2．数据类型

邻接表数据类型（存储结构）描述如下：

```
#define MAX_VERTEX_NUM 100          //顶点的最大个数
typedef struct{
    int adjvex;                     //邻接点的位置
    ARCNODE *nextarc;               //指向下一个结点
```

```
    char info;                                  //边的信息
}ARCNODE;                                       //邻接表中的结点类型
typedef struct VEXNODE{
    char vexdata;                               //顶点信息
    ARCNODE *firstarc;                          //指向第一个邻接结点
}VEXNODE,AdjList[MAX_VERTEX_NUM];               //表头结点类型
typedef struct{
    AdjList vextices;
    int vexnum,arcnum;
}ALGraph;                                       //邻接表类型
```

10.2.4　基于邻接表的基本算法

采用邻接表可以方便地实现 10.1.3 小节中介绍的各类基本算法。

1. 邻接表生成算法

下面以有向图为例，给出如何建立一个邻接表的算法。

```
ALGraph create_AdjListGraph(){
    int n,e,i,j,k;
    ARCNODE *p;AdjList al;
    scanf("%d",&n);
    for(i=0;i<n;i++){                           //初始化表头结点数组
        al[i].vexdata=(char)i;                  //数据域存储顶点序号
        al[i].firstarc=NULL;
    }scanf("%d",&e);
    for(i=0;i<e;i++){
        scanf("%d%d",&j,&k);                    //依次读入弧的信息
        p=(ARCNODE *)malloc(sizeof(ARCNODE));   //分配结点
        p->adjvex=k;p->info='';
        p->nextarc=al[j].firstarc;              //把 p 插入到链表中
        al[j].firstarc=p;
    }
    ALGraph alg;alg.vextices=al;
    alg.vexnum=n;alg.arcnum=e;
    return alg;
}
```

可以看出，建立一个邻接表的时间复杂度为 $O(n+e)$，比邻接矩阵的代价小。

2. 基于邻接表求顶点度的算法

在无向图的邻接表中，求一个顶点 v_i 的度就是计算第 i 个链表中顶点的个数。在有向图中，第 i 个链表中顶点的个数是 v_i 的出度，但是求 v_i 的入度则必须遍历所有的链表，计算包含第 i 个结点的链表的数目。

（1）求一个有向图中某个顶点的出度（计算顶点 i 所指向的链表中的结点个数）的算法如下：

```
int OD(ALGraph alg,int i){
    //alg: 邻接表
    //i: 所求顶点的序号
    int od=0;
    ARCNODE *p=alg.vertices[i].firstarc;
    while(p!=NULL){                             //遍历第 i 个单链表
        od++;
```

```
        p=p->nextarc;
    }return od;
}
```

（2）求一个有向图中某个顶点的入度（计算包含该顶点的链表个数）的算法如下：

```
int iD(ALGraph alg,int i){
    //alg: 邻接表
    //i: 所求顶点的序号
    int id=0,j;
    ARCNODE *p;
    for(j=0;j<alg.vexnum;j++){          //依次遍历所有顶点指向的单链表
        p=alg.vertices[j].firstarc;
        while(p!=NULL){                 //遍历第 j 各单链表
            if(p->adjvex==i){           //包含第 i 个顶点
                id++;break;
            }p=p->nextarc;
        }
    }return id;
}
```

从（1）、（2）两个算法的比较可以看出，顶点入度的计算较出度的计算复杂得多。因此，为了提高入度计算的效率，可以为图建立一个逆邻接表。

10.2.5　逆邻接表

所谓逆邻接表，就是链表结点代表以 v_i 为头的弧。

【例 10-24】画出如图 10-20 所示有向图的逆邻接表结构。

图 10-20 所示有向图的逆邻接表结构如图 10-21 所示。

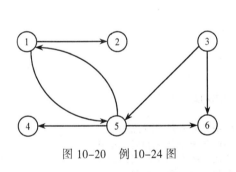

图 10-20　例 10-24 图

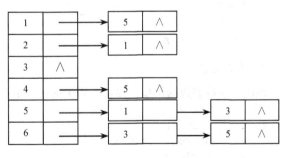

图 10-21　逆邻接表

在邻接表中，可以很方便地找到某个顶点的第一个邻接点和下一个邻接点，但要判断任意两个顶点（v_i 和 v_j）是否邻接，则需要遍历第 i 个或第 j 个单链表。在这方面，邻接表不如邻接矩阵方便。

10.2.6　十字链表及其数据类型

1. 十字链表

十字链表是有向图的另外一种链式存储结构。十字链表可以看作是有向图的邻接表和逆邻接表相结合而得到的一种链表。和邻接表相似，十字链表中的表结点对应有向图中的一条弧，表头结点对应图中的一个顶点。弧结点与表头结点的结构如图 10-22 和图 10-23 所示。

tailvex	headvex	hlink	tlink

图 10-22　十字链表中的弧结点

data	firstin	firstout

图 10-23　十字链表中的顶点结点

弧结点包含 4 个域：tailvex 为尾域，指示该弧的弧尾顶点在图中的位置（序号）；headvex 为头域，指示该弧的弧头顶点在图中的位置（序号）；hlink 为链域，指向弧头相同的下一条弧结点；tlink 也为链域，指向弧尾相同的下一条弧结点。

顶点结点包含 3 个域：data 为数据域，存储和顶点相关的信息（如顶点序号）；firstin 为链域，指向以本顶点为弧头的第一个弧结点；firstout 也为链域，指向以本顶点为弧尾的第一个弧结点。

和邻接表一样，所有的顶点结点以顺序方式存储在一维数组中。

【例 10-25】画出如图 10-24 所示有向图的十字链表结构。

图 10-25 所示的十字链表结构如图 10-25 所示。

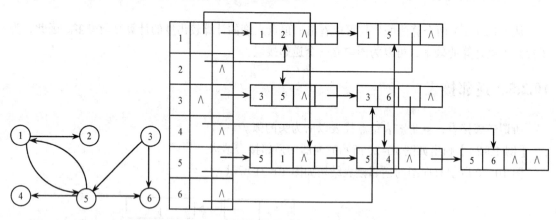

图 10-24　例 10-25 图　　　　　　　　图 10-25　十字链表

2. 数据类型

图的十字链表数据类型（存储结构）描述如下：

```
#define MAX_VERTEX_NUM 100              //顶点的最大个数
typedef struct{
    int tailvex,headvex;               //弧头顶点和弧尾顶点的位置
    ARCNODE *hlink;                    //指向下一个弧头相同的结点
    ARCNODE *tlink;                    //指向下一个弧尾相同的结点
}ARCNODE;                              //邻接表中的结点类型
typedef struct VEXNODE{
    char vexdata;                      //顶点信息
    ARCNODE *firstin;                  //指向第一个弧头结点
    ARCNODE *firstout;                 //指向第一个弧尾结点
}VEXNODE,OrthoList[MAX_VERTEX_NUM];    //表头结点类型
typedef struct{
    OrthoList vertices;
    int vexnum,arcnum;
}OTGraph;                              //十字链表类型
```

10.2.7　基于十字链表的基本算法

采用十字链表可以实现 10.1.3 小节中介绍的各类基本算法。

1. 十字链表的建立算法

与邻接表一样，只要输入有向图的顶点信息和弧的信息，就可以建立图的十字链表，算法如下：

```
OTGraph create_OrthoListGraph(){
    int n,e,i,j,k;
    ARCNODE *p;
    OrthoList ol;
    scanf("%d",&n);
    for(i=0;i<n;i++){                                //初始化表头结点数组
        ol[i].vexdata=(char)i;                       //数据域存储顶点序号
        ol[i].firstin=NULL;
        ol[i].firstout=NULL;
    }
    scanf("%d",&e);
    for(i=0;i<e;i++){
        scanf("%d%d",&j,&k);                          //依次读入弧的信息
        p=(ARCNODE*)malloc(sizeof(ARCNODE));         //分配结点
        p->tailvex=j;
        p->headvex=k;
        p->hlink=ol[k].firstin;                      //根据弧头把 p 插入到链表中
        ol[k].firstin=p;
        p->tlink=ol[j].firstout;                     //根据弧尾把 p 插入到链表中
        ol[j].firstout=p;
    }
    OTGraph otg;
    otg.vertices=ol;
    otg.vexnum=n;
    otg.arcnum=e;
    return otg;
}
```

该算法的时间复杂度为 $O(n+e)$，和邻接表相同。十字链表结合了邻接表和逆邻接表的特点，非常容易求出有向图中某个顶点的入度和出度。

2. 基于十字链表计算顶点度的算法

下面的算法同时求出十字链表 ol 中 v 顶点的入度和出度，并保存在 i，j 中。描述如下：

```
void TDAndOD(OTGraph otg,VEXNODE v,int &i,int &j) {
    int k=loc_vertex(otg,v);                         //求顶点 v 的序号
    ARCNODE *h=otg.vertices[k].firstin;              //指向顶点 v 的第一个弧头结点
    ARCNODE *t=otg.vertices[k].firstout;             //指向顶点 v 的第一个弧尾结点
    while(h!=NULL||t!=NULL){
        if(h!=NULL){
            i++;h=h->hlink;
        }
        if(t!=NULL){
            j++;t=t->tlink;
        }
    }
}
```

10.2.8 邻接多重表及其数据类型

1．邻接多重表

十字链表是有向图的另一种链式存储结构，相似地，邻接多重表（Adjacency Multilist）是无向图的另一种链式存储结构。虽然邻接表可以有效地存储无向图，并方便地操作。但是在邻接表中，每一条边（v_i,v_j）都有两个边结点，分别存在于第 i 和第 j 个单链表中，这就为某些操作带来不便。例如，有些图的应用问题需要在搜索边的同时作记号，或者增加和删除一条边，在邻接表中必须同时找到这条边的两个顶点，而在邻接多重表中则方便得多。可以说，邻接多重表是邻接表在无向图中的一种改进。

和邻接表相似，邻接多重表中的表结点对应无向图中的一条边，表头结点对应图中的一个顶点。邻接多重表的边结点和顶点结点的结构如图 10-26 和图 10-27 所示。

mark	ivex	ilink	jvex	jlink

data	firstedge

图 10-26　邻接多重表的边结点　　　　图 10-27　邻接多重表的顶点结点

邻接多重表的边结点包含 5 个域：mark 为标志域，用来标记该条边是否已被访问过；ivex 为顶点域，指示依附于这条边的一个顶点的位置（序号）；jvex 指示另一个顶点的位置；ilink 为链域，指向依附于 ivex 顶点的下一条边结点；jlink 指向依附于 jvex 顶点的下一条边结点。

顶点结点包含两个域：data 为数据域，存储顶点的相关信息（如位置）；firstedge 为链域，指向该顶点的第一条边的结点。同样，所有的顶点结点以顺序方式存储在一维数组中。

【例 10-26】画出如图 10-28 所示无向图的邻接表结构。

图 10-28 所示无向图的邻接多重表结构如图 10-29 所示。

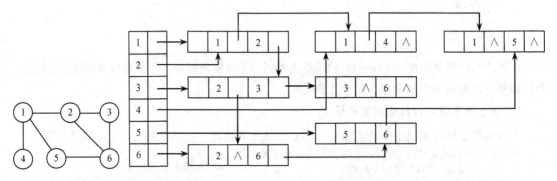

图 10-28　例 10-26 图　　　　　　　图 10-29　邻接多重表

2．数据类型

邻接多重表数据类型（存储结构）描述如下：

```
#define MAX_VERTEX_NUM 100              //顶点的最大个数
typedef enum {unvisited,visited} VISITIF   //是否被访问过
typeof struct{
    VISITIF mark
    int ivex,jvex;                     //一条边所依附的两个顶点的位置
    EDGENODE *ilink;                   //指向下一条依附 ivex 的边结点
```

```
    EDGENODE *jlink;                              //指向下一条依附 jvex 的边结点
}EDGENODE;                                        //邻接多重表中的结点类型
typedef struct VEXNODE{
    char vexdata;                                 //顶点信息
    EDGENODE *firstedge;                          //指向第一个边结点
}VEXNODE,AdjMulList[MAX_VERTEX_NUM];              //表头结点类型
typedef struct{
    AdjMulList vertices;
    int vexnum,edgenum;
}AMLGraph;                                        //邻接多重表类型
```

10.2.9　基于邻接多重表的基本算法

1. 邻接多重表的建立算法

建立图的邻接多重表的算法如下：

```
AMLGraph create_AdjMulListGraph(){
    int n,e,i,j,k;
    EDGENODE *p;
    AdjMulList aml;
    scanf("%d",&n);
    for(i=0;i<n;i++){                             //初始化表头结点数组
        aml[i].vexdata=(char)i;                   //数据域存储顶点序号
        aml[i].firstedge=NULL;
    }
    scanf("%d",&e);
    for(i=0;i<e;i++){
        scanf("%d%d",&j,&k);                      //依次读入边的信息
        p=(EDGENODE*)malloc(sizeof(EDGENODE));    //分配结点
        p->mark=VISITIF.unvisited;
        p->ivex=j;p->jvex=k;
        p->ilink=aml[j].firstedge;                //把 p 插入到 ivex 的链表中
        aml[j].firstedge=p;
        p->jlink=aml[k].firstedge;                //把 p 插入到 jvex 的链表中
        aml[k].firstedge=p;
    }
    AMLGraph amlg;
    amlg.vertices=aml;
    amlg.vernum=n;
    amlg.edgenum=e;
    return amlg;
}
```

可以看出该算法的时间复杂度为 $O(n+e)$，和邻接表的建立算法的时间复杂度相同。

邻接多重表和邻接表不同的是：邻接表中，一条边有两个结点，存在于两个链表中；而邻接多重表中只有一个结点，通过 ilink 和 jlink 存在于两个链表中，可以通过两个表头结点搜索到这条边。因此邻接多重表非常适合于边的操作。

2. 基于邻接多重表删除一条指定边的算法

```
void del_edge(AMLGraph amlg,int ivex,int jvex){
    EDGENODE *p,*p1,*q,*q1;
    p=amlg.aml[ivex].firstedge;                   //初始化边结点指针
```

```
q=amlg.aml[jvex].firstedge;
//从ivex头结点开始查找待删边结点
if(p->ivex==ivex&&p->jvex==jvex){
   amlg.aml[ivex].firstedge=p->ilink;          //找到，删除
}else if(p->jvex==ivex&&p->ivex==jvex){
   Amlg.aml[ivex].firstedge=p->jlink;          //找到，删除
}else{
   if(p->ivex==ivex)p1=p->ilink;
   elsep1=p->jlink;
   while(p1!=NULL){
      if(p1->ivex==ivex&&p1->jvex==jvex){      //找到，删除
         if(p->ivex==ivex)p->ilink=p1->ilink;
         elsep->jlink=p1->ilink;
         break;
      }else if(p->jvex==ivex&&p->ivex==jvex){  //找到，删除
         if(p->ivex==ivex)p->ilink=p1->jlink;
         elsep->jlink=p1->jlink;
         break;
      }else{                                   //继续查找
         p=p1;
         if(p1->ivex==ivex)p1=p1->ilink;
         elsep1=p1->jlink;
      }
   }
   if(p1==NULL){                               //边不存在
      printf("can not find the edge! ");
      return;
   }
}
//从jvex头结点开始查找待删边结点
if(q->ivex==ivex&&q->jvex==jvex){
   amlg.aml[jvex].firstedge=q->jlink;          //找到，删除
}else if(q->jvex==ivex&&q->ivex==jvex){
   Amlg.aml[jvex].firstedge=q->ilink;          //找到，删除
}else{
   if(q->ivex==jvex)q1=q->ilink;
   elseq1=q->jlink;
   while(q1!=NULL){
      if(q1->ivex==ivex&&q1->jvex==jvex){      //找到，删除
         if(q->ivex==jvex)q->ilink=q1->jlink;
         elseq->jlink=q1->jlink;
         break;
      }else if(q->jvex==ivex&&q->ivex==jvex){  //找到，删除
         if(q->ivex==jvex)q->ilink=q1->jlink;
         elseq->jlink=q1->ilink;
         break;
      }else{                                   //继续查找
         q=q1;
         if(q1->ivex==jvex)q1=q1->ilink;
         elseq1=q1->jlink;
      }
   }
   if(q1==NULL){                               //边不存在
```

```
        printf("can not find the edge! ");
        return;
    }
  }
}
```

当图的边上附有相关的权值时称为网，网也可以使用上述的 4 种存储结构，只需要在
ARCNODE 或 EDGENODE 的定义中加上相应的权值域即可。

10.3 图的遍历及算法

从图的任一顶点出发访问图中其余顶点，使每个顶点被访问且仅被访问一次，这一过程称为
图的遍历。图的遍历是图的一种基本操作，是求解图的连通性、拓扑排序、最短路径和关键路径
等算法的基础。图的遍历算法通常有两个：深度优先搜索和广度优先搜索，它们对于无向图和有
向图都适用。

10.3.1 深度优先搜索遍历

深度优先搜索（Depth–First Search，DFS）类似于树的先序遍历，是先序遍历在图中的一种推
广。其搜索的过程（算法）如下：

（1）首先访问某一个指定的顶点 v_0。

（2）然后从 v_0 出发，访问一个与 v_0 邻接且没有被访问过的顶点 v_1。

（3）再从 v_1 出发，选取一个与 v_1 邻接且没有被访问过的顶点 v_2 进行访问。

（4）重复（3）直到某个顶点 v_i 的所有邻接点都已被访问过，后退一步查找前一顶点 v_{i-1} 的邻
接点。

（5）如果存在尚未被访问过的顶点，则重复（2）～（4）步，直到图中的所有顶点都被访问。

所谓"访问"究竟是进行什么样的操作，需要视具体的应用问题而定。为简单起见，如无特
殊说明，把"访问"操作设计为打印顶点的序号。

【例 10-27】按照深度优先搜索，考察对图 10-30 所示图进行深度优先搜索的遍历过程及结点
访问的次序。

首先访问 v_1，v_1 有 v_2、v_3、v_4 这 3 个邻接点且均未被访
问过，选取 v_3 作为下一个访问点。v_3 有 v_1 和 v_6 两个邻接点，
由于 v_1 已经被访问过，因此下一步访问 v_6。然后依次访问
v_7、v_8 和 v_4。访问 v_4 后，因为它的 3 个邻接点 v_1、v_6 和 v_8
均已被访问过，因此后退一步到 v_8。v_8 有一个尚未被访问
过的邻接点 v_5，所以接着访问 v_5，最后访问 v_2，到此，全
部顶点访问完毕。按照这样的遍历过程打印出的顶点如序
号为：v_1，v_3，v_6，v_7，v_8，v_4，v_5，v_2（图 10-30 中顶点旁
的数字表示该顶点被访问的次序）。

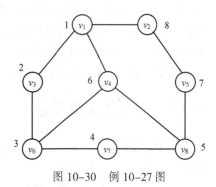

图 10-30 例 10-27 图

需要指出的是：这种顺序并不是唯一的。例如，另外一种可能的次序是：v_1，v_2，v_5，v_8，v_4，
v_6，v_7，v_3。

10.3.2　深度优先搜索遍历算法

深度优先搜索遍历算法以邻接表为存储结构，见 10.2.4 节和 10.2.5 节，遍历算法见 10.3.1 节。

显然，深度优先搜索是一个递归过程。下面给出以邻接表为存储结构的深度优先搜索算法。其中 visited[n] 数组是一个辅助变量，记录该顶点是否被访问过。数组元素的初值为 0 或 "假"，表示未被访问过，当第 i 个顶点被访问后，便置 visited[i] 为 1 或 "真"。

```
int visited[MAX_VERTEX_NUM];           //全局变量,0表示未被访问过,1表示已被访问过
void dfs_trave(ALGraph alg){
    int i;
    for(i=0;i<alg.vexnum;i++){
        visited[i]=0;                  //初始化访问数组
    }
    for(i=0;i<alg.vexnum;i++){
        if(visited[i]==0){
            dfs(alg,i);                //对于没有访问过的顶点,调用深度优先搜索函数
        }
    }
}
void dfs(ALGraph alg,int i){
    visist(i);                         //访问 Vi
    visited[i]=1;                      //标志已被访问
    ARCNODE *p=alg.vextices[i].firstarc;
    while(p!=NULL){
        if(visited[p->adjvex]==0){dfs(alg,p->adjvex);  //访问未被访问过的邻接点
        }p=p->nextarc;                 //搜索下一个邻接点
    }
}
```

调用 dfs_trave() 函数进行深度优先搜索。在 dfs_trave() 函数中，针对每个没有被访问的顶点调用 dfs() 函数，它是一个递归函数，完成从该顶点开始的深度优先搜索。如果图是一个连通图，那么完成对 visited 数组的初始化后，在函数 dfs_trave() 中只需调用 dfs() 函数一次即可完成对图的遍历。当图不是一个连通图时，则在函数 dfs_trave() 中需要针对每个连通分量分别调用 dfs() 函数。

分析上面的算法，在遍历的过程中，对图中的每个顶点至多只调用一次 dfs() 函数，因为当顶点已经被访问过时，会在 visited 数组中标志，因而不再调用。所以遍历的过程实质上是查找每个顶点的邻接点的过程，其时间复杂度取决于图的具体存储结构。在单链表中，查找邻接点的时间复杂度为 $O(e)$，e 为图中边或弧的数目，加上访问顶点的时间，则深度优先搜索遍历图的时间复杂度为 $O(n+e)$。如果采用邻接矩阵，由于查找每个顶点的邻接点需要顺序查找二维数组中的每个元素，因此其深度优先搜索遍历的时间复杂度为 $O(n^2)$。

10.3.3　广度优先搜索遍历

广度优先搜索（Breadth-First Search，BFS）类似于按树的层次遍历的过程。其搜索过程（算法）如下：

（1）首先访问某一个指定顶点 v_0，这是第 1 层。

（2）访问 v_0 后，接着访问 v_0 的所有邻接点 v_1、v_2、v_3、…、v_k，这是第 2 层。

（3）接着访问第 2 层的各顶点的所有尚未被访问的邻接点，这是第 3 层。

（4）依此类推，一层一层地访问，直到所有顶点都被访问为止。

【例 10-28】按照广度优先搜索，考察对图 10-31 所示图进行广度优先搜索的遍历过程及结点访问的次序。

首先访问 v_1，这是第 1 层。

v_1 有两个邻接点：v_3 和 v_5，它们都没被访问过，这是第 2 层。

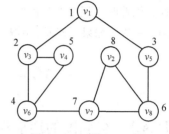

v_3 和 v_5 的邻接点中尚未被访问过的顶点有 v_4、v_6 和 v_8，这是第 3 层。

接下来尚未被访问过的邻接点有 v_7 和 v_2。到此全部顶点都已被访问，遍历结束。按照这样的遍历过程打印出的顶点序号为：v_1，v_3，v_5，v_6，v_4，v_8，v_7，v_2（图中顶点旁边的数字表示该顶点被访问的次序）。和深度优先搜索一样，这样的遍历次序也不是唯一的。

图 10-31　例 10-28 图

在上述过程中，可以发现先访问的顶点，其邻接点也必然被先访问。例如，v_3 先于 v_5 被访问，则 v_3 的邻接点 v_4 和 v_6 则先于 v_5 的邻接点 v_8 被访问。

10.3.4　广度优先搜索遍历算法

由于必须按次序记录所有被访问的顶点，并按照次序访问邻接点，为此可以建立一个先进先出的队列（Queue）来记录访问次序。和深度优先探索一样，需要一个 visited 数组来标记各顶点是否被访问过。

```
int visited[MAX_VERTEX_NUM];        //全局变量,0 表示未被访问过,1 表示已被访问过
Queue q;                            //全局变量,按次序保存访问过的顶点队列
void bfs_trave(ALGraph alg){
  int i;
  iNIQUEUE(q);                      //初始化队列
  for(i=0;i<alg.vexnum;i++){visited[i]=0;}        //初始化访问数组
  for(i=0;i<alg.vexnum;i++){
    if(visited[i]==0){bfs(alg,i);}  //对于没有访问过的顶点,调用广度优先搜索函数
  }
}
void bfs(ALGraph alg,int i){
  int j;
  ARCNODE *p;
  printf(i);                        //访问 V_i
  visited[i]=1;                     //标志已被访问
  ENQUEUE(q,i);                     //访问过的顶点进队列
  while(!EMPTY(q)){
    j=DELQUEUE(q);                  //取队列中的第一个顶点
    p=alg.vextices[j].firstarc;
    while(p!=NULL){                 //依次访问邻接点
      if(visited[p->adjvex]==0){
        printf(p->adjvex);
        visited[p->adjvex]=1;
        ENQUEUE(q,p->adjvex);
      }p=p->nextarc;
    }
  }
```

```
        }
    }
```

分析上面算法，每个顶点至多进一次队列，遍历过程实质上仍是寻找每个顶点的邻接点的过程，因此时间复杂度和深度优先搜索一样。同时当图是连通图时，bfs_trave()函数只需调用 bfs() 函数一次，如果不连通，则需为每个连通分量调用一次 bfs()函数。

10.4　有向图的连通性和最小生成树

10.4.1　有向图的连通性分析

有向图的连通性要比无向图复杂得多，这是因为在有向图中判断两个顶点是否连通必须是两个方向的路径都存在。其算法如下：

（1）在有向图 G 中，首先从某个顶点出发沿着以该顶点为尾的弧作深度优先搜索，遍历过程中按搜索完成的顺序（退出 dfs()函数）记录下所经过的所有邻接点。这就需要对深度优先搜索的算法作如下两点修改：① 设置一个全局的计数变量 count，在 dfs_trave()函数开始时对其进行初始化，即加上 count=0 的语句；② 在每次退出 dfs()函数时增加计数变量，并将刚刚完成搜索的顶点加入到一个辅助数组 finished[]中，即在 dfs()函数的最后加上 count++和 finished[count]=i 这两条语句。

（2）从第一次遍历的最后一个结点（finished[count]中的顶点）出发，沿着以该顶点为头的弧作逆向深度优先搜索。如果此次遍历不能访问到有向图中的所有顶点，则从余下顶点中选择最后完成搜索的顶点出发，继续作逆向的深度优先搜索。依此类推，直到完成所有顶点的遍历。此时需要修改 dfs_trave()函数中的第二个循环的条件，改为 v_i 从 finished[count] ~ finished[1]。

这样每次作逆向深度优先搜索所遍历到的顶点集就是有向图的一个强连通分量。为了方便进行逆向遍历，一般采用十字链表作为图的存储结构。

【例 10-29】求图 10-32 所示图的强连通分量。

从顶点 1 开始搜索。

首先正向搜索，遍历次序依次为：v_1，v_2，v_5，v_4，v_6，v_3。产生的 finished 数组为{v_2, v_4, v_3, v_6, v_5, v_1}。

然后进行逆向搜索，从 finished[5]即顶点 1 开始。

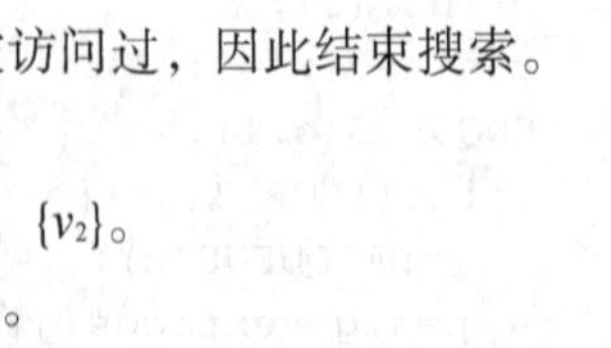

第一遍逆向搜索到的顶点有 v_1，v_5，v_6，v_3。

第二遍逆向搜索从顶点 v_4开始，由于唯一的邻接点 v_5已经被访问过，因此结束搜索。

同理，第三遍逆向搜索也只有顶点 v_2。

因此，该有向图有 3 个连通分量，分别为：{v_1,v_3,v_5,v_6}，{v_4}，{v_2}。

显然，利用遍历求强连通分量的时间复杂度和遍历算法相同。

图 10-32　例 10-29 图

10.4.2　连通网的最小生成树问题——通信网络问题

对于图的生成树问题，在实际应用中经常遇到的是如何求一个网络（带权图）的最小生成树。

【例 10-30】讨论在 n 个城市之间建立一个通信网络的问题。

任意两个城市之间都可以建立一条通信线路，相应地也需要付出一定的经济代价。在 n 个城市之间最多可以建立 $n(n-1)/2$ 条线路，但实际只需要 $n-1$ 条线路就可以连通全部城市。在所有可能的线路中选择 $n-1$ 条，使通信网络的整体建设代价最小。

可以用一个连通网来表示 n 个城市以及它们之间的通信线路。其中网的顶点表示城市，网的边表示通信线路，边上的权值表示这条线路的建设代价。对于有 n 个顶点的连通网可以构造多个生成树，每一个生成树都可以表示通信网络的一种可能，因此需要选择其中花费代价最小的一个。

定义 10.15 连通网的最小生成树是在连通网的所有生成树中，边上权值之和最小的一个（注意：最小生成树也可能有多个，它们之间的权之值和相等）。

构造最小生成树的算法很多，多数算法是基于最小生成树的 MST 性质的。

MST 性质：在一个连通网 $N=\{V,\{E\}\}$ 中，U 是顶点集合 V 的一个非空子集。如果存在一条具有最小权值的边 (u,v)，其中 $u \in U$，$v \in (V-U)$，则必存在一棵包含边 (u,v) 的最小生成树。

证明：采用反证法。假设连通网 N 中任何一棵最小生成树都不包含边 (u,v)。在不影响正确性的前提下，可以设 T 是连通网 N 的一棵最小生成树。当把边 (u,v) 加入到 T 中，由生成树的定义可知，T 中必出现一条包含边 (u,v) 的回路。这时可以删除回路中的另外一条边 (u',v')，并得到另外一个生成树 T'。因为边 (u,v) 的权值最小，因此 T' 的总权值不大于 T 的总权值。由于 T 是最小生成树，所以 T' 也是最小生成树，且包含边 (u,v)，与假设矛盾，故原命题正确。

10.5 图的（最小）生成树问题

本节将利用图的遍历算法求解图的连通性问题，并讨论图的生成树和最小生成树。

10.5.1 图的生成树

上一节的内容介绍了在对无向图进行遍历时，如果图是连通的，则仅需调用一次 dfs（或 bfs）搜索过程。即深度优先探索和广度优先探索都可以从图中任一顶点出发，遍历图中所有连通的顶点。

根据图的生成树的定义，连通图中全部顶点和搜索过程所经过的边集构成图的生成树。

当从连通图 G 中任一顶点出发，调用 dfs 或 bfs 搜索算法必然将图中所有边分成两个集合 $T(G)$ 和 $B(G)$。其中 $T(G)$ 是遍历过程中所经过的边集，$B(G)$ 是剩下的边集。显然 $T(G)$ 和图中所有顶点一起构成图的生成树。我们把通过深度优先搜索得到的生成树称为深度优先生成树，通过广度优先搜索得到的生成树称为广度优先生成树。

【例 10-31】图 10-33（a）给出一个连通图。经过深度优先探索和广度优先探索构成的生成树分别为图 10-33（b）和图 10-33（c）。

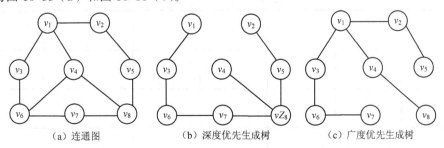

（a）连通图　　　（b）深度优先生成树　　　（c）广度优先生成树

图 10-33　连通图遍历构成的生成树

*10.5.2　最小生成树算法——普利姆算法

普利姆（Prime）于 1957 年提出了一种构造最小生成树的算法，算法主要思想是：按照将顶点逐个连通的步骤，把顶点加入到已连通顶点集合 U 中，使 U 成为最小生成树。

1．普利姆算法分析

（1）初始化顶点集合 U 为空集。

（2）任意选取一个顶点 u 加入 U。

（3）选取一条权值最小的边 (u,v)，其中 $u \in U$，$v \in (V-U)$，将该边加入到生成树，v 加入到 U 中。

（4）重复步骤（3），直到所有顶点均加入到 U 中即构成一棵最小生成树。

普利姆算法步骤如图 10-34 所示。

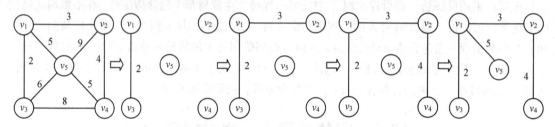

图 10-34　普利姆算法

若图 G 是由 5 个顶点组成的连通图，各边的权值如图 10-34 所示。首先顶点 v_1 加入 U，然后从与顶点 v_1 邻接的边中选取权值最小的边 (v_1,v_3)，并将顶点 v_3 加入 U，此时 $U=\{v_1,v_3\}$。然后从与顶点 v_1、v_3 邻接的边中选取权值最小的边 (v_1,v_2)，并将顶点 v_2 加入 U，此时 $U=\{v_1,v_3,v_2\}$。依此类推，直到全部顶点均加入到 U 中，所得最小生成树的权值之和为 10。

2．普利姆算法的辅助存储空间作用分析

为了实现这一算法需要附设一个辅助数组 closedge[v]，用来存储从 U 到 $V-U$ 之间具有最小代价的边。对于每个顶点 $v \in (V-U)$，在 closedge 数组中都存在一个分量 closedge[v]，它由两个域组成。其中一个是权值域 lowcost 存储最小代价的边上的权值，即：

$$\text{closedge}[v].\text{lowcost}=\text{MIN}\{\text{cost}(u,v)|u \in U\}$$

另外一个是顶点域 vex，存储依附于该边在 U 中的顶点。从算法可以看出，每加入一个顶点到 U 中，closedge 数组都会发生相应的变化。表 10-1 给出了图 10-34 中普利姆算法执行过程中 closedge 数组的变化情况。

表 10-1　普利姆算法中 closedge 数组的变化

V / Closedge	2	3	4	5	U	V-U
Vex	v_1	v_1		v_1	{1}	{2, 3, 4, 5}
Lowcost	3	2		5		
Vex	v_1		v_3	v_1	{1, 3}	{2, 4, 5}
Lowcost	3	0	8	5		
vex			v_2	v_1	{1, 2, 3}	{4, 5}
lowcost	0	0	4	5		

Closedge〳V	2	3	4	5	U	V–U
vex lowcost	0	0	0	v_1 5	{1, 2, 3, 4}	{5}
vex lowcost	0	0	0	0	{1, 2, 3, 4, 5}	{}

3. 普利姆算法及性能分析

由于普利姆算法需要频繁比较各顶点之间边的权值，因此采用邻接矩阵作为网的存储结构，并且对两个顶点之间不存在边的权值赋予机器最大值。存储结构和算法源程序如下：

```
#define maxlen 10
#define large 999
typedef struct{
    int a[maxlen],b[maxlen],h[maxlen];      //第 k 边的起点,终点,权值
    char vexs[maxlen];                       //顶点信息集合
    int n,arcnum;                            //顶点数和边数
    int kind;                                //图的类型
    int edges[maxlen][maxlen];               //邻接矩阵
}MGraph;
struct{
    int vex;
    int lowcost;
}closedge[maxlen];                           //定义 closedge 数组
void minispantree_prim(MGraph mg,int i){
    //从顶点 I 开始构造图 mg 的最小生成树
    int i,j,k,m,min;
    for(j=1;j<=mg.n;j++){
        if(j!=i){
            closedge[j].vex=i;
            closedge[j].lowcost=mg.edges[j][i];
        }
    }
    closedge[i].lowcost=0;
    for(j=1;j<=mg.n-1;j++){
        for(i=1;i<mg.n;i++){
            closedge[i].lowcost=mg.edges[0][i];
            closedge[i].vex=1;
        }
        closedge[1].vex=0;j=1;
        for(i=1;i<mg.n;i++){
            min=closedge[j].lowcost;k=i;
            for(j=1;j<g.n;j++)
                if(closedge[j].lowcost<min&&closedge[j].vex!=0){
                    min=closedge[j].lowcost;k=j;
                }
            printf("(%d,%d)",closedge[k].vex,k);//打印边
            closedge[k].lowcost=0;               //顶点 k 加入 U
            for(m=1;m<=mg.n;m++){                 //重新调整 closedge 数组
                if(mg.edges[k,m]<closedge[m].lowcost&&m!=k){
```

```
            closedge[m].lowcost=mg.edges[k,m];
            closedge[m].vex=k;
        }
    }
  }
}
```

利用上述算法，图 10-34 输出的 4 条边为：(v_1,v_3)、(v_1,v_2)、(v_2,v_4)、(v_1,v_5)。显然普利姆算法的时间复杂度为 $O(n^2)$。算法和图中边的数目无关，因此普利姆算法适合于求稠密网的最小生成数。

*10.5.3　最小生成树算法——克鲁斯卡尔算法

该算法由克鲁斯卡尔于 1956 年提出，从另外一个途径求解连通网的最小生成树。

1. 克鲁斯卡尔算法分析

算法主要思想：假设连通网 $N=\{V,\{E\}\}$，令最小生成树的初始状态为只有 n 个顶点而无边的非连通图 $T=\{V,\{\Phi\}\}$，此时图中每个顶点各成一个连通分量。在 E 中选择代价（权值）最小的边，如果该边所依附的两个顶点分别在 T 中的两个连通分量中，则将此边加入到 T 中，否则舍去这条边而选择下一条代价最小的边。依此类推，直到 T 中所有顶点都在一个连通分量中，此时 T 就是连通网 N 的最小生成树。

下面以图 10-35 来说明克鲁斯卡尔算法思想。

连通网 N 如图 10-35（a）所示，把网中的各条边构成数组并按边上的权值由小到大排列，如图 10-35（b）所示。按照克鲁斯卡尔算法，依次选择 (v_1,v_2)，(v_3,v_5)，(v_1,v_5)，目前的连通分量包括了 v_1、v_2、v_3、v_5 共 4 个顶点。接下来选择 (v_3,v_4)（也可选择 (v_2,v_4)）。至此所有顶点都在一个连通分量中，即构成了连通网的最小生成树。

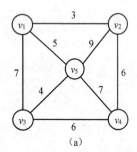

1	3	1	3	2	1	2
2	5	5	4	4	3	5	5

3	4	5	6	6	7	7	9

(a)　　　　　　　　　　　　　　　(b)

图 10-35　克鲁斯卡尔算法

2. 克鲁斯卡尔算法思想及性能分析

根据上述分析，克鲁斯卡尔算法思想如下：

（1）初始化最小生成树 $T=\{V,\{\Phi\}\}$。

（2）当 T 中连通分量个数大于 1 时，做：

① 从 $\{E\}$ 中选择权值最小的边。

② 如果该边和 T 中已有的边不构成回路，则加入到 T 中，否则舍弃。

为实现该算法，关键要能有效判定一条边的两个顶点是否和最小生成树中已有边构成回路。

可以将各顶点划分为集合，在判断是否选择某条边时，只需判断该边的两个顶点是否在同一集合，当加入一条边到最小生成树时，可以将两个顶点所在集合进行合并。算法请读者自行设计。

克鲁斯卡尔算法最多对 e 条边各扫描一次，如果采用"堆"存储边，则每次选择最小权值边的时间复杂度为 $O(\log e)$，集合运算的时间复杂度为 $O(1)$，因此算法的时间复杂度为 $O(e\log e)$。与普利姆算法相比，克鲁斯卡尔算法更适合于求稀疏图的最小生成树。

10.6 非连通图的生成森林算法

当图是非连通时，它由多个连通分量组成。其中每个连通分量都可以通过遍历构成一棵生成树，所有连通分量的生成树合在一起就构成了非连通图的生成森林。

在实际应用中，常常需要求解图的各个连通分量。对于非连通图，不能通过调用一次深度优先搜索或广度优先搜索就遍历到图中的所有顶点，这时需要从非连通图中的每个连通分量的任一顶点出发，调用多次函数 dfs() 或 bfs() 来遍历图，从而求出所有连通分量。在遍历过程中，需要对图中每个顶点进行检测，如果已经访问过，说明它落在图中已求得的连通分量中；否则从该顶点出发进行遍历，可以得到另一个连通分量。

在此以孩子兄弟链表作为存储结构，采用深度优先搜索求解非连通图的生成森林，算法如下：

```
#define MAX_VERTEX_NUM 100          //顶点的最大个数
struct CSTree{
    char data;
    struct CSTree *firstchild,*nextsibling;
};
struct ARCNODE{
    char adjvex;                    //邻接点的位置
    struct ARCNODE *nextarc;       //指向下一个结点
    char info;                      //边的信息
};                                  //邻接表中的结点类型
struct VEXNODE{
    char vexdata;                   //顶点信息
    struct ARCNODE *firstarc;      //指向第一个邻接结点
};                                  //表头结点类型
struct ALGraph{
    struct VEXNODE vextices[MAX_VERTEX_NUM];
    int vexnum,arcnum;
};
int visited[MAX_VERTEX_NUM];       //访问标志数组
void output(struct VEXNODE *pp,int n){
    struct ARCNODE *p;
    for(int i=0;i<n;i++){
        p=pp[i].firstarc;
        while(p!=NULL){
            printf("theedge=%d,%d\n",pp[i].vexdata,p->adjvex);
            p=p->nextarc;
        }
    }
}
struct ALGraph create_struct(){
```

```
    int n,e,i,j,k;
    struct ARCNODE *p;
    struct VEXNODE al[MAX_VERTEX_NUM];
    struct ALGraph alg;
    printf("input n=");
    scanf("%d",&n);
    for(i=0;i<n;i++){                        //初始化表头结点数组
      al[i].vexdata =(char)i;                //数据域存储顶点序号
      al[i].firstarc=NULL;
    }
  printf("input e=");
  scanf("%d",&e);
  for(i=0;i<e;i++){
      printf("input j,k\n");
      scanf("%d%d",&j,&k);                   //依次读入弧的信息
      p=(struct ARCNODE *)malloc(sizeof(struct ARCNODE));    //分配结点
      p->adjvex=k;p->info=' ';
      p->nextarc=al[j].firstarc;             //把p插入到链表中
      al[j].firstarc=p;
    }
    output(al,n);alg.vextices=al;
    alg.vexnum=n;alg.arcnum=e;
    return alg;
}
void dfs_tree(struct ALGraph alg,int i,struct CSTree *p){
    struct ARCNODE *q;
    struct CSTree *r,*s;
    int first=0;
    p->data=(char)i;
    p->firstchild=NULL;
    p->nextsibling=NULL;                     //标志是否为第一个邻接点
    q=alg.vextices[i].firstarc;
    while(q!=NULL){
       if(visited[q->adjvex] == 0) {
          r=(struct CSTree*)malloc(sizeof(struct CSTree));
          //没有访问过,开始一个结点
          if(first==0) {
          p->firstchild=r;first=1;           //第一个邻接点作为孩子
          dfs_tree(alg,q->adjvex,r);s=r;
       }else{
          s->nextsibling=r;                  //非第一个邻接点作为上一个邻接点的兄弟
          dfs_tree(alg,q->adjvex,r);s=r;
       }
       }
       q=q->nextarc;
    }
}
void dfs_forest(struct ALGraph alg,struct CSTree *root){
    int i;
    struct CSTree *p,*q;
    root=NULL;                               //初始化空树
    for(i=0;i<alg.vexnum;i++)visited[i]=0;              //初始化访问数组
    for(i=0;i<alg.vexnum;i++){
```

```
    if(visited[i]==0){                       //顶点没有被访问过,开始遍历它所在的连通分量
        p=(struct CSTree*)malloc(sizeof(struct CSTree));
        if(root==NULL)root=p;
        elseq->nextsibling=p;
        q=p;
        dfs_tree(alg,i,p);                   //从 i 结点开始,产生一棵生成树
    }
  }
}
void main(){
  struct ALGraph  algra;
  struct CSTree *treeroot=(struct CSTree*)malloc(sizeof(struct CSTree));
  algra=create_struct();
  dfs_forest(algra,treeroot);
}
```

可以看出，函数 dfs_tree()完成对一个连通分量的遍历，并生成一棵孩子兄弟树。如果有多个连通分量，则函数 dfs_forest()将多次调用函数 dfs_tree()。第一个连通分量的生成树根结点作为整个生成森林的根结点，而其他生成树作为上一个连通分量的兄弟。整个算法思路和深度优先搜索类似，时间复杂度也一样。

10.7　最　短　路　径

图的最常见的应用之一就是在交通运输或者通信网络中求两个结点之间的最短路径问题。

10.7.1　最短路径问题

可以用图来表示一个通信网络。图的顶点代表网络中的计算机设备，图的边代表各个设备之间的通信线路。还可以为每条边赋予一定的权值（网）用来表示这条线路上的信号传输时间或线路租用费等。

【例 10-32】图 10-36 描述了一个通信网络，其中 H 开头的结点表示主机，R 表示路由器，S 表示交换机，P 表示个人计算机。

对于这个网络，管理员和用户可能会提出多种问题。例如，有用户希望从 P_7 选择一条经过最少设备的线路访问 H_3，即找出一条从顶点 P_7 到 H_3 所包含边的数目最少的路径。对于这个问题，我们只需要从顶点 P_7 出发，按广度优先算法遍历图，一旦搜索到顶点 H_3 就停止，这样在广度优先生成树上，从顶点 P_7 到 H_3 的路径就是经过最少设备的线路。

有时用户可能会提出比这要复杂得多的问题。例如，选择一条信号传输最快的线路，或者租用费最低。这时就需要为每条边赋予一定的权值，问题的求解不再是简单的路径上边的数目，而是路径上边的权值之和。

考虑到实际应用中通信的有向性（如网络访问的上行速度和下行速度的不同），本节将讨论带权的有向图（有向网），并称路径上第一个顶点为源点（Sourse），最后一个顶点为终点（Destination）。下面讨论两种最常见的最短路径：

（1）从某源点到其余各顶点之间的最短路径。

（2）每一对顶点之间的最短路径。

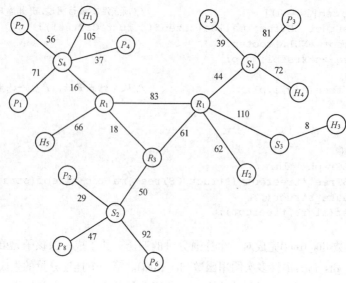

图 10-36　通信网络

*10.7.2　从某源点到其余各顶点之间的最短路径问题——迪杰斯特拉算法

1. 迪杰斯特拉算法问题

给定一个带权有向图 $D=\{V,\{E\}\}$，顶点 v_0 为源点，求从 v_0 到图中其他顶点的最短路径。

【例 10-33】如图 10-37，顶点 v_0 为源点，通过观察可得到 v_0 到其他各个顶点的最短路径：

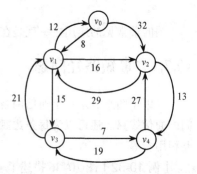

$v_0 \longrightarrow v_1$：8

$v_0 \longrightarrow v_2$：24（经 v_1）

$v_0 \longrightarrow v_3$：23（经 v_1）

$v_0 \longrightarrow v_4$：30（经 v_1, v_3）

图 10-37　带权有向图（网）

迪杰斯特拉（Dijkstra）于 1959 年提出了如何求得源点 v_0 到图中其余各顶点的最短路径的一般算法，此算法按路径长度递增的次序逐步产生源点到其他顶点间的最短路径。算法建立一个顶点集合 S，初始时该集合只有源点 v_0，然后逐步将已求得最短路径的顶点加入到集合中，直到全部顶点都在集合 S 中，算法结束。

可以看出最短路径并不一定是经过边数最少的路径。例如，v_0 可以直接到达 v_2，但这样路径的权值为 32；而经过 v_1 再到达 v_2，权值之和只有 24，这才是最短路径。

2. 迪杰斯特拉算法的空间性能分析

（1）为了计算源点到其他顶点间的最短路径，需要设置一个辅助数组 distance[]，图中每个顶点对应该数组中的一个元素，这个元素存放当前源点到该顶点的最短路径。例如，distance[2]=32。

注意：此时的路径指示当前结果，并不一定是最终路径。随着其他顶点不断加入到集合 S 中，可能以这些新加入顶点为"桥梁"产生比当前更短的路径，distance 数组元素的值也将动态变化。例如，当 v_1 加入 S 后，通过 v_1 可以使 distance[2]减小为 24。

（2）带权有向图的存储结构采用邻接矩阵：

$$cost[i,j]=\begin{cases} WG & <i,j>\in E \\ MAX & <i,j>\notin E \end{cases} \qquad (10\text{-}5)$$

因为集合 S 是已经求得的最短路径所依附的顶点的集合，因此下一条最短路径（假定其终点是 v_j）或者是弧 $<v_0,v_j>$，或者是 $<v_0,v_i,v_j>$（$v_i\in S$）。

证明： 假如此路径上有一个顶点不在集合 S 中，则说明存在一条路径，其终点不在 S 中且比这条路径更短，那么 v_j 就不是下一条最短路径的终点，因此假定不成立。

2. 迪杰斯特拉算法思想

设 $cost[i,i]=0$，S 为已经求得最短路径的顶点集合，$distance[i]$数组的每个元素表示当前状态下源点 v_0 到 v_i 的最短路径。算法如下：

（1）初始化：$S=\{V_0\}$，$distance[i]=cost[0,i]$。

（2）选择一个终点 v_j，满足 $distance[j]=MIN\{distance[i]|V_i\in V\text{-}S\}$。

（3）把 v_j 加入到 S 中。

（4）修改 distance 数组元素，修改逻辑为对于所有不在 S 中的顶点 V_i。
`if(distance[j]+cost[i,j]<distance[i]) {distance[i]=distance[j]+cost[i,j]}`

（5）重复操作(2)、(3)、(4)，直到全部顶点加入到 S 中。以图 10-37 为例，在迪杰斯特拉算法过程中 distance[]数组的变化情况如表 10-2 所示。

表 10-2　迪杰斯特拉算法中 distance 数组的变化表

终　点	distance 数和最短路径的变化			
v_1	$8<v_0,v_1>$			
v_2	32 $<v_0,v_2>$	$24<v_0,v_1,v_2>$	$24<v_0,v_1,v_2>$	
v_3	max	$23<v_0,v_1,v_3>$		
v_4	max	max	$30<v_0,v_1,v_3,v_4>$	$30<v_0,v_1,v_3,v_4>$
v_j	$v_j=v_1$	$v_j=v_3$	$v_j=v_2$	$v_j=v_4$

3. 迪杰斯特拉算法及性能分析

由于 C 语言没有集合类型，因此引入一个辅助数组 inS[]来标志顶点是否已经加入到集合 S 中。每个顶点的最短路径用字符串来表示。

```
#define max 65536                          //没有连接弧的顶点的距离
void shortpath_DIJ(MGraph mg,int i){
//图用邻接矩阵存储，i 是源点
   int inS[mg.n];
   string path[mg.n];
   int distance[mg.n];
   int m,n,j,wm;
   for(m=0;m<mg.n;m++){                     //初始化
      inS[m]=0;
      distance[m]=mg.edge[i][j];
      if(distance[m]<max) path[m]="i,m";
   }
```

```
    inS[i]=1;                                  //i 顶点加入到 S 中
    for(m=0;m<mg.n-1;m++){                      //将最短路径顶点加入到 S 中
        j=i;wm=max;
        for(n=0;n<mg.n;n++){                    //查找当前的最短路径
            if(inS[n]==0&&distance[n]<wm){
                j=n;wm=distance[n];
            }
        }
        inS[j]=1;                               //j 顶点加入到 S 中
        for(n=0;n<mg.n;n++){                    //根据 j 顶点调整当前的最短路径
            if(inS[n]==0&&distance[j]+cost[j][n]<distance[n]){
                distance[n]=distance[j]+cost[j][n];
                path[n]=strcat(path[j],",n");
            }
        }
    }
}
```

对上面的算法进行分析：第一个 for 循环的时间复杂度为 $O(n)$，第二个 for 循环共执行 $n-1$ 次，里面还有两个 for 循环，均执行 n 次。因此整个算法的时间复杂度为 $O(n^2)$。

*10.7.3　每一对顶点之间的最短路径问题——弗洛伊德算法

除了求某个源点到其余各顶点的最短路径外，用户经常需要了解两个顶点之间的最短路径（如 v_i 到 v_j 之间的最短路径）。在有向图中，往往 v_i 到 v_j 的最短路径和 v_j 到 v_i 的最短路径不相同，因此在一个有 n 个顶点的有向图中，可能有 $n(n-1)$ 条最短路径。根据 10.7.2 节中的算法，只需要针对每个顶点都执行一次迪杰特斯拉算法，即可得到每一对顶点之间共 $n(n-1)$ 条最短路径。显然这种算法的时间复杂度是 $O(n^3)$。

除此以外，还可以采用一些专门为此类问题所设计的算法，如弗洛伊德（Floyed）算法。它是弗洛伊德于 1962 年提出的一种比较简单、易于理解和实现的算法，其时间复杂度和迪杰特斯拉算法一样为 $O(n^3)$。

1.　弗洛伊德算法思想

弗洛伊德算法也是从图的带权矩阵 cost 出发，逐步求得顶点之间的最短路径，其基本思想如下：

（1）如果$<v_i,v_j>\in E(G)$，则意味着顶点 v_i 和 v_j 之间存在一条 cost[i,j]的路径，但它不一定是最短路径，还需要进行 n 次测试。

（2）首先考虑路径$<v_i,v_1,v_j>$是否存在（可以通过判断$<v_i,v_1>$和$<v_1,v_j>$是否存在来得到），如果存在则和$<v_i,v_j>$比较，取其短者作为从 v_i 到 v_j 的中间顶点序号不大于 1 的最短路径。

（3）然后按同样方法将顶点 v_2 加入到其路径上，令$<v_i,\cdots,v_2,\cdots v_j>=<v_i,\cdots,v_2>+<v_2,\cdots,v_j>$，并和$<v_i,v_1,v_j>$比较，取其短者作为从 v_i 到 v_j 的中间顶点序号不大于 2 的最短路径。

（4）依此类推，经过 n 次测试和比较可求得 v_i 到 v_j 之间的中间顶点序号不大于 n 的最短路径，也就是两个顶点之间的最短路径。

2.　弗洛伊德算法的空间性能分析

为了进行路径之间的比较，可以引入一个 n 阶方阵序列：

$A^{(0)}$, $A^{(1)}$, $\cdots$, $A^{(k-1)}$, $A^{(k)}$, $\cdots$, $A^{(n-1)}$, $A^{(n)}$

而每一次的比较运算过程就是一个递归过程:

$A^{(0)}[i,j]=\text{cost}[i,j]$

$A^{(k)}[i,j]=\text{MIN}\{A^{(k-1)}[i,j],\ A^{(k-1)}[i,k]+A^{(k-1)}[k,j]\}$ $1 \leq k \leq n$

其中 $A^{(k)}[i,j]$ 是顶点 v_i 和 v_j 之间中间顶点序号不大于 k 的最短路径。

3. 弗洛伊德算法及分析

采用弗洛伊德算法求解每一对顶点之间的最短路径,约定采用字符串来表示每一对顶点之间的最短路径。算法如下:

```
#define max 65536                    //没有连接弧的顶点的距离
void shortpath_FLOYED(MGraph mg,string path[][]){
//mg 是带权邻接矩阵,path 是最后求得的最短路径方阵
    int a[mg.n][mg.n];               //存放当前最短路径的方阵
    int i,j,k;
    for(i=1;i<=mg.n;i++){
        for(j=1;j<=mg.n;j++){
            a[i][j]=mg.edge[i][j];
            if(mg.edge[i][j]<max&&i!=j){path[i][j]="i,j";}
        }
    }
    for(k=1;k<=mg.n;k++){
        for(i=1;i<=mg.n;i++){
            for(j=1;j<=mg.n;j++){
                if(a[i][k]+a[k][j]<a[i][j]){
                    a[i][j]=a[i][k]+a[k][j];
                    path[i][j]=strcat(path[i][k],path[k][j]);
                }
            }
        }
    }
}
```

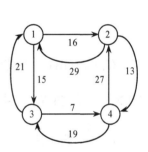

图 10-38 弗洛伊德算法的
带权有向图

下面以图 10-38 为例,说明在执行上述的弗洛伊德算法过程中,
辅助数组 A 和路径的变化,如表 10-3 所示。

表 10-3　弗洛伊德算法中 A(辅助数组)和 path(路径)的变化

$A^{(0)}$	1	2	3	4	$\text{path}^{(0)}$	1	2	3	4
1	0	16	15	max	1		1, 2	1, 3	
2	29	0	max	13	2	2, 1			2, 4
3	21	max	0	7	3	3, 1			3, 4
4	max	27	19	0	4		4, 2	4, 3	
$A^{(1)}$	1	2	3	4	$\text{path}^{(1)}$	1	2	3	4
1	0	16	15	max	1		1, 2	1, 3	
2	29	0	44	13	2	2, 1		2, 1, 3	2, 4
3	21	37	0	7	3	3, 1	3, 1, 2		3, 4
4	max	27	19	0	4		4, 2	4, 3	

续表

$A^{(2)}$	1	2	3	4	$path^{(2)}$	1	2	3	4
1	0	16	15	29	1		1, 2	1, 3	1, 2, 4
2	29	0	44	13	2	2, 1		2, 1, 3	2, 4
3	21	37	0	7	3	3, 1	3, 1, 2		3, 4
4	56	27	19	0	4	4, 2, 1	4, 2	4, 3	
$A^{(3)}$	1	2	3	4	$path^{(3)}$	1	2	3	4
1	0	16	15	22	1		1, 2	1, 3	1, 3, 4
2	29	0	44	13	2	2, 1		2, 1, 3	2, 4
3	21	37	0	7	3	3, 1	3, 1, 2		3, 4
4	40	27	19	0	4	4, 3, 1	4, 2	4, 3	
$A^{(4)}$	1	2	3	4	$path^{(4)}$	1	2	3	4
1	0	16	15	22	1		1, 2	1, 3	1, 3, 4
2	29	0	32	13	2	2, 1		2, 4, 3	2, 4
3	21	34	0	13	3	3, 1	3, 4, 2		3, 4
4	40	27	19	0	4	4, 3, 1	4, 2	4, 3	

10.8　有向无环图及其应用

有向无环图是一种特殊的图，它在系统设计、工程管理等领域有着广泛的应用。

10.8.1　有向无环图及其应用问题实例

1．有向无环图

一个不存在回路的有向图称为有向无环图（Directed Acycline Graph，DAG 图）。

DAG 图具备了有向树和图的特点，是一类特殊的有向图。

【例 10-34】图 10-39（b）和图 10-40 都是有向无环图的示例。

2．表达式的有向无环图表示

有向无环图是描述含有公共子式的表达式和描述一项工程或系统计划的有力工具。

【例 10-35】含有公共子式的表达式：$((a+b)*(b*(c+d)+(c+d)*e)*((c+d)*e)$，可以用有向二叉树来表示，也可以用有向无环图来表示，如图 10-39（a）和图 10-39（b）所示。

可以看出，由于存在$(c+d)$和$(c+d)*e$的公共子式，因此利用有向无环图来表示可以共享这些公共子式，从而大大降低存储所需的空间。

3．教学计划的有向无环图表示

【例 10-36】一个教学计划包含许多门课程的教学，课程和各门课程之间开设时的先后关系如表 10-4 所示。

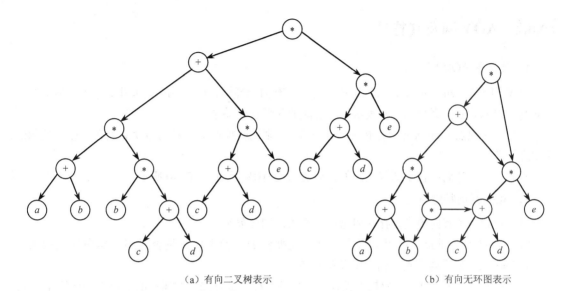

（a）有向二叉树表示　　　　　　　　　　　（b）有向无环图表示

图 10-39　含有公共子式的表达式的两种表示

表 10-4　计算机专业教学计划中各门课程之间的先后关系

课程编号	C_1	C_2	C_3	C_4	C_5	C_6	C_7	C_8	C_9	C_{10}	C_{11}	C_{12}	C_{13}	C_{14}	C_{15}
课程名称	计算机导论	数值分析	数据结构	汇编语言	自动机理论	人工智能	图形学	计算机接口	算法分析	C 语言	编译原理	操作系统	高等数学上	高等数学下	线性代数
先修课		C_1C_{14}	C_1C_{14}	C_1C_{13}	C_{15}	C_3	C_3C_4 C_{10}	C_4	C_3	C_3C_4	C_{10}	C_{11}		C_{13}	C_{14}

可以用有向无环图表示上述关系，如图 10-40 所示。

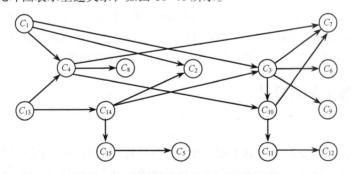

图 10-40　课程间关系的有向无环图表示

【例 10-37】有向无环图同时也是描述一项工程计划的有效工具。一般来说，一个工程计划往往包含多个子计划。只有当所有子计划完成后，整个工程才算完成。这些子计划称为活动（Activity）。例如，一个产品的生成过程包含许多道工序，一个大的建筑工程包含多个子工程，一个教学计划包含多门课程的教学等。在一个工程所包含的各个活动之间，有些活动必须按规定的先后次序进行，不能打乱。

10.8.2 AOV 网及其特性

1. 什么是 AOV 网

AOV 网（Activity on Vertex Network）是一个有向无环图，$G=\{V,\{E\}\}$。其中，v_i 表示活动，顶点 v_i 和 v_j 之间存在一条弧 $<vi,vj>$ 表示活动之间的先后次序关系。

例如，在顶点 v_i 和 v_j 之间存在一条弧 $<v_i,v_j>$，则说明顶点 v_i 表示的活动必须在顶点 v_j 表示的活动之前进行。

例如，教学计划中各个课程之间的先后关系的 AOV 网如图 10-40 所示。

2. AOV 网的特性讨论

（1）判断一个有向图是否存在回路比判断无向图要复杂。

对于无向图，判断的过程只需在深度优先搜索的过程中检查是否遇到已经访问过的顶点（visited[i]==1），如果遇到则说明图中存在回路。

对于有向图，这个顶点可能是生成森林中另外一棵深度优先生成树中的结点。判断有向图时，需要在每一次调用函数 dfs(v) 的过程中，检查每一个访问到的顶点 u 是否存在到 v（搜索的起始顶点）的弧。如果出现，由于 u 在以 v 为根的生成树中是 v 的子孙，因此有向图中必存在一条包含顶点 u 和 v 的回路。

（2）在 AOV 网中，如果顶点 v_i 表示的活动必须在顶点 v_j 表示的活动之前进行，则称 v_i 是 v_j 的前驱顶点，v_j 是 v_i 的后继顶点。这种前驱后继关系具有传递性。

例如在图 10-40 中，C_1 是 C_3 的前驱，而 C_3 又是 C_{10} 的前驱，那么顶点 C_1 所表示的活动也必须在顶点 C_{10} 表示的活动之前进行，即 C_1 也是 C_{10} 的前驱。

（3）AOV 网中顶点的前驱后继关系还具有反自返性，即 AOV 网中的任何活动不能以自身作为前驱或后继。这很好理解，否则活动的进行将陷入死循环而不能完成。

从 AOV 网的这些特性可以得出这样的结论：AOV 网必然是一个有向无环图。因为如果在 AOV 网中出现回路，那么根据前驱后继关系的传递性，回路中的顶点必然成为自身的前驱和后继，而这和前驱后继关系的反自返性相矛盾，因此 AOV 网中一定没有回路。

10.8.3 拓扑排序及其算法

1. 拓扑排序

拓扑排序是将有向无环图中的各个顶点排成一个序列，使得所有的前驱后继关系都得到满足。

对于相互之间没有次序关系的顶点，在拓扑排序的序列中可以处在任意的位置。因此，拓扑排序的结果往往不是唯一的。

【例 10-38】对图 10-40 所示的 AOV 网进行拓扑排序，可以得到：

$C_1 \rightarrow C_{13} \rightarrow C_4 \rightarrow C_8 \rightarrow C_{14} \rightarrow C_2 \rightarrow C_3 \rightarrow C_7 \rightarrow C_6 \rightarrow C_9 \rightarrow C_{10} \rightarrow C_{11} \rightarrow C_{12} \rightarrow C_{15} \rightarrow C_5$

或 $C_{13} \rightarrow C_1 \rightarrow C_{14} \rightarrow C_{15} \rightarrow C_5 \rightarrow C_4 \rightarrow C_2 \rightarrow C_8 \rightarrow C_3 \rightarrow C_9 \rightarrow C_6 \rightarrow C_7 \rightarrow C_{10} \rightarrow C_{11} \rightarrow C_{12}$

这两个序列都满足拓扑排序的要求。

2. 拓扑排序算法思想

拓扑排序可以分为以下 3 步：

（1）从有向无环图中选择一个没有前驱的顶点并加入到结果序列中。

（2）从有向无环图中删除该顶点以及以该顶点为尾的所有弧。

（3）重复（1）、（2）两步，直到所有顶点都加入到结果序列中。

【例 10-39】图 10-41 说明了一个有 8 个活动的工程的拓扑排序。

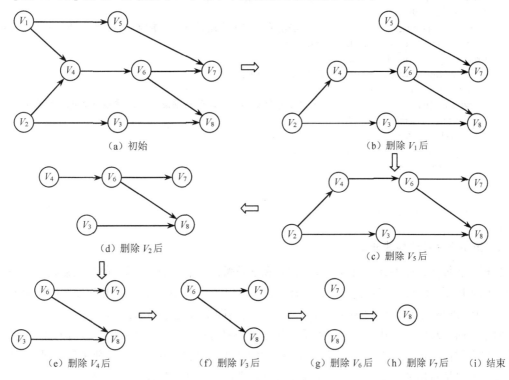

图 10-41　拓扑排序的过程

可以看出，在整个排序过程中需要频繁检查顶点的前驱以及做顶点和弧的删除操作，因此采用邻接表作为存储结构。为快速判断顶点是否有前驱，可在表头结点中增加一个"入度域"（indegree）指示顶点当前的入度。当 indegree 域的值为 0 时，可加入到结果序列中。而删除操作可通过将该顶点的所有邻接点的入度域减一来完成。

在整个拓扑排序的过程中，随着顶点的删除还会出现新的无前驱顶点。如果每删除一个顶点都要检查所有其他顶点的入度域，则时间复杂度将很大（等于遍历所有顶点一遍）。为此可以设计一个堆栈，把监测到的入度为 0 的顶点入栈。每次删除顶点时，只需要从栈中取出一个顶点即可。同时把监测顶点的入度和将待删除顶点的邻接点入度减一的操作合并在一起。

3. 拓扑排序的数据类型

为节省堆栈所占存储空间，可利用顶点的入度域。进入堆栈的顶点其入度域必然为 0，可把所有待删除顶点通过入度域链接在一起，组成一个链栈。修正邻接表的定义：

```
typeof struct VEXNODE{
    char vexdata;
    int indegree;                    //入度域
    ARCNODE *firstarc;
}
```

4. 拓扑排序算法

```
void TopuSort(LGraph G,int n){
    int i,j,m=0;
    EdgeNode *p;
    top=(Link_Stack*)malloc(sizeof(Link_Stack));
    top->next=NULL;
    for(i=0;i<n;i++)            //将有向无环图中选择一个没有前驱的顶点中的相关数据入栈
        if(G[i].id==0)Push(&top,i);
    while(top->next!=NULL){
        GetTop(&top,&i);printf(" %d ",i+1);
        m++;p=G[i].link;
        while(p){              //在有向无环图中删除该顶点以及以该顶点为尾的所有弧
            j=p->adjvex;
            G[j].id--;
            if(G[j].id==0)Push(&top,j);
            p=p->next;
        }
    }
    if(m<n)printf("出错\n");
}
```

5. 拓扑排序算法性能分析

分析上述算法，如果有向图包含 n 个顶点和 e 条弧，则第一个 for 循环的时间复杂度为 $O(n)$。对于有向无环图，堆栈中将入栈 n 次，出栈 n 次，所以第二个 while 循环的时间复杂度也为 $O(n)$。里面嵌套的 while 循环总计执行 e 次，所以算法总的时间复杂度为 $O(n+e)$。

对于有向无环图的拓扑排序，也可采用深度优先遍历算法实现。如果图中没有回路，则从某个顶点出发作深度优先搜索，最先退出 dfs()函数的必然是没有后继的顶点，即拓扑序列中最后一个顶点。所以按退出 dfs()函数的先后次序记录顶点即可产生逆向拓扑有序序列。

10.8.4 AOE 网

AOV 网用顶点表示活动，用弧表示各活动之间的先后依赖关系。与此相反，本节介绍的 AOE 网是用边表示活动的网。

AOE 网（Activity on Edge）是一个带权的有向无环图，$G=\{V, \{E\}\}$。其中 V_i 表示事件（Event），通常指一个活动的开始或结束；E 表示活动（Activity），E 上的权值表示活动的持续时间。

【例 10-40】图 10-42 表示一个由 10 个事件和 12 个活动组成的 AOE 网。

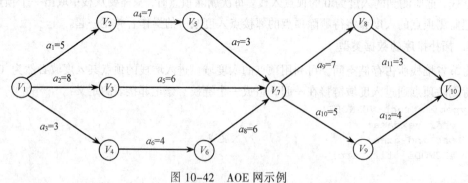

图 10-42　AOE 网示例

其中，每个事件表示它之前的活动都已经结束，而它之后的活动可以开始。

- V_1：表示整个工程的开始，称为始点。
- V_{10}：表示整个工程的结束，称为汇点。
- V_2：表示活动 a_1 已经结束，活动 a_4 可以开始。
- V_7：表示活动 a_7、a_5、a_8 已经结束，活动 a_9、a_{10} 可以开始。

AOE 网的一个显著的特点是：只有一个始点（入度为 0），只有一个汇点（出度为 0）。当用 AOE 网描述一个工程时，一般关心的问题是完成整个工程至少需要多长时间；哪些活动是影响工程工期的关键活动。

10.8.5 关键路径及有关概念

1. 关键路径

关键路径：从开始点到结束点的最长路径，路径长度是指一条路径上各条边的权值之和。

在 AOE 网中，从始点到汇点的路径有多条，长度（所有活动耗费时间之和）也各不相同。由于必须等所有路径上的活动全部完成，一个工程才算结束，因此完成整个工程所需时间取决于从始点到汇点的最长路径长度。缩短这条路径的长度就可以提前完成整个工程，因此称之为为关键路径。

【例 10-41】在图 10-42 中，由事件表示的关键路径是 $<V_1,V_2,V_5,V_7,V_8,V_{10}>$，长度为 25。

求解一个 AOE 网的关键路径就是求解网中所有关键活动。由活动表示的关键路径为 a_1，a_4，a_7，a_9，a_{11}。

2. 有关概念

事件最早发生时间：用 ee[i] 表示事件 V_i 的最早发生时间，从始点 V_1 到顶点 V_i 的所有路径中最长的路径长度。

活动最早开始时间：用 e[i] 表示从事件 V_i 发出的所有活动的最早开始时间。如果活动 $a_i=<V_j,V_k>$，则 e[i]=ee[j]。

【例 10-42】在图 10-29 中，e[9]=e[10]=ee[7]=15，e[11]=ee[8]=22。

事件的最迟发生时间：用 el[i] 表示事件 V_i 的最迟发生时间，即在不推迟整个工程工期的前提下，事件 V_i 必须开始的时间。

事件的最迟开始时间：用 l[i] 表示最迟开始时间，它是事件的最迟发生时间 el[i] 减去以事件 V_i 为结束的所有活动的持续时间。如果活动 $a_i=<V_j,V_k>$，则 l[i]=el[k]-duration(j,k)。

【例 10-43】在图 10-42 中，l[6]=el[6]-4=9-4=5。

可以看出，有些活动可以在不影响整个工程工期的前提下推迟一定时间。例如，活动 a_6，在事件 V_4 发生后不必马上开始。由于 e[6]=3，而 l[6]=5，因此可以推迟 2 个时间后开始活动 a_6，也不会影响到整个工程的工期。有些活动 e[i]=l[i]，必须在一个确定的时间开始，提前则其前面的活动还没有结束，推后则会影响整个工程的工期，这样的活动称为关键活动。显然，关键路径上的活动都是关键活动。

10.8.6 求解关键路径算法思想

关键路径求解：求解一个 AOE 网的关键路径就是求解网中所有的关键活动，即求满足 e[i]=l[i]

的活动，这些活动组成的路径就是 AOE 网的关键路径。

根据上述介绍可知，如果活动 a_i 由边 $<V_j, V_k>$ 表示，则

$$e[i]=ee[j]$$

$$l[i]=el[k]-duration(j,k)$$

因此，为了求出 $e[i]$ 和 $l[i]$，就必须先求出所有事件的 $ee[i]$ 和 $el[i]$。

各事件的最早发生时间和最迟发生事件满足下列两个递推式：

$$\text{最早发生时间 } ee[i] \begin{cases} ee[1] = ee[n] \\ ee[j] = \text{MAX}\{ee[i]+duration(i,j) \end{cases} \quad (10\text{-}6)$$

其中 $<i,j> \in T$，T 是所有以 V_j 为头的弧的集合。

$$\text{最迟发生时间 } el[i] \begin{cases} el[n] = ee[n] \\ el[i] = \text{MIN}\{el[j]-duration(i,j) \end{cases} \quad (10\text{-}7)$$

其中 $<i,j> \in S$，S 是所有以 V_i 为尾的弧的集合。

可以看出求关键路径须分成 4 步：

（1）根据第一个递推式，从始点事件开始向后依次求得所有事件的最早发生时间 $ee[i]$。

（2）按照第二个递推式，从汇点事件开始向前依次求得所有事件的最迟发生时间 $el[i]$。

（3）在 $ee[i]$ 和 $el[i]$ 的基础上求得所有的 $e[i]$ 和 $l[i]$。

（4）通过比较确定关键活动和关键路径。

根据递推公式，求解事件的最早发生时间和最迟发生时间就是一个拓扑排序和逆向拓扑排序的过程。首先从始点开始，$ee[1]=0$。然后求 V_1 所有后继事件的最早发生时间，依此类推，按拓扑排序的过程可求得所有事件的最早发生时间。同理从汇点事件开始，$el[n]=ee[n]$，按逆向拓扑排序的过程即可求得所有的 $el[i]$。因此关键路径算法的步骤如下：

（1）初始化 AOE 网的邻接表和逆邻接表存储结构。

（2）令 $ee[1]=0$。

（3）在邻接表中执行拓扑排序。

（4）出栈，输出栈顶元素 V_j。

（5）查找 V_j 所有的直接后继 V_k，根据公式（10-6）计算 $ee[k]$。

（6）V_k 入度减 1，如果 V_k 入度等于 0，则进栈。

（7）初始化 $el[n]=ee[n]$。

（8）在逆邻接表中执行拓扑排序，步骤同（3）。

（9）根据 $ee[i]$ 和 $el[i]$ 计算所有的 $e[i]$ 和 $l[i]$。

（10）比较 $e[i]$ 和 $l[i]$，满足 $e[i]=l[i]$ 的活动就是关键活动。

10.8.7　AOE 网关键路径求解算法的数据类型

首先修正 10.2.2 中邻接表的定义，在正向邻接表的表头结点增加入度域，在逆向邻接表的表头结点中增加出度域，在每个弧结点中增加弧的权值，修正如下：

```
typedef struct ar{
    int adjvex;                          //邻接点的位置
    int weight;                          //弧的权值
```

```
      struct ar *nextarc;                              //指向下一个结点
   } ARCNODE;                                          //邻接表中的结点类型
   typedef struct VEXNODE{
      char vexdata;                                    //顶点信息
      int degree;                                      //入度或出度
      ARCNODE *firstarc;                               //指向第一个邻接结点
   }VEXNODE,AdjList[MAX_VERTEX_NUM];                    //表头结点类型
   typedef struct{
      AdjList vextices;
      int vexnum,arcnum;
   }ALGraph;                                           //邻接表类型
```

10.8.8　AOE 网中求解关键路径的算法

```
   void critical_path(ALGraph al,ALGraph ral){
      //al 是 AOE 网的邻接表，ral 是 AOE 网的逆向邻接表
      //al 的表头结点中存储入度，ral 的表头结点中存储出度
      //规定顶点 1 是始点，顶点 al.vexnum 是汇点
      int ee[al.vexnum];                               //事件的最早开始时间
      int el[al.vexnum];                               //事件的最迟开始时间
      int e;int l;int j;                               //活动的最早开始时间
                                                       //活动的最迟开始时间

      ARCNODE *k;
      for(j=1;j<=al.vexnum;j++)ee[j]=0;                //初始化 ee 数组
      int top=1;                                       //初始化堆栈，开始正向拓扑排序
      while(top!=0){                                   //栈内有顶点
         j=top;top=al.vextices[j].degree;             //出栈
         k=al.vextices[j].firstarc;
         while(k!=NULL){                              //操作邻接点
            if(ee[k->adjvex]<ee[j]+k->weight)         //选择最大的 ee
               ee[k->adjvex]=ee[j]+k->weight;
            al.vextices[k->adjvex].degree--;          //入度减一
            if(al.vextices[k->adjvex].degree==0){     //产生新的无前驱顶点
               al.vextices[k->adjvex].degree=top;     //新顶点入栈
               top=k->adjvex;
            }k=k->nextarc;
         }
      }
      for(j=1;j<=ral.vexnum;j++)el[j]=ee[ral.vexnum]; //初始化 el 数组
      int top=ral.vexnum;                             //初始化堆栈
      ral.vextices[ral.vexnum].degree=0;
      while(top!=0){                                   //开始逆向拓扑排序，栈内有顶点
         j=top;top=ral.vextices[j].degree;           //出栈
         k=ral.vextices[j].firstarc;
         while(k!=NULL){                              //操作邻接点
            if(el[k->adjvex]>el[j]-k->weight)         //选择最小的 el
               [k->adjvex]=el[j]-k->weight;
            ral.vextices[k->adjvex].degree--;         //入度减一
            if(ral.vextices[k->adjvex].degree==0){    //产生新的无前驱顶点
               ral.vextices[k->adjvex].degree=top;    //新顶点入栈
               top=k->adjvex;
```

```
            }k=k->nextarc;
        }
    }
    for(j=1;j<al.vexnum;j++){                    //求 e 和 l，并输出关键活动，遍历所有的弧
        k=al.vextices[j].firstarc;
        if(k!=NULL){
            e=ee[j];l=el[k->adjvex]-k->weight;
            if(e==l)printf("%s%d%s%d%s","<",j,",",k->adjvex,">"); //输出关键活动
        }
    }
}
```

10.8.9 关键路径求解算法分析

分析上面的算法，正向拓扑排序和逆向拓扑排序的时间复杂度都为 $O(n+e)$，显然输出关键活动的 for 循环的时间复杂度也为 $O(n+e)$。因此整个算法的时间复杂度为 $O(n+e)$。

将上述算法作用于图 10-42 的 AOE 网，用表 10-5～表 10-7 列出了正向拓扑排序和逆向拓扑排序过程中 ee 数组和 el 数组的变化情况以及最后判断关键活动的过程，使读者对算法过程有一个更为清晰的了解。

表 10-5 ee 数组的变化情况

ee	1	2	3	4	5	6	7	8	9	10
初始	0	0	0	0	0	0	0	0	0	0
输出 V_1	0	5	8	3	0	0	0	0	0	0
输出 V_4	0	5	8	3	0	7	0	0	0	0
输出 V_6	0	5	8	3	0	7	13	0	0	0
输出 V_3	0	5	8	3	0	7	14	0	0	0
输出 V_2	0	5	8	3	12	7	14	0	0	0
输出 V_5	0	5	8	3	12	7	15	0	0	0
输出 V_7	0	5	8	3	12	7	15	22	20	0
输出 V_9	0	5	8	3	12	7	15	22	20	24
输出 V_8	0	5	8	3	12	7	15	22	20	25
输出 V_{10}	0	5	8	3	12	7	15	22	20	25

表 10-6 el 数组的变化情况

el	1	2	3	4	5	6	7	8	9	10
初始	25	25	25	25	25	25	25	25	25	25
输出 V_{10}	25	25	25	25	25	25	25	22	21	25
输出 V_8	25	25	25	25	25	25	15	22	21	25
输出 V_9	25	25	25	25	25	25	15	22	21	25
输出 V_7	25	25	9	25	12	9	15	22	21	25
输出 V_5	25	5	9	25	12	9	15	22	21	25

续表

el	1	2	3	4	5	6	7	8	9	10
输出 V_2	0	5	9	25	12	9	15	22	21	25
输出 V_3	0	5	9	25	12	9	15	22	21	25
输出 V_6	0	5	9	5	12	9	15	22	21	25
输出 V_4	0	5	9	5	12	9	15	22	21	25
输出 V_1	0	5	9	5	12	9	15	22	21	25

表 10-7 关键活动

活 动	e	L	关键活动?	活 动	e	L	关键活动?
a_1	0	0	Yes	a_7	12	12	Yes
a_2	0	1	No	a_8	7	9	No
a_3	0	2	No	a_9	15	15	Yes
a_4	5	5	Yes	a_{10}	15	16	No
a_5	8	9	No	a_{11}	22	22	Yes
a_6	3	5	No	a_{12}	20	21	No

由此可见，关键路径为 a_1，a_4，a_7，a_9，a_{11}。

本 章 小 结

图是一种较线性表和树更为复杂的数据结构。图中任意两个元素都可以是相关的，即每个元素可以有多个前驱和多个后继。

图可以分为有向图和无向图两大类。图中的数据元素称为顶点。有向图中顶点之间的关系称为弧，无向图中顶点之间的关系称为边。

图常用的存储结构有邻接矩阵、邻接表、十字链表和邻接多重表。

邻接矩阵采用二维数组存储图，操作简单，很容易判断图中两个顶点是否相连，但对于稀疏图操作的时间复杂度和空间复杂度均较大；邻接表是图的链式存储结构，顶点的插入、删除操作非常方便，但判断任意两个顶点是否邻接则比邻接矩阵复杂；十字链表是有向图的另外一种链式存储结构，可以看作是有向图的邻接表和逆邻接表相结合而得到的一种链表；邻接多重表是无向图的另一种链式存储结构，邻接表在无向图中的一种改进，适合于对边的特殊操作。

图的遍历分为深度优先搜索和广度优先搜索两类。深度优先搜索类似于树的先序遍历，而广度优先搜索类似于按树的层次遍历的过程。

通过遍历算法可以检测图的连通性。对于连通图可以相应生成深度优先生成树和广度优先生成树。

求解最小生成树是带权图（网）的一种普遍应用，通常采用普利姆算法和克鲁斯卡尔算法。普利姆算法适合于求稠密网的最小生成树，时间复杂度为 $O(n^2)$；克鲁斯卡尔算法则更适合于求稀疏图的最小生成树，时间复杂度为 $O(eloge)$。

带权图的另一个常见应用是求解最短路径，它又可以分为求某源点到其余各顶点之间的最短路径和求每一对顶点之间的最短路径。求某源点到其余各顶点之间的最短路径通常采用迪杰斯特拉算法，时间复杂度为 $O(n^2)$；求每一对顶点之间的最短路径通常采用弗洛伊德算法，时间复杂度为 $O(n^3)$。两种算法均采用带权邻接矩阵作为图的存储结构。

有向无环图可以分为 AOV 网和 AOE 网两大类。AOV 网用顶点表示一项工程或系统中的各个活动，通过拓扑排序算法可以得到一个大型系统的执行计划；与此相对，AOE 网用边表示活动，主要用于求解网中的关键路径，可以广泛地应用于工程工期估算、项目管理等方面。

图是本书中最为复杂的数据结构，同时也是应用最为广泛的一种数据结构。图的许多操作都利用了前面各章节所介绍的知识，包括线性表、链表和树。

本 章 习 题

一、填空题

1. 在图形结构中，元素之间的关系可以是任意的，一个图中任意两个元素都可以是相关的，即每个元素可以有多个_____和多个_____。

2. 如果在图中顶点 x 到顶点 y 有一条弧，则称 x 为_____，称 y 为_____。

3. 我们把有较少条边或弧($e<n\log n$)的图称为_____，反之称有较多条边或弧的图为_____。

4. 路径中顶点不重复的路径称为_____；除第一个顶点和最后一个顶点外，其他顶点不重复的回路称为_____。

5. 图中的边或弧可以具有和其相关的数据，我们称这些相关的数据为_____，而这种图称为_____。

6. 采用邻接矩阵存储一个有 n 个顶点的有向图，则矩阵大小为_____。

7. 一个有向图有 7 个顶点和 12 条弧，采用邻接表存储，则有_____个表头结点，_____个结点。

8. 十字链表可以看作是有向图的_____和_____相结合而得到的一种链表。

9. 图的遍历算法通常有_____和_____两类。

10. 通过深度优先搜索得到图的生成树称为_____，通过广度优先搜索得到图的生成树称为_____。当图是非连通时，所有连通分量的生成树合在一起就构成了非连通图的_____。

11. 两种最常用的求解最小生成树的算法分别是_____算法和_____算法。

12. 一个不存在回路的有向图称为_____，简称_____。

13. 顶点表示活动的网络称作_____，边表示活动的网络称作_____。

14. 在 AOE 网中顶点表示_____，弧表示_____。

15. AOE 网中关键路径是指从开始点到结束点的最_____路径。

二、选择题

1. n 个顶点的有向完全图，弧的数目是（　　　）。
   A. $(n-1)^2$　　　　　　B. n^2　　　　　　C. $n(n-1)$　　　　　　D. $n(n+1)$

2. 一个有向图 G 有 5 个顶点，各顶点的入度依次为 1、1、2、0、1，出度依次为 0、2、0、1、2，则图 G 的弧数为（　　　）。
   A. 4　　　　　　B. 5　　　　　　C. 6　　　　　　D. 7

3. 一个无向图 G 有 7 个顶点，则该图最多有（　　　）条边。
   A. 18　　　　　　B. 19　　　　　　C. 20　　　　　　D. 21

4. 一个有向图 G 有 5 个顶点，则该图最多有（　　　）条弧。
　　A. 20　　　　　　　　　B. 18　　　　　　　　　C. 16　　　　　　　　　D. 14

5. 一个无向图 G 有 7 个顶点，若使该图连通，则最少需要（　　　）条边。
　　A. 6　　　　　　　　　B. 7　　　　　　　　　C. 8　　　　　　　　　D. 9

6. 有如下邻接矩阵，则第 3 个顶点的入度是（　　　）。

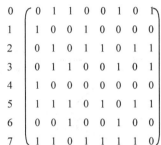

　　A. 1　　　　　　　　　B. 2
　　C. 3　　　　　　　　　D. 4

7. 一个无向图采用邻接表存储需 6 个表头结点和 14 个结点，则采用邻接多重表存储需要（　　　）个表头结点和（　　　）个结点。
　　A. 6、14　　　　　　　B. 3、14　　　　　　　C. 3、7　　　　　　　D. 6、7

8. 如图 10-43 所示图，从顶点 v_3 开始进行深度优先搜索，遍历顺序为（　　　）。
　　A. v_3、v_2、v_6、v_7、v_4、v_5、v_1　　　　　　B. v_3、v_2、v_7、v_4、v_6、v_1、v_5
　　C. v_3、v_1、v_5、v_4、v_2、v_6、v_7　　　　　　D. v_3、v_4、v_5、v_1、v_6、v_7、v_2

9. 如图 10-43 所示图，从顶点 v_3 开始进行广度优先搜索，遍历顺序为（　　　）。
　　A. v_3、v_4、v_1、v_7、v_2、v_6、v_5　　　　　　B. v_3、v_1、v_4、v_5、v_6、v_7
　　C. v_3、v_1、v_2、v_6、v_5、v_7、v_4　　　　　　D. v_3、v_2、v_7、v_1、v_4、v_6、v_5

10. 如图 10-44 所示图，从顶点 v_1 开始采用普利姆算法生成最小生成树，算法过程中产生的顶点次序为（　　　）。
　　A. v_1、v_3、v_4、v_2、v_5、v_6　　　　　　B. v_1、v_3、v_6、v_2、v_5、v_4
　　C. v_1、v_2、v_3、v_4、v_5、v_6　　　　　　D. v_1、v_3、v_6、v_4、v_2、v_5

11. 如图 10-44 所示图，采用克鲁斯卡尔算法生成最小生成树，过程中产生的边次序为（　　　）。
　　A. (v_1, v_2)、(v_2, v_3)、(v_5, v_6)、(v_1, v_5)　　　　B. (v_1, v_3)、(v_2, v_6)、(v_2, v_5)、(v_1, v_4)
　　C. (v_1, v_3)、(v_2, v_5)、(v_3, v_6)、(v_4, v_5)　　　　D. (v_2, v_5)、(v_1, v_3)、(v_5, v_6)、(v_4, v_5)

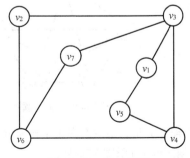

图 10-43　第 8 题图

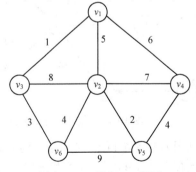

图 10-44　第 10.11 题图

12. 如图 10-45 所示图，从顶点 v_1 到其他顶点的最短路径分别为（　　　）。

    A. v_6、v_1、v_6、v_{10}、v_4 B. v_5、v_1、v_6、v_7、v_4

    C. v_5、v_1、v_6、v_8、v_4 D. v_6、v_1、v_6、v_8、v_6

13. 如图 10-46 所示图，拓扑排序后的结果是（　　　）。

    A. $v_1 \rightarrow v_2 \rightarrow v_3 \rightarrow v_6 \rightarrow v_4 \rightarrow v_5 \rightarrow v_7 \rightarrow v_8$ B. $v_1 \rightarrow v_2 \rightarrow v_3 \rightarrow v_4 \rightarrow v_5 \rightarrow v_6 \rightarrow v_7 \rightarrow v_8$

    C. $v_1 \rightarrow v_6 \rightarrow v_4 \rightarrow v_5 \rightarrow v_2 \rightarrow v_3 \rightarrow v_7 \rightarrow v_8$ D. $v_1 \rightarrow v_6 \rightarrow v_2 \rightarrow v_3 \rightarrow v_7 \rightarrow v_8 \rightarrow v_4 \rightarrow v_5$

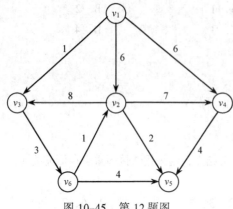   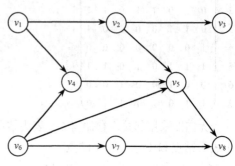

图 10-45　第 12 题图　　　　　　　　　　　图 10-46　第 13 题图

14. 在 AOE 网中，始点和汇点的个数为（　　　）。

    A. 1 个始点，若干个汇点   B. 若干个始点，若干个汇点

    C. 若干个始点，1 个汇点   D. 1 个始点，1 个汇点

15. 如图 10-47 所示的 AOE 网中，活动 a_9 的最早开始时间是（　　　）。

    A. 13   B. 14   C. 15   D. 16

16. 如图 10-47 所示的 AOE 网中，活动 a_4 的最迟开始时间是（　　　）。

    A. 4   B. 5   C. 6   D. 7

三、简答题

1. 如图 10-48 所示，给出该图的形式化定义。

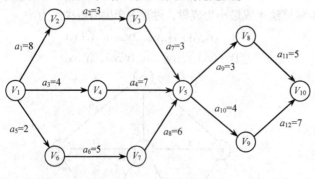   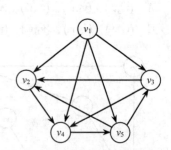

图 10-47　第 15、16 题图　　　　　　　　　图 10-48　第 1 题图

2. 一个无向图 G 有 8 个顶点、6 条边，则 G 最多有多少个连通分量，最少有多少个连通分量？

3. 假设图的顶点是 A,B,C,…，请根据下述的邻接矩阵画出相应的无向图或有向图。

4. 画出如图 10-49 所示邻接表的逆邻接表。

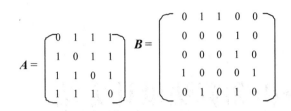

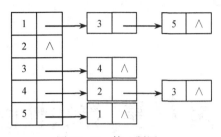

图 10-49　第 4 题图

5. 画出邻接矩阵 A 的邻接多重表。

邻接矩阵 A

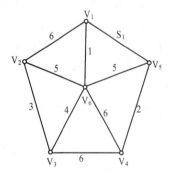

图 10-50　第 7 题图

6. 简述为何在深度优先搜索和广度优先搜索中需要辅助数组 visited。

7. 画出图 10-50 网络的最小生成树。

8. 假设用于通信的电文仅由 A～H 八个字母组成，字母在电文中出现的频率分别为 7，19，2，6，32，3，21，10。试为这八个字母设计哈夫曼编码。

9. 图 10-51 所示的连通图，请画出
   （1）以顶点①为根的深度优先生成树；
   （2）如果有关节点，请找出所有的关节点。

图 10-51　第 9 题图

10. 采用迪杰斯特拉算法求图 10-45 所示图中顶点 v_1 到其他各顶点的最短路径，写出算法执行过程中 distance[] 数组的变化情况。

11. 画出在一个初始为空的 AVL 树中依次插入 3，1，4，6，9，8，5，7 时每一步插入后 AVL 树的形态。若做了某种旋转，说明旋转的类型。然后，给出在这棵插入后得到的 AVL 树中删去根结点后的结果。

12. 图 10-51 所示图，采用弗洛伊德算法求图中各顶点之间的最短路径，写出算法执行过程中辅助数组和路径的变化情况。

13. 图 10-47 所示 AOE 网，求解其关键路径，写出教材中描述的算法的执行过程。

四、算法设计题

1. 写出 ins_arc(G,v_1,v_2) 在邻接矩阵上实现的算法。

2. 写出 del_vertex(G,v) 在邻接表上实现的算法。

4. 基于深度优先搜索 dfs()，写出求无向图的连通分量的算法。

5. 写出在邻接矩阵上实现广度优先搜索的算法。

6. 设计一个算法，判断有向图中是否存在回路。

7. 采用邻接矩阵作为图的存储结构，设计克鲁斯卡尔算法。

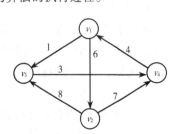

图 10-52　第 12 题图

*第11章 算法性能分析和算法设计方法

教学目标：本章内容主要对算法和程序性能分析中的目的、时间复杂度和空间复杂性、复杂性要素和分析方法、时间复杂度上（下）限值、算法性能测量等问题进行了讨论，并结合货箱装船、0/1 背包和迷宫老鼠等问题介绍了优化问题、分而治之、贪婪算法和回溯算法等基本的算法设计方法的基本知识，介绍了 NP-复杂问题和 NP-完全问题。通过本章学习，使读者初步了解算法设计的常用方法，什么是"优质"算法和程序以及如何测量、评价算法的初步知识。

教学提示：在第 1 章的教学提示中提到了合理地组织数据，高效率地处理数据是扩大计算机应用领域，提高软件效率的关键问题。因此，必须完整地理解和掌握数据结构（逻辑结构、存储结构和相关算法）的定义及其实现的方法，掌握算法的设计技能，是软件工程师们的基本能力。本章对本书算法的有关问题做了进一步的介绍，算法设计方法问题等虽然超出了本课程教学内容，但是我们认为，读者了解这些问题对其今后的工作是非常有益的，因此本章通过具体的运用问题对有关问题做了简洁的介绍。本章内容在教学课时有限的情况下，可以在学习了数据结构与算法的基础知识之后，在适当的时间安排学生自修完成。

11.1 算法和程序

算法是为解决一个特定问题而采取的确定的有限步骤，是指令的有限序列。算法是程序设计的基础。书写一个算法可以用多种算法描述工具，因此掌握计算机程序设计语言和工具，了解什么是算法；针对具体问题能够设计一个"好的"算法，如何评价一个算法或者程序，是程序员的基本素质要求。为了加强这方面的知识，本节将进一步对算法与程序的性能分析问题进行讨论。

11.1.1 算法与程序分析

既然算法是程序设计的基础，算法性质的优劣与程序的质量直接相关。所以算法的性能分析问题也就是程序的性能分析问题。

1. 算法与程序性能分析

在第 1 章中，我们学习了算法性能分析的基本问题，也就是算法的时间性能分析和空间性能分析。在其后章节中，结合数据结构的内容分析了相关算法的时间和空间性能。程序的性能分析也不例外，它是指运行一个程序所需要的内存大小和时间，称为程序的空间复杂性和时间复杂度。

程序的空间复杂性：运行完一个程序所需要的内存空间。

程序的时间复杂度：运行完一个程序所需要的时间。

2．程序性能分析的目的

研究程序的空间复杂性问题的主要目的如下：

（1）当程序将运行在一个多用户计算机系统中时，程序员一般要了解或者需要指明分配给该程序多大的内存空间。

（2）可以通过对程序空间复杂性问题的分析来估算一个程序所能解决的问题的最大规模。

（3）对于用户来说，即使有一个较大存储空间的计算机系统，也想在同一个问题的若干个内存需求各不相同的解决方案中选择一个占用内存较小的程序来运行。

（4）用户和程序员都想知道一个具体的应用程序运行于某一个计算机系统中是否可行。

研究程序的时间复杂度问题的主要目的如下：

（1）用户对一个程序运行时间的上限是很感兴趣的。用户不希望等待时间太长，期望有一个合理的程序运行时间上限。

（2）使用交互式程序或者有实时响应要求的程序时，用户需要了解程序的时间复杂度。

11.1.2　空间复杂性分析

在本书的各章节中分析算法的空间复杂性时，考虑较多的是算法中用来存储所有常量和所有变量值所需的空间。

1．空间复杂性要素

构成空间复杂性的要素有以下几点。

（1）数据空间：数据空间是指用来存储所有常量和所有变量值所需的空间，包括动态分配的空间。数据空间与所使用的计算机和编译器以及变量与常量的数目有关。

（2）指令空间：指令空间是指用来存储经过编译之后的程序（机器代码）指令所需的存储空间。指令空间和程序编译器的性能密切相关。某些编译器为用户提供代码优化选项、执行时间优化选项和程序覆盖运行模式选项等优化选项。另外，指令空间和计算机的硬件配置有关，如浮点处理硬件等。

（3）环境栈空间：环境栈空间是指计算机系统运行时，用来保存函数调用和返回时恢复运行所需要的信息，该信息一般保存在称作环境栈的栈存储空间中。保存在环境栈中的数据通常有返回地址、函数被调用时所有局部变量的值、对于递归函数的传值形式参数的值（递归栈空间）以及所有引用参数及常量引用参数的定义。

从上面的分析可以看出，程序所需要的空间取决于多种要素，有些要素是编写算法或者程序时可以掌握的，有些要素不好掌控，因为不好掌控的要素在编写程序时是未知的。例如，程序将要使用的计算机系统的设置及编译器的性能等。

2．空间复杂性分析方法

定义 11.1　程序 P 运行时需要的空间 $S(P)$ 可以表示为：

$$S(P) = c + S_P \tag{11-1}$$

其中 c 是一个常量，表示程序 P 运行时需要的固定部分空间，S_P 表示程序 P 运行时需要的可变部分的空间。

（1）固定部分空间 c：它独立于具体应用问题的特征，主要包含指令空间、简单变量及定长复合变量所占用空间、常量所占用空间等。

（2）可变部分空间 Sp：它依赖于具体应用问题的特征，主要包括复合变量所需的空间，该类变量的大小常常依赖于所解决的具体问题。动态分配所需要的空间，这种空间一般都依赖于具体应用问题的特征。递归栈所需要的空间也依赖于具体应用问题的特征。

据上所述，通常在分析算法的空间复杂性时，主要分析其可变部分空间 Sp。把注意力集中在估算 Sp 上。对于任意给定的问题，首先需要确定问题的特征以便于估算空间需求，问题特征的选择是一个很具体的问题。下面以 2.4.2 节的简单顺序查找算法为例进行分析。

【例 11-1】简单顺序查找算法。算法从顺序表的一端开始顺序扫描，将给定值 k 依次与顺序表中各数据元素（结点）的关键字比较，若当前扫描到的结点的关键字与给定值 k 相等，则查找成功，返回该数据元素在表中的位置；若扫描结束后，仍未找到关键字等于 k 的结点，则查找失败，返回 0。

顺序表顺序查找算法如下：

```
int SeqSearch(RecordList L,KeyType k){
    L.r[0].key=k;
    int i=L.length;
    while(L.r[i].key!=k)--i;
    return(i);
}
```

采用问题特征 n 来估算该算法的空间复杂性。形式参数 L 需要 2 个字节，假定关键字 k 是 ASCII 字符类型，则传值形式参数 k 需要 1 个字节，局部变量 i 需要 2 个字节，整型常量 0 需要 2 个字节，所需要的总的数据空间为 7 个字节。因为该空间独立于问题特征 n，所以 $S_{顺序查找算法}(n)=0$。

由 2.4.2 节内容知道，L 为 RecordList 类型，RecordList 类型是由 RecordType 型数组 r 和 int 型变量 length 组成的结构体，见下面的定义。

```
#define LIST_SIZE 20
typedef struct{
    KeyType key;
    OtherType other_data;
}RecordType;
typedef struct{
    RecordType r[LIST_SIZE];
    int length;
}RecordList;
```

数组 r 和变量 length 所需要的空间已在定义实际参数（对应于 L）的函数中分配了，所以不需要把数组 r 和变量 length 所需要的空间加到计算空间复杂性的函数 SeqSearch 所需要的空间上。

11.1.3　时间复杂度分析

在本书的各章节中，对算法的时间复杂度分析比较多。

1. 时间复杂度要素

（1）算法的时间复杂度与计算机系统的性能，尤其是运算速度密切相关，这一点是非常明显的。

（2）程序的时间复杂度与程序面对的应用问题的规模和复杂程度相关。较小的问题所需要的运行时间通常要比较大的问题需要的运行时间少。

2．时间复杂度基本分析方法

一般情况下，一个程序 P 所需要的时间可以估计为：

$$T(P) = t_{编译时间} + t_{运行时间} \qquad (11\text{-}2)$$

其中，编译时间可以假定一个编译过的程序可以运行若干次而不需要重新编译。所以主要关注的是程序的 $t_{运行时间}$。

计算一个程序 P 所需要的 $t_{运行时间}$ 很复杂，如果从指令执行角度来看，一个算术操作所需要的时间取决于操作数的类型（char，int，float，double 等）。计算一个程序 P 所需要的 $t_{运行时间}$ 的一个简单的方法就是在第 1 章中介绍的方法，找出一个或多个关键操作，确定程序总的执行步数，用它来作为比较两个算法时间复杂度的指标。这个方法是可行的，算法总的执行步数少的要比总的执行步数多的算法执行得快。问题是如何确定哪些操作是关键操作，认识和解决这个问题也是很重要的。

上述的"执行步数"一般是指程序步，参见定义 11.2。

定义 11.2　程序步是一个语法或语义意义上的程序片段，该片段的执行时间独立于实例特征。

【例 11-2】程序步举例。

（1）x = b* b – 4*a*c；

（2）return b* b – 4*a*c；

（1）和（2）所示的程序片段都是程序步，它的执行时间独立于应用的问题的特征，它们就是一段具有语法或者语义意义的计算。

在程序设计中经常使用的"计数器变量"就可以作为程序步的统计工具。参看下面的例子。

【例 11-3】在顺序查找算法中，设计计数器变量 count，统计整型变量 i 和比较操作的步数。

```
int SeqSearch(RecordList L,KeyType k){
    int count=0;
    L.r[0].key=k;
    int i=L.length;
    while( L.r[i].key!=k){
        --i;count++;
    }return(i);
}
```

11.2　再谈算法性能问题

为讨论问题方便，约定用 $f(n)$ 表示一个算法的时间或空间复杂性，n 是应用问题实例的特征（$n \geq 0$），$f(n)$ 是 n 的函数，它是一个算法的时间和空间需求，是一个非负值，所以 $f(n) \geq 0$。即将讨论的渐进符号允许对于足够大的 n 值，给出 f 的上限值和/或下限值。

11.2.1　时间复杂度的上限值

在 1.5 节讲述了算法的渐近时间复杂度分析，参见定义 1.20。

在定义 1.20 中指出：如果存在正常数 c 和 n_0，使得当 $n \geq n_0$ 时，$f(n) \leq cg(n)$，则记为 $f(n) = O(g(n))$。定义 1.20 也称作大写 O 符号定义。

也就是说，符号"O"给出了函数 $f(n) = O(g(n))$ 的一个上限。当且仅当存在正的常数 c 和 n_0，

使得对于所有的 $n \geq n_0$，有 $f(n) \leq cg(n)$。

也可以说定义 1.20 给出了函数 f 的一个上限，当 $n \geq n_0$ 时，函数 f 最多是函数 g 的 c 倍，除非 $n < n_0$。而函数 g 通常使用比较简单的函数形式，比较典型的形式是含有 n 的单个项（带一个常数系数），见例 1-63。

【例 11-4】假定 $f(n)=10n^2+4n+2$。对于 $n \geq 2$，有 $f(n) \leq 10n^2+5n$。由于当 $n \geq 5$ 时有 $5n \leq n^2$，因此对于 $n \geq n_0=5$，$f(n) \leq 10n^2+n^2=11$，$n^2=cg(n)$，所以 $f(n)=10n^2+4n+2=O(n^2)$。

【例 11-5】考察一个具有指数复杂性的例子 $f(n)=6 \times 2^n+n^2$。可以观察到对于 $n \geq 4$，有 $n^2 \leq 2^n$，所以对于 $n \geq 4$，有 $f(n) \leq 6 \times 2^n+2^n=7 \times 2^n$，因此，$f(n)=6 \times 2^n+n^2=O(2^n)$。

那么如何取得 $f(n)=O(g(n))$ 中的 $g(n)$ 呢？定理 11.1 给出了一个非常有用的结论。

定理 11.1　如果 $f(n)=a_m n^m+\cdots+a_1 n+a_0$ 且 $a_m > 0$，则 $f(n)=O(n^m)$。

证明：对于所有的 $n \geq 1$ 有

$$f(n) \leq \sum_{i=0}^{m} |a_i| n^i \leq n^m \sum_{0}^{m} |a_i| n^{i-m} \leq n^m \sum_{0}^{m} |a_i| \qquad (11\text{-}3)$$

所以 $f(n)=O(n^m)$。

【例 11-6】若某算法的时间复杂度函数 $f(n)=10n^3+4n^2+2n+56$。由定理 11.1 可知，$f(n)$ 的 $a_m=10$，$m=3$，所以 $f(n)=O(n^3)$。

定理 11.2　对于函数 $f(n)$ 和 $g(n)$，若 $\lim_{n \to \infty} \dfrac{f(n)}{g(n)}$ 存在，则 $f(n)=O(g(n))$ 当且仅当存在确定的常数 c，有 $\lim_{n \to \infty} \dfrac{f(n)}{g(n)} \leq c$。

证明：如果 $f(n)=O(g(n))$，则存在 $k > 0$ 及某个 n_0，使得对于所有的 $n \geq n_0$，有 $f(n)/g(n) \leq c$，因此 $\lim_{n \to \infty} \dfrac{f(n)}{g(n)} \leq c$。

假定 $\lim_{n \to \infty} \dfrac{f(n)}{g(n)} \leq c$，它表明存在一个 n_0，使得对于所有的 $n \geq n_0$，有 $f(n) \leq \max\{1,c\} \times g(n)$。证毕。

此定理又称大 O 比率定理。

【例 11-7】若 $f(n)=6 \times 2^n+n^2$，$\lim_{n \to \infty}(6 \times 2^n+n^2)/2^n=6$，所以 $6 \times 2^n+n^2=O(2^n)$。

11.2.2　时间复杂度的下限值

定义 11.3　若 $f(n)=\Omega(g(n))$，当且仅当存在正的常数 c 和 n_0，使得对于所有的 $n \geq n_0$，有 $f(n) \geq cg(n)$。

定义 11.3 说明，$f(n)=\Omega(g(n))$ 是指函数 f 至少是函数 g 的 c 倍，除非 n 小于 n_0。因此当 $n \geq n_0$ 时，g 是 f 的一个下限（不考虑常数因子 c）。与大 O 定义的应用一样，通常仅使用单项形式的 g 函数。Ω 符号用来估算函数 f 的下限值。

【例 11-8】例 11-7 对于所有的 n，有 $f(n)=3n+2 > 3n$，因此 $f(n)=\Omega(n)$。

定理 11.3　如果 $f(n)=a_m n^m+\cdots+a_1 n+a_0$ 且 $a_m > 0$，则 $f(n)=\Omega(n^m)$。

读者可以参考定理 11.1 的证明来完成定理 11.3 的证明。

【例 11-9】根据定理 11.3 可知，$3n+2=\Omega(n)$，$10n^2+4n+2=\Omega(n^2)$，$100n^4+3500n^2+82n+8$

$=\Omega(n^4)$。

定理 11.4　对于函数 $f(n)$ 和 $g(n)$，若 $\lim\limits_{n\to\infty}\dfrac{g(n)}{f(n)}$ 存在，则 $f(n)=\Omega(g(n))$ 对于确定的常数 c，有

$\lim\limits_{n\to\infty}\dfrac{g(n)}{f(n)}\leqslant c$。

此定理又称 Ω 比率定理，证明过程读者可以参考定理 11.1 的证明。

【例 11-10】（1）因为 $\lim\limits_{n\to\infty}(3n+2)=1/3$，所以 $(3n+2)=\Omega(n)$。

（2）因为 $\lim\limits_{n\to\infty}\dfrac{n^2}{(10n^2+4n+2)}=0.1$，所以 $10n^2+4n+2=\Omega(n^2)$。

（3）因为 $\lim\limits_{n\to\infty}\dfrac{2^n}{(6\times 2^n+n^2)}=1/6$，所以 $6\times 2^n+n^2=\Omega(2^n)$；

（4）因为 $\lim\limits_{n\to\infty}\dfrac{n}{(6n^2+2)}=0$，所以 $6n^2+2=\Omega(n)$。

（5）因为 $\lim\limits_{n\to\infty}\dfrac{n^3}{(3n^2+5)}=\infty$，所以 $3n^2+5\neq\Omega(n^3)$

定义 11.4　$f(n)=o(g(n))$ 当且仅当 $f(n)=O(g(n))$ 且 $f(n)\neq\Omega(g(n))$。

此定义又称小写 o 符号定义。

【例 11-11】因为 $3n+2=O(n^2)$ 且 $3n+2\neq\Omega(n^2)$，所以 $3n+2=O(n^2)$，但 $3n+2=O(n)$。

11.2.3　有关渐进符号的计算

下面，这些结论在进行有关渐进符号的计算时是可选用的。

定理 11.5　对于任一个实数 $x>0$ 和任一个实数 $y>0$，有

（1）存在某个 n_0 使得对于任何 $n\geq n_0$，有 $(\log n)^x<(\log n)^{x+c}$。

（2）存在某个 n_0 使得对于任何 $n\geq n_0$，有 $(\log n)^x<n$。

（3）存在某个 n_0 使得对于任何 $n\geq n_0$，有 $n^x<n^{x+c}$

（4）对于任意实数 y，存在某个 n_0 使得对于任何 $n\geq n_0$，有 $n^x(\log n)^y<n^{x+c}$。

（5）存在某个 n_0 使得对于任何 $n\geq n_0$，有 $n^x<2^n$。

算法的可能呈现的常用时间复杂度有常量阶 $O(1)$、线性阶 $O(n)$、平方阶 $O(n^2)$、开平方阶 $O(n^{1/2})$、对数阶 $O(\log n)$、n 个对数阶 $O(n\log n)$、指数阶 $O(2^n)$ 和阶乘阶 $O(n!)$ 等，图 11-1 中给出了复杂性为 $f(n)$ 的各种函数在问题规模 n 增长时 $f(n)$ 的变化比较曲线，可见平方阶 $O(n^2)$、指数阶 $O(2^n)$ 都是在问题规模 n 增长时，$f(n)$ 的变化比较快的曲线。所以在设计和使用算法时，应该尽可能选用对数阶、线性阶和平方阶等多项式阶的算法，而不希望用指数阶的算法。

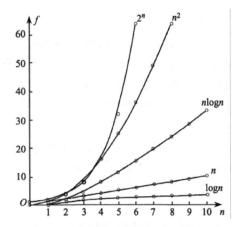

图 11-1　各种算法复杂度 $f(n)$ 函数的曲线

11.3　算法性能测量问题

算法（程序）性能测量主要是借助计算机作为工具，对编写的算法进行实验性运行，并测得一个算法（程序）实际所需要的空间和时间。程序性能测量也称为程序测试。本节通过一个例子来介绍程序性能测量问题和方法。

11.3.1　算法性能测量问题分析

程序测试时应注意以下几个问题：

（1）关于程序的空间性能测试，由于指令空间和数据空间的大小是由编译器在编译时确定的，所以没有特殊要求时，不必测量这些数据。

（2）明确测试环境。这方面主要包括：执行程序的计算机性能；使用的编译器及编译器选项，例如，可以选择使用 Microsoft Visual C++ 6.0 进行程序性能测量，并且选择使用默认的编译器选项。当使用默认的编译器选项时，一定要清楚这些默认的编译器选项的默认值。

（3）关于程序的时间性能测试，需要一个定时机制，一般情况下使用计算机系统提供的计时函数 clock()，使用 clock() 函数可以得到被测试程序的运行"滴答"数，用该数除以系统的常量 CLK_TCK，就可以得到被测试程序的运行时间（s）了。

（4）选择确定被测试程序需要测定的执行时间的 n 值。

（5）测试数据分析时，对于选定的 n 值，程序实际运行时间不满足预定的算法复杂性曲线，可能会出现与算法复杂性分析不一样的情况。其原因可能是在算法复杂性分析仅给出了对于足够大的 n 值时程序的复杂性。对于小的 n 值，程序的运行时间可能并不满足算法复杂性曲线。为此，为了确定渐进曲线以外的点，需要使用多个 n 值。也可能在分析程序时间复杂度结果时忽略了许多低层次的时间需求，例如某程序的时间复杂度结果是平方阶 $O(n2)$ 的，而该程序的实际时间复杂度 $c_1 \times n_2 + c_2 n \log n$。

11.3.2　算法性能测量实例

1. 测试实例

选择 2.5.3 节学习的直接插入排序算法为测试实例，直接插入排序的基本思想是：将整个数据表分成左右两个子表；其中左子表为有序表，右子表为无序表；整个排序的过程就是将右子表中元素逐个插入到左子表中，直至右子表为空，而左子表成为新的有序表。算法如下：

```
void InsertSort(int a[],int n){
    for(int i=1;i<n;i++){                //将a[i]插入a[0: i-1]
        int t=a[i];int j;
        for(j=i-1;j>=0&&t<a[j];j--)
            a[j+1]=a[j];
        a[j+1]=t;
    }
}
```

上述算法所执行的比较次数在最好的情况下比较次数为 $n-1$ 次，而在最坏的情况下比较次数为$(n-1)n/2$，时间复杂度为 $O(n^2)$。

若待排序元素是随机的，即待排序元素可能出现的各种排列的概率相同，则算法执行时比较、移动元素的次数可以取上述最小值和最大值的平均值，约为 $n^2/4$。

2. 设计测试实验程序

【例 11-12】被测试算法用直接插入排序算法 InsertSort(int a[], int n)，测试实验程序在设计时要考虑其可能导致被测试算法 InsertSort 出现最坏复杂性的情况。本测试实验程序中 n=1 000，在[0,100]内，步长为 10。在[100,1 000]内，步长为 100。clock_t 类型变量 finish 用于记录测试结束时刻，start 记录测试开始时刻。

```
#include"time.h"
#include"stdio.h"
void main(void){
    int a[1000],step=10;
    clock_t start,finish;
    for(int n=0;n<=1000;n+=step){        //获得对应于 n 值的时间
        for(inti=0;i<n;i++;a[i]=n-i;      //初始化
        start=clock();
        InsertSort (a,n);
        finish=clock();
        printf("%fd %f",n,(finish-start)/CLK_TCK)
        if(n==100)step=100;
    }
}
```

使用测试程序，n 的选择可以根据设计考虑取在[0,100]、[200,1000]范围内等，也可以取 n=512，1 024，2 048 等。读者可以根据自己的考虑来选定。对于测试的结果可能有各种情况，尤其是测量误差问题，要仔细分析其发生的原因，给出一个合理的解释。

11.4　算法设计方法简介

算法设计方法是基于数据结构知识架构之上继续深入研究一些算法设计方法问题的专门领域。设计一个问题的求解算法，可以通过学习和使用目前软件界常用的一些行之有效的能够用于解决许多问题的算法设计方法来设计我们的算法，并分析这些算法是如何工作的。这样，就可以比较快地进入这一领域。

常用的算法设计方法有线性规划算法、遗传算法、模拟退火算法、分而治之算法、贪婪算法、动态规划算法、回溯算法等。本节我们结合找伪币问题、通信网络的问题、货箱装船问题、找币问题和迷宫老鼠问题介绍优化问题、分而治之算法、贪婪算法和回溯算法的基本知识。

11.4.1　分而治之算法设计方法

1. 分而治之算法思想

分而治之算法思想：为了解决一个大的问题，把大问题分解为几个小问题，步骤如下：

（1）把它分成两个或多个更小的问题。

（2）分别解决每个小问题。

（3）把各小问题的解答组合起来，即可得到原问题的解答。

可以看出，分而治之算法思想与软件设计中的模块化方法是非常相似的。

在 2.5.8 节，学习了归并排序算法。排序问题可以采用分而治之方法来进行，通常有以下步骤：

（1）若 n 为 1，算法终止。

（2）否则，将这一元素集合分割成两个或更多个子集合，对每一个子集合分别排序，然后将排好序的子集合归并为一个集合。

【例 11-13】n 个元素排序问题。假设我们将待排序的 n 个元素的集合分成两个子集合 A 和 B。可以采用如下的分而治之方法来进行子集合的划分。

（1）将 n 个元素中含有最大值的元素放入 B，剩下的放入 A 中。

（2）按照这种方式对 A 递归地进行排序。

（3）为了合并排序后的 A 和 B，只需要将 B 添加到 A 中即可。

2. 找伪币问题

【例 11-14】找伪币问题。有一个装有 16 个硬币的袋子。16 个硬币中有 1 个是假币的，并且那个伪造的硬币比真的硬币要轻一些。设计找出这个伪造的硬币的算法。

可以采用分而治之方法来进行，把 16 个硬币看成一个大的问题。

（1）把这一问题分成两个小问题。随机选择 8 个硬币作为 A 组，剩下的 8 个硬币作为 B 组。这样，就把大问题分成两个小问题来解决。

（2）通过比较 A 组硬币和 B 组硬币的重量，判断 A 和 B 组中是否有伪币。假如两组硬币重量相等，则可以判断伪币不存在，否则存在伪币并位于较轻的那一组硬币中，称作 A 组。

（3）返回到（1）继续；直到 A 组中只有 2 个硬币时，较轻的硬币就是所要找的伪币。

11.4.2　最优化问题简介

1. 最优化问题

最优化问题是存在着一组限制条件和一个优化函数的问题，符合限制条件的问题求解方案称为可行解，使优化函数取得最佳值的可行解称为最优解。

在 10.4.2 节中学习的连通网的最小生成树——通信网络的问题实际上就是一个最优化问题。

对于图的生成树问题，我们在实际应用中经常遇到的是如何求一个网络（带权图）的最小生成树。在 n 个城市之间最多可以建立 $n(n-1)/2$ 条线路，但实际只需要 $n-1$ 条线路就可以把 n 个城市连接在一起，因此需要在所有可能的线路中选择 $n-1$ 条，使得通信网络的整体建设代价最小。

可以用一个连通网来表示 n 个城市以及它们之间的通信线路。其中网的顶点表示城市，网的边表示通信线路，边上的权值表示这条线路的建设代价。对于有 n 个顶点的连通网可以构造多个生成树，包含图中所有顶点（城市）的连通子图都是一个可行解。设所有的权值都是非负的，则所有可能的可以行解都可表示成无向图的一组生成树，而最优解是其中具有最小代价的生成树。

2. 最优化问题的数学描述形式

还可以用数学形式来描述最优化问题，它对上述问题精确的数学描述明确地指出了程序必须完成的工作，根据这些数学公式，可以对最优化问题的输入/输出作如下形式的描述：

输入：$n,t,s_i a_i$（$1 \leqslant i \leqslant n$，$n$ 为整数，$t,s_i a_i$ 为正实数）。

输出：实数 x_i（$1 \leq i \leq n$），使 $\sum_{i=1}^{n} s_i x_i$ 最大且 $\sum_{i=1}^{n} x_i = t$（$1 \leq x_i \leq a_i$）如果 $\sum_{i=1}^{n} x_i < t$，则输出适当的错误。

以船载货物实例为例子，介绍最优化问题的数学描述形式。

【例 11-15】某船准备用来装载货物。所有待装货物都装在货箱中且所有货箱的大小都一样，但货箱的重量各不相同。设第 i 个货箱的重量为 w_i（$1 \leq i \leq n$），而货船的最大载重量为 c，问题是如何在货船上装入最多的货物。

此问题的最优化问题描述为：设存在一组变量 x_i，其可能取值为 0 或 1。如 $x_i=0$，则货箱 i 将不被装上船；如 $x_i=1$，则货箱 i 将被装上船。目的是找到一组 x_i，使它满足限制条件 $\sum_{i=1}^{n} w_i x_i \leq c$ 且 $x_i \in \{0,1\}$，$1 \leq i \leq n$，优化函数是 $\sum_{i=1}^{n} x_i$。满足限制条件的每一组 X_i 都是一个可行解，能使 $\sum_{i=1}^{n} x_i$ 取得最大值的方案为最优解。

11.4.3　贪婪算法设计方法

1．贪婪算法的设计方法

贪婪算法设计方法是在算法中采用逐步构造最优解的方法。在每个阶段，都做出一个看上去最优的决策（在一定的标准下）。决策一旦做出，就不可再更改。做出贪婪决策的依据称为贪婪准则。

下面通过一个找币例子来说明贪婪算法。

【例 11-16】某人买了价值少于 100 元的糖，并将 100 元钱交给售货员。售货员希望用数目最少的钱币找给客户。假如有数目不限的面值为 50 元、10 元、5 元及 1 元币值的钱币，售货员分步骤组成要找的零钱数，每次加入一个钱币，将如何找零钱数。

选择找零钱钱币时所采用的贪婪准则如下：每一次应选择钱币币值大的钱币。

为保证解法的可行性（所给的零钱等于要找的零钱数），所选择的钱币不应使零钱总数超过最终所需的数目。

找零的过程应该是这样的：假设需要找给某人 77 元，首先入选的是一张 50 元的钱币，第二张入选的不能是 50 元的钱币，否则钱币的选择将不可行（零钱总数超过 77 元），第二张应选择 10 元的钱币，第三张也应选择 10 元的钱币，然后是 5 元的钱币，最后加入两个 1 元的钱币。

在找零钱时，通过贪婪算法可以知道，应使找出的钱币数目最少(至少是接近最少的数目)。

【例 11-17】在 10.7.2 节介绍的从某源点到其余各顶点之间的最短路径问题和解决此问题的迪杰斯特拉（Dijkstra）算法就是贪婪算法，它分步构造这条路径，每一步在路径中加入一个顶点。

【例 11-18】7.6 节中学习的霍夫曼树算法，利用 $n-1$ 步来建立最小加权外部路径的二叉树，每一步都将两棵二叉树合并为一棵，算法中所使用的贪婪准则为：从可用的二叉树中选出权重最小的两棵。在有些应用中，贪婪算法所产生的结果是最优的解决方案。

2．0/1 背包问题

【例 11-19】0/1 背包问题。有容量为 c 的背包一个，在 n 个物品中选取装入背包的物品，每件物品 i 的重量为 w_i，价值为 p_i。要求装载时，背包中物品的总重量不能超过背包的容量，最佳装载是指所装入的物品价值最高，即 $\sum_{i=1}^{n} p_i x_i$ 取得最大值。约束条件如下：

$$\sum_{i=1}^{n} w_i x_i \leqslant c \quad x_i \in [0,1] (1 \leqslant i \leqslant n) \qquad (11\text{-}4)$$

背包问题的解就是要求出 x_i 的值。$x_i=1$ 表示物品 i 装入背包，$x_i=0$ 表示物品 i 不装入背包。

如果在这里把背包视作船，把物品视作货箱，则 0/1 背包问题是一个一般化的货箱装载问题，即每个货箱所获得的价值不同。

在 0/1 背包问题中根据问题的要求，可以使用好几种贪婪策略，每个贪婪策略都采用多步过程来完成背包的装入，在每一步过程中利用贪婪准则选择一个物品装入背包。

0/1 背包问题中可以选择一种贪婪准则为"价值贪婪准则"，即从剩余的物品中，选出可以装入背包的价值最大的物品，利用这种规则，价值最大的物品首先被装入(假设有足够容量)，然后是下一个价值最大的物品，如此继续下去。这种策略不能保证得到最优解。例如，当 0/1 背包问题为 $n=2$，$w=[100,10,10]$，$p=[20,15,15]$，$c=105$ 时，利用"价值贪婪准则"，获得的解为 $x=[1,0,0]$，这种方案的总价值为 20。而最优解为$[0,1,1]$，其总价值为 30。

0/1 背包问题中可以选择另一种贪婪准则为"重量贪婪准则"，即从剩下的物品中选择可装入背包的重量最小的物品。虽然这种规则对于前面的例子能产生最优解，但在一般情况下则不一定能得到最优解。当 0/1 背包问题为 $n=2$，$w=[10, 20]$，$p=[5,100]$，$c=25$。利用"重量贪婪准则"，获得的解为 $x=[1,0]$，比最优解$[0,1]$要差。

0/1 背包问题中还可以选择另一种贪婪准则为"价值密度贪婪准则"，即从剩余物品中选择可装入包的 p_i/w_i 值最大的物品，这种策略也不能保证得到最优解。读者可以利用此策略试解 $n=3$，$w=[20,15,15]$，$p=[40,25,25]$，$c=30$ 时的最优解。

编写一个按"价值密度贪婪准则"0/1 背包问题解程序，在 1 000 个随机产生的背包问题中求解，考察分析它们相对于最优解的"偏差"，就可以发现"贪婪算法设计方法"是一个好的启发式算法，且大多数时候能很好地接近最优解。

另外，0/1 背包问题是一个 NP-复杂问题。为了解决 0/1 背包问题，在这里采用了贪婪算法。也可以采用回溯算法设计方法解决该问题，当然还可以采用动态规划算法设计方法来解决该问题。

还有机器调度问题（逐步最优分配任务），箱子装载问题，堆排序问题等。这样的例子还有许多，读者要注意贪婪算法的思想。

11.4.4　回溯算法设计方法

1. 回溯算法的设计方法

回溯方法的算法思想是一种系统地搜索问题解答的方法。在 4.4.9 节中求解迷宫老鼠问题时就采用了回溯技术，下面先来回顾 4.4.9 节中的求解迷宫老鼠问题。

2. 迷宫老鼠问题

迷宫老鼠问题是在一个如图 11-2 所示的矩形区域

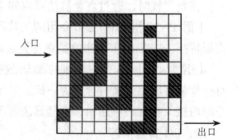

图 11-2　10×10 迷宫解空间

上，它有一个入口和一个出口，其内部包含不能穿越的墙或障碍。迷宫老鼠问题就是要寻找一条从入口到出口的路径。

所谓的回溯方法，其过程有以下 3 个步骤。

（1）首先要为问题定义一个解空间，这个解空间包含问题的解（可能是最优解）。在迷宫老鼠问题中，可以定义一个包含从入口到出口的所有路径的解空间。

（2）组织解空间以便能被容易地搜索，同时搜索方法要能够避免移动到不可能产生解的子空间。图 11-2 中用图的形式给出了一个 10×10 迷宫的解空间。从（1,1）点到（10,10）点的每一条路径都定义了 10×10 迷宫解空间中的一个元素，但由于障碍的设置，有些路径是不可行的。利用限界函数避免移动到不可能产生解的子空间。

（3）定义了解空间的组织方法，这个空间即可按深度优先的方法从开始结点进行搜索。在迷宫老鼠问题中，开始结点为入口结点（1,1）；开始结点既是一个活结点又是一个扩展结点，结合 4.4.9 节中的介绍，所谓的活结点就是将该位置值置为 0 的结点，当然位置值置为 1 的结点就是死结点了。

从扩展结点可移动到一个新结点。如果能从当前的扩展结点移动到一个新结点，那么这个新结点将变成一个活结点和新的扩展结点，原扩展结点就可以压入堆栈中，但仍是一个活结点。如果不能移到一个新结点，当前的扩展结点就是一个死结点，那么就只能返回到最近被考察的活结点（回溯，依据堆栈），这个活结点变成了新的扩展结点。

按照这种方式进行搜索，直到找到出口，或者是栈空为止。由于堆栈中始终包含从入口到当前位置的路径，如果最终找到了出口，那么堆栈中保留的位置值所示的路径就是所要找的迷宫老鼠问题解之一；如果最终栈空，则表示迷宫中不存在从入口到出口的路径。

也就是说当找到了答案或者回溯了所有的活结点时，搜索过程结束。

回溯方法的解空间可以是图、树和矩阵等数据结构。巧妙地使用这些数据结构，利用回溯方法就可以设计诸如货箱装船类问题、旅行商类问题和背包类问题等的求解算法。

寻找问题的解的另外一种可靠的方法就是首先列出问题的所有候选解，然后依次检查每一个候选解是否为正解，在检查完部分候选解或者所有候选解之后，即可找到所需要的解。此方法在问题的候选解的数量很大时不宜使用。

常用的算法设计方法还有线性规划算法、遗传算法、模拟退火算法、动态规划算法等，读者可以查阅相关的学习资料。

11.5　NP 问题简介

在 11.4.3 节"贪婪算法设计方法"中结合 0/1 背包问题谈到了 NP-复杂性问题，那么什么是 NP-复杂性问题呢？本节结合机器调度问题来介绍 NP-复杂性问题。

1. 机器调度难题

【例 11-20】机器调度问题。某工厂有功能、性能完全相同的机器 m 台，现有 n 个作业需要处理，假设作业 i 的处理时间为 t_i，这个时间为从将作业放入机器直到从机器上取下作业的时间，并且一台机器在同一时间内只能处理一个作业，一个作业不能同时在两台机器上处理，作业 i 一旦运行，则需要 t_i 个时间单位。假设每台机器在 0 时刻都是可用的，完成时间（或调度长度）是指完成所有作业的时间。

所谓机器调度，是指按作业在机器上的运行时间对作业进行分配，作业从 s_i 时刻起在某台机器上进行处理，其完成时刻为 s_i+t_i，当一个机器完成了某个作业时，才可以安排其他未处理的作业，不得实施抢先调度。

机器调度问题是设计一个调度算法，求解如何调度才能使在 m 台机器上执行给定的 n 个作业时所需要的处理时间最短。

在分析机器调度问题时，读者不妨以 3 台机器 $M=(M_1, M_2, M_3)$ 和 7 个作业所需时间 $T=(t_i|i=1,\dots,7)=(2,14,4,16,6,5,3)$ 的情形考察机器调度问题，并且可以试设计一个算法来实施调度。其完成时间或调度长度为 17 个时间单位。

机器调度难题：设计一个调度 m 台机器，n 个作业的时间复杂度为 $O(n^k m^l)$ 的调度算法难度很大，其中 k 和 l 为常数。也就是还没有人能设计出一个具有多项式时间复杂度的算法来解决最小调度时间问题。

2．NP-复杂问题

NP（Nondeterministic Polynornial）问题包括 NP-复杂问题及 NP-完全问题。

- NP-完全问题是一类判断问题，这类问题的答案为是或否。
- NP-复杂问题可以是判断问题，也可以不是判断问题。

定义 11.5　NP-复杂问题及 NP-完全问题是指尚未找到具有多项式时间复杂度算法的问题。

因此，例 11-20 的机器调度问题是一个 NP-复杂问题，而不是一个 NP-完全问题。但是，如果修改问题的需求，例如在例 11-20 的机器调度问题中，提出的问题是是否存在一种调度算法，使得任务完成仅需 t 时间或者更少？那么，机器调度问题就是一个 NP-完全问题了。

在处理 NP-复杂问题时通常采用近似算法来解决，以得到问题的近似最优解。

例如，在调度问题中，可以采用最长处理时间优先调度策略（LPT 调度），即具有最长处理时间的作业具有较高的获得机器的优先权，所以在调度之前，依作业所需处理时间把作业按递减次序排列，然后首先给具有最长处理时间的作业分派机器，然后再给具有次长处理时间的作业分派机器，当 3 个机器都分派完了，则等待某一个机器完成作业后把该机器分派给下一个等待处理的作业。使用该调度策略，可以得到一个较为合理的调度方案。

以例 11-20 机器调度问题的条件，即 3 台机器 $M=(M_1, M_2, M_3)$ 和 7 个作业所需时间 $T=(t_i|i=1,\dots,7)=(2,14,4,16,6,5,3)$ 的问题，采用最长处理时间优先调度策略（LPT 调度）解决机器调度问题。考察其调度完成时间，LPT 调度利用堆可以设计出时间复杂度为 $O(n\log n)$ 的算法。

具有 NP-复杂性的实际问题有许多，如 0/1 背包问题、子集之和问题、最大完备子图问题、最大独立集问题、集合覆盖问题、图的最大无关集问题、图的着色问题等，有兴趣的读者可以阅读有关方面的书籍。

11.6　散列表查找性能

在 9.4 节 "散列结构的查找性能分析" 中，可以知道散列表查找成功的平均查找长度和填充因子有关，请看定理 9.1。

定理 9.1　散列表查找成功的平均查找长度 S_n 满足：

线性探测再散列时：
$$S_{nl} \approx \frac{1}{2}(1+\frac{1}{1-a})$$
（11-5）

伪随机探测再散列时：

$$S_{nr} \approx -\frac{1}{a}\ln(1-a) \tag{11-6}$$

链地址法：

$$S_{nc} \approx 1+\frac{a}{2} \tag{11-7}$$

当散列表中没有包含待查结点时，将查找不成功。可以证明散列表查找不成功的平均查找长度也和填充因子有关。

定理 9.2 散列表查找不成功的平均查找长度 U_n 满足：

线性探测再散列时：

$$U_{nl} \approx \frac{1}{2}(1+\frac{1}{(1-a)^2}) \tag{11-8}$$

伪随机探测再散列时：

$$U_{nr} \approx \frac{1}{1-a} \tag{11-9}$$

链地址法：

$$U_{nc} \approx a+\mathrm{e}^{-a} \tag{11-10}$$

下面对伪随机探测的两个公式（式（11-6）和式（11-9））进行证明。

证明：设散列表长度为 m，已装填 n 个记录，即填充因子 $\alpha = \frac{n}{m}$。

此时求查找不成功的平均查找长度相当于求在这张表中填入第 $n+1$ 个记录时所需做得比较次数的期望值，而求查找成功的平均查找长度相当于求在此表中插入该记录所需进行的比较次数的期望值。

假定：（1）散列函数是均匀的，即散列地址的产生概率相等；（2）处理冲突后产生的地址是随机的，即概率也是相等的。

设 p_i 表示前 i 个散列地址均发生冲突的概率；q_i 表示需进行 i 次比较才找到一个"空位"的散列地址（前 $i-1$ 次发生冲突，第 i 次成功）的概率，则

$$p_1 = \frac{n}{m} \qquad\qquad q_1 = 1-\frac{n}{m}$$

$$p_2 = \frac{n}{m}\times\frac{n-1}{m-1} \qquad\qquad q_2 = \frac{n}{m}\times(1-\frac{n-1}{m-1})$$

$$\cdots \qquad\qquad\qquad \cdots$$

$$p_i = \frac{n}{m}\times\frac{n-1}{m-1}\times\cdots\times\frac{n-i+1}{m-i+1} \qquad q_i = \frac{n}{m}\times\frac{n-1}{m-1}\times\cdots\times\frac{n-i+2}{m-i+2}\times(1-\frac{n-i+1}{m-i+1})$$

$$\cdots \qquad\qquad\qquad \cdots$$

$$p_n = \frac{n}{m}\times\frac{n-1}{m-1}\times\cdots\times\frac{1}{m-n+1} \qquad q_n = \frac{n}{m}\times\cdots\times\frac{2}{m-n+2}\times(1-\frac{1}{m-n+1})$$

$$p_{n+1} = 0 \qquad\qquad q_{n+1} = \frac{n}{m}\times\cdots\times\frac{1}{m-n+1}$$

通过以上计算可得：在 p_i 和 q_i 之间存在如下关系：

$$q_i = p_{i-1} - p_i$$

因此，当长度为 m 的散列表中已填有 n 个记录时，查找不成功的平均查找长度为

$$U_n = \sum_{i=1}^{n+1} q_i c_i = \sum_{i=1}^{n+1} (p_{i-1} - p_i) i$$

$$= 1 + p_1 + p_2 + \cdots + p_n - (n+1) p_{n+1} = \frac{1}{1 - \dfrac{n}{m+1}} \approx \frac{1}{1-\alpha} \quad (\text{用归纳法证明})$$

对表长为 m、记录数为 n 的散列表，查找成功时的平均查找长度为

$$S_n = \sum_{i=1}^{n-1} p_i c_i = \sum_{i=0}^{n-1} p_i U_i$$

因为 $p_i = \dfrac{1}{n}$（对 n 个记录的查找概率相等）

所以

$$S_n = \frac{1}{n} \sum_{i=0}^{n-1} U_i = \frac{1}{n} \sum_{i=0}^{n-1} \frac{1}{1 - \dfrac{i}{m}} \approx \frac{m}{n} \int_0^\alpha \frac{\mathrm{d}x}{1-x} \approx -\frac{1}{\alpha} \ln(1-\alpha)$$

证毕。

11.7 讨 论 题

1. 找零钱问题

（1）对于例 11-16 的找零钱问题，假设只有有限的 50 元、20 元、5 元和 1 元的纸币，给出一种找零钱的贪婪算法。这种方法总能找出具有最少硬币数的零钱吗？

（2）扩充例的算法，假定还有 50 元、20 元、10 元、5 元和 1 元，以及 5 角、2 角、1 角的纸币，顾客买价格为 x 元和 y 角的商品时所付的款为 u 元和 v 角。设计一个贪婪算法并编写程序。程序可包括输入模块（输入所买商品的价格及顾客所付的钱数）、输出模块（输出零钱的数目及要找的各种货币的数目）和计算模块（计算怎样给出零钱）。

2. 找伪币问题

（1）采用分而治之算法设计方法将例 11-14（找假币问题）的分而治之算法扩充到 $n>1$ 个硬币的情形。需要进行多少次重量的比较？

（2）考虑例 11-14 找伪币问题。假设把条件"伪币比真币轻"改为"伪币与真币的重量不同"，同样假定袋中有 n 个硬币。给出相应分而治之算法的形式化描述，该算法可输出信息"不存在伪币"或"找出伪币"。算法应递归地将大的问题划分成两个较小的问题，需要多少次比较才能找到伪币（如果存在伪币）？

3. 旅行商问题

（1）当 $n=5$ 时，画出旅行商问题见图 11-3 的解空间树。

（2）在该树上，运用回溯算法设计方法依回溯遍历结点的顺序标记结点，确定未被遍历的结点。

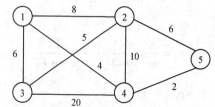

图 11-3　旅行商问题（$n=5$）